作者简介

张文彬，内蒙古自治区阿拉善盟畜牧研究所研究员，“内蒙古自治区草原英才”骆驼科学与骆驼产业创新人才团队成员。从事骆驼育种研究工作38年，参与及主持双峰驼家驼与野驼基因组研究、内蒙古自治区双峰驼喉蝇蛆病及防治研究、驼奶驼峰有效成分分析及美容产品开发、白骆驼繁育技术研究与应用等项目。主编或参编图书《双峰驼现状与未来》《骆驼产品与生物技术》《阿拉善草场保护与生态牧业管理》等；参与制定《阿拉善双峰驼》标准（GB/T 26611—2011）。获俄罗斯国立农业大学骆驼科研工作突出贡献奖，被评为中国畜牧业协会骆驼产业发展突出贡献先进个人。

丛书主编：吉日木图
骆驼精品图书出版工程

骆驼育种学

张文彬◎主编

中国农业出版社
北　京

内容简介

本书是骆驼精品图书专著系列丛书之一，把家畜育种学的原理、方法、技术与骆驼生产相结合，专题研究和分析骆驼育种工作的理论和方法。作为家畜育种学的个论之一，骆驼育种有滞后性、长期性、综合性、广泛性等特点。本书着意将这些特色性、实践性的内容呈现给读者，以突出骆驼育种学的特色：一是品种资源保护成为骆驼育种的重要内容之一；二是科研创新给骆驼育种带来了新的机遇与可能；三是市场需求和产业发展为骆驼育种提供了新的目标和任务；四是遗传学理论的研究成果正被应用到骆驼育种工作中。

本书结合国内骆驼育种实践和编写者实际工作经验，主要分析和研究骆驼品种、生长发育规律、外形及品种鉴定、选种选配、个体与群体遗传结构改变方法与措施、品系繁育和新品种培育，以及骆驼育种工作按规划开展的政策措施、组织形式、联合机制等，在介绍基本理论、基本知识的同时，还提出了一些操作技术、方法。本书既适合开展骆驼品质改良、性状控制、选种选配、培育新品种品系等理论研究和育种实践者阅读及使用，也可作为畜牧专业学生的选读书目。

丛书编委会

骆 驼 精 品 图 书 出 版 工 程

编 写 人 员

主　编　张文彬（内蒙古自治区阿拉善盟畜牧研究所）

副主编　道勒玛（内蒙古自治区阿拉善盟畜牧研究所）

周俊文（内蒙古自治区阿拉善盟畜牧研究所）

参　编　宝　迪（内蒙古自治区阿拉善盟畜牧研究所）

乌仁套迪（内蒙古自治区阿拉善盟畜牧研究所）

苏　雪（内蒙古自治区阿拉善盟畜牧研究所）

张文兰（内蒙古自治区阿拉善盟畜牧研究所）

斯琴图雅（内蒙古自治区阿拉善盟畜牧研究所）

王筱珊（内蒙古自治区阿拉善盟畜牧研究所）

萨日娜（内蒙古自治区阿拉善盟畜牧研究所）

王静瑜（内蒙古自治区阿拉善盟畜牧研究所）

李　婧（内蒙古自治区阿拉善盟畜牧研究所）

仲永生（内蒙古自治区额济纳旗畜牧兽医工作站）

范　慧（内蒙古自治区阿拉善右旗动物疫病预防控制中心）

崔利忠（内蒙古自治区阿拉善左旗草原工作站）

前　言 FOREWORD

本书是“骆驼精品图书出版工程”丛书之一，专题研究和分析骆驼育种工作的理论和方法。

畜牧业是基础产业，提高畜牧业生产水平和生产效率，增加畜牧业产值在农业总产值中所占的比重，是农业现代化的重要标志。决定畜牧业生产效率最主要的因素，是家畜家禽品种或种群的遗传素质，而提高与改进品种遗传素质的主要途径和措施就是育种。骆驼养殖业是中国畜牧业的一个重要组成部分，在内陆荒漠半荒漠严酷的自然环境条件下，骆驼在经济、文化、贸易、军事、交通等领域一直发挥着独特作用，至今仍然不可替代，并且还不断有新的作用被开发出来。

把家畜育种学的原理、方法、技术与骆驼生产相结合，应用于骆驼育种实践，并形成有骆驼特点的育种理论与方法，由此产生了骆驼育种学。骆驼育种提高骆驼生产效率的作用是通过以下渠道来实现的：第一，通过育种工作可以充分利用骆驼品种资源。中国虽然只有双峰驼，但双峰驼种质资源丰富，分布广泛，目前有 6 个品种或种群，差异明显，是一个宝贵的基因库。通过育种手段，既可以发挥不同地区不同品种或种群的遗传优势，提高驼产品的产量、质量，并保持其特性，又可以在开发利用过程中，增加群体数量，优化群体结构，达到对现有骆驼种质资源进行合理保护的目的。第二，通过育种工作可以培育出新品种或品系。根据社会经济发展的需求，可以改变选育方向，使以绒用或役用为主的骆驼成为以乳用或肉用为主的骆驼，不断提高经济性状的表型值，提高骆驼总体生产性能，提供现实生活需要的高质量、独特性的乳、肉、绒等产品，也为养殖者增加更多的经济收入。第三，通过育种工作可以提高现有骆驼品种的生产性能和经济价值。采用本品种选育方法，经过持续的选择、选配，稳定和优化遗传结构，让优良基因频率在群体中占据更大比重，使群体不断得到改良和提高。第四，通过育种工作可以筛选比较理想的杂交组合，充分利用杂交优势，甚至可以通过种间杂交有效改良某些特定的数量性状，从而提高骆驼养殖业的生产效率和经济效益。

骆驼育种工作特点：一是滞后性。由于骆驼所处自然环境艰苦贫瘠、交通不便、信息不畅、地广人稀、风大沙多、夏日酷暑、冬季严寒，道路、通讯、电力、水利等基础设施条件差，甚至饮食结构也与发达地区有明显的差异，育种工作者观察测量性状指标和数据所付出的代价和努力远远高于其他家畜。这些因素导致育种工作的组织比较粗糙，育种措施落实相对滞后。还有骆驼放牧管理方式与其他家畜也不一样，往往有半年以上的时段在沙漠或戈壁滩散放而不归牧、不回圈舍，牧民未必每月能见到自己的骆驼一次。这种半野生的放牧方式给育种技术措施的应用和渗透带来了极大阻力。另外，人们给骆驼提供的饲养条件、繁殖条件、管理条件都较差，有些驼群甚至没有固定的棚圈，有些骆驼终生不曾补饲，有些骆驼难以靠近，无法测量体尺体重，生产性能测定与取样都有一定难度。因此个体档案数据的采集、完善需要做大量工作。双峰驼与其他家畜相比数量少，分布在内蒙古自治区、新疆维吾尔自治区、青海省、甘肃省的欠发达地区，在国民经济中所占份额小，因而往往得不到更多的重视和关注。由于上述主观、客观两方面的因素，骆驼育种工作总体滞后，没有分化出更多的品种品系。二是长期性。从一个世代到下一个世代的间隔时间就是世代间隔，对育种来说世代间隔越长越不利，单位时间内的遗传改进量就越小。双峰驼第一次繁殖后代的年龄是5岁，相继两次分娩之间的间隔时间是2年，全同胞数只有1个。在影响世代间隔的因素中双峰驼均处于不利于减少世代间隔的一端，也就是说，与其他家畜相比，双峰驼育种更需要较长的时间。加之每一世代的遗传改进量还有一定的限制，我们需要的往往是数量性状，如产乳量、产绒量、绒细度与长度等，用表型选择方法不一定都能得到满意的效果，所以双峰驼育种必然要用更长的时间。长期性就意味着花更大的代价才能获得遗传改进，所以制定育种方案要慎之又慎，经过严格的程序充分论证，征询政府决策机构、行业主管领导、专家学者、驼产品加工企业、相关科研机构、养殖基地与合作社、尽可能多的养驼牧民等方方面面的意见和建议，确定育种方向、基本方法、重要指标、时间规划等，一经确立就不要轻易变更，以免八年十年的艰苦努力付之东流。三是综合性。双峰驼主要经济性状是由内在的遗传基础和外在的环境条件共同决定的。产量的提高和品质的改进是育种的目的，但这个过程却是非常复杂的，往往一个骆驼的实际表现是由遗传因素与饲养管理水平、营养条件、生长发育阶段受到的影响等综合作用的结果。任何一个品种或品系的形成、提高、改良，都必然有一系列的选择、选配、培育技术做支撑，都必然有一个从核心群到良繁扩繁乃至商品群的配套体系，需要一整套完善的生产性能记录、改进提高效果分析、遗传参数估计等技术路线和方案，要有从行政管理部门、技术指导机构到合作社、牧户之间能准确贯彻相应措施和方法的利益联结机制和管理制度，凡此种种综合性地影响育种的效果与进度。可以说育种工作不单单是一项技术工作，而是更为复杂的综合性的社会工程。四是广泛性。双峰驼育种工作不是一家一户一群能够完成的，也不是一个乡一个县能胜任的，它是涉及上千个养殖户、上百个合作社、饲养双峰驼旗县的畜牧改良与推广机构、企业、科研机构与大专院校等多方面人和机构，涉及戈壁、沙漠等不同类型地区的大型联合工程。

此外骆驼育种工作是包含选择、选配、培育、扩繁、推广等多个环节的整体工程，特别是当发现有优异性状的个体时有必要采用人工授精等技术扩大其使用范围，需要有更多的驼群参与和配合。在引入外血的本品种选育过程中，在培育数量较大的杂交后代以固定所需性状时需要有更多的驼群联合协作，以保证同一世代个体数量足够多，才能达到预期的育种效果。

骆驼育种学是家畜育种学的个论之一，骆驼育种学在育种实践中得到新的发展，有新的变化。本书在编写中着意将这些特色性、实践性的内容呈现给读者：一是品种资源保护成为育种工作的重要内容之一。品种资源保护与生物多样性的意义得到更全面的认识和重视，在育种中首先解决保种问题。现有各品种或种群在保种方面都进行了富有成效的育种实践，如划定保护区、建设保种场、保种群，形成活体保种的体系结构；并在种驼选择留种比例、繁殖计划、数量控制等方面实施了技术措施。此外，内蒙古自治区阿拉善盟骆驼科学研究所等单位还开展了双峰驼精液冷冻、同期发情、超数排卵等试验研究，为遗传材料保存与应用打下了基础。二是科研创新取得突破性进展，为育种工作提供了新的动力、新的手段。内蒙古农业大学 2012 年完成“双峰家驼与野驼基因组研究”项目，该研究成果及后续相关基因资源研究工作，将双峰驼科研水平提升到现代生物技术，带动了一系列创新型活动的开展，给育种工作带来新的机会与可能。在双峰驼生理特征研究过程中发现了许多对人类健康有益的独特性状，如重链抗体作为免疫球蛋白的特殊形式，哺乳动物中只存在于骆驼，其稳定性和免疫功能在医学和生物工程上都有极高的应用价值，此类研究使双峰驼价值陡升，也推动产业向优势高效绿色方向纵深发展。三是市场需求带动产业蓬勃发展，为育种提供新的目标新的任务。在创造新的产业增长点和培育市场方面，驼乳是典型的领跑者。研究发现驼乳中乳铁蛋白耐热性强且能够吸附重金属离子等功能，溶菌酶含量高，对细菌细胞壁的裂解作用很强从而增加抗菌能力。常乳和初乳中都含有骆驼科动物所特有的重链抗体，分子质量小、结构稳定、易表达，且具有完整的抗体功能，在基础研究和药物开发领域有广阔的应用前景。驼乳中还含有一定量的降糖功效因子，对血糖水平及血清中其他成分起到调节作用。驼乳被认为是理想的健康饮品，驼乳产品开发也就顺应市场需求呈方兴未艾之势。这种需求传导在育种上就是提高个体平均产乳量，育种方向必然因之进行调整，至少在现有双峰驼品种内培育产乳量高的品系或种群，选择、选配、杂交实践等都以产乳量这一性状为目标。四是分子遗传学与数量遗传学理论的研究成果正努力被应用到双峰驼育种工作中，如一些决定经济性状和糖代谢的基因研究正在深入，有望在育种中产生重大突破。虽然双峰驼育种工作与其他家畜相比暂时滞后，但在每一个发展阶段都或多或少地吸收新的理论、新的方法丰富到育种工作之中，2014 年起在阿拉善双峰驼群体中应用 BLUP 法进行研究；

2015年起利用信息技术的成果在全国双峰驼资源网络数据库系统建设项目中建立了数据平台，同时利用RFID（无线射频识别）将双峰驼个体与平台联结起来，使双峰驼育种工作进入信息化、网络化管理时代，借助网络优势进行性状表型值统计分析、遗传进展预测、遗传参数估计等。五是国际交流与合作已成为育种工作的有效途径。近年来骆驼研究在国际间、地区间合作交流明显加强，在交流内容和质量、方式与效果上都远胜以往。如中国和蒙古国际研究者、生产及管理者的交流外，还进行文化、商品、生产技能培训等合作。2016年在蒙古国建立了中蒙合作实验室。此外中国与俄罗斯、哈萨克斯坦、阿联酋开展了骆驼基因、种质资源保护、提高生产性能等领域的项目合作。学术交流更为活跃，2017年在内蒙古自治区阿拉善盟召开国际骆驼大会，有来自印度、阿联酋、英国、法国、德国、奥地利、摩洛哥等近20个国家的研究人员进行学术交流，共享遗传育种、饲养管理、疫病防治、文化旅游等领域的工作进展及研究成果。

本书是关于骆驼育种工作的理论与方法的综合性应用工具书，适用于骆驼品质改良、控制性状发育、选种选配、培育新品种新品系等理论研究和育种实践者阅读和使用，同时可作为畜牧专业学生的选读书目。本书结合国内双峰驼育种实践和编写者实际工作经验，主要分析和研究双峰驼品种、生长发育规律、外观外形及品种鉴定、选种选配、个体与群体遗传结构改变方法与措施、品系繁育和新品种培育，以及双峰驼育种工作按规划开展的政策措施、组织形式、联合机制等。在介绍基本理论、基本知识的同时，还介绍了一些操作技能、方法。力求阐述全面、结构合理、观点鲜明、资料准确。

本书编写工作由内蒙古阿拉善盟畜牧研究所研究员张文彬主持，具体参与撰写人员及分工为：宝迪、萨日娜负责第一章，中国骆驼品种；道勒玛、王静瑜负责第二章和第三章，骆驼外形与生产性能、生长发育与培育；张文彬、斯琴图雅、范慧负责第四章和第七章，骆驼选择、本品种选育；乌仁套迪、仲永生负责第五章，骆驼种用价值及其利用；苏雪、崔利忠负责第六章，骆驼选配；周俊文、王筱珊负责第八章，骆驼品系繁育和新品种培育；张文兰、李婧负责统稿。

由于编写者水平及资料掌握程度所限，书中不足之处在所难免，恳请读者提出宝贵意见。

编　者

2021年7月

目　录 CONTENTS

第一章 中国骆驼品种

CHAPTER 1

中国是世界上双峰骆驼主要分布区域之一，全国双峰驼总数有 41 万峰，主要分布在内蒙古自治区、新疆维吾尔自治区、青海省、甘肃省，有阿拉善双峰驼、苏尼特双峰驼、青海双峰驼、塔里木双峰驼、准噶尔双峰驼及河西双峰驼、戈壁红驼等地方品种。本章介绍我国主要的骆驼品种、品种形成的影响因素与历史、品种识别要点。

第一节　骆驼品种形成的影响因素与历史

一、骆驼品种形成的影响因素

中国双峰驼早在 5 000 多年前就作为牧民的生产资料和沙漠中的运输工具而被驯养，在几千年驯化过程中，在不同的环境条件和人为因素下各自形成了独特的机体结构和外貌特征。中国双峰驼是我国西北和华北荒漠、半荒漠地区的重要畜种资源之一，也是这一地区草原畜牧业的重要组成部分。几千年来，双峰驼在这一地区，既是人们的生产资料，又是人们的生活资料，在边疆畜牧业中占据十分重要的地位，在大畜组成中数量多、比例大。发展养驼业，对于充分合理地利用祖国自然资源、在戈壁和半荒漠地区因地制宜地发展畜牧业生产、满足边疆少数民族地区人民生活的需要、加强民族团结具有十分重大的意义。在漫长的双峰驼饲养活动中，在经历了自然选择和人工培育不间断作用后，双峰驼形成了不同分布区域与种群数量、适应不同环境条件、外形各具特点、有独立的遗传稳定性、生产性能各有千秋的若干品种。

双峰驼多分布在人烟稀少的温带干旱荒漠地区。因受到南北向热量、东西向降水量及海拔高度差异的影响，各地气候和草地植被也不一样。塔里木盆地、准噶尔盆地、河西走廊以及阿拉善高原为温带干旱荒漠；柴达木盆地为高原高寒干旱荒漠；内蒙古自治区乌兰察布市、锡林郭勒盟和鄂尔多斯市等处于内蒙古高原，为中温带干旱草原和半荒漠草原。随着环境不同，骆驼种类、数量及驼群结构都发生了相应变化。从草原带向荒漠带，荒漠化程度越高，沙漠、戈壁面积越大，骆驼的数量就越多。中国 80%的骆驼集中在内蒙古自治区的沙漠和内蒙古自治区到河西走廊的沙地里，以及新疆维吾尔自治区塔克拉玛干沙漠、古尔班通古特沙漠和毛乌素沙漠等地。内蒙古自治区的阿拉善盟荒漠化程度最高，是我国双峰驼最集中的产地，目前中国 32%的双峰驼生存在这里。

气温影响骆驼绒毛的产量、毛色以及体格大小。寒冷地区的骆驼比温暖地区的骆驼的体格大，四肢较短，同体重情况下体表面积相对小，散热相对少。双峰驼绒毛的相对数量与所处的环境温度成反比，粗毛的相对数量与所处的环境温度成正比。即在越是寒冷的地区，骆驼被毛中的绒毛含量越高；在越是温暖的地区，绒毛含量越低。双峰驼的被毛颜色以黄色和红棕色居多。在不同的经纬度地区，双峰驼的被毛颜色基因或许不改变，但是被毛的颜色深浅有差异。我国双峰驼被毛的颜色，由北向南随着纬度递减，棕褐色被毛比例逐渐增多；低纬度高海拔地区（如柴达木盆地），双峰驼被毛颜色最深，棕褐色被毛比例最大，可能与紫外线强有关。从东向西，随着经度的递减，降水量逐渐减少，干旱度递增，黄色被毛增加，紫红色被毛减少。

外形与体质特征受环境中营养物质的供给量与成分的影响。双峰驼各品种中心产区所处的地理位置不同，年降水量也有所差异，各地区草地类型和植被状况也有所不同。双峰驼因受植被特性和质量的影响，体型和体格大小也有差异。塔里木盆地年降水量10～20mm，最高不到50mm，植被覆盖度很低，仅在沙丘间有稀少的红柳；而准噶尔盆地年降水量100～150mm，植被覆盖度20%～25%，因此，准噶尔双峰驼比塔里木双峰驼体格大、体质粗壮结实。内蒙古由东向西，随着经度的递减，降水量和植被覆盖度也递减，由干旱草原到荒漠草原，灌木和半灌木在植物群落中的比例增加，双峰驼的体格也变小。

双峰驼的一般形态特征是体质结实，肌肉发达，头高昂过体，颈长呈“乙”字形弯曲，体躯呈高方形，胸宽而深，背短腰长，膘满时双峰挺立而丰满，四肢关节强大，筋腱明显，蹄大而圆；毛色多为杏黄或红棕色。但因品种不同，其各自的表现也有所变化。

阿拉善双峰驼主要分布在内蒙古自治区阿拉善盟及其邻近的鄂尔多斯市、巴彦淖尔市，以及宁夏回族自治区、甘肃省和青海省。该品种体质粗糙结实，骨骼坚实，肌肉发达，毛色以黄、杏黄和紫红为主。头大小适中，鼻梁微拱，眼眶突出，颈较长，一般在1m左右。颈础较低，肩胛骨长，胸深宽，肋骨开张良好。背腰宽平，结合良好，两峰大小中等，峰间距适中。肷大而明显，尻短斜，腹大而圆。四肢细长，关节强大，筋腱明显，后肢有轻度的刀状肢势。

新疆双峰驼主要分布在新疆维吾尔自治区，在各县市都有。根据分布区域划分为南疆驼和北疆驼。新疆土地辽阔，沙漠和戈壁所占面积很大，交通不便，历史上对外联系主要靠骆驼，在频繁交往中难免混入外来驼种的血统，造成各地新疆驼的体型结构和个体大小不太一致。南疆驼（塔里木双峰驼）体质细致、清秀紧凑，体躯呈高方形，被毛较短，色泽深暗，毛色随年龄增长由浅色变深暗。北疆驼（准噶尔双峰驼）体格大而粗壮，体格和产毛量均大于南疆驼，毛色以褐色居多，黄色次之。

苏尼特双峰驼主要分布在内蒙古自治区的锡林郭勒盟、乌兰察布市及其邻近地区，以苏尼特右旗、苏尼特左旗、四子王旗和二连浩特市为中心产区。锡林郭勒盟西部和乌兰察布市北部的草场主要为干旱草原和半荒漠草原，从西北到东南走向的小腾格里沙带都是固定和半固定沙丘，植被条件一般较好，又由于使役较轻，故驼体一般较大，品质较好。苏尼特双峰驼体格粗壮，结构匀称，体躯较大。头中等大，鼻梁微拱，两峰较大，峰间距离较宽，胸深而宽，背腰宽平，后躯发育中等。四肢肢势正常，筋腱明显，蹄大而厚。毛色一般较深，多紫红或杏黄。因产地气候寒冷，故苏尼特双峰驼绒层厚密，但毛纤维较粗，保护毛也较发达。

二、骆驼品种形成历史

(一) 阿拉善双峰驼的形成

阿拉善双峰驼在公元前 2600 年以前已经被驯化。早期驯化地从伊朗高原、土库曼斯坦南部经过哈萨克斯坦南部直到现在的蒙古国西北部，及中国北部的广阔干旱地域。《史记·匈奴列传》记述匈奴“其畜之所多则马、牛、羊，其奇畜则橐驼、驴、骡、駃騠、騊駼、驒騱。”《汉书》记载有“民随畜牧逐水草，有驴马，多橐驼。”说明在汉代通西域之初，被中原人视为“奇畜”的骆驼已被我国北方各民族驯养。几千年间各种历史原因造成的部族迁徙、交往、分合重组，为骆驼种群间广泛的血统交融创造了机会。对生态环境的长期适应和不同文化经济背景下的选种，使中国骆驼逐渐形成了蒙古驼和塔里木驼两大生态类群。前者主要分布在天山以北、蒙古高原、河西走廊和柴达木盆地；后者分布仅限于新疆塔里木盆地和库鲁克塔格山一带。

阿拉善双峰驼属于蒙古驼，其血统来自我国蒙古族牧民自古以来所驯养的双峰驼群体。中心产区特定的生态条件，蒙古族悠久的历史，传统的养驼文化以及当地交通、商旅运输等经济生活需求影响了该品种的形成过程。至 19 世纪中期，该品种基本定型。

阿拉善厄鲁特旗（今内蒙古自治区阿拉善左旗、阿拉善右旗的前身）最早建于清康熙二十五年（1686 年）。17 世纪以后，阿拉善地区盐和其他矿产的开采与运输、粮食等生活必需品的运输所需要的畜役和规模庞大的“驼运”，促进了骆驼数量的增加和选育技术的提高，对品种的形成起到了重要作用。当时内蒙古自治区吉兰泰盐池和阿拉善境内大小盐池出产的盐，往西北运至天山南北，往南运至甘肃省、宁夏回族自治区、陕西省以至汉江以南，往东销往山西省、河北省，主要依靠“驼运”。陕西省、甘肃省、宁夏回族自治区边区流行的“拉骆驼”等民歌表现了阿拉善双峰驼在当时经济生活中的作用。多种形式流传下来的养驼文化，在骆驼的选种、放牧、医疗、繁殖和品种塑造方面发挥了重要作用。

(二) 塔里木双峰驼的形成

塔里木盆地养驼数量多且历史悠久。早在秦汉时期，养驼已经是塔里木盆地各部族的生活习惯。自汉代以后，“丝绸之路”成为东西方经济、文化通道，西域和中原地区商品交易频繁，促进了塔里木双峰驼的形成。柯尔克孜族、蒙古族及塔吉克族等民族长期在塔里木盆地西部游牧，在历史变迁中他们的家畜中有乌兹别克斯坦、土库曼斯坦与吉尔吉斯斯坦等地区家畜的血统混入，也将中亚地区的骆驼传入西域。19 世纪后半叶，英国、印度、阿富汗商人大量进入柯坪县境内经商，并多用“驼运”来完成贸易，这对塔里木双峰驼的形成有一定的影响。在清代，塔里木双峰驼作为交通工具非常重要，《轮台杂记》记载：“骆驼足高，步辄二三尺，虽徐步从容，日行常一二百里，故追马须骡，追骡须骆驼，理所当然。”这给予骆驼很高的评价。驼绒是当地人生活必需品，至清代时人们就用驼绒织布了。

塔里木盆地边缘绿洲上世代居住着各少数民族，千百年来，与恶劣自然环境的抗争成为他们保卫家园的必然选择，而骆驼成就了他们辉煌的历史。由于骆驼在当地人生活中所起的重要作用，故在当地可居六畜之首，是财富的象征。在历史上，维吾尔人不食驼奶、驼肉，以表达对骆驼的敬意。维吾尔人待客主要宰羊，而用骆驼肉待客则是最高的礼遇；如在婚庆、寿宴时赠送成年体格高大的骆驼，表示对主人的无比尊敬。新中国成立前维吾尔人的交通工具主要是骆驼，同时也用骆驼进行耕地、驮运。

（三）准噶尔双峰驼的形成

天山以北自古就是优良的牧场，养驼历史悠久。《汉书·常惠传》中载："乌孙贡驴、骡、骆驼。"唐代"丝绸之路"从长安城出发经敦煌、安西，沿着天山北坡到伊犁并通往中亚一带，直至西方，在此过程中骆驼起着至关重要的作用。18 世纪中期从今哈萨克斯坦、吉尔吉斯斯坦地区东迁的哈萨克牧民带入一些当地骆驼，以后游牧在阿勒泰地区的哈萨克牧民与蒙古牧民进行贸易来往，也带入一部分当地骆驼。在贸易交往中骆驼成为当地人最密切的帮手，群众重视引入并培育骆驼，奠定了准噶尔双峰驼的基础。在清朝新疆已建有牧驼场，设有驼政机构，养驼业已有一定的规模。商人依靠骆驼东去蒙古草原，西北经塔尔巴哈台（今塔城地区）、伊犁到中亚国家，这些商贸活动促进了准噶尔双峰驼的形成。

哈萨克牧民多游牧，骆驼是搬迁、转场的主要交通工具，因此，骆驼成为哈萨克族游牧文化不可分割的一部分。哈萨克文学中有许多关于骆驼的乐曲和故事。哈萨克族的节日中有"萨热阿覃早扎"，是为纪念因守护骆驼而牺牲的小女孩而设立的。白杨河上游有一座山叫作"推也巴斯"，在哈萨克语中意为"骆驼头山"。每年水草丰美的季节，在塔城、巴里坤、木垒等哈萨克族聚集的牧区，哈萨克人都会举行大型集会——"阿肯弹唱会"，集会上不仅有弹唱、赛马等项目，还进行赛驼比赛。如今少数民族运动会也是当地重要的娱乐活动，除传统比赛项目，赛驼比赛最具特色。这些社会文化活动对准噶尔双峰驼的形成有一定的促进作用。

（四）苏尼特双峰驼的形成

中国考古工作者和古生物学家考证，原驼于冰河时期越过白令海峡陆桥，到达中亚和蒙古高原满洲里的这一支，由于能适应荒漠的自然环境，故在这一带繁衍生息。近年在中国北方和西北出土的骆驼骨骼、骆驼粪化石和岩画等，证明中国驯养的双峰驼历史悠久。锡林郭勒盟、乌兰察布市及其邻近地区，自古就是驯养骆驼之地。据《史记》记载：公元前 200 年，冒顿单于以 40 万骑兵，围刘邦于平城（今山西省大同市北），曾动用大量骆驼、驴、骡供使役。远在宋代以前，苏尼特地区就已大量牧养和使用骆驼。

清代在北方的对外交通贸易路线主要有三条，其中两条途经锡林郭勒盟和乌兰察布市（一条是北京—张家口—乌兰巴托—恰克图，一条是天津—北京—呼和浩特—科

布多）。主要以骆驼作为长途运输工具供驮载。在其他很多重要驿道上，也动用大量骆驼供传递信息和转运客货。这些经济、生活需要促进了苏尼特双峰驼的形成。

（五）青海双峰驼的形成

骆驼是荒漠动物，嗜盐成性，又能充分利用荒漠植物作饲料，能忍耐酷热、严寒，在缺少水草的条件下也能继续生活，并像牦牛一样能适应高原稀薄的空气。柴达木盆地自古为荒漠、半荒漠、沼泽地带，草原上遍布盐湖，气候严寒、干燥、缺氧，地理和生态环境特点适合骆驼生息繁衍。古羌人善于驯养食草动物，而性较温驯、易捕易驯、饲养简便的野骆驼，就被猎捕驯养了。虽然在青海省境内目前尚未发现驼骨化石，但从已经发现的驼粪来考证，青海双峰驼是古羌人在新石器中期进入柴达木地区以后开始驯化的野驼，尔后逐渐驯养成家畜的。

秦汉以后，有不少其他民族如鲜卑、吐蕃、汉族等相继迁入，当地骆驼加入了来自各地骆驼的血液，青海驼品种逐渐形成。例如，公元 310 年鲜卑族吐谷浑率部到达黄河河曲的赤水（今青海省共和县）和柴达木盆地东南部的白兰山（今青海省都兰县西南一带），吐谷浑来自盛产骆驼的内蒙古等地，习尚养驼，骆驼随之迁徙是必然的事。后来吐谷浑据有整个青海，地兼鄯善、且末。吐谷浑人不仅精通骆驼的习性和生产性能，而且牧驼的数量甚多。吐谷浑与氐羌人杂居，从事游牧，由氐羌人繁育起来的土著骆驼受到民族融合及混群混牧的影响，当然会加入吐谷浑从蒙古带来的蒙古驼的血液。

13 世纪后，蒙古大军多次进入青海，最后统治整个青海，蒙古骆驼等牲畜大批涌入青海牧地，元政府设有专人管理牧政，青海成为全国十四个群牧所之一。这期间，青海养驼业有所发展。

到明代，卫拉特蒙古四部中的和硕特部首领固始汗率兵从新疆来到今海西地区，大群蒙驼牧于柴达木、青海湖周围及河曲一带。

到清代，青海的蒙古族被划为五部二十九旗，海西地区有蒙古旗八旗，而这些地区自古到今就是骆驼集中产区，清政府在此设有卫所，掌管驼只、稽核、刍牧之事。由此可见，自 13 世纪蒙古族政权进入青海到清代的七八百年中，柴达木地区的骆驼主要是由蒙古族饲养。骆驼在蒙古牧民的长期繁育下，形成了一个属于蒙古驼系统的青海双峰驼（柴达木骆驼）。

20 世纪 30 年代，原住新疆的哈萨克族 1800 余户，陆续迁入青海省海西地区，带来大批哈萨克系统的骆驼。哈萨克族不断迁徙，到中华人民共和国成立前夕，只剩下 800 多人了。哈萨克驼大部分流散在柴达木各地，因此，柴达木骆驼又混有哈萨克驼的血液。

1952—1954 年，青藏公路尚未建成通车，中国共产党西藏工作委员会从甘肃省、内蒙古自治区购进骆驼 2 万多峰，以茶卡、香日德、诺木洪一线为放牧基地。1955 年青藏公路通车后，将该部所有骆驼移交青海省，成立青海省柴达木骆驼场，成为青海省柴达木骆驼一个重要组成部分。

海西州畜牧兽医工作者对柴达木骆驼的生产、育种、科研和技术推广等方面做了大量工作：他们首先进行骆驼产区资源调查和区划工作，为养驼业的发展提供了科学依据；对柴达木骆驼生理指数、生产性能、体尺、体重等进行了测定；提出了柴达木骆驼的选育方案，组建了骆驼选育群，培训了一批养驼及育种方面的专业骨干人员。在历代牧民的长期选育和畜牧工作者有意识的培育下，形成了如今的柴达木骆驼。

（六）河西双峰驼的形成

河西地区与内蒙古毗连，同是中国双峰驼的起源地和最早驯养的地区之一。在今嘉峪关市西北发现的8位牧人狩猎3峰野骆驼的“黑山石刻画像”，证明河西一带早就有了骆驼。现在河西地区的肃北蒙古族自治县、马鬃山、阿尔金山和安南坝等地还有野骆驼存在，称为哈尔布盖野生双峰驼。

第二节　我国现有骆驼品种

一、阿拉善双峰驼

阿拉善双峰驼主要分布在内蒙古自治区阿拉善盟境内并且分布范围较广，包括阿拉善盟巴丹吉林沙漠和腾格里沙漠及周边的阿拉善左旗、阿拉善右旗和额济纳旗；东至巴彦淖尔市临河区、鄂尔多斯市，西至甘肃省肃北蒙古族自治县、阿克塞哈萨克族自治县，这也是我国双峰驼的主要产区。阿拉善双峰驼于1990年由内蒙古自治区人民政府命名，是阿拉善盟两大优势畜种之一。从历史上考证，远在5 000年前阿拉善双峰驼就已经开始被驯养，作为一个古老的原始品种，在进化过程中形成了许多独特的适应荒漠草原的生物学特征，长期生存在相对独立的生态环境中，始终保持着纯正的血统和优良的特性，是珍贵的国家原始优良畜种保护资源，在继承蒙古族传统文化和保护阿拉善草原生态平衡中发挥着重要作用。阿拉善双峰驼驼绒品质名列世界同类产品之首，细度指标接近羊绒，曾获美国阿米卡公司“优质驼绒金奖”。驼肉、驼乳是生态、健康、营养、放心的动物食品。

据2020年统计，阿拉善双峰驼在内蒙古自治区阿拉善盟境内存栏13.36万峰，其中繁殖母驼6.3万峰，挤乳母驼0.7万峰，养驼牧户2 100余户，从事养驼业人数4 800多人，挤乳大户469户，日产驼乳16t。

（一）中心产区自然生态条件

阿拉善双峰驼中心产区位于北纬37°—43°、东经97°—107°，海拔高度100～1 700m。年平均气温7.6～8.3℃，无霜期130～160d，年降水量37（额济纳旗）～400.2（鄂尔多斯）mm，多集中在7—9月；年蒸发量3 000mm以上。年平均日照时

数 3 400h。最大风力 10 级，全年 8 级以上大风 10～50d，多为西北风。年沙尘暴日数 8～20d。

产区气候干燥、雨量稀少、风大沙多、日照强烈，草场类型分为滩地、沙漠湖盆、低山丘陵及戈壁四种。共同特点是植被稀疏，覆盖度仅为 10%～30%，主要以灌木和半灌木为主，多年生和一年生草本居次要地位。株矮根深，叶狭多刺。优势草种有：珍珠草、红砂、碱柴、冷蒿、白刺、霸王、猫头刺、梭梭、柠条、沙拐枣、沙米、沙竹、芦苇、绵刺（包大柠）、狭叶锦鸡儿、短叶假木贼、列氏合头草、驼绒藜、戈壁针茅、沙蒿、茵陈蒿、花棒、旱地早熟禾、红柳、刺蓬、无芒隐子草、沙葱、盐爪爪等。其他家畜只能利用少数这些植物，而骆驼几乎能全部利用。

水源主要为黄河、额济纳河湖盆，黄河年入境流量 3 150 亿 m^3；额济纳河是季节性内陆河流，在境内流程约 250km，有大小不等的湖盆 500 多个，集水面积约 400km^2。

土壤多为灰漠土及灰棕漠土，局部地区为灰棕荒漠土。有机质含量低，仅 0.2%～0.6%；含有一定盐分，酸碱度（pH）8.2～9.6，有碱化现象。草原总面积 127 万 km^2，占土地总面积的 47.1%。可利用草原面积 91.5 万 km^2，每公顷产可食牧草 5～20kg。

（二）品种特性

阿拉善双峰驼主要特性有：①耐粗饲。对当地贫瘠的荒漠、半荒漠草原植被具有极强的适应力，产区植物多带有硬刺和异味，其他牲畜不喜采食，却是骆驼的好饲草。②耐饥渴。一次可饮水 50～70kg，在短期内能迅速长膘壮峰，贮备营养；喜静，不狂奔，不易掉膘。在不使役的情况下，一年抓满膘，可抵抗两年的旱灾。一般 7～9d 不喝水不影响其正常生理活动。骟驼耐饥渴性最强，带羔母驼次之，公驼较差。③对恶劣环境耐受力强，尤其对风沙、干燥抵抗力强。能抵御最低气温－33.6℃和地表温度－38.6℃及大风的侵袭，不致冻死；暖季最高气温 33.9℃和地表温度 71.1℃以下，能够行走和正常采食抓膘。④厌湿。要求有干燥的环境，对潮湿很敏感，在湿度大而炎热的地带饲养，易消瘦、发病增多。⑤嗜盐。对盐分的需要明显较其他家畜多。喜食灰分含量很高的藜科植物，常在缺乏盐生性草的牧场放牧时，必须给骆驼补盐，否则会降低其食欲、易发病，甚至失去使役能力。⑥合群性低。合群性不如其他家畜强，在放牧员收拢或受到惊吓时，方可集结成群。骆驼有群居习性，也有自主性，出牧、归牧一般都是一条龙行走；放牧时 3～5 峰成一小群分散采食。母驼合群性比骟驼和幼驼强。⑦有留恋牧场的习惯。对长期生活、放牧采食的牧场顽固留恋，当移入新牧场后，往往会回到旧牧场上去采食。

（三）体型外貌

1. 外貌特征 阿拉善双峰驼（图 1-1 和图 1-2）骨骼坚实，肌肉发达，体躯呈高长方形，整体结构匀称而紧凑，膘情好时双峰大而直立。

图 1-1　阿拉善双峰驼公驼

图 1-2　阿拉善双峰驼母驼

母驼头清秀、短小，呈楔状；公驼头粗壮，高昂过体。额宽广，脑盖毛密而长。嘴唇裂似兔唇。耳小而立，呈椭圆形。鼻梁隆起，鼻翼内壁生有长约 1cm 的短毛，鼻孔斜开。眼呈菱形，眼球突出，明亮有神，上眼睑密生 3～5cm 长的睫毛。颈呈“乙”字形弯曲，长短适中，两侧扁平，上薄下厚，前窄后宽，长 100cm 左右，颈沟短、颈础低，上缘生有 10～15cm 长的鬃毛，下缘生有 40～52cm 长的嗉毛，公驼鬃毛、嗉毛发达。

阿拉善双峰驼的双峰大小适中，驼峰间距约 35cm，高 30～45cm，双峰挺立，呈圆锥状。峰顶端生有 15～25cm 的长毛，称为峰顶毛。骆驼峰型除受遗传因素影响外，多数由膘情决定。营养状况良好时，两峰蓄积的脂肪达极限，峰两侧的脂肪突出；中上营养水平时两峰挺立；中等营养水平时峰内脂肪只有容积的一半左右，峰缩小并倾向一侧；中下等营养水平时双峰自由地向某一侧下垂；营养缺乏时两峰呈空囊状，倒伏于背腰，骨骼棱角明显。根据骆驼营养及膘情，驼峰有双峰直、前直后倒、后直前倒、前左后右、后左前右、双峰左倒、双峰右倒等类型。

肋骨宽大、扁平、间距小，胸深而宽，胸廓发育良好。腹大而圆，向后卷缩。背短腰长，背腰结合部有明显凹陷，欣大，尻短、向下斜。尾短小，尾毛粗短，称为尾尖毛。四肢关节强大，筋腱明显，前肢上膊部生有发达的肘毛，后肢多呈刀状肢势。蹄大而圆，蹄掌厚而有弹性。阿拉善双峰驼的七块角质垫，分别在胸、肘、腕、膝，卧地时全部着地。

公驼睾丸呈椭圆形，位于肛门下、两股中央；龟头呈螺旋状，龟头末端向后折转，排尿向后间歇射出。母驼阴户较小，会阴短；乳房小，呈四方形，有四个乳头，前大后小。

阿拉善双峰驼毛色以杏黄色为主，不同的生态环境条件下呈现出不同的毛色，大致分为褐、棕红、黄、乳白等四种颜色。粗毛颜色较深，绒毛颜色较浅。

2. 体尺、体重　2006 年 11 月，内蒙古自治区阿拉善盟畜牧研究所（阿拉善盟骆驼科学研究所）在内蒙古自治区阿拉善盟境内用随机抽样的形式测定了各年龄段公母驼驼体尺、体重，测定结果如表 1-1 所示。

表 1-1　阿拉善双峰驼各年龄段体尺、体重测定结果

育成驼	3 周岁		4 周岁		5 周岁		6 周岁		7 周岁	
	公	母	公	母	公	母	公	母	公	母
体高（cm）	163	162	166	163	168	164	170	166	172	168
体长（cm）	131	130	138	134	141	140	144	142	148	144
胸围（cm）	182	180	194	188	204	198	214	208	224	214
管围（cm）	17	16.5	18	17	19	18	19.5	18.5	20	19
体重（kg）	360	320	400	350	440	390	460	420	500	450

2009 年内蒙古自治区阿拉善盟畜牧研究所（阿拉善盟骆驼科学研究所）工作人员检测 79 峰白骆驼和 35 峰黄骆驼的体尺及生产性能，结果如表 1-2 所示。

表 1-2　阿拉善白骆驼和黄骆驼生产性能及体尺

峰数	性别	被毛色	毛长（cm）	绒层厚度（cm）	绒毛细度（μm）	产毛量*（kg）	体高（cm）	体长（cm）	胸围（cm）	管围（cm）
79	母	白	11.31	5.75	17.95	4.2	167	143	208	18
35	母	黄	11.33	5.56	18.15	4	168	146	209	17.8

（四）生产性能

1. 产乳性能　阿拉善双峰驼 15 个泌乳月中可产乳 757.7kg，平均日产乳 1.68kg，乳脂率 5.17%，驼乳中干物质、蛋白质和脂肪均高于牛乳和山羊乳。

2. 产肉性能　阿拉善双峰驼体大，屠宰率 54.6%，净肉率 38.6%。阿拉善双峰驼骟驼屠宰试验结果如下：2006 年 12 月，内蒙古自治区阿拉善盟畜牧研究所（阿拉善盟

* 产毛量指产绒毛和粗毛之和，如果无特殊说明，本书中产毛量均指每峰骆驼一年的产量。

骆驼科学研究所）对5峰不同年龄骟驼做了屠宰分析试验，结果如表1-3所示。

表1-3 阿拉善双峰驼屠宰试验结果

驼号	性别	年龄	活体重（kg）	胴体重（kg）	屠宰率（%）	净肉重（kg）	净肉率（%）
1	骟	9	776	394	50.8	313	40.3
2	骟	8	500	278	55.6	202.8	40.6
3	骟	6	450.4	241.7	53.7	165.5	36.7
4	母	5	439.4	249.2	56.7	170.3	38.8
5	母	8	464.5	262	56.4	170.7	36.7
均值			526.1±141.6	285±62.5	54.6±2.44	204.5±62.5	38.6±1.9

3. 产毛性能 阿拉善双峰驼平均产毛量4.5kg，个别骆驼产毛量高达8～10kg，净毛率70%～85%；绒细度为（18±4）μm，绒纤维细长、色泽好，素以“王府驼绒”著称于国内外。2007年对70峰阿拉善双峰驼产毛量、绒厚、绒毛细度进行了测定，测定结果如表1-4所示。

表1-4 阿拉善双峰驼产毛性能

性别	峰数	项目	产毛量（kg）	毛长（cm）	绒层厚度（cm）	绒毛细度（μm）
母	60	均值	4.22±0.73	11.04±1.68	5.8±0.66	19.0±1.93
		变异系数（%）	17.4	15.2	11.3	10.2
公	10	均值	4.14±1.02	9.7±2.5	5.45±1.34	19.3±1.02
		变异系数（%）	24.6	25.7	24.6	24.6

4. 繁殖性能 阿拉善双峰驼母驼初情期开始年龄为3岁，公驼4岁，但营养状况好的公驼在3岁时就出现性反射。开始配种年龄为母驼4～5岁，公驼5～6岁。母驼和公驼的繁殖年龄都可达到20岁以上，1峰母驼一辈子可产6～7胎。

母驼发情季节是冬春季12月下旬至翌年2月下旬。母驼生殖生理上和其他家畜不同的一个最大特点是诱导排卵，在交配后的32～48h排卵，怀孕期为395～405d，一般是2年产1羔。公驼的性行为具有明显的季节性，在11月中旬逐渐出现性活跃的现象，但从12月上旬才明显开始发情，到下一年的4月中旬结束。

5. 役用性能 近些年内蒙古自治区阿拉善盟旅游业发展迅速，以特色旅游为主，骆驼是旅游项目中的亮点之一。为了满足国内外旅游者的消费需求，在旅游景区内新增添以骆驼为主的娱乐、竞技、比赛等项目，在充分发挥本地区旅游资源优势的同时，又能保护和发展阿拉善双峰驼种质资源。

阿拉善双峰驼目前仍是荒漠地区冬春季节牧民的主要骑乘工具，可挽、驮、耕综合利用。其腿长、步幅大，行走敏捷，且持久力强，每天骑乘8～9h快慢步交替可行60～75km。短距离行走时速可达15km。1981年11月塔木素骆驼骑乘赛中，创纪录者跑完10km仅用24min。1983年阿拉善右旗种公驼评比会，骑乘赛中40min 4s跑完15km。每峰驮重量达150～200kg，产区盛产食盐、土碱、药材等物资，每年冬季均由骆驼运出。

（五）阿拉善双峰驼品种类型

根据体质外形、自然特征和选育的特点，阿拉善双峰驼可分为戈壁驼（南、北戈壁驼）、沙漠和长眉驼三大类。

1. 戈壁驼又分为南戈壁驼和北戈壁驼

（1）南戈壁驼　主要分布在内蒙古自治区阿拉善盟额济纳旗的西戈壁与马鬃山交界的广阔地带，阿拉善右旗的巴丹吉林与龙首山、合黎山交界的广阔地带，乌兰布和沙漠向戈壁过渡的狭长地带。南戈壁驼以杏黄、粉红、紫红、棕色为主体毛色，占60%～80%。被毛长密，光泽良好，体格结实紧凑，肌肉丰满，躯短而胸廓发育良好，四肢结实有力。

（2）北戈壁驼　主要分布在中蒙国境线以南，乌力吉山区及其以北的广大戈壁地区。北戈壁驼（图1-3和图1-4）以紫红、粉红、棕色、杏黄为主体毛色，占60%。个体粗壮，发育充足，肌肉发达，颈长短适中，胸廓发育好，四肢端正，周身被毛色调较深为其主要特征。血统与蒙古驼相近，20世纪60年代以前尚存在少量的种公驼交换。

图1-3　阿拉善双峰驼北戈壁驼公驼

图1-4　阿拉善双峰驼北戈壁驼母驼

2. 阿拉善沙漠驼　主要分布在巴丹吉林、腾格里、乌兰布和三大沙系内外及其相

邻的灰漠土地区。阿拉善沙漠驼（图 1-5 和图 1-6）的毛色以杏黄、粉红为主体，周身绒毛色调较浅，约占 50%。绒毛细密，粗毛比例较低。头颈清秀。整体结构匀称而偏轻，后肢外向者居多。内蒙古自治区阿拉善盟额济纳旗古鲁乃湖及阿拉善左旗南部腾格里沙漠中由于水质较差，有大量骆驼骨质发育不良。

图 1-5　阿拉善沙漠驼公驼

图 1-6　阿拉善沙漠驼母驼

3. 阿拉善长眉驼　长眉驼（图 1-7 和图 1-8）在内蒙古自治区阿拉善地区饲养历史悠久，早在 100 多年前，就有当地牧民饲养长眉驼的记载。长眉驼也是我国现有骆驼品种中存在数量很少的品种，全国仅有 300 余峰，阿拉善地区饲养的长眉驼有 100 峰左右，占全阿拉善盟骆驼的 1%，主要分布在阿拉善北部的阿拉善左旗银根苏木、敖伦布拉格镇、吉兰泰镇和阿拉善右旗塔木素苏木。银根苏木是长眉驼数量较多的苏木。

阿拉善长眉驼个头偏高，体格健硕，结构匀称，双峰笔直，峰间距较小，尻部圆润发达，四蹄结实，尾础略高，尾略短。产毛量高于正常骆驼，大约在 11kg（除去肘毛、嗉毛）。有资料显示，相同环境下，普通家养骆驼产毛量是长眉驼的 70%左右。长眉驼脸部绒毛、脑盖毛、眉毛、耳朵周围绒毛非常茂盛，带有卷曲，长度可达到 10cm 以上；嗉毛较普通家养骆驼短；但体侧和驼峰处毛较普通家养骆驼长得多，且毛、绒长短分界明显，长毛可随风飘起，体侧绒毛光泽度不如普通家养骆驼。据放牧的人说，长眉驼到了剪毛的季节，绒毛交织在一起，必须用剪刀人为辅助脱落，脱落下来的是一整块的绒毛层；长眉驼腕关节、膝关节以下即掌骨部、尺骨部内侧绒毛茂盛，且生长方向不一，犹如小孩头顶带旋一般。

图 1-7　阿拉善长眉驼

图 1-8　脱毛后的阿拉善长眉驼

二、苏尼特双峰驼

苏尼特双峰驼主要分布在内蒙古自治区的锡林郭勒盟、乌兰察布市及其邻近地区，但以苏尼特右旗、苏尼特左旗、四子王旗、二连浩特市为中心产区，呼伦贝尔市、通辽市与赤峰市也有分布。内蒙古自治区锡林郭勒盟西部和乌兰察布市北部的草场，主要是干旱草原和半荒漠草原。从西北到东南走向的小腾格里沙带，都是固定和半固定沙丘，草生条件一般较好，又由于使役较轻，故驼体一般较大，品质较好。本地区因气候寒冷，故所产苏尼特双峰驼绒层厚密，但绒纤维较粗，保护毛也较发达。日可挤乳 2～2.5kg。

2017 年中心产区有苏尼特双峰驼 15 000 峰，比 2005 年有所增长。苏尼特双峰驼已经无濒危危险。

（一）中心产区自然生态条件

中心产区锡林郭勒盟位于北纬 42°32′—46°41′、东经 111°59′—120°10′，地处内蒙古自治区中部，北与蒙古国接壤。地势由西南向东北倾斜。东南部多低山丘陵，盆地错落；西北部多广阔平原盆地；东北部为乌珠穆沁盆地，河网密布、水源丰富；西南部为浑善达克沙地。海拔在 1 000～1 500m。属中温带干旱、半干旱大陆性气候，具有寒冷、多风、少雨的气候特点。年平均气温 0～3℃，且自西南向东北递减，极端最高气温 41.5℃，极端最低气温－41℃；无霜期 110～140d。年降水量 200～350mm，主要集中于 7—9 月；年蒸发量 1 700～2 600mm。全年日照时数大部地区为 2 900～3 000h。年平均风速 5.3m/s。风沙天气主要集中于春季的 4—5 月，此期沙尘暴占全年的 60%以上。地表水主要分为三大水系，即滦河水系、呼尔查干诺尔水系和乌拉盖水系。全盟土壤种类多，主要土类有灰色森林土、黑钙土、栗钙土、棕钙土等。

苏尼特双峰驼产区是天然草场，几乎没有耕地。2005 年草原面积 1 920 万 hm^2，可利用草场面积 1 760 万 hm^2。草原类型属于干旱草原向荒漠过渡的半荒漠草原带，有草甸草原、典型草原、荒漠草原、沙地草场、沼泽五种类型。主要植被有贝加尔针茅、绣线菊、大针茅、克氏针茅、冰草、羊草、冷蒿、小针茅、多根葱、小叶锦鸡儿、沙蒿等。灌木和半灌木成分由东向西逐渐增加。

森林资源贫乏，森林面积 2.49 万 hm^2，天然林面积占总林地面积的 64%。天然林主要分布在东部和东南部山地；人工林多分布在南部旗县，主要是农田防护林和用材林。由于地域辽阔，树种资源较为丰富，主要有杨树、榆树、白桦、蒙古栎、云杉、山杏、沙棘、枸杞、锦鸡儿等。

（二）品种特性

苏尼特双峰驼因其组织结构和生理机能的特殊性，经长期的人工选择和自然选择，能够在极其贫瘠的荒漠草原上繁衍生息，喜欢采食荒漠草原上其他畜种所不能采食的坚硬枝条、高大灌木、恶臭草类及带刺植物，所以不与其他畜种争草场。在 5～7d 未进食任何饮水和饲草料的情况下仍能使役。在夏季气温高达 47℃、地表温度高达 65℃，冬季最低气温－36.4℃情况下，骆驼在无庇荫、无棚圈条件下仍能正常生活。眼、鼻、耳具有特殊结构和技能，使其能在 7～8 级风沙天气照常行走采食。苏尼特双峰驼长期在其他畜种难以生存的草场上生活，疫病传染途径相对少，其体魄强壮，对各种疾病、特别是对传染病抵抗力较强，对恶劣的环境有顽强的适应性。

（三）体型外貌

1. 外貌特征　苏尼特双峰驼（图 1-9 至图 1-11）体质粗壮结实，结构匀称而紧凑，骨骼坚实，肌肉发达。体躯呈高长方形，胸深而宽，腹大而圆，后腹显著向上收缩，

背长腰短，结合良好，尻短而向下方斜。头呈楔形，头顶高昂过体，母驼头清秀，公驼头粗壮。眼眶拱隆，眼大。眼球突出。上唇有一天然纵裂，口角深。鼻孔斜开，鼻翼启闭自如。鼻梁微拱，与额界处微凹，额宽广。枕骨脊显著向后突出。耳椭圆形、小而立。颈长而厚，两侧扁平，上薄下厚、前窄后宽，呈“乙”字形弯曲。颈础低，颈肩背结合良好。四肢粗壮，肢势前低后高，前肢直立如柱，关节大而明显，上膊部密生肘毛，公驼尤为发达。前、后蹄大而圆，蹄掌富有弹性。后肢较长，大腿肌肉丰富，多呈刀状肢势。

图 1-9　苏尼特双峰驼公驼

图 1-10　苏尼特双峰驼母驼

毛色以棕红色为主，杏黄色、白色、褐色毛较少。绒毛光泽好，强度高，绒层厚且绒毛比率高。

图 1-11　苏尼特双峰驼群体

2. 体尺、体重　2015 年内蒙古自治区阿拉善盟畜牧研究所（阿拉善盟骆驼科学研究所）工作人员在内蒙古自治区锡林郭勒盟苏尼特右旗额仁淖尔苏木塞音锡力嘎查检测的苏尼特双峰驼平均体尺如表 1-5 所示。

表 1-5　苏尼特双峰驼体尺、体重

性别	峰数	体高（cm）	体长（cm）	胸围（cm）	管围（cm）	体重（kg）
母	23	164.57	147.78	214.13	17.13	510
公	17	176	148	217	19	518

（四）生产性能

1. 产肉性能　苏尼特双峰驼在抓好秋膘后，有较高的肉脂生产性能。牧民冬季宰杀骟驼或母驼作为肉食，一般能得到净肉 250～350kg，最多可得净肉 480kg。

2. 产毛性能　2015 年内蒙古自治区阿拉善盟畜牧研究所（阿拉善盟骆驼科学研究所）工作人员在内蒙古自治区锡林郭勒盟苏尼特右旗额仁淖尔苏木塞音锡力嘎查对 40 峰苏尼特双峰驼公母驼的产毛量进行了测定，公驼平均 4.7kg，母驼平均 4.0kg。

3. 繁殖性能　苏尼特公驼 4 岁性成熟，5 岁参加配种，可利用年限 12～15 年；母驼 3 岁性成熟，4 岁参加配种，可利用年限 20 年。公、母驼发情季节明显，一般在 12 月到下一年的 3 月份结束。母驼发情期 20d，妊娠期 400d 左右。

4. 役用性能　苏尼特驼的役力较强，以“能驮善走”著称。长途运输，每峰骆驼可驮重 150～250kg。自 20 世纪 80 年代后，骆驼的役用性能逐渐减少，被摩托车和汽车所代替。骆驼的役用性能逐渐转换成经济性能——乳用、肉用和毛用。

三、塔里木双峰驼

新疆维吾尔自治区也是我国主要养驼产区之一，现有骆驼数量约 17 万峰，占全国骆驼总数量的44.7%。塔里木双峰驼主要分布在东疆的哈密，北疆的塔城地区、昌吉回族自治州、阿勒泰地区，南疆的阿克苏、和田、巴音郭楞蒙古自治州的荒漠草场地带。在长期的进化过程中，塔里木双峰驼形成了适应独特的荒漠化生态条件的器官和生活习性，具有耐粗饲、耐渴、耐饥饿、耐热、耐寒、抗风沙及擅长长途奔走等诸多特性。

2007年末新疆塔里木双峰驼存栏约2.7万峰，其中阿克苏地区约1.10万峰，巴音郭楞蒙古自治州8 500峰，克孜勒苏柯尔克孜自治州6 500峰，和田地区1 000峰。

（一）中心产区自然生态条件

塔里木双峰驼产区塔里木盆地中部是我国最大的流动性沙漠——塔克拉玛干沙漠，海拔800～1 300m。属温带大陆性干旱气候，气候干燥，降水稀少。年平均气温10℃，最高气温25.5℃，最低气温－5℃；无霜期大都超过200d。近年年平均降水量不足90mm。

主要河流有塔里木河、阿克苏河、喀什噶尔河、喀拉喀什河、玉龙喀什河、提孜那甫河等。盆地沿天山南麓和昆仑山北麓，主要是棕色荒漠土、皲裂性土和残余盐土；昆仑山和阿尔金山北麓则以石膏盐盘棕色荒漠土为主；沿塔里木河和大河下游两岸的冲积平原主要是草甸土和胡杨林土，草甸土分布广。

中心产区柯坪县境内30%为平原盆地荒漠，70%为荒漠山地，2006年农田总面积约0.38万hm^2，主要农作物有小麦、玉米、谷子、水稻、棉花等。荒漠草场面积达13.91万hm^2，主要生长有麻黄、合头草、琵琶柴、骆驼刺、野麻、芦苇、甘草等。在未垦殖的干盐土荒地上，主要为琵琶柴、猪毛菜、芨芨草、骆驼刺、白蒿、白刺、芦苇等草质较差的牧草。平原南部的卡拉库勒胡杨林区，面积达3.66万hm^2，最长处48km，最宽处8km，林区洪水漫溢。境内的喀什噶尔河故道两侧，分布着大面积的沙丘、沙垄。

（二）品种特性

塔里木双峰驼在塔里木盆地极度干旱的自然环境下长期经历酷热、干旱、沙尘暴，高度适应当地自然环境。由于地理环境和维吾尔族饲养骆驼的习惯，塔里木双峰驼常年在荒漠草场上自由采食，无人看管。在无棚圈、无固定水源、饲草极度单一甚至匮乏的条件下，形成塔里木双峰驼耐寒、耐旱、耐粗饲、抗病力强、合群性好等特点。

（三）体型外貌

1. 外貌特征 塔里木双峰驼（图1-12和图1-13）体质细致紧凑，体躯呈高方形。头短小、清秀、略呈楔形，嘴尖，唇大而灵活，鼻梁平直，两个鼻孔闭合成线形，额宽、稍凹，生有3～5cm长的睫毛。颈长，肢高，胸较深而宽度不足，峰基扁宽，腹大而圆，后腹上收。背宽，腰短，结合良好，尻矮而斜。四肢粗壮。前肢直立，后肢呈刀状。尾毛短而稀，被毛较短，多呈棕褐色、黄色，嗉毛色较深。毛色随年龄增长而变化，出生时驼羔毛多呈灰色或灰褐色，成年驼多为褐色、红褐色、草黄色、红色和少量的乳白色。

图 1-12　塔里木双峰驼公驼
（阿扎提，拍摄于 2017 年）

图 1-13　塔里木双峰驼母驼
（阿扎提，拍摄于 2017 年）

2. 体尺、体重　见表 1-6。

表 1-6　塔里木双峰驼体尺、体重

性别	峰数	体重（kg）	体高（cm）	体长（cm）	胸围（cm）	管围（cm）
公	20	412	173	143.38	205.15	21.29
母	34	380	172	140	201.88	19.26

（四）生产性能

1. 产乳性能　塔里木双峰驼泌乳期一般为 1 年左右，通常草场好的情况下，牧民

在放牧条件下挤骆驼乳时为了不影响驼羔正常生长发育，只挤一侧前后两个乳区，剩余两个乳区留给驼羔吃，过去挤骆驼乳均采用人工挤乳，现在开始应用机器挤乳，一天挤一次，一次1kg左右。

2. 产毛性能 塔里木双峰驼的绒毛密度大，绒毛厚度由薄到厚顺序是肩部、体侧、股部。成年平均产毛量公驼4.23kg，母驼3.83kg。绒毛长度在7～8cm，细度为16～19.4μm。

3. 产肉性能 阿克苏地区屠宰测定结果表明，成年骆驼屠宰率51%，范围为38%～56%；净肉率平均35.75%，范围为25.21%～42.46%。膘情中等成年骟驼可宰肉170～200kg，脂肪20～25kg。

4. 繁殖性能 塔里木双峰驼公驼一般在4岁性成熟，5岁参加配种。母驼3岁性成熟，4岁参加配种。发情期在每年的12月到次年的1月底，发情持续10d左右，发情期为20～25d，妊娠期395～405d，繁殖成活率53.5%，驼羔成活率98.8%。

四、准噶尔双峰驼

（一）中心产区、分布及数量

准噶尔双峰驼中心产区为新疆维吾尔自治区阿勒泰地区富蕴县、塔城地区塔城市以及昌吉回族自治州木垒县，广泛分布于天山北坡山地、伊犁河谷、准噶尔西部山地、阿勒泰南麓山地、准噶尔盆地和巴里坤-伊吾盆地。

2007年末共有准噶尔双峰驼11.5万峰，其中阿勒泰地区5.2万峰，塔城地区2.5万峰，昌吉州2.2万峰、北疆其他地区1.6万峰。

（二）中心产区自然生态条件

准噶尔盆地位于北纬43°—49°、东经79°—96°，地处天山山脉和阿尔泰山脉之间，南宽北窄，东北与蒙古国接壤，西北与哈萨克斯坦共和国接壤，总面积约13万km^2。地势由北向南、由东向西倾斜，整个地形南北为高山，中间为低山丘陵区，盆地边缘为山麓绿洲，海拔500～1 000m（盆地西南部的艾比湖湖面海拔仅190m）。属冷温带大陆性气候。年平均气温3～7℃，1月平均气温多在－17℃以下，绝对最低气温－35℃以下；7月平均气温20～25℃。无霜期160d左右。盆地中部年降水量100～120mm，生长季蒸发量为1 000～1 200mm。

主要河流有乌鲁木齐河、玛纳斯河、奎屯河、四棵树河、额敏河、乌伦古河、额尔齐斯河等。土地主要为棕钙土、灰钙土，荒漠为灰钙土、灰棕色荒漠土，山地土质可分为高山草甸土、灰褐色森林土、黑钙土、山地栗钙土、棕钙土等。

盆地边缘为山麓绿洲，盛产棉花、小麦。盆地中部为广阔草原和沙漠。在盆地大面积的荒漠草原上，生长有抗寒、耐旱、耐盐碱的多种荒漠植物，主要有梭梭、琵琶柴、柽柳、假木贼、苦艾、地白蒿、沙蒿、碱蓬、麻黄、驼绒藜等，可供骆驼采食。

（三）品种特性

准噶尔双峰驼高度适应北疆地区荒漠半荒漠干旱生态环境，具有耐干渴、耐饥饿、耐粗饲、耐酷暑、耐严寒、嗜盐、耐风沙、厌湿、耐空气稀薄等特性，是善驮、挽且产毛、产肉性能较好的优良地方品种。

（四）体型外貌

1. 外貌特征 准噶尔双峰驼（图 1-14 和图 1-15）体质结实有力，粗壮低矮，结构匀称。头粗重又不短小，头后有突出的枕骨脊。额宽窄适中，嘴尖，兔唇，耳小、直立。眼大，眼眶拱隆，眼球凸出。颈粗，颈长适中，弯曲呈"乙"字形，肌肉发达有力，头颈、颈肩结合良好，鬐甲高长、宽厚，胸深、宽度适中，腹大而圆，有适度的拱圆，背宽，腰长，腰尻结合良好。背部有两个脂肪囊，前后相距 25～35cm，两峰高度 20～40cm，呈圆锥形，一般前峰高而窄、后峰低而广。尻部斜下方呈椭圆形，肌肉丰满。前两肢肢势端正，后肢多呈刀状肢势。前掌大而圆，后掌稍小、呈卵圆形。被毛粗糙，绒厚，长毛发达，毛色较深。毛色以褐色居多，黄色次之。

图 1-14 准噶尔双峰驼公驼
（阿扎提，拍摄于 2017 年）

图 1-15 准噶尔双峰驼母驼
（阿扎提，拍摄于 2017 年）

2. 体尺、体重 见表1-7。

表1-7 新疆各地双峰驼体尺、体重和产毛量

地区	性别	体高（cm）	体长（cm）	胸围（cm）	管围（cm）	体重（kg）	产毛量（kg）
阿尔泰	公	179	152	209	20	582	6.2
	母	166	146	206	18	479	4.8
和田	公	173	143	205	21	412	4.23
	母	172	140	201	19	380	3.83
伊犁	公	173	155	230	21		4.5
	母	168	151	226	21		3.4

（五）生产性能

1. 产乳性能 准噶尔双峰驼在自由采食情况下，母驼每天平均泌乳量达3kg左右，最高可达8kg（福海县有部分补饲饲料的奶驼平均日泌乳3～5kg）；泌乳期可达14个月。

2. 产毛性能 准噶尔双峰驼平均产毛量6.5kg，母驼4.0kg，公驼7.8kg，平均含绒量65%，驼羔及育成驼驼毛含绒量高。

3. 产肉性能 准噶尔双峰驼成年活重公驼580～600kg、母驼470～490kg，屠宰率52%左右。

4. 繁殖性能 准噶尔双峰驼初情期3～5岁，配种期4～5岁，妊娠期395～405d，繁殖年龄达20岁以上，母驼一生可产6～7只驼羔。

（六）新疆长眉驼

在准噶尔双峰驼中有个特殊的类群，就是木垒哈萨克自治县的新疆长眉驼，属于毛、乳、肉多用型地方原始品种，具有300多年的历史，经长期自然选育和风土驯化而成。其绒毛比其他骆驼长，产毛量比其他品种骆驼高出两倍多，所以该品种的经济效益非常好。

1. 中心产区、分布及数量 新疆长眉驼中心产区为新疆木垒县博斯坦乡，现在核心群存栏总数约300峰。木垒县位于新疆维吾尔自治区东北部，天山北麓。

2. 中心产区自然生态条件 中心产区地处木垒县以东30km的博斯坦乡，地理位置东经89°51′—92°19′、北纬43°14′—45°15′，地形三面环山，向西开阔，平均海拔高度为3 482m，最高气温为42℃，最低气温为－42℃，年平均气温为5℃，平均湿度54%～65%。年无霜期136～154d，全年日照时数3 070h，有效积温2 567～3 100℃。气候特点是高寒阴湿，冬春长而寒冷，夏秋短而凉爽。

3. 体型外貌

（1）外貌特征 新疆长眉驼属于毛、乳、肉多用型地方原始品种，体格大、体质结实而强壮、结构匀称。头部清秀，额宽窄适中，眼大耳小，耳呈椭圆形，眼睛有三层长睫毛。头、颈、肩结合良好，肩厚，颈粗壮而长，弯曲呈“乙”字形。鬐甲高而宽厚，胸部宽深适中。腹部大而圆，尻部倾斜、呈椭圆形，肌肉丰满。

新疆长眉驼（图1-16）毛绒的色泽有黄褐、浅黄、乳白、棕褐色等，品质优良的骆驼毛多为浅色。长眉驼具有一次性脱毛的特性，在产毛季节能一次性收取被毛。

图 1-16　新疆长眉驼
（阿扎堤，拍摄于 2017 年）

（2）体尺测量　见表 1-8。

表 1-8　新疆长眉驼体尺测量（cm）

性别	峰数	体高	体斜长	胸围	管围
公驼	36	183.69±3.086	145.52±7.445	86.71±19.341	18.28±1.783
母驼	79	175.7±16.95	147.78±5.477	91.25±10.165	21.63±5.085

4. 生产性能

（1）产毛性能　成年公驼平均产毛量为 6～15kg，成年母驼平均产毛量为 6～9kg。

（2）产肉性能　长眉驼的产肉量，一般在 160kg 以上，屠宰率 52%左右，肉质粗，脂肪占 25%左右。南疆型成年驼一般可产肉 200kg 左右，平均屠宰率 50%左右，净肉率 35%～40%。

（3）产乳性能　新疆长眉驼泌乳期一般为 1 年，但是牧民习惯挤乳 3 个月左右。在放牧条件下，不包括驼羔自然哺乳量，每峰母驼可日挤乳 0.7～1kg，在牧草旺盛季节，最高可达 1.5～3kg。

（4）繁殖性能　新疆长眉驼一般在放牧条件下母驼 3 岁性成熟，公驼 4 岁性成熟，初配年龄母驼 4～5 岁，公驼 5～6 岁。发情周期 10d 左右，冬季为母驼发情旺季（12 月下旬到 1 月中旬）。公驼一般在 11 月中旬到 3 月底发情，可持续 4 个月时间。

一般为自然交配，每峰公驼配种 15～20 峰母驼。妊娠期为 395～405d，平均受胎率 81%，两年产 1 胎，饲养管理好的条件下 3 年 2 胎。

五、青海双峰驼

（一）中心产区及分布

青海双峰驼主产于柴达木盆地，又称柴达木骆驼。主要集中在青海省海西蒙古族藏族自治州的乌兰、都兰、格尔木三县（市）境内，毗邻的海南藏族自治州的贵南、兴海县也有少量分布。

（二）中心产区自然生态条件

柴达木盆地位于北纬36°00′—39°20′、东经90°30′—99°30′，地处青海省西北部、青藏高原北部，总面积约为25万km^2。东起青海湖，南至昆仑山，西缘阿尔金山，北靠祁连山。地势西北高、东南低，地形由边缘向中央为高山—戈壁—风蚀丘陵—平原—盐沼，海拔2 600～3 200m。属于干旱大陆性气候。年平均气温2.3～4.4℃，无霜期88～234d。年降水量15～210mm；蒸发量是降水量的10～14倍；相对湿度33%～43%。年平均日照时数2 971～3 310h。冬春季大风多，年平均风速2.6～3.8m/s。

产区河流较多，为内流水系，主要有柴达木河、格尔木河两大河流。土壤东部为灰钙土亚区，西部为荒漠土亚区，土壤类型垂直分布为灰钙土—荒漠土—盐碱土—草甸土—沼泽土。农作物主要有春小麦、青稞、豌豆、玉米、蔬菜等；盆地边缘地区种植果树和枸杞等。草场面积为1 043万hm^2，以荒漠草场为主，其次为拂子茅草场和滩地芦苇草场。主要牧草有芦苇、赖草、白刺、猪毛草、锦鸡儿属植物、红砂、盐爪爪、拂子茅属植物、柽柳、蒿属植物、碱蓬、骆驼蓬等。

（三）品种特性

青海双峰驼抗寒、抗旱能力强，耐粗饲、耐饥渴，负重大、善游走，不怕风沙、不畏严寒，对贫瘠的荒漠、半荒漠草原具有极强的适应性，对恶劣的环境条件有顽强的适应力和抵抗力，尤其对风沙、干燥抵抗力强，能抵御最低气温－33.6℃、地表温度－38.6℃与大风的侵袭而不致冻死；暖季在最高气温33.9℃、地表温度71.1℃之下，不影响行走。无风沙的好天气鼻孔全开，有风沙时鼻孔关闭。柴达木地区的荒漠、半荒漠地带多生长碱柴（卡巴）、鳍蓟（茨盖）、刺蓬、芦苇、芨芨草、红柳、梭梭等植物，这些植物都带有硬刺和异味，马、牛、羊不喜采食，但却是青海双峰驼的好饲草。

1. 外貌特征 青海双峰驼（图1-17至图1-19）体型粗壮结实，头短小，嘴尖细，唇裂。眼眶骨隆起，眼球外凸。额宽广而略凹，耳小直立、贴于脑后。颈脊高而隆起，颈长，呈“乙”字形大弯。前峰高而窄，后峰低而广，峰直立丰满为贮积大量脂肪的特征。胸宽而深，肋拱圆良好，腹大而圆、向后卷缩。尻短斜，尾短细。前肢大多直立，个别呈X状，后肢多呈刀状肢势。蹄为高弹性的角质物构成，前蹄大而厚、似圆形，后蹄小而薄、似卵圆形，每蹄分两叶，每叶前端有角质化的趾，适宜在松软泥泞地面行走。毛色有杏黄、紫红色、白色、黑褐色、灰色等。

2. 生产性能

（1）产毛性能　青海双峰驼育成公驼的产毛量2.27～4.20kg，育成母驼的产毛量2.17～3.34kg；成年公驼的产毛量3.99～5.16kg，成年母驼的产毛量3.05～3.14kg。

（2）产肉性能　青海双峰驼驼肉蛋白质含量高而脂肪少。屠宰率46.99%，净肉率35.68%。

图 1-17　青海双峰驼公驼

图 1-18　青海双峰驼母驼

图 1-19　青海双峰驼群体

（3）繁殖性能　青海双峰驼公驼性成熟4岁，6岁参加配种；母驼3岁性成熟，4岁参加配种。公驼11月底到来年1月底是发情高峰期。母驼常年发情，发情期为14～24d，妊娠期为400d左右。

（4）产乳性能　母驼产羔3个月左右开始挤乳，日产乳量0.6～0.8kg，青海的蒙古族牧民一般没有挤乳的习惯，只有在酿驼乳酒时才会挤乳。

（5）役用性能　青海双峰驼体大力强，乘、驮、挽均好。骟驼1d可行走50～70km，行速4km/h。

六、其他双峰驼

（一）河西双峰驼

1. 中心产区、分布及数量　河西双峰驼主要分布在甘肃省河西走廊的酒泉、张掖、武威三个地区和嘉峪关、金昌两市。此外，白银市、兰州市所辖个别县市也有少量分布。

据2016年甘肃省骆驼存栏量统计，骆驼存栏11 321峰，其中公驼3 341峰，母驼6 029峰，驼羔1 519峰。

2. 中心产区自然生态条件　河西走廊地处中纬度地带，且海拔较高，属干旱大陆性气候。冬春两季常形成寒潮天气。夏季降水的主要来源是侵入本区的夏季风。气候干燥，冷热变化剧烈，风大沙多。自东而西年降水量渐少，干燥度渐大。如武威年降水量158.4mm，敦煌36.8mm；酒泉以东干燥度为4～8，以西为8～24。夏季降水占全年总量50%～60%，春季15%～25%，秋季10%～25%，冬季3%～16%。云量少，年日照时数，多数地区为3 000h，西部的敦煌高达3 336h。年均温5.8～9.3℃。昼夜温差平均15℃左右，一天可有四季。民勤年沙暴日50d以上，而瓜州8级以上大风的风日一年有80d，有“风库”之称。河西走廊风向多变。甘肃省武威、民勤一带以西北风为主；嘉峪关以西的玉门、瓜州、敦煌等地，以东北风和东风为主。

草场植被稀疏，植株矮小，多为沙生植物，以旱生和超旱生的灌木及半灌木为主，其枝叶大多粗硬，且多具刺毛乳汁，其味有苦、辛、咸或特殊香味。其他牲畜不能食用或不喜食，唯独骆驼能够充分采食。

3. 体型外貌

（1）外貌特征　河西双峰驼（图1-20和图1-21）生存在河西走廊东西部不同生态环境下，在品种内形成沙漠型和戈壁型两个不同类型。

沙漠型：主要分布在张掖、武威两个地区。沿腾格里、巴丹吉林沙漠边缘一带的骆驼，体格比戈壁驼略小，清秀干燥，体质细致紧凑，结构匀称，眼明亮有神，颈长短适中，毛色较浅，产毛量比戈壁驼略低，毛纤维较细。

戈壁型：主要分布在酒泉地区。该地区多为戈壁生态环境，体质结实，略粗，颈长肢高，体格高大，两峰较小，多属小、中型峰。绒层厚密，产毛较沙漠驼多，毛色较深。

图 1-20　河西双峰驼公驼

图 1-21　河西双峰驼母驼

（2）体尺　见表 1-9。

表 1-9　河西成年双峰驼体尺（cm）

地区	性别	峰数	体高		体长		胸围		管围	
			平均	范围	平均	范围	平均	范围	平均	范围
张掖县	公	1	165		157		208		22	
	母	55	167.9	162～180	147.26	130～175	209.8	194～233	18.1	17～20
	骟	4	174.74	165～176	144	140～157	198.8	193～210	21.6	20～23
肃北县	公	4	174.6	164～180	162	153～165	220	213～226	21.5	20～22
	母	50	164.3	155～177	145.72	142～167	206.4	190～220	18.22	17～21
	骟	9	171.63	165～184	154.1	142～163	218.33	210～230	20.44	20～21
民勤县	公	4	173	168.2～174	149.2	147～161	218.2	207～228	22.2	21～23
	母	34	171.79	164～180	147.6	139～159	217.76	195～230	20	18～23
	骟	31	173.66	154～192	152.23	136～167	222.2	205～239	21.29	20～30

资料来源：阿拉善盟畜牧研究所，2006。

4. 生产性能

（1）产毛性能　产毛量因不同年度的草场丰歉，以及骆驼年龄、性别、生态类型不同而有差异。一般公驼产毛量高，骟驼次之，母驼较低，幼驼随年龄增长产毛量逐年增加。民勤的沙漠型峰均产毛量为 4.20kg；马鬃山的戈壁型峰均产毛量为 4.58kg。河西双峰驼绒毛含量中等，绒比阿拉善双峰驼粗，被毛伸直长度比阿拉善双峰驼短。但肃北所产驼毛的绒毛含量在国内居上乘，绒毛伸直长度与阿拉善双峰驼相等。净毛率按 13%回潮率计算，成年公驼平均净毛率为 40.18%。

（2）产乳性能　河西双峰驼母驼泌乳期一般为 15～17 个月，在泌乳期，除哺育驼羔外，每峰每天可挤乳 0.5～1.0kg。据阿克塞哈萨克族自治县测定：戈壁型母驼除哺育驼羔外，每天每峰母驼尚可挤乳 0.5～2.0kg，最高可达 5kg。

（3）产肉性能　河西双峰驼一般中等膘度的成年骟驼，可宰肉 200～250kg，脂肪 20～40kg，屠宰率为 50%。

（4）役用性能　骆驼是荒漠、半荒漠牧区的主要驮乘运输工具，它腿长不敷大，行走敏捷，持久力强。河西双峰驼可驮重 150～250kg，相当于体重的 33.8%～43.1%；日行 30～40km。骟驼的最大挽力可达 369kg。河西驼骑乘 8～9h，快慢步可行 65～75km。其速力、短距离比马差，但筋腱发育良好，有较强的持久力，长距离行走则比马强。河西双峰驼是北往内蒙古、河北，西去新疆，东经兰州、西安、汉中直达四川的主要运输工具。近年由于交通运输机械发展，大型专业骆驼驮运队逐渐减少。

（二）戈壁红驼

戈壁红驼从遗传结构、类型划分上看与阿拉善北部戈壁骆驼是一样的，属一个品系的。但是受行政区划、自然环境条件的影响，当地牧民已习惯称之为“红驼”。红驼主要分布在阴山以北和中蒙边境线以南的内蒙古自治区乌拉特后旗的戈壁地区。乌拉特后旗位于内蒙古自治区西北部，属巴彦淖尔市管辖，北与蒙古国接壤，南距巴彦淖尔市政府所在地临河区 50km。乌拉特后旗地域辽阔，地形多样。巍巍阴山横贯东西并富集矿产资源，南有狭长肥沃的秀美粮川，北有辽阔如茵的牧场，形成了典型的南粮北牧中矿山的自然格局。

乌拉特后旗地形地貌复杂。阴山山脉横亘旗境南部，形成了河套平原与北部高原的一道分水岭。全旗地形可分为：山地，占 15.1%；低山丘陵，占 10.3%；沙砾石戈壁高原，占 52.9%；沙丘戈壁沙地，占 20.4%；山前冲积平原，占 1.3%。境内较大的河沟有 6 条，雨大则山洪泄溢，天旱则干涸见底。全旗地势南高北低，平均海拔在 1 500m以上，海拔最高点达 2 365m，是本旗的高寒地带。

戈壁红驼在长达 5 000 多年的演化过程中，形成了独具区域特色的品种，目前存栏 3 万峰，是世界珍贵畜种，也是我们国家的二类保护动物。乌拉特后旗是我国戈壁红驼最为集中的地方之一，因此被誉为“戈壁红驼之乡”。

戈壁红驼对恶劣环境有较强的适应力。它兼有毛、肉、皮、乳、役等多种用途，是经济价值较高的牲畜。成年红驼平均每峰每年产毛量公驼为4.2kg，母驼为3.57kg，净毛率达63%。因此，红驼绒以其纤维长、绒丝细、产量高而蜚声海内外，曾获美国"安美桥第二次国际驼绒奖"。红驼的体重200～450kg，屠宰率为52%左右。

2005年，乌拉特后旗从蒙古国引进了驼球赛体育项目（图1-22），运动员均来自牧区，平时他们从事牧业生产，遇有国内外赛事便整队参赛。至今，乌拉特后旗已举办五届国际驼球邀请赛，并多次代表中国参加了蒙古国的驼球邀请赛。红驼参与驼球赛运动，体型匀称、身姿优美、耐力好、奔跑速度快、性情温驯。千百年来，红驼一直陪伴着草原牧人穿越寒暑沙暴，不离不弃，成为人类忠诚可靠的朋友。因此，戈壁牧人对其非常珍惜崇拜，将骆驼视为"苍天赐予的神兽"。

图1-22　驼球赛

第三节　骆驼品种识别要点

骆驼育种的一切出发点和归宿都在于具体的品种改进与提高，所有措施和手段最终都是在品种的层面上进行。所以品种就是我们育种工作的研究对象、服务对象，是进行本品种选育和杂交改良的资源库和生产车间，也是所有育种技术措施落实之后的成果体现。既然品种对育种而言有如此重要的意义，那么品种的识别和了解自然也是育种的基本前提和任务。

一、原产地

所谓原产地，是指某一骆驼品种的来源地，最初的生产、产生地区。原产地包括两个方面的重要信息。一是研究原产地可以了解和分析骆驼在产生和育成的过程中处在什么样的自然环境条件下，当地的气候条件、土壤、水文、风力、光照、饲草料种类及重要营养成分如何，还包含饲养管理方式与习惯，这些重要因素构成了这个品种的环境特征，由此可以判断该品种的适应范围。以此为依据，在引进该骆驼的过程中做好相应的风土驯化。二是原产地信息中包括一部分该品种育成的历史信息，由此可以了解该品种与其他品种在育成过程中有没有融合、关系远近等，地理上接近的品种之间往往在血缘上也更容易产生交融，这些信息对于识别品种的遗传成分具有参考价值。

考察一个品种的原产地，除了了解地理位置以及相应的地形地貌、气象资料和物产特点等常规项目之外，还应该在驼群分布上多观察，中心产区与辐射区域在环境条件方面有无区别，驼群规模在中心产区和一般产区的区别有多大，尤其是核心群的所在地区、重点选育群所在地区、分布规律、数量比例等，这些都是说明这一品种产地特征的直接依据。此外，有些品种还可以划分为不同类群，即在同一个品种内部存在着外形和生产性能上表现有明显差异的群体，例如新疆双峰驼中分布在塔里木盆地的类群与分布在准噶尔盆地的类群就具有明显的区别，甚至在昌吉州木垒县还有一种独特的长眉驼，也同属新疆双峰驼品种之内。这些现象在原产地考察中一定要认真观测，记录在册，并分析原因，为准确深入地了解品种奠定基础。

二、培育历史

每一个品种，无论是地方品种还是育成品种，都有自己的育成史，我国现有的双峰驼品种也都无一例外。在品种形成过程中人类施加的饲养管理和选种选配等育种手段的影响对品种的形成起到了重要作用。从中国双峰驼的养殖的历史研究中，可以得知我们对骆驼的选择与利用是长期持续进行的，总是从驼群中挑选出符合当地生产需要和生产性能良好的理想型个体，合理培育合理饲养，让优秀个体参与配种以希望得到优秀后代，一代又一代最终演变为今天的品种。在这样的育成史中人为的作用固然重要，但同时还受到社会经济条件和自然环境条件两个因素的控制和影响。社会经济条件就是当时的现实需要，反映在品种上就是育种方向的导向，例如在战争时期，长距离行军作战，物资运输需求最大时，选择的方向是骆驼的速力、耐力与驮运能力，在和平时期除骑乘等役用性能之外，更多的是驼乳、驼肉和驼绒产品。可见不同的社会需求，对品种生产方向的需求是不同的，这样就势必会引导育种工作不断调整目标方向，适应社会经济条件的不断变化。自然环境条件对品种的形成虽然不起主导作用，但是它的作用是恒定而持久的，不易发生改变的，所以对品种而言这是烙印、是深刻的影响。双峰驼基本上都生活在干旱荒漠的内陆地区，其生理机能、生活习性无不打上荒漠的印记，不可更替。

分析双峰驼品种的育成史，一方面了解该品种在育成过程中引入过哪些其他品种的遗传成分、祖先血统中包含多少外部因素和目前品种内遗传结构概况等，由此推断其遗传稳定性；另一方面，也可以通过了解育成史，学习品种培育的经验和知识，对今后育成工作起到借鉴和帮助作用。

三、外貌特征及生产性能

每一个骆驼品种，其主要经济性状的平均水平都是有区别的，也就是在生产性能方面其平均水平不尽相同，各有特色和优势。例如，苏尼特双峰驼体大肉多，肉用性能突出。阿拉善双峰驼产绒性能中等，但绒纤维品质最佳，其细度、长度、色泽等指标的完美结合，使得阿拉善驼绒被誉为“王府驼毛”并获得阿米卡驼绒奖。这种性能上的差异和优势也成为品种识别的最权威方法。有经验的绒毛收购人员往往根据原绒就能辨别出来自哪个品种、甚至哪个品种的哪部分区域的绒毛，可见可以通过产品和生产性能来识别品种。随着检测技术和手段的不断改进，通过一些理化指标的分析，也有可能直接对双峰驼的品种进行识别。例如，乳蛋白、乳脂含量、脂肪球大小等，而通过分子水平的特定酶的分析、核苷酸序列分析，则有可能更准确更快速地识别现有双峰驼品种。

骆驼品种的另一个最常用识别手段是外貌特征识别，这是生产实际中最常见也是最普遍的识别途径。育成工作者、牧民都在采用这种方式，因为不同的品种由于遗传基础不同、产区自然环境条件不同、品种形成历史不同必然造成外貌特征上的差别。例如，阿拉善双峰驼体格中等、鼻梁微拱、眼眶突出、峰间距适中、毛色变化较多，沙漠地区多为浅色，有杏黄、白、黄色等，戈壁地区多为深色，有棕红、紫红色等。而苏尼特双峰驼体格粗壮，体重明显大于阿拉善双峰驼，驼峰较大且峰间距长，毛色一般较深，多为深灰色等。新疆双峰驼中的塔里木双峰驼和准噶尔双峰驼外貌差异也较大；准噶尔双峰驼前躯稍低、头轻小、双峰发育较好；而塔里木双峰驼前后躯发育都比较紧凑、鼻直嘴尖、双峰较小，似有单峰驼杂交后留下的一些痕迹。

四、遗传特性及相关登记

所谓遗传特性是指品种的基础遗传构成方面的区别。例如，上述塔里木双峰驼在育成过程中似有单峰驼介入的情形，这样就使得在遗传结构上品种间有很大的区别，为此必须了解每个品种的培育过程，熟悉参与本品种育成历史中其他品种的特征和表现，初步估测血缘成分及所占比例。例如，目前分布在青海省海西州的柴达木双峰驼，其核心分布区在青海省乌兰县、都兰县、德令哈市、格尔木市和大柴旦行政区，上溯其历史，可知在20世纪50年代修建青藏公路时有近5万峰阿拉善双峰驼被征调至青海省的这些地区，修路工程结束后大部分双峰驼被留在乌兰、都兰和大柴旦三个地区，三个地区分别建立了养驼场，这些双峰驼与当地原有的双峰驼共同融合，历经70年形成了目前的柴达木双峰驼（尚未正式命名）。

随着国家对畜禽品种种质资源管理工作的逐步规范，种驼登记制度正在全面落实，今后对品种识别的主要责任在产区。所有公驼、种用母驼都将建有种畜卡片并

注入电子芯片，相当于身份证，所有品种也就进入现代科学技术的范畴之内了。中国畜牧业协会骆驼分会已经实施“双峰驼品种资源网络数据库系统建设”项目，开展全国性双峰驼信息化登记，一方面将 RFID 芯片注入双峰驼皮下并采集个体信息，另一方面开发网络数据库软件，形成开发数据库，让所有双峰驼都有身份证、有生产性能及特种记录、有血缘关系登记，这样就保证了品种识别的高效、准确和权威性。

第二章 骆驼外形与生产性能

CHAPTER 2

骆驼的外形即外部形态，也称为外貌。外形不仅反映双峰驼的外表，也反映骆驼的体质、机能、生产性能和健康状态。双峰驼外部形态与其机能之间存在着密切的关系。人们根据外形可以鉴定骆驼的优劣、生产性能的高低、健康状况和对生活条件的适应能力，还可以从外形区别骆驼品种特性和生产用途。

骆驼常年生活在荒漠和半荒漠地区，它能生产出大量优质乳、绒、肉、皮等产品，还能为人类担负各种劳役。由于骆驼具备了这些独特的优良品质，因而成为一种很有价值的家畜。全面了解骆驼的利用价值，给予合理的重视，并通过科学的养育，不断提高其生产性能，充分发挥它在荒漠和半荒漠地区的潜力，对加速实现我国畜牧业现代化具有重要的意义。我国以饲养双峰驼为主，本章着重介绍双峰驼的外形及生产性能。

第一节　外形与体质

通过对双峰驼进行外形观察，可以鉴别品种和个体间差异，判断健康状态和对环境的适应性，判断主要经济性状与生产方向，及时掌握生长发育情况。但在选育中不能单纯依靠生产力和外形，必须同时重视双峰驼体质以及具体生活环境。由于双峰驼的外形特征和体质特性是在特定的自然条件下对某种生产用途适应的结果，因此，在选择双峰驼时，必须坚持外部形态与生产性能统一的观点，把外形鉴定看成对双峰驼体量方面变化的观察，把体质鉴定看成对双峰驼体质方面变化的观察，只有把这两方面结合起来进行选择，才能做好选种工作，达到改良双峰驼之目的。

一、双峰驼外形一般要求

为掌握外形鉴定技术，必须对双峰驼各具体部位的名称、范围、结构、机能作深刻了解，然后在此基础上熟悉不同品种、年龄、性别的骆驼各部位的异同点。

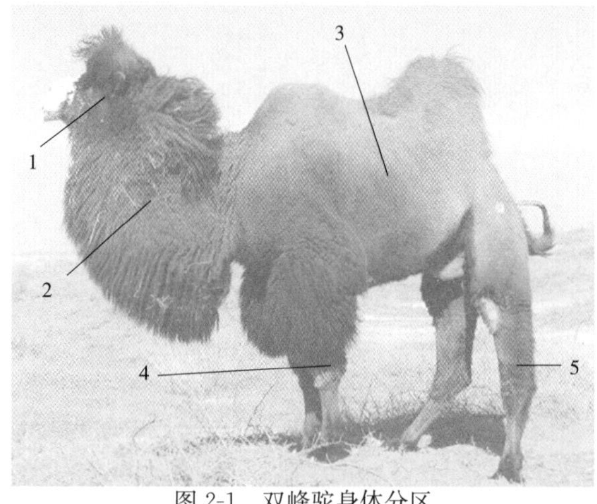

图 2-1　双峰驼身体分区

1. 头　2. 颈　3. 躯干　4. 前肢　5. 后肢

双峰驼的外形有别于其他家畜。其特点是：躯短肢长，体躯呈典型的高方形。颈长呈“乙”字形大弯曲，头颈高昂过体，兔唇。前躯大、后躯小，背短腰长，其上附有两个圆锥形的脂峰，尻短而斜，腹部向后上方收缩。在肘、腕、胸底和后膝处附有七个角质垫。偶蹄胼足，以指（趾）

着地，成软蹄盘。

双峰驼各部位名称见图 2-1 和图 2-2。

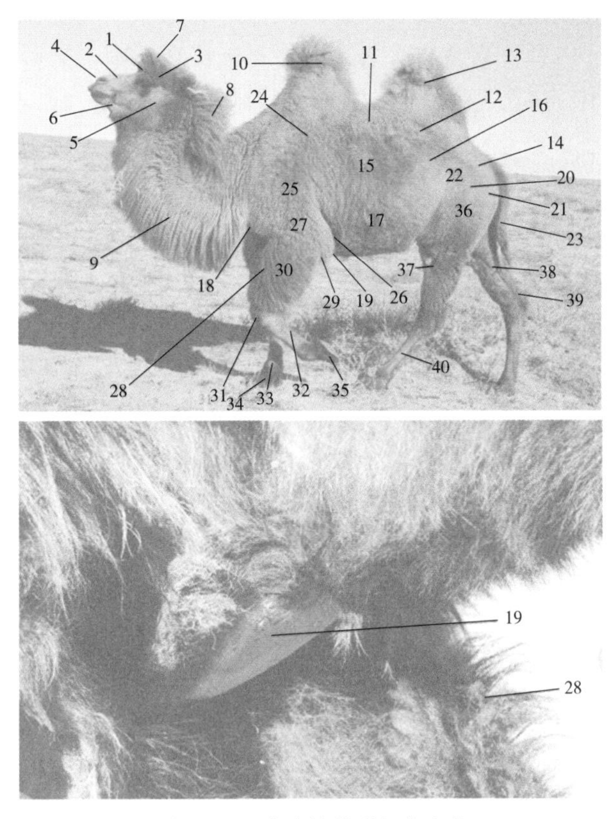

图 2-2　双峰驼的外形部位名称

1. 额　2. 鼻梁　3. 眼盂　4. 鼻　5. 颊　6. 下颌及颌凹　7. 鬃毛　8. 鬣毛　9. 嗉毛（髯毛）　10. 前峰　11. 背　12. 腰　13. 后峰　14. 尻　15. 肋　16. 肷　17. 腹　18. 前胸　19. 胸角质垫　20. 臀　21. 臀端　22. 腰角　23. 尾及尾根　24. 肩　25. 肩端　26. 腋间　27. 上膊　28. 肘毛（前膊毛）　29. 肘角质垫　30. 前膊　31. 前膝角质垫　32. 前管　33. 球节　34. 系　35. 蹄盘　36. 股　37. 后膝　38. 胫　39. 飞节　40. 后管

（一）头部

双峰驼头颇似楔形，头位水平，高昂过体，中等大小。鼻梁稍隆起，与额交接处微凹，额部宽广，眼眶显著向外突出，头后有十分突出的枕骨脊。额顶所生鬃毛长达10～15cm。颈部宽广，颌凹宽度适中。

双峰驼头部能反映出该个体的重要特性，如年龄、性别、健康状况、用途、体质、气质、品种等。一般来说，头部应与躯干保持协调，大小适中。头过大则表示性情迟钝，前肢负重大，妨碍前肢运动，影响前进速力，并易疲劳；头过小则表示骨量和力量不足。头部轮廓明显，头颈界线清楚，即耳下和颌后应适当宽广和凹陷，则头颈结合良好，则头的运动轻快。双峰驼的颌凹和咽喉部应宽广干净，无松弛臃肿状态，则呼吸道和食道不致因运动而受到阻碍。

头部各部位的鉴定：

1. 耳　耳小呈椭圆形，向后向外伸出，大小约为12cm×7cm。耳周密生毛，外侧密生短绒毛，内壁长毛丛生，耳毛长4～5cm，防止异物进入耳内。耳厚肥大、两耳不动或耳动缓慢的，大多性情迟钝或有耳聋的缺点，听觉也不灵敏；耳不断活动且其方向不定者，可能视力不佳；耳薄直立者，气质灵活；耳小则听力差，易惊；两耳大小适宜而圆、薄厚适中、活动灵活自如，则听觉锐敏，气质活泼，悍威良好。

2. 额　额宽广而略微隆起，是脑神经发育良好的象征，表现为感觉灵敏，记忆力强，易调教。额部生长密而直立或弯曲的脑盖毛。脑盖毛中间长、四周短，外层为粗长毛，内层为绒毛，面积为16cm×30cm左右，毛长为20cm以上。

3. 眼　双峰驼眼睛灵活光润，上、下眼睑呈菱形裂开，上眼睑密生睫毛，长而纤细，长约4cm。眼眶拱隆，眼球显著外突，眼睑双重，且皱襞由上挂下，遮住了眼球，开闭敏捷，活泼有神。眼睑肥厚、松弛、有皱褶多是性情迟钝的表现。眼要求大而圆，角膜凸度适中，眼球应澄清明亮。眼发红是白化病的特征之一。眼睑薄软、眼盂丰满者，一般视力好，精力充沛。眼小者一般视力差，易惊；眼大而眼睑松弛者，一般表现迟钝、体力差，役用能力不强。眼内角膜不能有瘢点和白翳，结膜应没有充血现象，瞳孔要能随明暗开收自如。眉长则产绒量高，但适应能力差。

4. 鼻　鼻梁稍隆，适度宽广，表示鼻腔大，有利于呼吸。鼻孔斜开，鼻翼软薄且开闭自如，肌肉发达而富有弹性，轮廓明显。

5. 鼻眼（鼻孔外侧后下方）　是穿刺鼻棍的部位。双峰驼鼻眼有单层肌肉和双层肌肉之分，以双层肌肉为好，鼻棍固定结实，不易拉豁。

6. 颌凹　俗称槽口，位于两个下颌缘之间，以宽深皮薄而无损伤者为佳。颌凹宽广则头颈活动自由，屈伸灵便。

7. 口和唇　口以宽大钝圆为良，不宜过尖，口角要深，下颌强大。唇薄软致密，生有短毛，伸展灵便，开闭自如，不仅善辨食物，且采食自由。上唇分为两瓣，裂痕直达鼻端。下唇大而厚，收缩灵活，下唇下垂松弛是缺点，一般表现性情迟钝。老龄驼下唇松弛下垂属正常现象。

8. 齿　双峰驼上颌切齿不全，仅靠近犬齿的地方各有一枚切齿，下颌切齿齐全共6枚，其他各齿上下合套，生长整齐。若虎齿或臼齿不合套，磨合不整齐，可能会损害颊肌和舌面，导致咀嚼不全而影响消化。骆驼牙齿长度要适度，牙齿过长是营养缺乏的表现，也是终生生活在沙漠中骆驼的特征之一。

（二）颈部

颈部有7个颈椎，后6个颈椎体特别发达。双峰驼颈较其他家畜长，一般为体长的2/3。颈外形是两侧扁平，上薄下厚，前窄后宽，颈沟短而不明显，颈础低。项韧带特别发达，由它静性维持头颈的正常位置，使颈肌不致过分用力而疲劳。由于双峰驼颈的每一椎体较其他家畜长，且连接枕骨的前关节窝较马的深，加上前椎头较平，后椎窝较浅，椎间软骨盘极强韧，故驼颈的运动非常灵便。颈上缘的鬣毛长20～30cm，下缘的嗉毛长30～40cm。鬣毛和嗉毛随年龄、性别和不同生理状态，表现不同的特点，种公驼、怀孕母驼较发达，骟驼次之，幼驼和哺乳母驼最少。嗉毛有单嗉和双嗉的区别，单嗉毛的嗉毛床（嗉毛生长的部位）较窄，毛量较少；双嗉毛的嗉毛床较宽，毛量多，颈后1/3侧面和嗉毛相连处是长粗毛。

颈在双峰驼运动中主要起调节身体重心的作用，一般要求粗壮而长，坚强有力，头颈结合处略细，肌肉发达有力，这样的颈表示体质结实，力大持久。颈肩结合良好，颈弯曲正常呈“乙”字形，屈伸自如，则前肢负重较轻，运动较快，重心转移良好。颈过细是体弱的表现，过短则步幅短缩，重心转移不便。颈部皮肤应柔软且弹性良好，长毛和绒毛要求长而细密。

（三）躯干部

躯干部由背、腰、胸、腹、尻、尾等部构成。骆驼躯干的特点是有随营养状况变化的双峰，有向后倾斜20°的躯干。

1. 鬐甲 位于前峰之下、肩之上，以胸椎棘突为基础。它是项韧带的附着点，起着支持头部的作用，在跳跃的时候，鬐甲又可缓冲来自前肢的震动。因此要求其与相连部位结合良好，以保证前肢自由运动。鬐甲高长者，肩胛骨必有良好的倾斜，能形成短背，负力好，步幅广大，骑乘、驮载都很适宜。

2. 前胸 位于颈的后下缘，两侧连在两肩端的下方，与肩端在同一平面，下方是前部胸骨。前胸与速力及持久力有关，前胸隆起而且宽阔者，其肺发达，气力强大。一般乘驼要求胸深而宽度适中，驮驼则须深广兼备。

3. 胸廓 位于体躯的前部，前面以颈础、后面以横膈膜、侧面以肋、上面以背部脊椎，下面以胸骨为界。胸骨短，胸底有宽而平的桃形角质垫15cm×20cm，内充弹性纤维及软骨组织。胸骨要求粗大，角质垫强厚，以利跪伏时支撑体躯、承受体重。双峰驼仅12对肋骨，肋间距小，所以胸廓长度不足，只好用宽和深来弥补。胸廓容量大，则肺活量大，心脏机能强，运动能力和持久力强，所以要求胸廓宽大，并有足够的深度和长度。肋骨长而开张良好，则胸廓较长较深，容量较大。

4. 背 双峰驼背是以第8～12胸椎棘突为基础，位于腰椎之前，第7胸椎棘突之后，即前后峰基之间。牧民称之为“梁”。棘突高耸，所以双峰驼的背一般高耸狭窄，呈刀背状，两侧全靠肌肉填充。背是负担重量及将后肢推进力向前传导的主要部分，所以背的结构好坏，关系到双峰驼使役能力的大小。合乎理想的背，应该是短广平直，肌肉发达丰满，与腰结合良好。斜背骆驼常常走鞍，不适于骑乘。

5. 腰 位于背和尻之间，后峰下。由7个腰椎组成，椎体长而厚。腰的长短与肷的长短成正比，宽度则取决于腰椎横突的大小（双峰驼的横突，由前向后逐渐增长，棘突相反）。腰以短广平直、与背及尻结合良好、肌肉发达者为佳。腰坚固，力必大，适合骑乘、驮载。长腰、细腰者大多体质衰弱，负力必小。

6. 肷 位于第12对肋骨的后方，腰角的前下方。肷小则腰必短，而胸廓必长，负力必强。肷大而凹陷深者，多为疾病或营养不良的表现，或是长腰，均为缺点。

7. 腹 腹部是从胸部角质垫开始到鼠蹊部，形成明显向后上方收缩的卷腹，在饱

食和饮水后向左右突出。要求腹大而圆，适度卷缩，腹壁紧实，弹性良好，这样采食量大，消化力亦强，腹不下垂，对双峰驼的起卧、运步极为有利。少数双峰驼腹部下垂，形成草腹，此种驼抓膘能力强，但役用速度下降，一般表现迟钝。

8. 尻 尻短而斜，近方形。骨盆轴线均较牛马短，股骨内角覆于荐椎之上，形成明显的弓形突起，两坐骨上脊相距较宽。尻部着生的绒毛短而密，绒毛的比例较高，覆盖面积不足。

尻部要求宽大，适当倾斜，肌肉发达，运步时推进有力，持久力亦强。臀端要求隆起成圆形，两后腿之间稍狭，肌肉丰满，则为优良后躯。

9. 尾 由15～20个尾椎所形成的尾干及尾毛所构成。尾长40～50cm，主要用以驱逐蚊蝇的骚扰，对双峰驼体后躯起保护作用。要求尾长而灵活，尾毛长密，尾础略高。尾力强是有体力和健康的表现。

10. 驼峰 双峰驼有前后两峰，位于鬐甲之上的叫作前峰，位于腰椎之上的叫作后峰，一般前峰高而窄，后峰矮而宽，峰间距30～40cm，峰顶生有15～20cm长的峰毛。峰内充满脂肪时直立充实，高达35～45cm；消瘦时驼峰就像一个空的袋子。双峰驼个体之间，两峰的形状、大小和竖倒情况差别很大。按两峰体积的大小，可分为大、中、小三型，满膘时小峰也达不到大峰驼的体积。按两峰竖倒情况，可分为两峰均直、倒向同侧、倒向异侧和后立前倒、前立后倒等五种。这种竖倒情况绝不是偶然的，而是年年如此，这与其内部的结缔组织结构有关。也有个别驼，虽满膘也不能使其峰尖或峰腰再度挺直。按峰侧形状，可分为沙丘形、钟形、锯齿形和乳头形四种。从生产用途来看，以沙丘形峰储脂较多。此外，峰形也可作为识别骆驼的标志。

驼峰的功用与绵羊脂尾的功用相同，它们都是用来贮备脂肪，以便在营养缺乏时加以利用。通常每年秋冬两季驼峰高耸，春夏之间瘦倒偏垂。但若饲养适宜，营养充足，也可使它终年不倒。所以驼峰是鉴定骆驼营养状况的主要指标。

11. 生殖器

（1）公驼生殖器 睾丸紧贴于股后内侧，并列呈卵圆形，能够移动。睾丸由于相互挤占，有时高低不齐，但差异不能太大。阴茎长50～60cm，末端较细。包皮呈三角形，扁平垂挂，末端折转向后，排尿时间断地向后射。骟驼包皮较公驼松弛下垂。

对种公驼应特别注意睾丸的发育状况，睾丸要大小适中，左右略等。阴囊皮肤要柔软，富有弹性。隐睾多无生殖力，单睾虽有生殖能力，但繁殖力很低，且性多不温驯，故不宜作种驼用。必须注意：生后六月龄驼羔的睾丸，有的尚未降入阴囊内，切勿误认为隐睾。

（2）母驼生殖器 阴户较小，长4.5～6.5cm，前庭短，阴蒂很小。阴户要求紧闭，皱襞要柔软致密无损征。

双峰驼乳房分四区，每区各有一个乳头，排列整齐，前两区大于后两区。前乳头小，距离宽，后乳头大，距离窄。泌乳期前两乳头长3～4cm，后两乳头长2～3cm，干乳期长度各缩小一半。要求乳房大，富有弹性，发育匀称，乳头大小和长短适中，距离适宜。乳静脉明显而粗大、分支多是产乳量高的特征。孕驼可从乳房大小察知其是否临产。

（四）四肢

双峰驼的四肢直接关系着役用能力的大小，应干燥而筋腱明显，骨骼坚实，关节强大，前肢直立而后肢弯曲。如果四肢结构不良，方向或肢势不正，肌腱不发达，蹄的大小形状不正常，蹄掌不强韧，都会影响劳役，降低役用价值。肢长度应适中，过长则肌肉不发达、胸围小、产绒量低。

1. 前肢 由肩胛、上膊、前膊、前膝、管、系及蹄盘所组成。前肢直立如柱，上膊部密生有长 25～30cm 的肘毛。肘端与前膝部附有直径 5～7cm 的角质垫。腕关节大而明显，球节不大，系部直立，由两块分开的指骨构成，因而从系的前后都可见有深的凹陷。前肢主要以支撑双峰驼体重为主，以肩胛韧带和肌肉连接于躯干上，能使地面反作用力不达于脏器。其各部位要求如下：

（1）肩和肩端 肩以肩胛骨为基础。其前方突出部位和肱骨所成关节，即为肩端。

优良的肩应是长而宽广，适度倾斜。肩长而宽广者，肌肉的附着面广，肌肉亦强大。肩长且斜度充分的骆驼行走时，步幅大，速力好，骑乘时背的反作用力小，故为乘驼所必备条件。肩短则肩多峻立，步幅小，速力差，背的反作用力大，骑乘时颠簸较大。

肩端应圆大，端正向前，与前胸同在一水平，左右等高，保持适当的宽度，不可前出或后退，肩关节要求角度小，则步幅大。

（2）上膊 以肱骨为基础。上膊短，则前肢向前伸出的步大，所以要求上膊骨以短者为好。倾斜角度愈接近水平方向者，则步幅愈大。

（3）肘 由尺骨头形成。肘部粗壮而长，并充分向后方突出。肘头应圆大突出，角质垫坚韧而富有弹性者为佳。肘突大则肘部肌肉的附着面大，肌量多而力量强。肘突的方向应和体轴平行，不可内转或外转。内转过于靠近胸壁者常伴有外向肢势，外转过于离开胸壁者常伴有内向肢势，皆属不利状态。肘的方向要和蹄向相同，如相反是严重的肢失格。肘部生有发达的长粗毛（肘毛）。

（4）前膊 以桡骨和尺骨为基础。长的前膊保证管部向前提举良好，步幅大。前膊粗则该部分肌肉发达，一般是上部粗壮，肌肉发达结实，下部渐细。前膊应与地面垂直，否则为肢势不正的表现。

（5）前膝 前膝七块腕骨组成，对前肢接触地面时产生的冲击力有缓冲的机能，应当关节强大，宽厚干燥，轮廓明显，方向正直。前膝与前膊和管同成一直线者，肢强有力，运步确实；弯膝、凹膝等各种畸形膝，都会使肢势不正，负担不平衡，步样不确实，骑乘驮载均不适宜。

（6）管和腱 前肢的管和腱位于前膝与球节之间；后肢的管和腱位于飞节至球节之间。不论何种役用的骆驼，其前管应比前膊短 1/3，后管比前管约长 1/4 的为佳。膊长管短，举肢低，步幅可以伸长；膊短管长，前肢高举则步幅必然缩短。管部还要求与前膝和前膊部应成同一的垂直线；如果不直，则有可能发生各种不正肢势。管的外形轮廓要清楚，皮薄毛细，后管与飞节构成适当的弯曲角度，管与腱要有明显的分

界线。

管部的发达程度通常以管围表示。管围的大小，取决于管骨的粗细、腱的发育状况及腱与管骨相离开的程度。不论对何种用途的骆驼，都以管围大者为优良。由管围可以得知双峰驼骨骼发育的程度。

（7）球节　双峰驼的球节由四枚籽骨组成，位于管部和系部之间，隆起成球形。为了保证双峰驼四肢必要的坚固性，球节应宽而厚，方向正确，左右对称。宽广的球节可减少腱的紧张，保证双峰驼有高度工作能力。球节弱小，则缺乏力量；向前突出，则支撑力弱，弹性不大。

（8）系部　以第一指骨（系骨）为基础。

双峰驼系部比马牛的系部要多起一种作用，它不仅要缓冲地面的反作用力，还要使蹄和管成直角，便于进行跪伏，所以系部对骆驼来说非常重要。前系要求长而广厚，富有弹力，其长度以前管的1/3为宜；后系长度以后管的1/3为宜。

（9）蹄盘　由富有弹性的角质物构成。前蹄盘较大而厚，近圆形，蹄围为60～80cm，蹄掌厚0.6～0.9cm。后蹄较前蹄小而薄，呈卵圆形。蹄分两指（趾），中为蹄缝，每蹄有两个弹性蹄枕，位于末2指（趾）节骨的下面，当体重压在蹄部时，蹄枕即向周围扩张，举蹄时，借蹄枕的弹性作用，随即恢复原状。第3指（趾）骨的末端，即蹄盘的前缘，各有一个钩状的角质蹄甲。

蹄盘的作用是支持体重，并尽量减轻地面的反作用力。要求蹄大而圆，内外两半大致相等，坚实，有一定厚度，弹力结构良好。坚实而厚大的蹄，说明双峰驼强壮有力，行动方便，可得到较多的缓冲作用；反之，则表明体质细弱，负重力差，震动大而易疲劳。蹄甲应光亮细致。

蹄掌，即底部的角质垫，在第2和第3指（趾）骨之下，厚度为0.5～0.7cm。生活在戈壁的双峰驼蹄掌比生活在沙漠的双峰驼蹄掌结实。成年驼蹄掌面积一般在220～290cm^2。

2. 后肢　由股、后膝、胫、飞节、后管、后系及后蹄所组成。后肢以推进为主，通过髋关节与躯干相连结，双峰驼的后肢长，游离程度大，肌肉发达结实丰满，形成刀状后肢，提高了推进力，增强了持久力。其各部分要求如下。

（1）股　以股骨为基础，位于尻下和后膝之间，该部分状况的好坏关系后肢运动的能力。股长则其附着的肌肉长，伸缩力大，步幅大，速度快，所以对股部应要求长而广，有适度的倾斜，肌肉十分发达。短股虽然速力较差，如有强大的肌肉附着，则其支持力必大，适于驮役。

（2）后膝　是膝盖骨、股骨和胫骨所形成的关节。应正直向前，并稍向外伸出，否则妨碍股的运动，使后肢垂直不正，甚至擦伤腹壁。角质垫一膝一块，面积50～60cm^2，富有弹性，左右磨损要一致，否则是体躯侧弯的象征。

（3）胫　以胫骨为基础，位于后膝和飞节之间。双峰驼胫骨细长，上部有大量肌肉，故形状粗大；下部多为肌肉末端的腱，故逐渐变细。胫部要求长、宽和适度的倾斜。胫长则步幅大，胫长附着的肌肉亦长，伸缩力大，运步迅速；若胫短而倾角小，步幅则小，速力必慢。胫短而肌肉强大者，速力差，体力强；胫宽而肌肉发达者，推进力大。

（4）飞节　以跗骨为基础，是管与胫之间的关节，其后方跟骨端称为飞端。双峰驼飞节的距骨滑车的沟与嵴稍向后外方倾斜，致使双峰驼在卧下时，管部可位于小腿内侧。

飞节对于后肢的推进力起一定的作用。良好的飞节应当干燥清晰，跟骨向后方突出，两飞节端正，与体轴平行。两飞端保持适当距离。应表现出长、宽、厚而强大的状态，以使后肢有较好的推进力。飞节的角度须适当，通常以150°～160°为宜。过直飞节和过曲飞节对速力和推进力均属不利。

3. 双峰驼的肢势

（1）正肢势　双峰驼的前肢和后肢，在正肢势时所表现的形态见图2-3。

A

B　　　　C

图2-3　双峰驼正肢势

A. 侧面　B. 正面　C. 后面

前肢正肢势应是：前望由肩端的中点向下引的垂直线，落于蹄盘前缘两蹄甲的中点。侧望由肘垫向地面所引的垂线，落于蹄盘后缘中点；而前后两点的连线，应平分蹄盘。

后肢正肢势应是：侧望由后膝垫向地面的垂线，落于后蹄盘前缘两蹄甲的中点。后望由臀端向地面的垂线，应平分跗关节，落于后蹄盘后缘的中点；而前后两点的连线，应平分后蹄盘。

（2）不正肢势　外弧是双峰驼四肢的常见缺点。此种肢势的特点，即前肢在前膝部互相靠近，而下部又向左右开张，形成 X 状的肢势；亦有前膊为内向，系为外向，而管垂直者，仍属外弧肢势。后肢外弧则是胫部斜向内侧，后管斜向外侧，两飞节靠近。存在这种缺点的双峰驼，其前后肢动作的精确性受到影响，经常表现跛行，不能很好地支持身体，因而影响役力的发挥。

在实际中断定双峰驼四肢的缺点和疾病是很不容易的，但却是非常重要的。为了做到这一点，可从被检双峰驼驮重物后的起卧情况和姿势来进行观察。四肢健康的骆驼卧下时，前肢腕关节轮流弯曲跪地，依着腕关节支持的同时，后肢的飞节也弯曲而卧地，卧下的姿势很平直。四肢有病的骆驼卧下时，前肢两腕关节很快同时跪地，发生很大的震动，然后逐渐小心地恢复到正常的卧下姿势，起立时的动作很缓慢，并明显地表现出很困难的样子。

这些缺点是由遗传、损伤或幼年时的营养不良以及错误的调教和使役所造成的。

（五）双峰驼被毛及毛色

双峰驼的被毛，由于毛纤维的细度和弯曲度不规则，油汗又小，所以无明显的毛辫或毛丛结构。但在耳根后、颈、肩和臀部，由于绒毛着生较密，可清楚地看到不规则的菱形或簇形毛丛。从毛被的毛束来看，基本上是以一根粗毛为中心，在其周围着生几根乃至十几根粗细不等的绒毛，粗毛色较深，而底层绒毛为浅色，似肉食动物的被毛。因此，从毛被外部形态可分为上、下两层，上层是稀疏而直立的粗毛，下层则是厚密的绒毛。

1. 按毛的功用分　根据双峰驼体上毛的功用，可以分成四种毛。

（1）被毛　着生于双峰驼体表面的短毛。双峰驼的被毛是由细短厚密的绒毛和粗长稀疏的粗毛所组成。

（2）覆盖毛　着生在面部、耳部、膝关节下部以及尾干的短毛。

（3）保护毛　生长在双峰驼颈、额、前膊、尾及峰等部位的长粗毛。例如，颈上缘的鬣毛，颈下缘的嗉毛，额顶上的鬃毛，前膊部的肘毛，尾部的尾毛以及两峰顶部的峰顶毛。这些长毛主要起保护作用，故称保护毛。双峰驼的保护毛十分发达。

（4）触毛　生长在双峰驼嘴唇、眼睛周围的长而粗硬的毛称为触毛，毛根部感觉神经末梢发达，具有敏锐的触觉。

2. 按驼毛纤维的形态分　可以分为粗毛、绒毛和长毛（鬃毛、嗉毛、肘毛、峰顶毛、尾毛）三种。

（1）粗毛　粗毛是构成毛被表层的毛，这种毛长而稀少，直而光滑，粗硬质脆，髓质比较发达，对下层的绒毛有保护作用。

（2）绒毛　绒毛是毛被内层的毛，毛纤维细短而密，质地柔软，弯曲较明显，特别是毛纤维的下段，弯曲多而深。上段髓质一般颇细，呈间断型，对双峰驼体躯起保暖作用。绒毛在毛纺工业上是贵重的原料，工艺性很高。这种毛纤维质量的好坏，在很大程度上决定双峰驼的品质好坏。在育种过程中，主要是增产优质的绒毛，供应毛纺原料。

(3) 长毛　长毛是生长在颈的上、下缘及肘、峰顶和尾端等部位的长而粗的毛，即鬣毛、鬃毛、嗉毛、肘毛、峰顶毛和尾毛。其长度以嗉毛为最长，长度 40～50cm；其次为肘毛，长度 20～30cm，鬃毛长度 10～15cm；峰顶毛和尾毛较短，长度 8～10cm。这种毛对骆驼常常起着保护作用，故又称保护毛。公驼的长毛，远比母驼、骟驼的长毛发达，这也是第二性征的表现。

3. 按双峰驼毛纤维直径分　可将双峰驼毛分为细毛（绒毛）、粗毛和半粗毛（两型毛）三种（图 2-4）。

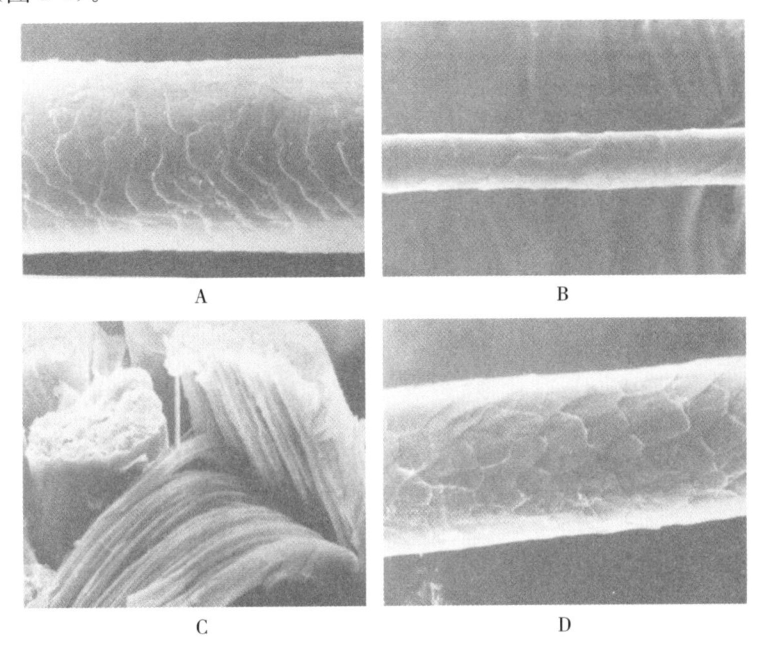

图 2-4　三种驼毛纤维类型

A. 粗毛电镜扫描　B. 绒毛电镜扫描　C. 撕裂的驼毛纤维　D. 两型毛电镜扫描

（吉日木图，2014）

(1) 细毛　细毛是指细而柔软的绒毛纤维，其直径为 14～35μm，平均为 18μm，自然长度为 4.0～6.0cm，并有明显不规则的、大小不一致的弯曲。在显微镜下观察，这种毛纤维组织构造，除具有鳞片层、皮质层外，多数毛纤维有点线状间断髓质层。也有为数不多的毛纤维，在上段或中段有较长细的髓质。但从单根毛纤维看，绝大多数的毛纤维下段和尖段 40～60μm 是无髓段。从整个毛被看，细毛占 70%～80%，但由于地区品种类型、年龄、性别、体躯部位的不同，其比例也有差异。例如，阿拉善左旗的双峰驼平均为 85.91%，变化范围 81.7%～89.34%，青海省茶卡地区的双峰驼平均为 64.63%，变化范围为 62.46%～69.61%。2～4 周岁的青年双峰驼，被毛中细毛比例较高，平均为 88.29%，变化范围为 87.71%～88.67%；成年骆驼较青年骆驼低，平均为 80.38%，变化范围 59.36%～89.34%。在成年骆驼中，骟驼的被毛中细毛比例最高，平均为 83.64%；母驼次之，平均为 79.2%；公驼较低，平均为 76.34%。从驼体部位来看，股部最高，平均为 82.03%；肩部次之，平均为 80.25%；

体侧较少，平均为78.51%；颈部与肩部基本接近。

(2) 粗毛　又称毛发，指被毛中长而挺直似针状的粗毛，其直径一般为50.1μm以上。在组织学构造上是由鳞片、皮质和髓质三层构成，髓质很发达，鳞片不明显，呈不规则的排列。

在粗、细毛混生的被毛中，粗毛露于绒毛之上。细毛多者则粗毛相对较少；反之，细毛少者粗毛相对较多。双峰驼被毛中粗毛含量一般为10%～20%；低者5%～6%，高者达30%以上。

(3) 半粗毛　这种毛纤维从细度看，一般介于粗、细毛之间，其直径为30.1～50μm，故又称两型毛。这种毛纤维的特征，上段粗直，无弯曲，髓质长而发达，显出粗毛的特点。下段较细，有少量不规则的弯曲，髓质较细，呈间断型，又有细毛的特点。一般粗毛部分较短，细毛部分较长，二者交界处差异明显，则易出现断裂。

在双峰驼的被毛中，这种毛纤维的含量很不一致，多的达30%～40%，少的只占7%～8%。例如，内蒙古自治区阿拉善左旗的双峰驼被毛中，半粗毛含量为12%～15%；青海省茶卡地区的双峰驼则为22%～28%。

4. 双峰驼毛组织结构　双峰驼毛纤维的组织构造，在显微镜下观察，与羊毛的组织构造颇相似，其横截面为圆形或卵圆形，由表向里分为三层，依次为鳞片层、皮质层和髓质层（图2-5至图2-8）。

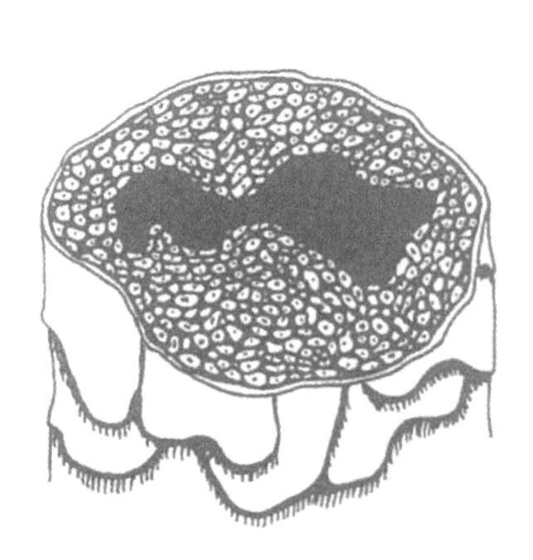

图2-5　驼毛纤维结构横切示意
（图2-5至图2-8引自吉日木图，2014）

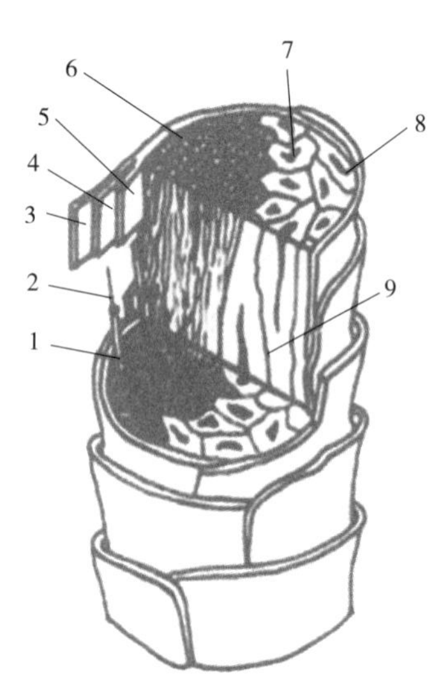

图2-6　驼毛纤维立体结构示意
1. 原纤维　2. 微纤维　3. 外侧毛表皮细胞　4. 次外毛小皮细胞　5. 内毛小皮细胞　6. 正皮质　7. 胞核残余体　8. 副皮质　9. 细胞膜和胞间连丝

(1) 鳞片层　鳞片层位于双峰驼毛纤维组织的最外层，由扁平环状、透明、不规则的无核角质化细胞组成。鳞片层细胞排列形状颇似鱼鳞，故称鳞片层。

双峰驼毛纤维的鳞片层，按其排列的特点和鳞片的大小，一般可分为环状鳞片和非环状鳞片两种。环状鳞片多见于较细的绒毛纤维，非环状鳞片多见于粗的毛纤维，形似松树皮。鳞片层因驼毛的部位、直径以及双峰驼年龄的不同而有所差异。就同一

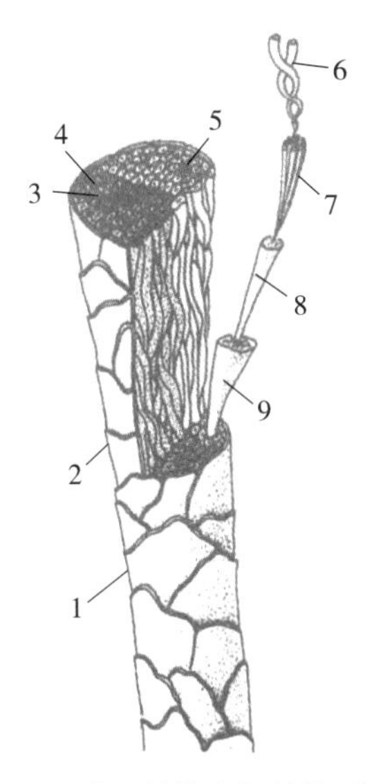

图 2-7　驼毛纤维内部结构示意
1. 毛小皮　2. 齿状缘　3. 髓质
4. 正皮质　5. 副皮质　6. 角蛋白丝
7. 微纤维　8. 原纤维　9. 皮质细胞

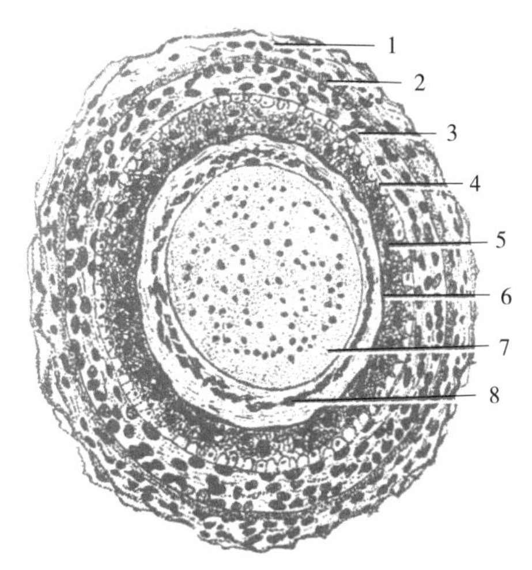

图 2-8　毛与毛囊横切模式图
1. 结缔组织鞘　2. 基底组织膜内层
3. 外根鞘　4. 亨勒层　5. 赫胥黎层
6. 内根鞘小皮　7. 毛皮质　8. 毛小皮

个双峰驼个体而言，细毛的鳞片排列较粗毛紧密，且鳞片边缘呈现大、中、小不同程度锯齿状。

双峰驼毛鳞片层均较薄，而且鳞片边缘紧密地包围在毛干上，棱角不甚明显，因而双峰驼的绒毛表面光滑。这种结构使双峰驼毛不宜擀毡，光泽较强，但驼绒绞合力差，不宜精纺，适合其他毛纤维混纺。

双峰驼毛与羊毛在鳞片层上有显著的区别，这在很大程度上决定了驼毛纤维的特殊性能（表 2-1）。双峰驼毛纤维鳞片较少，紧围着毛纤维的主要部分——皮质层，通常呈不完全的覆盖。鳞片表面上有纵向条纹，边缘光滑。在比较粗的绒毛纤维下段的鳞片边缘光滑，而上段的鳞片逐渐变为锯齿状边缘。

鳞片层的作用是保护双峰驼毛纤维免受外界各种理化作用的影响。鳞片层一旦被破坏，双峰驼毛纤维的强度、伸度、弹性及其他工艺特性就要遭到损失，其制品也就不耐磨、不耐穿。

表 2-1　各种毛纤维鳞片数的比较

毛纤维种类	1mm 长度内鳞片数（片）
双峰驼绒毛	40～90
羊驼毛	70～150
山羊毛	60～70
羊细毛	65～80
羊粗毛	45～60

资料来源：吉日木图，2014。

（2）皮质层　皮质层（图 2-9）是一根毛纤维的主体，位于鳞片层的深层，由与毛纤维纵轴平行的紧密排列的细长的梭形皮质细胞构成，皮质细胞间的界限为双层结构。皮质细胞是由含硫量高的硬角蛋白组成，其基本结构单位为基纤维。由 11 条基纤维按外围 9 条、中心 2 条平行排列而构成微原纤维，微原纤维散布在高硫蛋白分子组成的基质中构成巨原纤维。在皮质层中，直接由微原纤维构成的称为副皮质，直接由巨原纤维构成的称为正皮质。双峰驼毛纤维的皮质层由正皮质区和副皮质区组成，含有黑色素细胞和黑色素颗粒。

皮质层细胞之间由一种胶状物黏合，这种胶状物对细胞黏合的紧密程度决定毛纤维的强度和弹性。在脱脂的毛纤维皮质层中会出现小的空腔，这是未充满胶状物的角质细胞。如果有大量空腔，则说明皮质层细胞之间黏合不紧，其毛纤维的品质不佳，强度和弹性差。

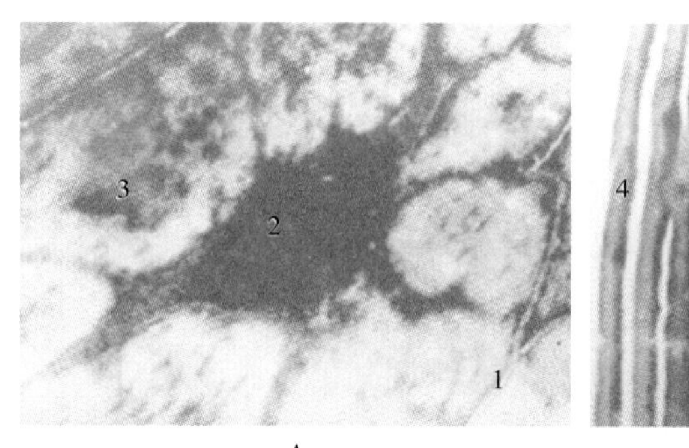

A

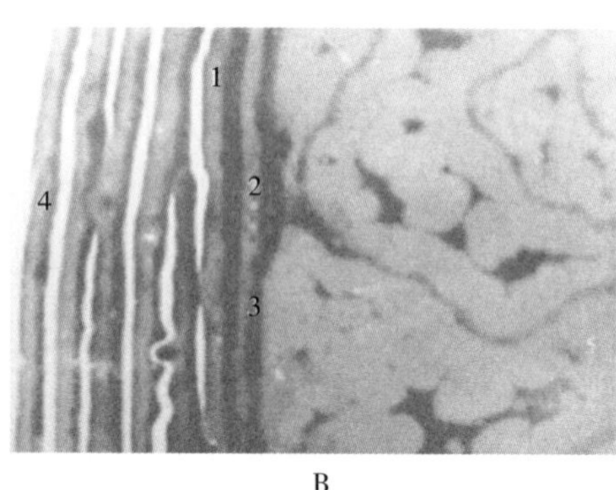

B

图 2-9　双峰驼毛纤维超微结构

A. 皮质层（1. 皮质细胞双层结构　2. 黑色素细胞　3. 黑色素颗粒）

B. 皮质周围（1. 皮质外上皮　2. 皮质内上皮　3. 边缘区　4. 上皮细胞层）

（吉日木图，2014）

（3）髓质层　髓质层（图 2-10）位于皮质层之下，是一根毛纤维的中心部分，与

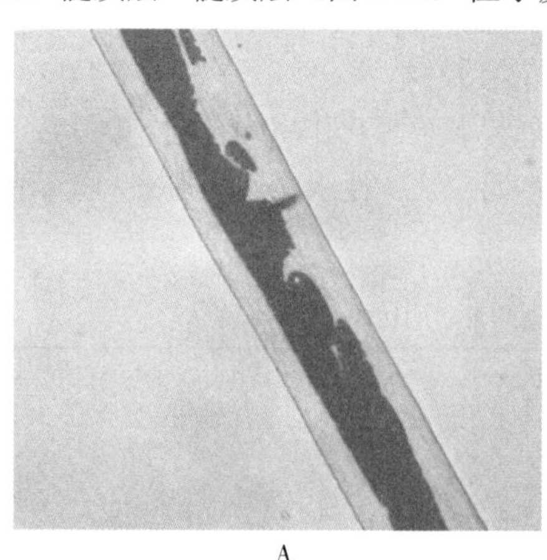

A

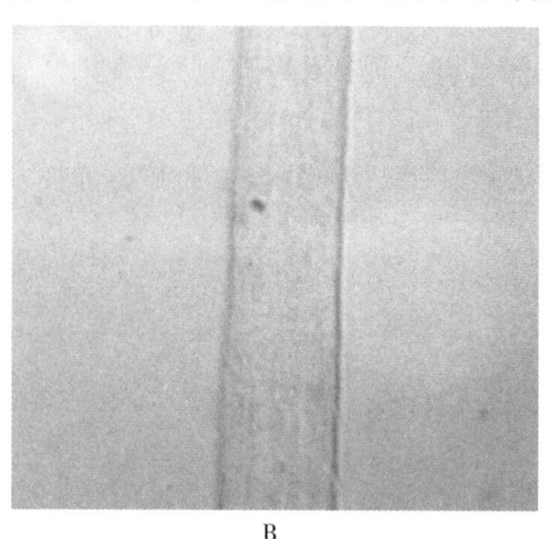

B

图 2-10　两种类型的驼毛纤维

A. 有髓型纤维　B. 无髓型纤维

（吉日木图，2014）

皮质层和鳞片层为同心圆结构。髓质层是由一种细胞膜和原生质均已硬化了的多角形细胞构成。髓质是在毛纤维形成过程中，因没有充分角质化及含硫较少，而形成疏松多孔组织。在髓质层细胞之间，由于充满了空气（空气是热的不良导体），能够减低毛纤维的导热性。因此，冬季能减少体温的散发，夏季又能防止身体受热。但是髓质粗大的毛纤维，其强度、伸度、弹性、弯曲度和柔软性均差，容易折断，纺织工艺价值低。

双峰驼毛除部分无髓纤维外，其余的毛均是有髓毛。其髓质形状大体上可分为点线状的、细长的、短粗的和粗长的四种。前两种髓质多见于 50μm 以下的毛纤维，而后两种髓质则见于 50.1μm 以上的毛纤维。

5. 双峰驼毛的生长 双峰驼毛与毛囊倾斜着生长在皮肤内，毛的发生和生长均在毛囊内进行。毛囊是哺乳动物的一个独特的、富有干细胞的神经外胚层和中胚层相互作用的系统，经历周期性的生长过程，即从生长期到退化期，转入相对静止期，再返回生长期（图 2-11）。在毛的生长过程中，不断进行着细胞的分化和角质化，使各种细胞叠积成毛纤维。

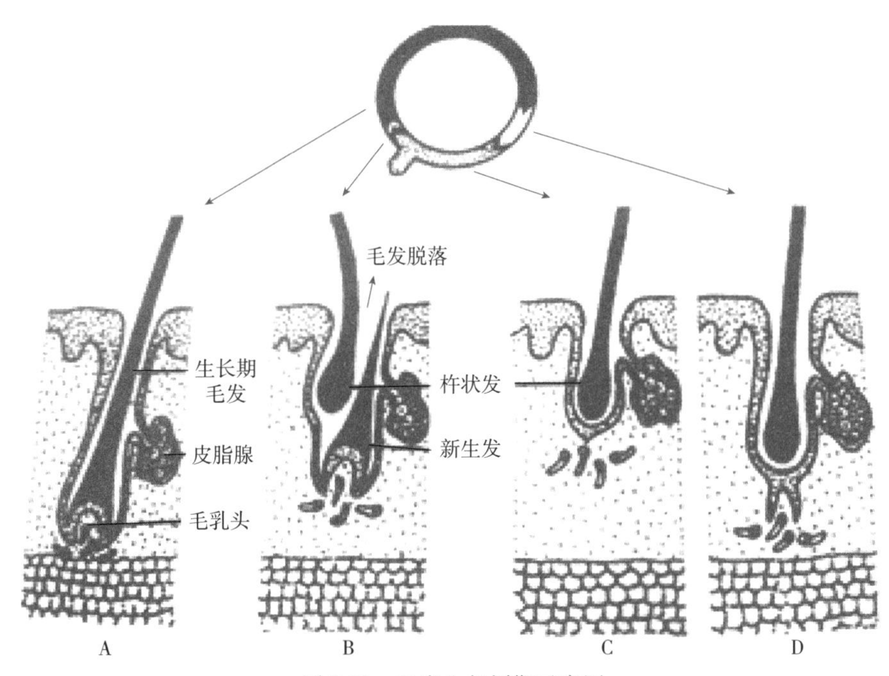

图 2-11 毛发生长周期示意图
A. 生长期 B. 生长早期 C. 相对静止期 D. 退化期
（吉日木图，2014）

（1）生长期 在毛生长初期，毛囊结构细而直，斜向生长在皮肤内。毛球中的基质细胞不断增殖，所产生的子细胞逐渐上移，形成内根鞘和毛干。在细胞分化晚期，毛干细胞的细胞器消失，胞质内由富含半胱氨酸的角质素形成的 10nm 的纤维束填充。纤维束以半胱氨酸二硫键相互交联，呈网状排列，使毛干具有很强的弹性和韧性。在毛干的生长过程中，毛干的生长与内根鞘细胞的角质化程度保持同步，使毛生长，否则毛的生长受阻。毛的生长期决定着毛发的长度，其持续的时间依赖于毛囊基部基质细胞的连续增殖和分化。

（2）退化期　毛的退化期是个动态转变期，处于生长期和相对静止期之间。在退化期，毛囊结构发生部分退化，毛球、外根鞘和最外面表皮层的上皮细胞凋亡。毛干细胞停止分化，毛球底部密封形成圆形结构。上移的细胞处于“抛锚”状态。在毛囊退化过程中，下方毛囊退缩形成一个短暂结构——上皮束，是退化期特有的结构。上皮束与真皮乳头相连，随着上皮束内细胞的凋亡，并逐渐被真皮所替代，该结构完全消失。

（3）相对静止期　毛生长中期后，毛囊进入了休眠期即毛发生长终期。

6. 影响双峰驼毛生长的因素　毛的生长依赖于毛球细胞的有丝分裂，而毛球细胞的有丝分裂需要靠毛乳头提供营养物质及相关的调控。影响双峰驼毛生长的因素可分为遗传（基因型）因素和环境因素。

（1）遗传因素　遗传因素直接影响毛的质量和数量。目前，关于双峰驼毛生长的分子机制研究尚未见报道，但从前人对开士米山羊的毛囊活性和大鼠、小鼠毛的生长研究结果中发现，胰岛素、催乳素等与毛囊活性和毛生长有关系。此外，单脱碘酶在山羊中表达，可能对毛生长起一定的作用；胸腺素可能促进大鼠和小鼠毛的生长，可增加生长期毛囊的数量。因此推测这些基因可能对双峰驼毛生长起作用。

（2）环境因素　环境因素包括气候、营养、疾病及自身生理状况等。环境因素影响毛生长的质和量。

①气候。在气候寒冷地区的双峰驼，一般产毛量都较高。例如，蒙古双峰驼虽个体大小中等，但公驼产毛量是14～16kg，母驼是12～13kg。准噶尔双峰驼产毛量比塔里木双峰驼高。

②营养。双峰驼产毛的黄金时期是在2～5周岁，1周岁时产毛细并且少，2～5周岁时产毛速度稳定，并且毛质最好。这个时期应该注意双峰驼的饲养，补给充足的营养，利于产生更多更优质的驼毛。

毛纤维生长所需的营养是通过血液循环系统输送到毛囊的毛乳头中，因此营养水平的高低对双峰驼毛质量会产生重要的影响。饲料中必需的营养物质的缺乏可能会导致纤维生长不均，质脆易断。如铜缺乏会使驼毛变脆。低蛋白饲料，尤其是含硫氨基酸（如半胱氨酸）缺乏，会造成毛纤维变细。

③疾病。有些疾病如发热使毛乳头的细胞分化停止或大幅度减慢，从而使双峰驼毛的生长受到抑制。双峰驼毛的应激反应使皮质醇分泌增加，过量的皮质醇会使毛纤维变细，严重过量时会使毛囊中的毛纤维断裂，引起全身脱毛。

双峰驼消化道内寄生虫通过与宿主争夺食物、破坏内脏和产生毒素等方式，使宿主获取的营养物质减少，从而降低毛产量。

④激素。甲状腺激素会促进双峰驼毛纤维的生长，雌激素会促进优质驼毛的生长，而睾酮则促进驼毛粗毛的生长。

⑤其他因素。

品种：品种类型不同，产毛量有显著的差别。例如，我国的阿拉善双峰驼，年产毛量为4.5～5.5kg；阿斯特拉汗双峰驼，公驼为8～10kg，母驼为6～7kg，比阿拉善双峰驼高35%～40%。

性别：性别不同，产毛量也不相同。成年公驼比母驼高35%～40%，骟驼高出母驼20%左右。

个体：个体间产毛量的差异很大，高者可达8～10kg，低者仅为2～4kg。

7. 双峰驼毛的脱换　双峰驼毛随季节的变化进行周期性脱落和生长。驼羔出生后，全身长满胎毛。驼羔从1周岁时起，开始脱换绒毛，每年脱换一次。每年从3月起，先从耳根及尾根部脱起，逐渐扩展到腋下、鼠蹊，然后颈、肩、背、股体侧，臀部最后脱落。到6月，全身绒毛脱光。

脱毛是双峰驼适应气温升高的生理反应，脱毛后便于体躯散热。脱毛期绒毛先脱离皮肤，粗毛后脱，因而被毛在短期内由于粗毛的钩挂还可以继续留在驼体上。双峰驼的被毛先脱，保护毛后脱。

由于驼毛是逐渐脱落，时间可延续2～3个月之久。春季脱毛时，正是荒漠地区大风季节，放牧在荒漠和半荒漠地区灌木和半灌木草场上的驼群，绒毛特别容易被大风刮跑或被灌木枝钩挂掉，遭受损失。因此在脱毛期间一定要加强驼群管理，双峰驼出牧前、归牧后、饮水时，要及时收取将要脱落的绒毛，尽量减少损失。

8. 双峰驼的毛色　主要有褐、红、黄、白四种颜色。除此而外，有部分双峰驼躯干部生有界线明显、边缘清晰和四周毛色差异大的花斑，花斑不定形，大小各异，有时为一侧，有时为两侧，此种双峰驼数量极少。毛色深浅，与双峰驼所处的生态条件有关。一般生活在山区、干旱草原、戈壁的双峰驼，毛色较深；生活在沙漠地区的双峰驼则毛色较浅。毛色的深浅，与双峰驼毛的经济价值有关。所以在选择双峰驼时，应注意选择被毛颜色较浅的留作种用。

初生驼羔，棕、褐毛色者较多，随着年龄的增长，胎毛逐渐脱换成固定毛色。

（六）不同年龄双峰驼的外形特征

双峰驼在其一生中所处的生长发育阶段不同，在外形上也各有差异（图2-12）。兹将不同年龄骆驼的外形特点分述如下。

1. 驼羔（幼龄骆驼）　由生后至2周岁时为驼羔。驼羔躯体短小，四肢较长，荐部高，胸浅而窄，额丰圆而突出，头颈高昂，峰小而直立。皮薄富有弹性，毛色多棕褐色，长毛较短、粗。5月龄前后时的胸底，肘端、前膝和后膝等处，毛已被磨光，皮肤增厚而尚未完全角质化。性情活泼好动，喜与人接近。

2. 青年驼（育成驼）　指3～5周岁骆驼。因其生长发育尚未完全，还保持体短肢长的特点，两性差异也小。嘴巴细尖，眼盂丰满，因不使役，膘情良好，两峰直立。所产绒毛细而柔软。但性较粗野，不易接近。

3. 成年驼（壮龄驼）　6～19周岁，由于生长发育完成，体格高大，骨骼粗壮，肌肉丰满发达，皮厚而弹性良好，绒毛厚密。精力充沛，性情温驯。

图 2-12　不同年龄双峰驼

A. 初生驼羔　B. 8 月龄驼羔　C. 青年驼　D. 成年公驼　E. 老年公驼

4. 老年驼（老龄驼）　20 周岁以上者为老年驼。头粗重，眼盂凹陷成深窝，下唇无力而下垂。闭合不全。皮肤松弛、弹性减弱，被毛色浅而短稀，肌肉欠丰满。眼内出现白斑，颜面部出现白毛。性情安静。

（七）双峰驼年龄鉴定

双峰驼的年龄俗称“口齿”。双峰驼不论作种用或役用，其生产力的大小和年龄的关系颇大。双峰驼的寿命一般可达30周岁以上，专作繁殖用的骆驼因饲养管理较好，工作较轻，故较役用骆驼寿命略长。

双峰驼一般满6周岁时才发育完成，6周岁前可视为青年驼（或育成驼）。6～19周岁为体力最旺盛时期，可视为壮年驼（或成年驼）。20周岁以上可视为老年驼。双峰驼年龄6～19周岁，是生产性能和使役的最好时期。20周岁以上多数双峰驼的役用能力和生产性能逐渐下降。但双峰驼20～25周岁尚可使役，个别双峰驼则在31周岁时仍可骑乘。但不同的饲养管理及利用方法会大大影响其使役或繁殖年限。

在养驼业中，了解双峰驼的年龄具有以下的意义：一是为了育种记录工作上的需要；二是可根据年龄的大小，合理分配适当的工作量；三是可作为用药剂量、驼群周转和淘汰时的依据；四是可供幼驼调教、培育和合理饲养管理方面的参考。

在缺乏双峰驼出生记录的情况下，可根据其牙齿的生长、脱换和磨损的情况加以判断年龄。

1. 双峰驼牙齿的名称、数目和齿式　齿是双峰驼身体中最硬的组织。牙齿固定在上、下颌的齿槽中，按其作用和位置，可区别为下列几种。

（1）切齿　双峰驼下颌有切齿6枚。上颌第1对和第2对切齿永不生出，第2对切齿即使生出也只有小米粒那样大；上颌第3对切齿长在靠近犬齿的地方，左、右各有1枚。上、下颌共有切齿8枚。下颌切齿又分为三种：

①门齿（钳齿）　下颌切齿中央的2枚。

②中间齿　在下颌门齿的两侧各1枚。

③隅齿　在下颌中间齿的两侧各1枚。

（2）犬齿　位于臼齿和隅齿中间，上颌2枚（左、右各1枚），下颌2枚（左、右各1枚），共有犬齿4枚。

（3）臼齿　上颌12枚（左、右各6枚），下颌10枚（左、右各5枚），共有臼齿22枚。臼齿又可分为：

①前臼齿　由前向后，上颌前3枚，下颌前2枚，左右对称，共10枚。

②后臼齿　由前向后，上颌第4、5、6枚，下颌第3、4、5枚为后臼齿，左右对称，共有12枚。

2. 乳齿和永久齿的区别　脱换前的齿称为乳齿，脱换后的齿称为永久齿。幼年驼有乳齿22枚，成年驼有永久齿34枚，齿式排列如表2-2所示。双峰驼牙齿中，切齿和乳前臼齿发生较早，而幼小骆驼的上、下颌的第1对乳前臼齿永不换成永久齿，呈犬齿形，为与犬齿区分，又名为狼齿。

表2-2　齿式排列、数目

		左								右							
乳齿	上颌	后臼齿	0	前臼齿	3	犬齿	1	切齿	1	切齿	1	犬齿	1	前臼齿	3	后臼齿	0
	下颌	后臼齿	0	前臼齿	2	犬齿	1	切齿	3	切齿	3	犬齿	1	前臼齿	2	后臼齿	0
永久齿	上颌	后臼齿	3	前臼齿	3	犬齿	1	切齿	1	切齿	1	犬齿	1	前臼齿	3	后臼齿	3
	下颌	后臼齿	3	前臼齿	2	犬齿	1	切齿	3	切齿	3	犬齿	1	前臼齿	2	后臼齿	3

乳齿的齿色洁白，齿冠较短，齿颈较细，齿列间空隙较大。永久齿的齿色污黄，齿颈较长，齿列间空隙较小。这些特点，鉴定骆驼年龄时应加以区别。

双峰驼牙齿属于长冠多褶型，其实质构造与其他家畜的牙齿相同，也是由三种不同的物质所组成，即白垩质、珐琅质及象牙质。按照牙齿来鉴别双峰驼的年龄，主要根据牙齿系统变化中的三个时期（即乳齿的生长，乳齿的磨损和脱换，永久齿的生长和磨损）来做出判断。

3. 双峰驼年龄识别的方法 综合以上各种情况，根据牙齿的变化，判断双峰驼年龄的方法如下。

（1）1 周岁 下颌的 3 对乳切齿彼此互相重叠，齿色洁白，乳犬齿呈切齿形状，紧靠隅齿。

（2）2 周岁 乳切齿中门齿较大，色黄，乳犬齿虽仍呈切齿形状，但已与隅齿分开。

（3）3 周岁 乳切齿已极度磨损，彼此互相分离，齿形变长，齿色变黄。乳犬齿已失去原有的门齿形状而变尖。

（4）4 周岁 乳切齿呈圆柱形。磨损加重，距离增大，或者可能被磨损至基部。乳犬齿与乳切齿显著分开。

（5）5 周岁 乳门齿脱落，换生成永久门齿，4.5 周岁乳门齿脱落，5 周岁时长齐。乳中间齿和乳隅齿仍未脱落，但已极度磨损，乳犬齿也开始磨损。

（6）6 周岁 乳中间齿已经脱落，并换生成永久中间齿，乳隅齿仍未脱落，但已极度磨灭，5 周岁半时，乳中间齿开始脱落，6 周岁时长齐。乳犬齿轻度磨损。

（7）7 周岁 乳隅齿脱落并换生成永久隅齿，6 周岁半时乳隅齿开始脱落，7 周岁时长齐。此时所有下颌乳切齿都已脱落，并完全换生了永久切齿，但隅齿尚小，乳犬齿极度磨损。

（8）8 周岁 永久切齿长得比较大，但尚未开始磨损，彼此互相紧贴。下颌乳犬齿脱换为永久犬齿，上颌乳犬齿也开始脱落，但稍晚些。

（9）9 周岁 门齿稍有磨损，咀嚼面呈平面形，切齿彼此互相紧贴着，上颌永久犬齿长齐。

（10）10～11 周岁 门齿齿面呈椭圆形平面，两钳齿基部出现缝隙，中间齿轻度磨损。犬齿 11 周岁前为尖形。

（11）12～13 周岁 门齿和中间齿的齿面呈长椭圆形，隅齿稍被磨损，切齿的基部间出现了缝隙。犬齿 12～13 周岁时，磨损呈凸状。

（12）14～15 周岁 门齿齿面呈三角形，而中间齿和隅齿则呈长椭圆形，牙齿基部间缝隙增大，犬齿磨损成半截。

（13）16～17 周岁 门齿开始接近于四方形，而中间齿接近于三角形，隅齿则接近于椭圆形，牙齿间的缝隙愈加增大。犬齿齿色变黄。

（14）18～19 周岁 门齿和中间齿的齿面呈四方形，而隅齿齿面为三角形，所有牙齿彼此分离，犬齿已极度磨损。

（15）20 周岁以上　切齿的齿面均呈四方形。

为了便于记忆，可将切齿的生长变换情况整理成以下四句话：

“一扁二平三分离”，就是 1 周岁时乳切齿顶部都呈扁形，2 周岁时切齿顶部都已磨平，3 周岁时各切齿互相分离。

“四柱五门八扁粘”，就是指 4 周岁时各乳切齿都呈圆柱形，5 周岁时门齿已更换长齐，6～7 周岁是更换中间齿和隅齿的时间，8 周岁各永久切齿都呈扁形且互相靠得很紧。

“九、十、十二顶磨平”，就是指门齿的齿面 9 周岁磨平，中间齿 10 周岁磨平，隅齿 12 周岁磨平。

“十四成角十六方”，是指 14 周岁门齿的齿面成三角形，16 周岁门齿的齿面成四方形。其余切齿形状可类推。

4. 影响双峰驼口齿鉴定的因素　根据双峰驼牙齿的发生、脱换及磨损情况鉴定双峰驼的年龄虽较准确，但为了避免鉴定年龄时的误断，还必须了解影响双峰驼口齿变化的如下因素。

（1）草地情况　草地类型不同，双峰驼牙齿的磨损程度差别很大。凡常年放牧在灌木、半灌木较多的草地上的双峰驼，由于啃食灌木的结果，牙齿磨损就较为严重。有的双峰驼在 8 周岁时，门齿即已磨平，有的在 16 周岁后切齿即已磨到齿龈。而生活在沙漠湖淖中的双峰驼，由于多采食草本牧草，质地较软，故牙齿磨损较轻。有的双峰驼牙齿甚至露出唇外。

（2）齿的异常变化　牙齿磨损程度及脱换，个体间差异有时很大。有的双峰驼 4 周岁时开始换牙，而有的双峰驼则在 6 周岁时，钳齿和中间齿同时脱换。

（八）公驼与母驼外形特点

一般公驼比母驼体大且雄壮刚强，骨骼、肌肉与前躯均较发达有力，头短宽具雄相。性器官及第二性征明显不同。公驼个体比母驼高大宽深，头短而宽，颈较母驼粗壮，胸围和管围都较大，全身肌肉发达，皮厚，鬃毛、鬣毛、嗉毛和肘毛均较母驼粗长厚密。母驼头狭长轻小，皮薄毛细。母驼在妊娠后期，由于生理的变化，绒毛量减少粗毛量增加，嗉毛变得和公驼一样长，这是母驼的重要特征之一。生产实践中，在秋末利用各部位是否有发达的粗毛是鉴别妊娠母驼与哺乳期（或空怀）母驼方法之一。公驼的犬齿较母驼发达。公驼去势后，第二性征即不明显，其外形大多介于两性之间，但具体差异，与去势年龄及去势时间长短有一定关系。公驼平时与母驼无异，只是在配种季节里，由于性激素的刺激，表现性情凶猛。

（九）不同生产性能双峰驼的外形特征

双峰驼虽然是集多种生产性能于一身的特种畜种，随着科学技术的发展和社会进步，双峰驼育种方向多集中在绒、肉、乳方面，培育以绒为主，兼顾肉、乳的品种，

役用退居次要地位。

1. 以绒为主，兼顾肉乳品种的体质外形特征 体格结实，体躯大，结构匀称。前、后躯肌肉丰满，中躯长而宽。头大小适中而清晰，额宽广，眼大有神；鼻宽唇薄，口角深；颈长短适中而厚广；双峰大，背腰宽广，平直，双脊梁；胸围大、管围粗、腹大而圆，臀部不宜过斜，要长宽平方；四肢不宜长，大腿肌肉发达，四蹄结实，大小适宜；要求乳房外部皮肤柔软富有弹性，附着面积大，长度和宽度发育良好，前、后区匀称，乳头大且散开排列。

2. 乘用双峰驼外形特征 体格细致紧凑，体躯适中，结构匀称，前、后躯肌肉发达，中躯短宽。头清秀，眼大、额宽、鼻梁高；颈细而竖立，肌肉强壮有力，颈稍长，上缘宽，槽口宽，双峰大小适中，峰口宽平；肩宜长斜，位置端正，背腰短而宽广，结合良好，臀方正丰满，肌肉发育良好；胸部发达深广，最后两肋骨宽广，前膊长，前肢直；管宜稍细，尾根较高，尾毛长；飞节弯曲，小节强大；蹄致密、弹性良好，蹄缝宽，步样确实。见人威风，吐白沫，有叫声，行动灵活，机敏驯服，骑上不叫。

二、双峰驼体质特征

双峰驼在个体发育过程中，受遗传和环境条件的影响，所形成的质和量的总体表现，即是双峰驼的体质。双峰驼的体质是驼体结构和机能的全部表征状态。

双峰驼的体质类型和其他家畜相比较为单纯。因为所处生活环境比较艰苦贫瘠，饲养管理又较粗放，自然选择对它的作用和影响较大，有时甚至是决定因素。同时，双峰驼是生产性能的专门化程度远不如其他家畜种类高，这也是它体质类型较单纯的原因之一。

按照双峰驼骨骼发育、皮肤、皮下结缔组织、肌肉及内脏的发育情况，把双峰驼体质分为以下三种类型。

1. 粗糙紧凑型 体格高大，外形粗壮，骨骼粗重，肌肉发达，筋腱明显；头粗重，鼻梁隆起，嘴粗圆；颈粗壮有力；前躯发育良好，胸深而宽，四肢粗壮有力，蹄大而厚；皮厚，绒毛较粗，粗毛比例较高，保护毛粗而发达；泌乳量较低；适应性和抗病力较强；神经敏感程度中等；速力较低。

2. 细致紧凑型 外形轮廓明显，骨骼细致而结实，肌肉坚实有力；头小清秀，颜面部血管暴露清晰，嘴尖而细；颈细长；胸深宽度适中，四肢细长，其上筋腱血管清晰可见；皮薄而弹性良好，皮下结缔组织不发达；被毛纤维柔软，绒层厚密，保护毛细而不发达；泌乳量较高；性情活泼，反应敏感，动作迅速敏捷；速力较快。

3. 粗壮结实型 体格粗壮，轮廓清晰，结构匀称，肌肉十分发达，性情灵活温驯，对疾病抵抗力强，生产性能也表现较好。头大小适中，眼大有神，颈长而粗，坚强有力；前胸宽深，腹大而圆，腹壁坚实，弹性良好，尻部宽长而不过斜，四肢粗壮，长短适中，关节强大，肢势正确；皮肤致密富有弹性，绒层厚密，绒毛比例较高，保护毛适中。这是一种理想的体质类型，种用驼应具有这种体质。

必须指出，过度粗糙和过度细致的体质，在生产上均属不利，特别是过度细致的双峰驼，往往表现为骨细皮薄，体躯单薄，头狭长，胸窄，颈细肢长，毛细而短，体弱易病，适应性差，生产力不高。体质过度粗糙的双峰驼，虽称健壮，但生产力不高。所以，有过度发育特征的双峰驼，都不能留作种用。

三、不同品种及产区双峰驼外形特点

（一）阿拉善双峰驼

阿拉善双峰驼体质结实，结构匀称，骨骼坚实，肌肉发达。毛色以杏黄、棕褐、白色为主，绒层厚，绒毛比率高，绒纤维强度大、光泽好。颈长，呈“乙”字形弯曲。体高大于体长，胸宽而深，背短腰长，驼峰大而丰满。四肢关节强健，筋腱明显，后肢呈刀状肢势，蹄大而圆，蹄掌厚而弹性好。公驼鬃嗉毛发达，母驼头清秀。性情温和，善游走和远距离采食。抗逆性强，耐饥渴、严寒、酷暑，抗干旱风沙等。厌湿热。对荒漠和半荒漠自然环境有极强的适应能力，能有效利用荒漠植物，恋膘和储脂能力强。

沙漠驼毛色较浅，以杏黄、粉色为主体毛色的约占50%。绒纤维细而密，粗毛比例较低。戈壁驼毛色较沙漠驼深，被毛长密，平均产毛量高于沙漠驼。

被毛颜色有以下几种类型。

1. 被毛一色 被毛中绒毛、长粗毛、短粗毛、刺毛颜色基本一致。

2. 被毛渐变色 被毛颜色因部位不同，表现不同的深浅。一般由前躯到后躯，由背部到体侧，颜色逐渐变浅，而腹下毛颜色较深，此种双峰驼为多见。

3. 被毛花斑 极少数阿拉善双峰驼肩部或体侧生有界线明显、边缘清晰、与主体被毛颜色差异大的花斑。如主体被毛颜色为黄色，花斑为褐色。花斑面积大小不同，已发现最大面积$320cm^2$左右。

4. 刺毛白色或沙毛色 嘴唇、前膝、前管的绒毛有个别是白色或沙毛色，这种双峰驼的被毛颜色以红褐色为主。

5. 毛纤维颜色多层次 一般单根毛纤维由尖端到根部一色的较少，多数是两色，个别阿拉善双峰驼单根毛纤维形成3～5种颜色，形成多层次颜色特征。

（二）苏尼特双峰驼

苏尼特双峰驼体质结实，结构协调，骨骼坚实，肌肉发达有力。体躯较长，胸深而宽，峰体较大，适应性突出。毛色以棕红为主，杏黄、白色、褐色毛占的比率不大。还有极少部分白花驼（或称花骆驼），主要分布在内蒙古自治区赤峰市克什克腾旗达日罕苏木，此类驼被毛花斑明显，全身被毛中有大小不等、形状各异的白色花斑，其他外形特点和生产性能与普通苏尼特双峰驼无明显差距（图2-13）。公驼雄

性特征明显，鬃毛、肘毛、嗉毛发达。母驼头清秀、骨量较轻，绒层厚，绒比率高，绒纤维强度高，光泽好。

图 2-13　白花驼
（朝格巴图，拍摄于 2018 年）

（三）青海双峰驼

青海双峰驼体型以粗壮结实型居多，细致紧凑型或其他型较少。头短小，嘴尖细，鼻梁微拱。眼眶骨隆起，呈菱形，眼球外突。额宽广而略凸，耳小直立，贴附于脑后。颈础较低，项脊高而隆起，呈“乙”字形大弯。胸宽而深，肋拱圆良好。前峰高而窄，后峰低而宽，峰直立。卷腹不外凸。肘、后膝、胸底处形成角质垫。尻短斜，尾短细。前肢大多直立，个别呈 X 状，后肢呈刀状肢势。前蹄大厚似圆形，后蹄小薄似卵形。

青海双峰驼的毛色比苏尼特双峰驼和阿拉善双峰驼的深一些，这与柴达木盆地属高寒大陆性气候有关。从 128 峰驼中观察，青海双峰驼以褐色最多，占 37.5%，深褐（黑褐）色驼占 26.56%，淡黄色驼占 32.03%，灰白色驼仅占 3.91%。

（四）塔里木双峰驼

塔里木双峰驼体型细致紧凑，外形清秀，头部较小，鼻面平直较尖，四肢较长，体躯较高，胸深而狭，两峰短小，颈细而长，富有悍威。耐寒耐热，能适应贫瘠的荒漠地区放牧。

被毛较短，多呈棕褐色、黄色，嗉毛色较深。毛色随年龄增长有变化，出生时驼羔毛多呈灰色或灰褐色，成年驼多为红褐色、黄色，少量为白色。

（五）准噶尔双峰驼

准噶尔双峰驼四肢较短，体躯宽大，毛质优良，适于冬季严寒的大陆性气候。其外形一般粗糙结实，额方头重，眼球突出，头长平均为 50～53cm，面尖耳小，颈长短适中。两峰发育良好，前峰高于后峰，胸深而宽，尻短而斜，肌肉丰满，四肢粗壮。被毛粗糙，绒厚，长毛发达，毛色较深。被毛色以褐色和黄色最多，棕色次之，白色较少。

在准噶尔双峰驼中有一特殊的类群——木垒长眉驼，因其额毛特别发达，主要分布在新疆维吾尔自治区木垒哈萨克自治县而得名。其体格较普通准噶尔双峰驼大，产毛量较高。毛色以杏黄色为主。鬃毛发达，头部、眼周和耳周长了稠密长毛，眉长

12～17cm，被毛厚密，粗毛少且较一般驼细，绒毛多，绒层厚为7.5～8.0cm；粗长毛较发达，鬃毛20cm以上，肘毛30cm左右，嗉毛40～50cm。

四、体质外形鉴定

双峰驼是综合生产性能的畜种。它的外形和体质是与生产性能密切相关的。不同生产倾向的双峰驼具有不同倾向的体质。例如，绒毛产量较高、役用性能较好的双峰驼，一般具有致密而弹性良好的皮肤，骨骼坚实，肌肉发育良好，体躯结构匀称，多为结实体质类型。使役性能良好的双峰驼，一般具有粗糙紧凑类型的体质、厚的皮肤、发达的肌肉、粗大而结实的骨骼，颈粗有力，四肢粗壮。这均说明，一定的生产性能与其外貌、内部结构及生理机能是彼此互相联系、互相制约的。如果某些器官由于它们强烈的活动而较发达，则这会引起另一些组织器官的相关变异。例如，以前在选择荷兰牛时，因为片面地追求其产乳量而忽视了它的体质和乳脂率，结果使荷兰牛体型退化，体质衰弱，抗病力减弱，乳脂率降低。所以在今后选择骆驼的时候，既要考虑它的外貌和生产性能，同时还要注意它的体质和健康状况，不论任何品种和任何生产有用途的骆驼，只有健康的体格，才可能具有高的生产性能和生产优良的后代。

另外还应当注意：体质是可以变化的，在不同的饲养管理条件下，特别是培育和锻炼，对双峰驼的外形和内部结构有巨大的影响，会引起体质深刻的改变。因此，在以上体质类型的双峰驼中，可以找到生产性能高的，也可以找到生产性能低的，不要认为双峰驼体质和生产性能的关系是固定不变的。双峰驼的体质强弱对适应力有直接影响，体质弱的骆驼，经不起自然环境的变化，易感染疾病，身体瘦弱，繁殖力低。体质强的双峰驼，其生产性能和对外界环境条件的适应能力亦较强。因此，体质常为双峰驼的健康及结实性的指标；反之，健康好坏亦可说明双峰驼的体质强弱、生产性能的优劣。因此，鉴定双峰驼时，应当重视体质的鉴定。

体质外形鉴定，是双峰驼选育工作中广泛应用而又简单易行的一种选种方法。只有选择那些体质结实、结构匀称、发育良好的个体作为种驼，才能提高驼群的生产性能，当进行双峰驼的外形鉴定时，必须把它看成统一的整体，而且要联系它所处的生活条件来考虑，这样才能正确理解整体与部分、形态与机能、内部与外部矛盾统一的复杂关系。

（一）鉴定时间和组织

1. 鉴定的时间和内容 鉴定时间和内容，可因选种要求不同而异。如果以役用为主，应在每年的10—11月（这时双峰驼全部收场）膘好时，根据体质外形一次鉴定即可。如果以毛用为主，就应把鉴定时间增加到两次：一次仍在秋末，重点进行体质外形鉴定，另一次是在次年的3—4月，重点进行产毛性能的鉴定。最后根据两次鉴定结果，评出其个体等级。

2. 鉴定的组织　在开展双峰驼选育的单位，应由畜牧专业技术员、基层防疫员和有经验牧民共同组成鉴定小组，拟定计划定期进行；在未开展双峰驼选育的单位，可由主管生产的领导召集有关人员进行鉴定工作。

（二）鉴定方法

肉眼鉴定是用肉眼观察驼体外形并进而判定其整体优劣的一种方法，同时也辅之以触摸。鉴定时鉴定人员与驼体应保持一定距离，一般以三倍于双峰驼体长的距离为宜。从双峰驼的前面、侧面和后面进行一般的观察，主要看其体型是否与选育方向相符，体质是否结实，品种特征是否典型，整体发育是否协调匀称，肢蹄是否健壮，个体大小与健康程度，有何重要失格以及一般精神表现等。再令其走动，看其动作、步态以及有无跛行或其他疾患。取得一个大概认识以后，再走近双峰驼体，对各部位进行细致审查，最后根据印象进行分析，评定优劣。

为了避免遗忘、事后又有案可查，应在鉴定时将所见主要优缺点用文字简要描述，或在轮廓图上用相应的符号（表 2-3）标出各个部位的优缺点，使之一目了然。

表 2-3　外形特征符号及其代表意义

符号	意义	符号	意义
︵	丰满	︶	凹或下垂
—	平直	↔	短
II	四肢站立端正	≻≺	长
>	弯曲	/	斜
□	宽	V	窄
//	倾斜	‖	直立
X	发育不良	<	瘦削
3	结合不良	=	平行
×	×形		

此外，还可以在某些符号的右角上附“$^{+}$”或“$^{-}$”以表示不同程度，如“<”指瘦削，“$<^{+}$”指很瘦削，“$<^{-}$”指稍嫌瘦削。为了对骆驼的发育情况进行比较，将鉴定者的经验加以量化，可用“评分鉴定”的方法来表示骆驼体况及整体发育表现（表 2-4）。评分表的制定，一般都是根据驼体各部位在生产上的相对重要性，规定出最高分数标准，并提出相应的满分要求，这样就使鉴定者可依据评分表，在统一的标准下进行比较客观的外形鉴定。评分表中的总分为 100 分，鉴定者可根据标准分别评定，最后将各部位的评分加起来，即可确定某一峰骆驼的评分值，从而进行个体间比较。

表 2-4　双峰驼评分鉴定表

所属单位			驼名或驼号	
性别		年龄	毛色与特征	
项目		满　分　要　求	最高给分	评分
整体结构与发育		体质结实，粗壮，结构匀称，性情温驯，被毛覆盖良好，个体大，全身肌肉发育良好，峰大直立，毛色杏黄或紫红，筋腱发达，关节强大	30	
头颈		头大小适中，鼻大，眼明亮，颈长而粗，头颈、颈肩结合良好	5	
胸廓		胸宽而深，肋骨拱圆，肩长而斜	10	
背与尻		背腰宽平，结合良好，尻圆大不过斜，腹大而圆，弹性良好，峰大直立	10	
四肢与蹄		四肢粗壮，肢势正确，大腿肌肉发达，角质垫附着面适当，蹄大而厚，蹄盘左右相等，弹性良好	10	
乳房与睾丸		母驼乳房发达，乳头排列整齐；公驼睾丸大小匀称，柔软而富有弹性	5	
保护毛	长度	由长至短	2.5	
	密度	由密至稀	2.5	
绒毛	绒毛含量	由多至少	5	
	绒层厚度	由厚至薄	5	
	密度	由密至稀	5	
	细度	由细至粗	5	
	匀度	由良好至不良	5	
简要评语				

鉴定人员：　　　　　　　　　　　　　　　　鉴定日期：

但还必须指出，评分鉴定是以驼体各主要部位为基础的，反映整体方面就显得不够，由于每个部位单独评分而使分数的总和往往较实际为高，所以有必要增设整体结构与发育一栏，使其有一定比例的分数，以做调整弥补。其次，评分鉴定结果只提出每个部位的分数，而没有揭示双峰驼外形的优点和缺点，为了弥补这个不足，应在评分的同时，对良好的部位或外形的缺点加以简要描述。

摄影方法是较为客观反映双峰驼外形的方法。为了弥补外形鉴定之不足，可将个体优秀双峰驼的外形拍摄下来，以便在较长时间以后还有机会去了解和研究。对双峰驼进行摄影时应使其保持正确的姿势。从侧面看时，前肢要站齐，后肢可一前一后，以便很好地显出乳房。头应端正，不要偏斜也不要低下。镜头焦距对准肩胛骨中点，距离以三倍双峰驼体长为宜。

五、双峰驼体尺测量和称重

骆驼体表各部分的大小，用长度或角度等表示的数量，称为双峰驼的体尺。测量双峰驼的体尺是研究双峰驼的方法之一，它可准确地表明双峰驼个体的大小以及生长发育和健康情况，并可作为检查双峰驼饲养管理情况的依据。体尺还可用来表明双峰驼外形的特征，或作为划分体质类型、等级与估测体重的依据。此外，在进行品种调查和科学研究时，体尺测量也是必不可少的项目之一。因此，在鉴定双峰驼时，为了避免单纯用肉眼检查双峰驼所产生的主观上的错误，必须对双峰驼进行准确的测量。

（一）测量双峰驼体尺的器械

测量双峰驼体尺的器械，主要有以下五种：

1. 测杖 用以测量体高、体长、肢长等。双峰驼测杖以 2.5m 长为宜，为普通的手杖形，内装有测尺，使用时可以随便抽出。

2. 圆形触测器（卡尺） 用以测胸宽、尻宽、尻长等。

3. 卷尺（皮尺） 用以测量胸围、管围等。皮尺的长度以 5m 为宜。

4. 角度计 用以测量各关节的角度。

5. 50cm 的直钢尺 用以测量双峰驼的被毛及保护毛长度。

（二）双峰驼测量的部位

主要的测量部位有以下各项，其中以体高、体长、胸围及管围四项最为常用。

1. 体高 双峰驼的体高，是由前峰后缘基部（第 9～10 背椎棘突处）到地面的垂直距离。

2. 体长 体长是由肩胛关节前面的突起部位起，到坐骨结节后面突起的距离。即由肩端到臀端的距离。

3. 胸围 双峰驼的胸围是从前峰后缘基部起，向下经过胸底角质垫的中心，绕体一周所成的垂直周径。

4. 管围 管围是由前肢左管部的上 1/3 处绕管 1 周所成的水平周径。

根据体高和体长，可以确定双峰驼的大小；根据胸围可看出胸腔发育的程度；而管围则表示它的骨量的大小。体长和胸围与体高比较以后，就可知道骆驼身体粗壮还是细瘦。

5. 胸宽 左右两肩胛软骨后缘胸侧的水平距离。

6. 胸深 前峰后缘的基部到胸角质垫中点的直线距离。

7. 头长 从枕骨嵴到鼻端的距离。

8. 额长 从枕骨嵴到两眼内角联合线处的距离。

9. 额宽 两眼眶外缘间的直线距离。

10. 尻宽　两腰角外侧间的水平距离。

11. 尻长　自腰角前缘至臀端后缘间的直线距离。

12. 荐高　从荐骨最高点到地面的垂直距离。

13. 肢高　从肘端起到地面间的垂直距离。

14. 颈长　由下颌后缘起，经颈下弧线至胸骨前端的全长。

15. 驼峰高度　从驼峰的基部到驼峰顶部的垂直距离。

16. 驼峰宽度　从峰基前缘到峰基后缘的距离。

17. 峰间距离　从前峰基部后缘到后峰基部前缘的距离。

18. 大腿围　股部中央的水平周径，用以确定大腿肌肉的发达程度。

（三）驼体测量的注意事项

为了提高双峰驼体测量工作的准确性，必须注意以下几点：

（1）测量前应做好测量工具的检查和校正工作，了解器械的特性及其误差的大小，以便对实测的结果加以校正。

（2）将要测的双峰驼由驼群单独牵出，使其安静地站立于平坦的地方，并保持正常姿势。

（3）测量时，除注意对准测量部位外，还要掌握松紧程度，既不要在毛上悬空量取，也不可将器械压入皮内，而应使其紧贴体表。利用皮尺时要拉紧，并以能勉强插入2指为度。

（4）当正式测量时，测量人员要温和地自骆驼左前方逐渐接近，切勿惊吓骆驼而改变其姿态，增加测量困难。由于骆驼很难保持长期不动，所以测量人员的动作也必须力求迅速准确。如果对量取的体尺感到有怀疑时，应立即进行重复测量，取其平均数为实测数。

（5）选取测量的双峰驼，应随机抽样，不能有意识地只选好的或个体大的来测。只有取得真实的体尺以后，加以分析研究，才能肯定该群双峰驼的特征。

（6）在进行双峰驼的考查和科学研究时，为了肯定该地区双峰驼的外貌特征，测量应有足够的数量，才能保证所测体尺的代表性，当然这一数量愈多愈好。一般不少于100峰，或调查的峰数应占该地区双峰驼总数5%。

（7）驼体测量应有4～5人，1人用测杖，1人用皮尺，1人记录，1～2人固定骆驼。还要组织更多的人员捕捉骆驼，测量人员必须注意安全，对于不老实的骆驼，应做特殊保定，以防伤人。

（四）双峰驼体尺指数计算

双峰驼的体尺经过统计分析以后，只能说明驼群间任何一个部位的发育情况，而不能说明双峰驼的体态结构。因为每一种体尺的绝对数值是单独量取的，并未和其他部位发生联系。然而，双峰驼是统一的有机整体，只有把各种体尺互相联系起来分析，才能很好地研究判断双峰驼的体态结构。把一种体尺与其他体尺的比率称为体尺指数。

在养驼业中，一般常用的体尺指数有以下几种。

1. 胸围率 胸围率是胸围对体高的百分率。即

$$胸围率=\frac{胸围(cm)}{体高(cm)}\times 100\%$$

由胸围率可以看出骆驼胸廓大小与心肺发育的情况。胸围率大的骆驼体格必大，持久力亦强。

2. 管围率 管围率是管围对体高的百分率，即

$$管围率=\frac{管围(cm)}{体高(cm)}\times 100\%$$

由管围率可以看出骆驼骨骼发育的情况。

3. 体长率 体长率为体长与体高的百分率。即

$$体长率=\frac{体长(cm)}{体高(cm)}\times 100\%$$

4. 肢长率 肢长率为肢长对体高的百分率。即

$$肢长率=\frac{肢长(cm)}{体高(cm)}\times 100\%$$

幼驼肢长指数较大，随着年龄的增加而逐渐减小。在同一类型的双峰驼中，肢长指数过小，说明胚胎时期营养不足。

5. 体重率 体重率是体重对体高的百分率。即

$$体重率=\frac{体重(kg)}{体高(cm)}\times 100\%$$

（五）双峰驼的称重

在养驼业中，定期进行驼体称重，这对于了解幼龄驼生长发育和成年驼体况都具有一定的意义。

称重应在早晨出牧及饮水前进行。为了使结果更接近准确，应连续 2d 称重，而取其平均值。准确称量的办法是用大的平台式地秤。台面和地平面一致，将双峰驼牵立其上，直接称出其重量。双峰驼在平台上站立的位置，应尽可能使其站在中心部位，而不可偏于一边。

在不能进行直接称取体重的情况下，可利用测得的胸围和体长这两个体尺数据，代入下列公式，进行估算。最后估算出的体重，可根据营养状况不同加减一个标准差。即在上等膘时加 45.69kg，下等膘时减去 45.69kg。

骆驼体重的估算公式如下（体尺单位为 cm，体重单位为 kg）：

体重＝67.01＋58.16（胸围^2×体长）±45.69

为了节省时间，可利用所测得的体长和胸围体尺，直接查表便知（表 2-5）。

表 2-5 双峰驼体重便查表（kg）

胸围（cm）	体长（cm）																											
	100	103	106	109	112	115	118	121	124	127	130	133	136	139	142	145	148	151	154	157	160	163	166	169	172	175	178	179
146	158	163	168																									
150	169	174	178	184																								
154	180	184	189	194	198	203	207																					
158	190	195	200	204	209	213	218	223	229	235																		
162	201	206	210	215	220	225	231	237	243	249	257	266																
166	211	217	221	227	233	239	245	251	257	264	273	282	290															
170	222	228	234	240	246	252	258	264	270	278	287	296	305	314														
174			246	252	258	264	270	278	282	290	299	309	319	328	376													
178				266	272	278	284	290	296	305	314	323	332	341	350													
182					286	292	298	304	310	319	328	337	346	355	365	374												
186							313	319	325	334	343	353	361	370	381	390												
190								335	341	350	359	368	377	387	397	406	416											
194									357	366	375	384	393	401	413	422	433	442										
198										382	392	401	410	419	430	439	449	458	469									
202											408	417	427	436	446	455	464	473	484	498								
206																		489	500	513	527	541						

（续）

胸围（cm）	体长（cm）																											
	100	103	106	109	112	115	118	121	124	127	130	133	136	139	142	145	148	151	154	157	160	163	166	169	172	175	178	179
210																		504	515	529	542	556	571					
214																		519	531	544	557	571	586	601	616			
218																		535	547	560	573	587	602	617	632	646	659	664
222																		548	560	575	589	603	618	632	645	659	672	677
226																		561	573	588	603	617	632	645	658	672	685	690
230																		574	586	600	615	629	645	658	671	685	698	703
234																		587	599	614	627	642	658	671	684	698	711	716
238																		600	612	626	641	656	671	684	697	711	724	729
242																		614	626	640	655	669	684	697	710	724	737	742
246																			641	654	668	682	691	710	723	737	760	755
250																				670	683	695	710	723	736	750	763	768
254																				683	697	708	723	736	744	763	776	781
258																					709	721	736	749	762	776	789	794
262																						734	749	762	775	788	802	807
266																						747	761	775	788	802	815	820
270																							770	788	802	815	829	833

资料来源：苏学轼，1983。

第二节　生产性能

一、生产性能

生产性能又称生产力，是指家畜最经济有效地生产畜产品的能力。家畜生产力愈高，它的经济价值也愈大。育种目的是不断提高家畜的生产力。因此，必须切实了解家畜的生产力、影响生产力的因素以及生产力高低的变化规律。

双峰驼是荒漠半荒漠草原特有的畜种，它适应能力超强，在干旱贫瘠的生存条件下能为人类生产出大量优质的驼绒以及肉、乳、皮、骨等产品。由于双峰驼具备了这些优良品质，因而成为一种很有价值的家畜。

全面了解双峰驼利用价值，并通过科学的选育不断提高其生产力，充分发挥它在荒漠和半荒漠地区的潜力，这对加速实现我国畜牧业现代化具有重要的意义。

二、主要生产性能及指标

双峰驼是集多种经济价值为一体的原始品种，其主要生产性能为产毛、产肉、产乳和役用等。

（一）产毛性能

1. 双峰驼鬣毛、鬃毛、肘毛、嗉毛的开剪时间及产量　双峰驼鬣毛、鬃毛、肘毛、嗉毛开剪时间，一般是根据双峰驼的性别、年龄、营养和气候条件来定。营养良好的成年骟驼嗉毛开剪时间较早，膘情差的则较迟。肘毛剪取时间比嗉毛稍晚些。怀孕母驼多在产羔后 21d 剪取嗉毛，2～5 周岁青年驼比成年驼迟剪 10～15d，1 周岁以下的驼羔不剪鬣毛、鬃毛、肘毛和嗉毛。内蒙古自治区阿拉善左旗南部地区双峰驼剪毛时间比北部早 7～10d，比青海省海西州及新疆维吾尔自治区伊犁、塔城、阿勒泰等地早 20～30d。

因各地气候条件不同，一般对 1 周岁以上的双峰驼，每年 2—3 月开始剪嗉毛（内蒙古自治区阿拉善盟、巴彦淖尔地区正月初三开始剪骟驼嗉毛，赤峰克什克腾旗清明以后开始剪嗉毛），惊蛰前后剪完。3—5 月剪肘毛，春分前后剪鬣毛和鬃毛，峰顶毛和尾毛与被毛同时收。据测定，每峰双峰驼年可收保护毛（鬃毛、鬣毛、嗉毛、肘毛）1.0～2.0kg。种公驼的保护毛较多，尤其是嗉毛和肘毛特别发达。个别成年公驼产毛量高达 6kg 以上。

2. 被毛（保护毛以外）的脱换及收毛　双峰驼毛依靠毛球部分细胞的增殖和生长以增加其长度和体积，双峰驼毛生长的停止乃由毛球细胞增殖过程减弱或完全停止之故。当双峰驼毛脱换时，毛球角质化和毛乳头分离。同时，在旧毛脱换之前，毛乳头

又重新增大，在旧毛下面的毛球细胞又逐渐增殖形成新毛，所以产生了双峰被毛的脱换。

双峰驼正常的季节性换毛，是在进化过程中为了适应外界环境条件变化而产生的一种生理功能。

双峰驼被毛脱换受营养、性别、年龄等因素的影响。一般膘好的驼、壮龄驼和公驼、骟驼，比乏瘦的驼、老龄驼和怀孕母驼、哺乳母驼，被毛脱换时间较早，脱换速度也较快。

①被毛脱换时间和顺序　双峰驼被毛一般每年从3月开始脱落，到6月底（阿拉善双峰驼到6月底时脱毛结束）或7月初即小暑前全部脱换完成。其脱换顺序是，先由腋下、鼠蹊、腹部和四肢开始，然后颈部、前躯、后躯、背和体侧依次换完。

②收毛方法　收毛方法因地区不同而异，内蒙古自治区阿拉善盟大部分地区、巴彦淖尔市、锡林郭勒盟以及宁夏回族自治区、甘肃省、青海省等地区多采取随脱随收的方法。在脱毛时期，每天出牧前、归牧后和上井饮水中，按被毛脱换的顺序，将已脱落的部分细心收取。对哺乳母驼、怀孕母驼和骑乘骟驼，背部的毛为了保暖和骑乘需要，推迟到农历小暑前后收取。内蒙古自治区阿拉善右旗、额济纳旗南部，收驼毛时间大概在5月中旬，膘情较好的骆驼，被毛顶起后一次剪取，乏弱、老龄驼背部毛稍迟些收或不收取；气候条件较寒冷的内蒙古自治区克什克腾旗、海拉尔区和新疆，则是在每年6月初至6月20日左右全身被毛基本顶好后，利用大剪子贴骆驼皮肤一次性剪取。

3. 产毛量及其影响因素

（1）产毛量　双峰驼的产毛量由于品种类型、年龄、性别、地区等不同而异。我国双峰驼的年产毛量，一般成年母驼3～6kg，成年骟驼4～7kg，成年公驼5～8kg，绒毛占70%～80%。阿拉善双峰驼的测定结果，成年种公驼年平均产毛量7.2kg，最高可达12.5kg；成年母驼平均产毛量为4.1kg，最高可达6.7kg（其中绒毛5.3kg）；4周岁母驼最高产毛量可达6.3kg。阿拉善双峰驼平均含绒率为85.91%。苏尼特双峰驼平均产毛量为5～6kg，其中保护毛1.5～2kg、绒毛3.5～4kg，克什克腾地区母驼产毛量为3.5～4kg，最高可产12.4kg（保护毛5kg、绒毛7.4kg），苏尼特公驼产毛量4.5～5kg，个别公驼保护毛可达3kg以上（但不会超过3.5kg）。新疆维吾尔自治区柯坪县双峰驼（塔里木双峰驼）平均产毛量成年公驼为4～7kg，含绒率为60%～70%；成年母驼平均3.5～5kg，含绒率为65%左右。准噶尔双峰驼平均产毛量6.5kg，母驼4kg以上，公驼7.8kg左右，平均含绒率为65%。其中木垒长眉驼成年驼平均产毛量为8～10kg，个体产毛量最高达18kg，含绒率在80%左右，绒层厚度一般为7.5～8cm，绒长40～50cm。青海双峰驼成年公驼的产毛量为3.99～5.16kg，成年母驼的产毛量为3.05～3.14kg。青海省茶卡地区双峰驼被毛平均含绒率为64.63%，2～4周岁青年驼为88.29%，成年骟驼为83.64%，成年母驼79.2%。

（2）影响产毛量的因素　双峰驼的产毛量受以下因素影响。

①品种：品种类型不同，产毛量有显著的差别。例如，我国的阿拉善双峰驼年产

毛量为4.5～5.5kg；苏联的阿斯特拉汗双峰驼，公驼为8～10kg，母驼为6～7kg，比阿拉善双峰驼高35%～40%。

②性别：双峰驼在育成期（3～5周岁）时公、母驼产毛量基本相近，产毛量不受性别和年龄的影响，而成年时则不同，成年公驼和骟驼比母驼的产毛量高，公驼比母驼高35%～40%，骟驼高出母驼20%左右。

③年龄：成年驼年龄不同，毛的长度和绒层厚度有很大的差异。5～9周岁的壮龄双峰驼，被毛密度大，毛较长，绒毛较厚，因此，产毛量较高。例如阿拉善右旗塔木素布拉格苏木团结嘎查的一峰9周岁种公驼，粗毛长10cm，绒毛厚度6cm以上，产毛量达10.4kg。而另一峰19周岁公驼，绒毛厚度4.5cm，粗毛长度6cm，产毛量仅为5.63kg。

④个体产毛量：个体间的差异很大，高者可达8～10kg以上，低者仅为2～4kg。

⑤营养：营养水平与产毛量密切相关。很明显，草生长好的丰年，双峰驼群的产毛量和毛的品质都比草生长不良的荒年高。

⑥气候条件：在气候寒冷地区的双峰驼，一般产毛量都较高。例如苏联赤塔州的蒙古双峰驼，虽个体中等大小，但公驼产毛量是14～16kg，母驼是12～13kg。而在蒙古国的平均为5～8kg，个别高者可产10kg。苏尼特双峰驼产毛量比阿拉善双峰驼高。

⑦驼群健康水平：凡受到寄生虫和传染病威胁较大的双峰驼群，产毛量都会严重下降。特别是疥癣病，对产毛量的影响更大。

⑧经营管理：双峰驼收毛过程较烦琐，所需时间长达90d，在这过程中按时细致收取的驼群收毛率高达90%以上，反之收毛率仅在60%～70%。

⑨收毛方法：我国双峰驼收毛方法有两种：随脱随收和被毛顶起后用大剪子一次性剪收。这两种方法收取的收毛量有一定的差距，随脱随收时有部分驼毛被风、树枝或灌木刮掉，容易丢，收毛不全。而后者损失少，被毛顶起后一次剪收，收毛量比前者高些。

4. 绒毛密度 双峰驼绒毛密度系指单位皮肤表面积上毛纤维的数量。也就是说，在$1cm^2$的皮肤上生长的毛纤维根数多少，根数愈多，则密度也就愈大，产毛量亦就愈高；反之，密度小，产毛量就低。

绒毛密度的检查，在现场多采用手感法，即用手抓被毛，根据被毛在手掌中的紧实程度，判定其密度大小。若手抓被毛手指尖摸不到手心者为密，反之，手指尖能摸到手心则为稀。其次，也可采用手剥被毛，观察毛束之间皮肤间隙的大小，间隙小则密，反之，间隙大而稀。以上两种均属于现场估测法，需要有一定经验，经验丰富者估测则误差小，初学者往往由于缺乏经验，估测的误差很大。

实验室测定法，是用密度钳从双峰驼体同一水平线上的颈、肩、体侧、股四个部位，采取$1cm^2$的毛样，数其根数或称其重量，求出单位皮肤表面积上毛纤维的根数或重量。

双峰驼被毛的密度，由于驼体各部分皮肤厚度、湿度、脂汗腺、血液循环及神经分布的不同，而存在着一些差异。凡是皮肤厚、湿度高、脂汗腺多、血管和神经末梢

分布密的部位，则被毛的密度大，反之则较少。

据初步测定，阿拉善双峰驼成年公驼的被毛平均密度为 2 730 根/cm^2，成年母驼平均为 3 205 根/cm^2，育成驼 4 522 根/cm^2。在同一个体上密度较大的部位有颈、肩和股三个部位，体侧次之，腹部与四肢下部密度最稀，阿拉善双峰驼成年驼被毛中不同部位平均密度分别为肩部 3 673 根/cm^2、体侧 2 648 根/cm^2、股部 3 291 根/cm^2。

青海省茶卡地区双峰驼被毛平均密度为 2 500 根/cm^2，这表明每平方厘米皮肤上着生的毛纤维根数比阿拉善双峰驼少，被毛产量较低。

5. 细度 双峰驼毛的细度，系指单根毛纤维横切面直径的大小，测定时以微米（即 1/1 000mm）为单位。细度是确定毛品质和使用价值最重要的指标之一，是对驼毛分级的通用标准之一。

驼毛是一种异质毛，各类毛纤维的直径差异很大，绒毛平均直径为 18μm，变化范围 14～35μm，其细度相当于 56～70 支纱；粗毛直径为 50.1μm 以上；半粗毛（两型毛）介于绒毛和粗毛之间，直径为 35.1～50μm。我国以阿拉善双峰驼所产驼毛品质最佳，我国不同地区双峰驼绒毛绒细度测定结果如表 2-6 所示。

表 2-6 不同地区双峰驼绒毛细度测定结果（μm）

品种	平均细度	细度均方差
内蒙古自治区阿拉善盟	15.74	4.5
新疆维吾尔自治区	18.4	4.51
内蒙古自治区锡林浩特市	19.60	4.57
青海省	16.93	3.69

资料来源：国家畜禽遗传资源委员会，2011。

阿拉善双峰驼各种毛纤维细度见表 2-7。

表 2-7 阿拉善双峰驼各种毛纤维细度

年龄	峰数	绒毛			粗毛			半粗毛		
		平均数（μm）	标准差	变异系数（%）	平均数（μm）	标准差	变异系数（%）	平均数（μm）	标准差	变异系数（%）
成年	27	15.97	3.18	20.77	66.75	10.43	19.58	38.36	6.83	18.20
2～4 周岁	9	14.78	3.21	22.74	66.88	10.66	15.89	40.36	7.09	17.71

资料来源：苏学轼，1992。

双峰驼身体不同部位的毛的细度存在着一些差异。从表 2-8 可看出，肩部、股部绒毛比体侧绒毛细。

表 2-8 不同性别双峰驼各部位绒毛细度

性别	峰数	肩部			体侧			股部		
		平均数（μm）	标准差（μm）	变异系数（%）	平均数（μm）	标准差（μm）	变异系数（%）	平均数（μm）	标准差（μm）	变异系数（%）
公	3	15.89	3.32	21.12	21.01	3.43	17.36	18.12	2.91	21.07

（续）

性别	峰数	肩部			体侧			股部		
		平均数（μm）	标准差（μm）	变异系数（%）	平均数（μm）	标准差（μm）	变异系数（%）	平均数（μm）	标准差（μm）	变异系数（%）
母	13	14.75	3.43	23.25	15.03	3.51	23.36	14.28	3.34	23.52
骟	11	15.44	2.57	16.45	14.97	3.14	20.99	14.22	2.95	19.83

资料来源：苏学轼，1992。

6. 长度　双峰驼毛的长度是反映其品质的又一重要性状，是评定其可纺性能的重要指标。由于双峰驼绒毛纤维下段弯曲多而深，其长度的表示方法分为自然长度和伸直长度两种。

（1）自然长度　指在自然卷曲状态下，纤维两端间的直线距离。即在双峰驼体躯上，用直钢尺直接测其毛丛由皮肤表面至粗毛或绒毛尖端的距离。但由于双峰驼被毛中粗毛较少，毛丛不明显，测其毛丛长度较困难，经济意义也不大，因此，在测其自然长度时，一般则以绒层厚度为准，不计算粗毛长度。

（2）伸直长度　指双峰驼毛纤维拉伸至弯曲刚刚消失时两端的直线距离，也称真实长度。毛纺工业多采用此种长度。伸直长度的大小直接关系到双峰驼毛的纺织性能。

我国双峰驼毛的自然长度，绒毛为4.0～13.5cm，粗毛10～20cm，保护毛最长可达60cm。阿拉善双峰驼的绒毛长度平均为5.0cm，长者可达7.0～8.0cm，粗毛平均为8.0cm，长者达10cm以上，保护毛（鬃毛、嗉毛、肘毛等）20～50cm。

我国双峰驼绒毛伸直长度一般为10～30cm；阿拉善双峰驼绒毛伸直长度测定结果如表2-9所示。

表2-9　成年阿拉善双峰驼不同部位绒毛伸直长度

测定结果	母驼				骟驼				成年驼
	肩部	体侧	股部	平均	肩部	体侧	股部	平均	平均
平均数（cm）	9.533	8.966	6.23	8.171	10.03	9.433	9.97	9.004	8.527
标准差	1.374	1.772	0.99	2.01	1.038	2.996	1.79	2.279	2.189
变异系数（%）	14.40	19.762	15.889	24.601	10.34	31.764	17.952	25.31	25.674

资料来源：阿拉善盟畜牧研究所，1993。

从性别上看，骟驼比母驼绒毛长。从体躯部位看，颈、肩部绒毛最长，体侧、股部次之，腹部和四肢下部的绒毛最短。

双峰驼毛的长度与产毛量有密切关系，在密度相同的情况下，其长度与产毛量成正比，即驼毛愈长，则产毛量亦愈高。

双峰驼毛长度的变异与品种类型、营养状况、年龄、性别等因素有关。气候条件较寒冷地区的苏尼特双峰驼、新疆双峰驼绒毛平均手排长度比阿拉善双峰驼长，手扯长度以苏尼特双峰驼最高（表2-10）；营养好的双峰驼比乏瘦的双峰驼毛长；公驼除保护毛较粗长外，其他部位的毛一般均短于母驼、骟驼。在雨水较多的年份，牧草生长旺盛，双峰驼的毛长而密；反之，干旱年景时毛短稀。

表 2-10　双峰驼原绒长度测量结果（cm）

品种	手排长度						手扯长度	
	有效长度		中间长度		平均长度			
	平均数	标准差	平均数	标准差	平均数	标准差	平均数	标准差
阿拉善双峰驼	7.38	1.42	6.37	1.21	5.76	0.74	6.07	0.78
苏尼特双峰驼	7.55	0.71	6.44	0.65	5.99	0.68	6.45	0.7
新疆双峰驼	7.6	1.21	6.39	1.08	6.16	0.68	6.03	0.71

资料来源：阿拉善盟畜牧研究所，1990。

7. 匀度　所谓匀度，就是指双峰驼毛纤维在细度方面的均匀程度。在同一峰骆驼的被毛上，毛纤维有粗和细的差异，不能强求一致，但如果粗细差别太大，特别是同一根毛纤维的粗细不一致，会给纺织工业原料处理带来困难，从而影响驼毛的纺织价值和用途。因此，在双峰驼育种工作中，对驼毛匀度应十分注意，要严格选择，逐步提高其品质。

对驼毛匀度的要求有三，一是部位匀度，即驼体各部位的毛在细度上的差异；二是单根毛纤维匀度，即在同一根毛纤维从根至梢的细度差异；第三是绒层匀度，即在同一毛束内各种毛纤维的细度差异。

成年双峰驼体躯各部位的绒毛细度见表 2-11。

表 2-11　成年双峰驼单根毛纤维的不同部位细度比较（μm）

驼体部位	公驼			母驼		
	上段	中段	下段	上段	中段	下段
颈部	31.37 26.46～37.05	22.26 19.8～32.37	19.44 16.01～21.54	22.23 18.33～27.0	21.85 18.0～23.14	17.38 12.78～24.56
肩部	26.73 22.9～36.0	22.42 18.9～29.3	17.11 11.7～22.6	25.62 18.32～36.0	20.83 16.77～25.4	15.59 11.7～21.06
体侧	26.71 17.16～39.06	23.08 15.6～32.94	17.43 14.04～23.94	25.98 19.2～32.94	20.41 17.55～31.78	17.11 13.14～23.8
股部	24.51 18.0～37.8	20.15 14.82～25.67	15.74 11.7～20.34	22.54 17.1～32.42	18.25 13.5～25.32	15.25 9.9～13.5
平均	27.33 24.51～31.33	21.98 20.15～30.78	17.43 15.74～19.44	24.04 22.23～25.98	19.96 18.25～23.74	15.51 15.25～19.46

资料来源：苏学轼，1983。

从单根毛纤维的各段细度看，以上段较粗，中段次之，下段较细。从上段与下段细度之差看，少的 5～7μm，多者达 10～12μm。由于单根毛纤维各段细度的不匀，无疑会直接影响双峰驼毛的纺纱性能，降低它的利用价值。这种现象产生的主要原因，乃是由于荒漠地区四季营养极度不均衡造成的。

另外，在骆驼的绒层里，还有一定数量的近似半粗毛（两型毛）细度的毛纤维存在。从不同个体来看，以 2～4 周岁青年骆驼的毛被匀度较好，公驼、骟驼和空怀母驼次之，怀孕和哺乳母驼较差。据分析，2～4 周岁驼体肩、体侧、股三个部位绒毛细度差异不明显，成年双峰驼肩、股部的绒毛较细，而体侧粗达到17.0μm，详见表2-12。

表2-12 不同年龄双峰驼各部位绒毛细度

年龄（周岁）	峰数	肩部			体侧			股部		
		平均数（μm）	标准差（μm）	变异系数（%）	平均数（μm）	标准差（μm）	变异系数（%）	平均数（μm）	标准差（μm）	变异系数（%）
≤5	27	15.36	3.11	20.27	17.0	3.36	20.57	15.61	3.17	21.06
2～4	9	14.88	3.44	23.42	14.87	3.37	22.62	14.34	2.93	22.86

资料来源：阿拉善盟畜牧研究所，1990。

8. 弯曲度 弯曲度系指单位长度内毛纤维弯曲数量的多少。

驼毛纤维的弯曲（图2-14）不像细羊毛的弯曲那样有规则。这种不规则弯曲的产生，主要由于驼毛纤维细度不匀所造成的。毛纤维直径在10μm左右的，弯曲多而深，在1cm长度内有6～7个弯曲，其形状多为深弯、狭高弯或环状弯。毛纤维直径在20～30μm的，弯曲数较前者少而浅，多是正常弯或浅弯，1cm长度内有弯曲3～5个。直径40μm以上的毛纤维，多数在上段无弯曲，只在下段有少量的浅弯或平展弯，1cm长度内有弯曲1～3个。

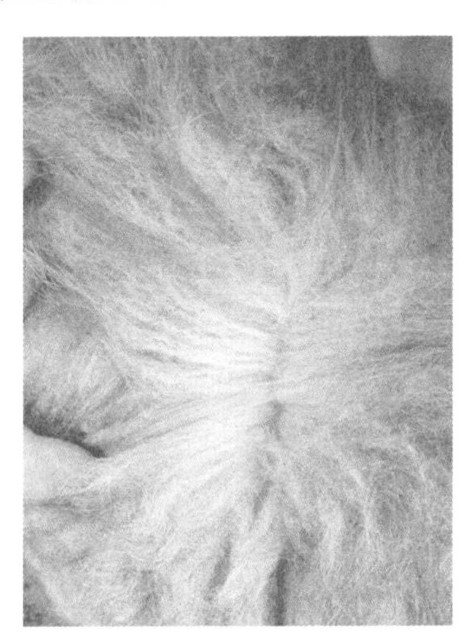

图2-14 驼毛纤维弯曲

从单根毛纤维看，其弯曲也存在很大差别。如果把一根驼毛纤维分成三段，则下段（毛根）的弯曲数多，又多是深弯、狭高弯或环状弯；中段弯曲数较下段少，弯曲的形状较大而浅；上段（毛梢）的弯曲数就更少，若是一根细绒毛弯曲多为平展弯，若是一根粗毛则梢段平直无弯曲。

9. 强度与伸度 毛纤维的强度是指拉断毛纤维时所需要的力，即毛纤维的抗断能力。表示强度的方法有两种：一是绝对强度，指一根或一束毛纤维，在逐渐加大拉伸力量时，使其拉断所需要的力量，由于质量的力成正比，一般用质量单位表示力的大小，单位为克或千克。二是相对强度，系指将驼毛纤维拉断时，在单位横切面积上所需要的力量，用每平方厘米面积上所需要的克数或千克数表示。毛纺织品是否坚实耐用，与毛纤维的强度大小有密切关系。因此，毛纺工业在选择毛纺原料时，把强度列为一项重要指标。毛纤维的绝对强度和细度有关，同时也受饲养管理以及毛纤维保存处理方法的影响。双峰驼毛因细度差异较大，故绝对强度变化范围也较大。双峰驼绒的绝对强度为7～25g，粗毛为45～60g。

伸度是指将已经拉到伸直长度的毛纤维，再拉伸到断裂时所增加的长度占原来伸直长度的百分比。伸度是决定毛织品坚实性的必要指标之一。伸度较好的驼毛制品，耐穿结实，所以在纺织工业上要求具有良好伸度的驼毛，以提高织品品质。双峰驼毛伸度为45%～50%。在加工强度大且伸度较好的双峰驼毛的过程中，可以采用强的分梳工艺，使毛织品的耐磨性好，品质高。

10. 双峰驼毛纤维密度 驼毛纤维的密度指单位体积纤维的重量，体积是指毛纤维本身而不包括纤维内部空气所占的体积。毛纤维的密度与其结构有关，随着毛纤维的髓腔大小不同而不同，髓腔越大，含有的空气越多，密度就越小。双峰驼毛绒毛的密度为1.312g/cm^3，粗毛为1.284g/cm^3，比羊毛纤维的密度稍轻，因此制成的毛织品轻便。

9. 原毛组成和净毛率 从双峰驼体躯上收下来，未经过任何加工或机械处理的毛称为原毛。原毛中除毛纤维外，还含有各种杂质。双峰驼毛中的杂质可分为两类：一类是生理杂质，有油汗和皮屑等，其中油汗含量一般在4%～5%；另一类是生活杂质，主要是在生活过程中增添的沙土、草屑、粪渣等，其中以沙土所占的比重最大，一般在15%～25%，高者达30%以上。骆驼的原毛产量与遗传、营养、生理状况、剪毛时间和气候等因素有关。

原毛经洗涤后，除掉了油汗、沙土、粪尿、草屑等杂质，剩下的毛纤维就是净毛。净毛的重量占原毛样品的重量百分率，称为净毛率。

双峰驼毛的净毛率平均为74.75%，变化范围为52.4%～92.0%。

11. 缩绒性 双峰驼毛在湿热条件下，经机械外力的作用，毛纤维集合体逐渐收缩紧实，并相互穿插纠缠，交编毡化，这一性能称为驼毛的缩绒性，又称毡合性。

双峰驼毛的缩绒性是毛纤维各项性能的综合反应。毛纤维的缩绒性与摩擦效应有关。顺逆摩擦系数差异越大，摩擦效应越大，纤维的缩绒性就越强。双峰驼毛的表面光滑，其摩擦系数和摩擦效应均比羊毛小，所以双峰驼毛的缩绒性比羊毛弱。

缩绒性强使毛织品在穿着时容易产生收缩和变形。在洗涤过程中，揉搓、水、高温及洗涤剂等都会增强双峰驼毛的缩绒性，每次洗涤时，毛织品均要收缩，只是收缩比例逐渐减少，因此，洗毛和洗涤毛织品时，切忌洗涤剂过浓、温度过高或用力揉搓等，以免发生毡合和缩绒现象。

（二）产肉性能

双峰驼虽不是一种专门供产肉的家畜，但各双峰驼产区每年要淘汰处理一部分双峰驼，经放牧肥育后，也是市场肉品来源之一。

1. 产肉量 双峰驼产肉性能，据对未经专门肥育的成年骟驼、母驼屠宰初步测定，其屠宰率和净肉率如表2-13所示。

表2-13 成年骟驼屠宰分析结果

驼种	峰数	活重（kg）	胴体重（kg）	屠宰率（%）	净肉重（kg）	净肉率（%）
阿拉善双峰驼	1	526	284	54	205	39
苏尼特双峰驼①	4	696	428	61	341	49
青海双峰驼①	1	619	314	51	222	36

（续）

驼种	峰数	活重（kg）	胴体重（kg）	屠宰率（%）	净肉重（kg）	净肉率（%）
塔里木双峰驼②	1	518	287	56	219	42
准噶尔双峰驼②	2	582	296	50	221	38

资料来源：①贺新民，2002；②国家畜禽遗传资源委员会，2011。

通过屠宰分析，成年骟驼屠宰率平均为54%，变动范围50%～61%。净肉率平均为41%，变动范围36%～49%。实验证明，一峰膘度中等成年骟驼，可宰肉241kg，变动范围205～341kg，血液9～17kg、内脏55～65kg、头蹄皮毛70～99kg、脂肪65kg左右（包括双峰），两前蹄重10kg左右，两后蹄重8kg左右。其中一峰9周岁活重511kg的骟驼出净肉156kg，净肉率30.5%；骨架重56kg，占体重的10.9%；胃12.9kg，占体重的2.5%；肠（大肠、小肠、直肠、盲肠）共长40.3m；前蹄盘重6.5kg、后蹄盘重5.2kg，四个蹄盘共重11.7kg，占体重的2.29%；脂肪（不算驼峰）6.5kg，占体重的1.27%。

2. 驼肉的品质与营养成分 驼肉品质与马肉相似。每千克所含热能为3 098J，肌纤维虽较粗，但无异味，又由于双峰驼的脂肪沉积，绝大部分是在两峰和腹腔两侧，皮下脂肪很少，肌纤维间更少。因此，双峰驼肉是一种含动物性蛋白质较高的瘦肉型肉类。四肢筋腱与牛蹄筋相似，驼掌别有风味。

内蒙古农业大学食品工程学院双全等研究人员对40峰阿拉善双峰驼（其中公驼27峰、母驼13峰）肉进行常规营养成分测定（表2-14），证实了双峰驼肉是一种高水分、高蛋白质、低脂肪的动物性食品，符合当今消费者在选择肉食品时对营养和保健的需要。

表2-14 双峰驼不同部位肉营养成分（%）

项目	部位	水分	蛋白质	脂肪	灰分
公驼	股二头肌	75.04±2.50	21.51±0.78	1.43±0.26	1.12±0.03
	臂三头肌	75.69±1.48	21.87±0.29	1.78±0.34	1.08±0.02
	背最长肌	73.33±2.39	20.75±0.67	4.83±0.16	1.02±0.01
母驼	股二头肌	76.87±0.97	21.86±0.42	1.45±0.26	1.16±0.13
	臂三头肌	76.00±0.97	22.05±0.09	1.60±0.51	1.07±0.06
	背最长肌	74.28±2.03	20.79±0.09	4.00±0.29	1.07±0.07

（三）产乳性能

双峰驼乳是我国北方少数民族地区乳制品重要原料之一，除作奶茶饮用外，还可加工制作酥油、干酪、奶酒等。双峰驼鲜乳是牧民幼儿的主要奶源，在干旱年景，又可为缺乳羊羔提供乳源。驼乳中脂肪、蛋白质、干物质的含量接近或略高于牛乳，但乳糖的含量则较少。驼乳由于脂肪球小，易于被人体消化和吸收，常用驼乳哺育婴儿，是代乳佳品。中国北方少数民族饲养双峰驼并利用驼乳有几千年的历史，大部分驼乳

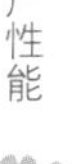

作食用，还有一部分驼乳当作治疗某些疾病的药物，比如，治疗婴儿腹泻和消化道溃疡以及各种肾脏疾病，还可以辅助治疗肺结核、水肿、腹泻等疾病，尤其对慢性消化道疾病疗效甚好。这种特殊治疗疾病的功效，可能与驼乳中有特殊的重链抗体参与有关，但目前研究结果尚未完全清楚重链抗体在机体抗病机制方面的作用机理与路径。近年来，驼乳及其制品的开发和研究逐渐兴起，人们已将目光移向这个传统而神秘的乳中珍品。

1. 双峰驼乳营养价值及物理特性　双峰驼乳通常是白色不透明胶体，气味甜，但有时微咸，气味的差异与饲料和可饮用水有关。双峰驼乳的 pH 为 6.5～6.7，相对密度为 1.025～1.032，比牛乳的 pH 和相对密度低。驼乳的冰点为－0.61～－0.57℃，低于牛乳的冰点－0.56～－0.51℃，这些差异可能与驼乳中盐或者乳糖含量高有关。双峰驼乳的滴定酸度高于已有报道的单峰驼乳，高于驴和马乳。双峰驼乳的酒精稳定性（75％±2.0％）稍低于牛乳的酒精稳定性（77％±2.0％），这可能与两者的钙含量不同有关（驼乳中钙的含量高于牛乳）。目前世界上对驼乳的电导性和黏度报道的很少，其性质和影响因素有待于进一步研究。

世界上许多国家将驼乳视为上等的营养性食品。在干旱地区居民的饮食结构中，缺少绿色蔬菜和水果，而驼乳中高含量的维生素 C、烟酸等营养成分，是处于干旱和半干旱地区农牧民重要的维生素营养来源，在提供优质蛋白的同时也满足了维生素与其他微量元素的需要。除了供羔驼哺食外，挤乳量不高。但双峰驼的泌乳期比较长，一般在 15 个月以上，并且乳汁浓厚，乳脂率高，乳中干物质较多，乳蛋白中的氨基酸种类齐全，驼乳脂肪球小，易于消化吸收，适于婴幼儿及老人和病人饮用。

各个国家有关驼乳成分的报道有所差异（表 2-15），这与骆驼品种、饲养管理水平、泌乳期等许多因素有关。

表 2-15　世界各地驼乳的一般化学组成单位

项目	脂肪（%）	非脂乳固体（%）	蛋白质（%）	乳糖（%）	灰分（%）	相对密度	水分（%）
巴基斯坦	2.9	10.1	3.7	5.8	0.7		
印度	3.78	9.59	4.0	4.9	0.95	1.03～1.04	
埃及	3.8	8.2	3.5	3.9	0.8	1.03	87.9
埃塞俄比亚	5.5	8.9	4.5	3.4	0.9		85.6
水分充足	4.3	14.3	4.6	4.6	0.6	1.01	85.7
缺乏水分	1.1	8.8	2.5	2.9	0.35	0.96	91.2
单峰驼	4.47	9.15	3.5	5.0	0.7	1.1	86.38
双峰驼	5.39	9.59	3.8	5.2	0.7	1.03	85.02

影响驼乳组成的重要因素是水分。当双峰驼饮水量充足时乳中水分含量为 84％～86％，当饮水受到限制时乳中水分含量为 91％，这是双峰驼适应自然条件的一个特性，保证在饮水缺乏的条件下母驼能为其幼仔提供足够的水分。在干旱缺水的地区，驼乳的这一特性对于生活在那里的居民也是非常重要的。驼乳的这一特性是受抗利尿激素

(antidiure hormone，ADH）调控的。在同一饲养管理条件下，不同品种的驼乳其组成也有差异。在泌乳期内，驼乳成分变化最大的是水分和脂肪，脂肪含量随泌乳期的延续而逐渐下降；乳糖含量变化幅度较小。灰分含量相对较为恒定。对于蛋白质，不同品种骆驼的驼乳变化规律不同。Gu 等（2000）研究认为，进入常乳期后泌乳月份对乳的组成没有显著影响，但胎次对干物质及氯离子含量具有显著影响。

赵电波（2006）和吉日木图（2006）的研究表明（表 2-16）：双峰驼乳中总干物质含量为 14.31%～16.47%，蛋白质含量为 3.55%～4.47%，脂肪含量为 5.65%～6.42%，乳糖含量为 4.24%～4.58%，矿物质含量为 0.87%～0.92%。双峰驼乳干物质和脂肪含量高于已有报道的单峰驼，蛋白质、乳糖及矿物质含量在已有报道的单峰驼范围内。

表 2-16 驼乳与其他乳的一般组成比较（%）

项目	干物质	蛋白质	脂肪	乳糖	灰分
单峰驼乳	12.59	3.44	3.71	4.68	0.77
美洲驼乳	13.1	3.40	2.70	6.50	—
阿拉善双峰驼乳	14.31	3.55	5.65	4.24	0.87
准格尔双峰驼乳	14.50	4.20	6.42	4.34	0.90
蒙古戈壁红双峰驼乳	14.49	3.56	5.70	4.35	0.86
野双峰驼乳	16.47	4.47	6.39	4.58	0.92
奶牛乳	12.25	3.24	3.60	4.65	0.76
水牛乳	16.19	4.18	6.75	4.45	0.81
绵羊乳	17.05	5.25	5.95	4.91	0.94
山羊乳	12.12	3.02	4.15	4.21	0.74
驴乳	9.16	1.86	0.95	5.95	0.40
马乳	10.16	2.31	1.01	6.40	0.44

资料来源：吉日木图，2014。

驼乳基本化学组成变化范围较大，这主要与骆驼品种、生存自然环境、饲草种类及饲养管理条件、饮水以及样品的采集和试验分析方法等多种因素相关。

2. 产乳量 双峰母驼的泌乳期较乳牛为长，一般在 14～18 个月。

我国各双峰驼产区挤乳时间因地而异，阿拉善牧民一般在 11 月至翌年 3 月中旬挤乳，自然放牧条件下，大部分牧户每天只有早晨挤一次乳，保证驼羔正常发育的基础上，平均日可挤乳 0.5～1.0kg，最高可挤 1.5～2.0kg。产后驼羔死亡的母驼（蒙语称为海都驼），经过挤乳训练，专门供挤乳，每天可挤 2.5～3.5kg 左右。苏尼特双峰驼产乳量除了满足驼羔哺育外，日可挤乳 1～2kg，8—11 月产乳较多，最多可挤 3～4kg。挤乳期可长达 10～11 个月。新疆双峰驼平均产乳量 0.7～1kg，产乳盛期一般每日可产乳 2.5～3kg。泌乳期 15 个月左右。

在产乳高潮时期（即分娩后的第 3、4 月），每日可挤乳 2～3 次。秋末草枯时，每日挤乳的次数须减少。如果母驼营养不良，而又没有补饲条件，则可停止挤乳。

内蒙古自治区阿拉善盟畜牧研究所（阿拉善盟骆驼科学研究所）的泌乳驼补饲增乳试验结果显示，12月至翌年5月带羔母驼每天晚上回圈后补饲玉米和苜蓿，每日挤两次时，日产乳量由0.776kg/峰提高到了1.174kg/峰，增加51.29%。补饲玉米改为产羔母驼精补料时产乳量增加更为明显，日产乳量由0.826kg/峰，提高到1.352kg/峰，增加60%以上。2016年在阿拉善右旗阿拉腾敖包镇骆驼良种繁育基地开展了为期60d的泌乳中后期带羔母驼舍饲提高产乳量试验，增乳效果极明显。舍饲组骆驼用两种方式饲喂，一组10峰驼每日喂12.5kg/峰苜蓿干草和2kg/峰粉碎玉米，另一组10峰驼每日喂8.3kg/峰苜蓿干草和5kg/峰配合日粮。舍饲第60日，日产乳量分别达到1.214kg/峰和1.485kg/峰，而自然放牧组10峰驼（不补饲任何草和料）同期产乳量仅为0.902kg/峰。

3. 挤乳方法　双峰驼挤乳方法有两种，一种是人工挤乳法：挤乳时，先让驼羔从右方和母驼接近，为了起初能够顺利地将乳挤出，可使驼羔先吸吮刺激，以便母驼能泌乳，出乳后可让驼羔吸乳3～4口，然后把驼羔强行拉开，开始挤乳。挤乳者位于母驼的左方，一腿站立，另一腿弯曲。将挤奶桶放在弯曲的膝上，奶桶上的绳套在左手臂处固定，用左右手交替挤乳（如同挤牛乳）。另一种是机器挤乳，小型养殖基地一般适用真空挤奶器挤乳。已调教过人工挤奶的双峰驼适应机器挤乳较快，训练5～7d后大部分能挤出乳。新调教挤乳驼一般15～30d后基本可以用机器挤乳。训练母驼用机器挤乳时，必须要耐心细致，动作缓慢，不打骂，有时可采取抚摸安抚或用草料来诱惑等办法，这样能加快训练速度。

10峰用人工挤乳的驼经过5d机器挤乳训练后，其产乳量变化（一天挤两次的总产乳量）如表2-17所示。

表2-17　两种挤乳方式下骆驼日平均产乳量变化

驼号	人工挤乳（g）	机器挤乳（g）	增减率（%）
1	1 194	1 423	19.18
2	1 345	1 384	2.90
3	818	658	−19.56
4	1 108	1 153	4.06
5	726	780	7.44
6	937	941	0.43
7	976	1 042	6.76
8	1 105	1 141	3.26
9	830	1 062	27.95
10	1 682	2 349	39.66

从表2-18中可看出，同一峰挤乳驼用两种方法挤乳，产乳量基本有所增加，其中3峰骆驼产乳量比人工挤乳增加了19%以上，最多达到39.66%。

对于不温驯的双峰母驼，可用绳子将后肢飞节处轻轻绑上，或用长绳拴在后大腿上，将后腿向后拉出，拴在木桩（图2-15）。

图 2-15　双峰驼挤乳

影响双峰母驼产乳量的因素：双峰母驼产乳量，除因品种不同而产乳量不同外，还由于泌乳期的月份、放牧地的质量、年龄、使役程度、个体特性以及饲养管理条件等而有所差异。

双峰母驼分娩后，很快进入夏秋季节，此时产乳量最高，并可继续保持到秋末。此后，随着草质的枯黄和泌乳月的增加而产乳量逐渐减少。

由于双峰驼常年放牧，所以，放牧地质量是影响产乳性能的重要原因，无论任何一种双峰驼品种，如果没有良好的放牧地以及合理的放牧管理，产乳性能都是不会提高的。

但是在冬春季采取全舍饲或放牧补饲的措施，改善泌乳驼营养水平时，日产乳量能得到明显提高，尤其是补饲蛋白含量较高的配合饲料和精料补充料的两组驼产乳量比补饲玉米组高，具体如表 2-18 所示。

表 2-18　不同饲养条件下双峰驼日平均产乳量

组别	干草及饲喂量（kg/峰）		饲料种类及饲喂量（kg/峰）		峰数	产乳量（g）
舍饲 1 组	苜蓿干草	12.5	玉米	2	8	1 527
舍饲 2 组	苜蓿干草	8.3	配合饲料	5	10	1 539
补饲 1 组	苜蓿干草	2	玉米	2	10	1 174
补饲 2 组	苜蓿干草	2	精料补充料	2	10	1 353
纯放牧组	—	—	—	—	10	830

（四）繁殖性能

双峰驼母驼始配年龄为 4 周岁，繁殖年龄一般可达 20～25 周岁，一生可产 8～9 羔，也有多达 13 羔的。公驼 5 周岁开始参加配种，开始只能少量配种，可以一直使用到 20 周岁。配种方式以自然交配为主，公母驼比例以 1∶（20～25）为宜。配种季节

各地有异。阿拉善双峰母驼在冬春两季发情旺盛，一般从 12 月下旬至翌年 2 月下旬；准噶尔双峰驼大多在 1—3 月发情。公驼在 11 月中旬逐渐出现性活跃的现象，但从 12 月上旬才开始明显发情，而结束时间为 4 月中旬。怀孕期为 395～405d（从母驼排卵算起），单胎，一般两年产一羔，繁殖率为 46%～48%，幼驼成活率为 98%。驼羔 14～18 月龄自然断乳，1 周岁时公驼羔平均体重 234.8kg，母驼羔 239.8kg。

（五）役用性能

1. 双峰驼使役的年龄 双峰驼是一种比较晚熟的家畜，生长发育比较缓慢，6～7 周岁时才能发育到成熟状态。双峰驼的调教工作应从 3 周岁开始，到 4 周岁时应使它担负较轻微的驮载和骑乘，以后则逐渐增加其驮载重量，6 周岁时即可担负一般的驮运重量。正确而合理地使役双峰驼，可以使双峰驼的利用年限延长到 25 周岁以上。如果过重或过早地使役，担负它力所不及的繁重工作，则会造成机体受损，发病增多，因而缩短其利用年限。

2. 双峰驼役用种类及役用效能 1980 年之前，役用性能是双峰驼的主要生产性能，然而双峰驼的役用形式是多种多样的，有骑乘、驮运、挽曳等。

（1）骑乘 双峰驼是荒漠和半荒漠地区的主要骑乘工具，尤其在冬春季节更为如此。骆驼虽不善于奔跑，但其腿长步幅大，步度轻快，且持久力较强。骑乘骆驼在短距离内，时速可达 10～15km。长距离骑乘，在不补草料的情况下，每天行程 30～35km，可持续很长时期。个别优秀骑乘骆驼，每天行程 75km，可持续 2～3d，仍无疲劳表现。

在一次 1 000m 赛跑中，骟驼最快为 2min 15s，母驼为 2min 20s；1 600m 赛跑中，骟驼最快为 3min 31s，母驼为 3min 58s。

（2）驮运 在大面积的沙漠、戈壁滩、山地以及积雪很深的草地上运送物资，其他交通工具都将受到这样或那样的限制，很难施展其效能，而双峰驼则能身负重物，顺利通过。因此，双峰驼驮运在荒漠、半荒漠地区的交通运输中占有很重要的地位。双峰驼性情温驯，易调教管理，吃苦耐劳，不论在什么样的恶劣条件下都全力以赴，即使短期水草供应不上，仍可照常工作。一般一峰双峰驼驮重 150～200kg，相当于体重的 33.8%～43.1%。短途运输可驮 250～300kg。驮运速度决定于道路状况、行走距离和带头驼的速度。由于双峰驼在驮载运输中是成链前进的，带头驼的步幅和步速与每一链驼的速度有直接关系。

在我国双峰驼产区组织有全年驮运的专业运输队和在一定季节内驮运的副业队。副业队的双峰驼一般在 9 月末到 10 月初起场，结束时间由驮运距离的长短而定，长距离连续驮运者在次年 3 月末结束，短距离断续驮运者则在 5 月末或 6 月初结束。长途运输中，一般每链由 8～15 峰组成，每链由一人负责，一日行程视草地和水源而定，一般为 30～35km。专业运输队因全年驮运，每日补料 1.5～2.5kg，一次补完，每链内的双峰驼的个体大小与驮重应基本接近，前后驼相连的缰绳应系活扣，保持适当的距离，所驮货物必须两侧重量相等，以免垛子偏于一侧，影响速力或造成鞍伤。驮具构造必须良好，驮物结扎要结实，往下不能超过骆驼腋下。

（3）挽曳　双峰驼除驮载和骑乘外，还可进行耕地、挽车等作业。

从挽用体型的要求来看，双峰驼虽不太理想，但其体大、骨量重，所以仍可表现出较大的挽力。1980 年之前利用双峰驼挽车和耕地较多，在几个产区都较普遍。例如新疆维吾尔自治区喀什地区和奇台县组织了大批双峰驼成立联运社，专门从事长途运煤和拉运物资等。两驼一车可拉 1.5～1.8t。新疆维吾尔自治区阿克苏地区的柯坪县，农田作业几乎均由双峰驼完成。甘肃省民勤县亦有利用双峰驼进行农田作业。利用双峰驼耕地，单套拉步犁日耕作 8h 左右，可耕地 0.33hm^2；双套双轮双铧犁，则每天可耕地 0.47hm^2，最多可达 0.93hm^2。

双峰驼的挽曳能力很大，甚至比马、牛、驴、骡都高。据测定，双峰驼的最大挽力为 369kg，相当于本身体重的 80%（三河马为 321kg，秦川牛为 312.5kg）。双峰驼的最高载重量为 5 467.5kg，相当于本身体重的 11.3 倍（秦川牛为 2 368kg）。

三、影响双峰驼生产性能的内在因素

双峰驼与其他家畜一样，其生产力是在一定条件下，一定的期限内，提供合乎标准的一定数量产品的能力。影响生产力有内外两方面的因素。外在因素将在饲养管理范围内去研究。内在因素中最主要的有性别、年龄、个体大小以及利用年限等。

1. 性别　双峰驼的性别不同，生产力差异很大，如产乳量仅限于母驼，公驼则只能利用其女儿和姐妹的生产力来间接估计其遗传值。日增重、成年体重等许多性状，同样有显著的性别差异。因此在评定时，不能用绝对值简单比较，而应考虑性别因素。

2. 年龄　各种生产力指标，几乎都有明显的年龄变化。幼年时一般生产力较低，以后逐渐增加，成年时达最高峰，以后则随年龄增长而下降。因此在评定双峰驼的生产力时，应尽可能争取在同龄条件下进行，或者根据生产力的年龄变化规律，先求出其年龄校正系数，校正到成年标准或头胎标准，然后再进行评比。

3. 个体大小　双峰驼个体的大小也与其生产力有一定关系，一般个体大，其毛、肉、乳的产量也相对高些，役力也较大。但体型大所需要的饲料也多，其中维持营养所需饲料占比也高，而且体型的大小与生产力之间不完全是正相关。在畜禽生产中，如果体大而又高产，这样的家畜可能比体小的有利。反之，如果生产力大小相等，则宁愿选择个体较小的畜禽作为种用，因为其饲料利用效率较高，管理上也较方便和经济。

4. 利用年限　双峰驼繁殖周期较长，正常情况下母驼 4 周岁参加配种，5 周岁产羔，哺乳期 14～18 个月，部分母驼 33 周岁时也能产羔，利用年限愈长，其一生的总生产力也愈高。但过早参加配种会影响母体生长发育，个子长不大，对幼驼也有一定影响。因此，双峰驼生产中母驼开始参加配种年龄控制在 4～5 周岁为宜。公驼利用年限一般为 5～6 周岁开始参加配种至 20 周岁，20 周岁后配种能力降低。

四、评定生产力的原则

双峰驼的产毛、产肉、产乳、役用、繁殖等生产力指标，都是其基因与外界环境条件共同作用的结果。因此，为了准确地评定双峰驼的生产力，必须遵循下列原则。

（一）全面性

评定生产力时，应同时兼顾双峰驼产品的数量、质量和生产效率。

1. 驼产品数量的评定 在产品质量相仿的情况下，可以用数量的高低来衡量双峰驼的优劣。产品数量，一般用重量来表示，如产乳量、产毛量和产肉量等。但是皮用“张”为单位，挽力用“吨公里”为单位，速度则用规定里程所需的时间表示。

2. 产品质量的评定 在产品数量相近的情况下，质量好的要优先选留。产品质量的评定一般较复杂，而且多数要在实验室才能进行。

3. 生产效率评定 畜牧业生产的目的，在于迅速而经济地获得数量多、质量好的畜产品。所以除产品的数量和质量外，还应考虑生产效率，特别是经济效益。由于饲料是生产成本中最重要的一项支出，因而不论生产哪种畜产品，都应计算饲料利用率。

家畜的产品都不是单项的，每种产品的价值和作用也不相同，既要全面照顾，又要区分主次，分别对待。

评定生产力时要照顾到一生的生产力，不能单凭短期的生产力指标做出轻率的判断，除非该生产力性状的重复率非常高。用一生生产力指标来评定种畜较为正确，因为可以减少内外条件影响所引起的误差，避免过多地使用校正系数，但有延长世代间隔的弊病。

（二）一致性

畜禽生产力受到各种内外因素的影响，只有处于同样条件下评比才能公平合理。不仅要求它们有同样的饲养管理，而且性别、年龄等内在条件也要尽可能相似，这样才能正确评定其遗传性能的优劣。但在生产实践中，条件很难做到一致，育种工作又不得不评比不同条件下的种畜，因而就产生生产力的标准化问题。为此，应事先研究并掌握各种因素的影响程度和规律，利用相应的校正系数，将实际的生产力校正到标准条件下的生产力，以利于评比。

五、主要生产力评定指标

双峰驼是绒、肉、乳兼用性家畜。评定双峰驼生产性能的指标种类，与其他家畜基本相同，只不过要求有所不同。重点评定指标如下。

产毛性能的指标：产毛量（保护毛与绒毛分别提出要求）、绒毛比率、净毛率、绒层厚度、绒毛密度、绒毛细度、绒毛伸直长度、匀度、强度等。

产乳性能的指标：产乳量和乳脂率等。

产肉性能的指标：屠宰率和净肉率等。

繁殖性能指标：当年应配母驼数、受胎率、繁殖率、成活率、繁殖成活率等。双峰驼的繁殖一般是两年一胎或三年两胎，对繁殖率或繁殖成活率的计算，最好以两胎平均值来表示。

役用性能的指标：速度和持久力、驮载力、挽力等。

当具体进行产毛量、产乳量和役用性能评定时，可试用下列标准，如不合适，可作相应的调整。

产乳量测定方法：因驼羔每天需要哺乳，故测定乳产量时，可在第一天测左侧前后乳头的乳量，第二天再测右侧前后乳头的乳量，两天之和即该驼日产乳量。以后每隔 10d 进行一次测定，用几次的平均数来代表。评定最好在相同泌乳月份进行。

双峰驼产毛性能、产乳性能和役用性能评定标准如表 2-19 至表 2-21 所示。

表 2-19　双峰驼产毛性能的评定标准

公驼（kg）	母驼（kg）	分数
10 以上	8 以上	10
9.5	7.5	9
9	7	8
8	6.5	7
7	6	6
6	5	5
5	4	4
4	3	3

资料来源：苏学轼等，1983。

表 2-20　双峰驼产乳性能的评定标准

挤乳量（kg）	分数
5.5	10
5.0	9
4.5	8
4.0	7
3.5	6
3.0	5
2.5	4
2.0	3

资料来源：苏学轼等，1983。

表 2-21　双峰驼役用性能的评定标准

评定标准	分数
经过调教，开始参加使役	2
役用性能表现较好	3～5
役用性能经检查认为合格	6～7
役用性能经检查认为良好	8～9
获得第一名者	10

资料来源：苏学轼等，1983。

第三节　骆驼产品

一、驼毛

（一）驼毛产品的加工

双峰驼毛是一种上等的动物毛纤维，在世界毛纤维产量中占 0.8%～0.9%，在我国毛纤维产量中占 1.3%。

双峰驼绒是毛纺工业的重要原料之一，粗梳毛织物御寒保暖，单独使用可制驼毛呢、毛毯，与细羊毛、半细毛或人造纤维混纺可制精细的纺织品、毛涤纶。我国每年生产的双峰驼绒及其制品，除供应国内，还出口换取外汇，是国际市场上的畅销物资。特别是用白色或黄色双峰驼绒制成的运动衫，在西欧颇为流行。我国每年外贸出口的驼绒量达 600～800t，占全世界贸易量（5 000t 左右）的 12%～16%，居于全球第二位。

双峰驼绒是良好的絮料，用它絮制的衣、裤、被褥，松软轻暖，弹性好，吸湿性强。由于双峰驼绒的鳞片结构紧密，表面光滑，粗毛和绒毛混合，因而以双峰驼绒做絮料不擀毡。双峰驼绒虽属有髓毛，但髓腔小、皮质层厚，因此驼绒结实、耐磨，用其絮制的衣物，可利用几十年。用旧用脏后，经漂洗撕绒，还可继续利用。

双峰驼的肘、嗉、鬃、鬣等粗长毛，可加工制作褥垫，纺制机器轮带、衬布、假发等。

（二）双峰驼毛产品的特点

虽然所有毛纤维的基本结构是相同的，但其物理和化学结构上的较小差异使毛与毛之间有了区别，这些差异也就形成了纺织品的特性。在纺织业中，双峰驼毛被列为绒毛纤维，其毛织品更优质。毛织品具有以下特点：

1. 抗热抗冷　驼毛是热的不良导体，毛纤维内部和毛纤维之间有很多孔隙，起到一个保温层的作用，所以驼毛导热慢，保温性强，制成衣服在冬季能够御寒，在夏季能够抗热。

2. 减轻重量 衣服以轻为贵。双峰驼绒毛纤维的密度 1.312g/cm^3、粗毛纤维密度 1.284g/cm^3，羊毛纤维为 1.32g/cm^3，棉花纤维为 1.54g/cm^3，涤纶为 1.38g/cm^3，双峰驼毛纤维的密度小，制成的衣服比较轻便。

3. 经久耐用 双峰驼毛的卷曲使其在纺成线时具有极强的结合力，所以加工成的织品具有经久耐用的特点。

4. 保持样式 双峰驼毛的弹性和伸直度强，且缩绒性差，所以制成的衣服富有弹性，且经久不变形。

5. 不易引发人体过敏反应 与羊毛相比，双峰驼毛纤维上的鳞片数量较少，这也是人体对羊毛有过敏反应而对驼毛没有这种反应的原因之一。

（三）双峰驼毛的管理和贮存

一般采用袋贮法贮存双峰驼毛，剪毛时将驼毛按照不同部位分类放入袋中，标记，并放入樟脑球，放置在通风干燥处贮存。

二、驼肉

成年双峰骟驼的活体重可达 500～600kg，屠宰率可达 50%～60%，净肉率可达 40%～45%，脂肪率在 5%以上。双峰驼肉的质量在很大程度上取决于屠宰时的年龄，青年驼肉的品质较高，但在实践中，大多数屠宰的双峰驼均为老年的淘汰驼。

双峰驼肉不仅营养价值高，而且具有一定的药用和保健价值。在许多国家骆驼肉、乳和尿液用于药用。早在 16 世纪早期，中国的药书中就已详细记录骆驼产品的药用价值，也得到现代医学的肯定与改进，并应用于现代医疗实践中。在索马里和印第安，骆驼肉被认为对多种疾病的治疗有效，包括胃酸过多症、高血压、肺炎和呼吸系统疾病，也是一种壮阳剂。《日华子本草》《医林纂要》中提到双峰驼肉具有祛风、益气血、壮筋骨、润皮肤的保健作用。很早的时候我们的祖先就用双峰驼的肉来治疗季节性发热、坐骨神经痛和肩膀疼痛，以及为消除雀斑把肉切片热敷长着雀斑的区域。双峰驼肉汤可用来治疗角膜混浊和加强视力，而它的脂肪被用于减轻痔疮疼痛。

双峰驼肉及其脂肪均无特殊气味，蛋白质含量为 20%，每千克肉含热量 3 626J。产肉量高，产脂肪多，对于高寒地区需要高能量食物的荒漠地区群众而言，骆驼肉是很好的食物。

双峰驼四肢的筋腱发达且筋粗大，可加工成干制骆驼筋。双峰驼的胃壁肥厚、量大，适口性好，也可加工成干制品，供应市场，作为特制食品。

三、驼掌

驼掌营养丰富，历来就与熊掌、燕窝、猴头齐名，是中国四大名菜之一。古代宫

廷御膳用的"北八珍"，驼掌即为其中一珍，作为珍品向皇帝进贡，也是内蒙古王公贵族设宴时享用的佳肴。驼掌蛋白质的含量高，每 100 g 驼掌中含蛋白质 72.8g，尤其胶原蛋白质含量极高，比任何畜肉（瘦肉）所含的蛋白质都高。

四、驼峰

驼峰肉质细腻，是制作名菜的烹饪原料。每 100g 驼峰中含胶原蛋白 1.34～2.76g，粗脂肪 90.64g，维生素 A 0.56mg、维生素 E 1.94mg，胆固醇 42.33mg。与其他家畜相比，其脂肪酸种类多；饱和脂肪酸含量略高于不饱和脂肪酸；人体必需脂肪酸和共轭亚脂酸含量高；胆固醇含量很低，胶原蛋白和维生素 E 含量较高，因此有较高的食用营养价值，也具有开发成营养强化食品、保健功能食品和护肤品的良好条件，开发利用前景广。

五、驼乳

双峰驼乳营养价值很高，是荒漠地区牧民传统奶食品的重要组成部分。驼乳中脂肪、蛋白质、干物质的含量接近或略高于牛乳，但乳糖的含量则较低。它不仅可以做奶茶饮用，而且还可以做奶油、干酪和奶酒。双峰驼乳由于脂肪球小，易于被人体消化和吸收，常用驼乳哺育婴儿，是代乳佳品，也适合消化道疾病、结核病、水肿、肾病等慢性疾病患者饮用。近年来，双峰驼乳及其制品的开发和研究逐渐增加，不少双峰驼乳产品已上市，如有机鲜驼乳、酸骆驼乳、酸驼乳粉、驼乳益生菌活性片、驼乳粉、骆驼乳饮料、驼乳化妆品等（图 2-16）。

六、驼骨

双峰驼骨骼由骨膜、骨质、骨髓构成，蛋白质和钙质组成网状结构，网状结构集合再构成管状，管内充满了含多种营养物质的骨髓（如构成脑组织的磷脂及防止老化的骨胶原、软骨素等）。鲜骨中含有蛋白质、脂肪、矿物质（如钙、磷、铁等）、骨胶原、软骨素，以及维生素 A、维生素 B_1、维生素 B_2 等，尤其是 2∶1 的钙磷比非常接近人体钙吸收的最佳比例，是理想的天然钙源。此外，由于双峰驼骨骼发育细腻，骨质密度大、坚硬耐磨，抛光后湿润如玉，可作为刀柄原料。驼骨一部分用于制作骨雕产品，也有少量的制成骨粉、骨胶。骨雕产品种类有很多种，有驼骨刀套、驼骨蒙古象棋、驼骨筷子、驼骨项链、驼骨工艺品等民族用品类。

七、驼皮

双峰驼屠宰后剥下的鲜皮（保留毛）经过鞣制、整理、晾晒就是生皮，也称板皮。

一峰成年驼可产皮2～3m^2。成年驼鲜皮重量40～80kg，干板皮重5～10kg。质地厚而坚韧，是制革的好原料。可以制作生活日用品，包括各种手工艺品、皮包和皮鞋等（图2-16）。

图2-16 驼产品

A. 驼绒衫 B. 驼皮包 C. 驼乳粉 D. 驼骨刀套

（吉日木图，2014）

八、其他

（一）血液

双峰驼血液与其他哺乳动物血液相同，在新鲜状态时，呈红色，不透明，具有一定的黏稠性，由血细胞（红细胞、白细胞、血小板）和血浆组成。红细胞的胞浆内含有60%的水分和40%的其他物质（主要为血红蛋白，约占其他物质的90%）。每100mL血液中含血红蛋白15.2g。公驼血液为体重的1/20～1/25，母驼血液为体重的1/20～1/23；相当于每峰成年骆驼血量约20kg。

双峰驼血粉是一种常规动物源性饲料，将骆驼血液凝成块后经高温蒸煮，压除汁液、晾晒、烘干后粉碎而成。血粉中所含赖氨酸、精氨酸、蛋氨酸、胱氨酸等多种氨基酸和其他营养物质，是家畜养殖中所需的动物性补充饲料。

双峰驼血液中有一种特殊的蛋白质，这种蛋白质可以制造特殊的抗体，称为单域抗体（sdAbs）。这种抗体能用来生产新一代的生物传感器，这种生物传感器能灵敏地

探测到环境中多种可能导致疾病的微生物及毒素。从骆驼血液中快速、简单地分离出这种抗体后可生产这种生物传感器。从这个角度而言，骆驼血液具有很大的开发潜力。

（二）粪便

一峰双峰驼一年可排粪大概2 000kg，总含氮量20kg，相当于400kg的硫酸铵，可以制成有机肥料用于农田。驼粪是牧区重要的日常生活燃料，粪便燃烧火力比较适合牧区家庭取暖做饭等用。

（三）宝克

宝克是公驼发情时由枕腺分泌的一种浅棕色或琥珀色具有恶臭气味的黏稠液体，也有人将公驼的这种分泌物称为枕腺分泌物或颈腺分泌物，宝克（Bokhi）是蒙古文的音译。宝克只有公驼发情时才分泌，其余时间处于休眠状态，不分泌任何激素。

1981年以来，内蒙古自治区乌拉特后旗杨国珍对双峰驼宝克成分进行了研究。1983年剪取发情公驼枕腺周围粘污有宝克的鬃毛，1984年又刮取枕腺周围鬃毛上的纯分泌物，利用放射免疫法、离子色谱法进行了分析测定，结果发现双峰驼宝克含有多种化学物质，但主要有两类：①甾体激素，包括孕酮、雌激素和睾酮；②高含量的短链脂肪酸，包括乙酸、丙酸、异丁酸、正丁酸和异戊酸等。对宝克中各成分含量也进行了初步测定，由于污染程度不同，只能初步了解各激素含量范围。鬃毛中各成分的浓度为睾酮0.8～8.15μg/kg、孕酮0.78～0.8μg/kg、雌激素38.6～96.5μg/kg。纯枕腺分泌物中各成分的浓度为睾酮5～6μg/mL、乙酸329.2μg/mL、丙酸153.7μg/mL、异丁酸113.8μg/mL、正丁酸200.4μg/mL、异戊酸143.2μg/mL。

研究者已发现宝克具有天然药用成分及可观的药用价值，且其对哺乳类动物不产生任何毒副作用，在医疗行业中有广阔开发应用前景。但目前宝克药理成分尚不明确，且宝克含有多种挥发成分，对其成分的定量也有一定的难度，因此需要加强对宝克的采集时间、方法、化学成分和药理作用的研究。同时也应该加紧确定宝克药效相关指标成分，这对制定合理的质量标准和开发产品将大有裨益。宝克的研究才刚刚起步，目前关于宝克的研究较少，故应开发宝克更多的药用价值，并对其进行深入的药理学和药剂学研究，使宝克为人类做出更多的贡献。

总之，双峰驼产品的开发及利用还处在一个初始阶段，驼产品的加工利用都是分散经营，没有形成一定的规模。相信随着科学技术手段的发展和科研工作者的不断努力，将会有更好、更新的产品面向市场，发挥其应有的经济价值。

第三章 骆驼生长发育与培育

CHAPTER 3

双峰驼是生活于荒漠和半荒漠地区的重要畜种，其生存的自然环境条件比较差，由于受自然环境、社会等因素影响，其数量曾一度大幅下降，双峰驼生长发育周期长，性成熟较晚，了解双峰驼生长发育规律有助于为双峰驼培育提供参考依据，对于保护好双峰驼遗传资源具有重要作用。本章主要介绍了双峰驼生长发育规律、影响生长发育的因素及双峰驼的培育。

第一节　生长发育规律及影响因素

双峰驼的生命周期为受精卵—胚胎—幼年—成年—老年。成年驼经过一个相当长的生殖时期后，即进衰老阶段——老年期。在此过程中因为遗传基础的不同，人们可以观察到每种性状的发育都有其一定的规律，从形态到机能都有一定的变化节律和彼此制约的关系。在不同的生长发育时期，若运用一定条件施加影响，会产生相应的变化。这些内容正是我们在研究双峰驼生长发育时特别加以强调的。可以说，对双峰驼生长发育规律的研究，已成为我们更有效更经济地改进与控制双峰驼品质的一项重要内容，在双峰驼育种工作上具有特别重要的意义。

一、生长发育的概念

生长发育的过程是一个由量变到质变的过程。从生命周期的受精卵阶段开始，进行一系列的细胞分裂和分化，从而形成了各种不同形态、不同机能的组织与器官，共同构成一个整体，经过一个或长或短的生命活动阶段，又转入衰老死亡。我们对家畜的研究，主要着眼于表现出经济性状和对人类有利用价值的年限，当某一家畜充分发挥其经济效益以后而丧失其经济利用价值时就会被淘汰，所以对家畜生长发育的研究很少有完成整个生命周期的。家畜的一切性状，包括经济性状，如乳、肉、毛等，都不是一个由小到大的放大过程，它们都是在不同的生长发育时期形成与表现的。

生长是指家畜经过机体同化作用进行物质积累，细胞数量增多，组织器官体积增大，从而使家畜的整体的体积及重量都增长。换句话说，生长就是以细胞增大和细胞分裂为基础的量变过程。

发育是由细胞分化出现不同的组织器官，从而产生不同体态结构与机能的过程。发育是生长的发展与转化。当某一种细胞分裂到某个阶段或一定数量时，就出现质的变化，分化产生和原来细胞不相同的细胞，并在此基础上形成新的组织与器官。所以，发育是以细胞分化为基础的质变过程。

生长与发育虽在概念上有区别，但实际上又是相互联系、不可分割的两个过程，可以说生长是发育的基础，而发育又反过来促进生长，并决定生长的发展与方向。在这个彼此依存、彼此促进的过程中，生物的不同性状与特点就会逐步表现出来，直到个体生命终止。

从遗传学的角度来看，生长发育是遗传基础与环境共同作用的结果。因此，对双峰驼生长发育的研究，既涉及遗传性的表现，也涉及如何保证性状充分发育的条件，以及如何利用生长发育的规律，采取不同措施加以影响，以达到人们不断改进双峰驼质量和提高其产量的目的。

在大群饲养上，根据所处发育阶段而给予所需的不同营养水平，既能保证饲养管理的经济效益，又能保证生长发育的正常进行。根据生长发育计算的结果，还能检查驼群的水平，从而指导工作和改善饲养管理。

研究生长发育对育种工作更为重要，除了可以根据双峰驼不同年龄特点进行鉴定外，更重要的是人们可以利用生长发育规律，对双峰驼进行培育，从而至少在当代能获得需要的类型，如果长期根据双峰驼生长发育各时期特点与要求来选择与培育种驼，还有可能获得新类型。所以，研究双峰驼生长发育在生产上有着重要的意义。

二、研究方法

（一）生长发育的观察与衡量

双峰驼是干旱荒漠地区的特有畜种，为了适应荒漠地区生态气候，它具备了耐干旱、耐粗饲、耐热、耐寒、厌湿和嗜盐的特点，机体结构与环境的关系复杂。生长发育规律的研究无法在短时间内根据单方面的观察得出正确结论。只有多方面长时间进行综合观察研究，才能揭示出其生长发育的客观规律。

双峰驼体质外形评定主要通过肉眼观察和体尺测量进行。观察双峰驼的外表性状，根据出牙、换齿、牙齿磨损程度、外形特点等来鉴定双峰驼的年龄大小与发育阶段。这要求鉴定人员有一定的经验，但难免受主观因素影响。因此，最常用的是体尺体重和结构的匀称性来评定双峰驼个体生长发育的好坏。

1. 体尺和体重 体尺大小是双峰驼体躯重大程度和结构特点的客观反映，各品种双峰驼都应要求有较大的体尺指标。在体重上同样要求各品种双峰驼在初生、断乳、初配和成年时期，有较高的理想体重。因为较大的体尺和体重是一切有益特征表现的基础，对提高产毛量、产肉量、产乳量和役力等方面，都有一定作用。而且体重性状的遗传力一般在中等左右，所以对这一性状进行表型选择，理应是比较有效的。

研究生长发育时要求测定数据一定要准确可靠。所测体重与体尺数值常因双峰驼位置、食料、排粪、怀孕、分娩等情况而发生变化，因此，称重一般都安排在早上空腹进行；体尺测量应注意双峰驼的站立姿势和测具的使用方法。常用的测量工具有测杖、圆形触测器（卡尺）、皮尺、角度计和 30cm 的直钢尺等。

具体方法如下：

双峰驼体重测量困难较大，所以，除了驼羔初生重外，其他双峰驼的体重一般采用估算。双峰驼体重估测公式为：

$$体重（kg）=67.01+58.16（胸围^2×体长）±45.69$$

在骆驼上等膘时加 45.69，在下等膘时减 45.69，体尺单位为 cm。

驼羔体重：在驼羔饮水前用地磅称取的活体重。由于双峰驼产羔时不愿受干扰，大多数在产羔时会离开驼群。分娩后 1～2d 会自己带驼羔回来。所以，测得的驼羔初生重一般为产后 1～2d 的体重。

体高：从双峰驼前峰后缘到地面的垂直距离，用测杖测量。

体长（体斜长）：从肩端到臀端的距离，用测杖测量。

胸围：从前峰后缘基部起向下经过胸底角质垫的中心绕体 1 周，所成的垂直周径，用皮尺测量。

管围：左前肢管部的上 1/3 处，绕管 1 周，所形成的水平周径，用皮尺测量。

2. 结构的匀称性 无论何种用途的双峰驼，均应要求骨骼发育正常，体躯各部位结构匀称。如在生前或生后时期出现发育受阻，则会导致体小晚熟、头大颈细、胸窄尻尖等结构失调现象。

我国双峰驼系牧养畜种，主产区干旱少雨，地表水少且水质差，牧草稀疏，土壤盐碱含量高，牧草种类多为灌木、半灌木等旱生、超旱生植物，生存环境恶劣。因此外界环境因素对双峰驼生长发育的影响较大，有些生长缺陷终身无法弥补。

生长发育的测定对于任何类型双峰驼都是需要的，测定方法基本与牛相似，其作用是为双峰驼的早期选择提供依据。早期生长发育不良的个体一般在以后生产性能的表现上也较差，因而要及早淘汰。生长发育的测定主要是各生长阶段的体尺和体重，即初生、6 月龄、14 月龄、24 月龄体尺和体重。有必要时除了各生长阶段直至屠宰时的体重和相应的日增重外，有条件的还要对采食量、饲料报酬、胴体重、屠宰率、净肉率等进行测定。

除了进行活体的体重与体尺测量外，也可以进行各种器官和不同部位的测定，如屠体的测量，胴体不同部分的称重等。因为体重与体尺的测定是从不同的角度去研究分析双峰驼生产发育情况的，所以应在正常的培育条件下进行。在营养不足的情况下，驼羔的体重增加受阻，而体高及长度等方面可能仍有增长，导致体尺和体重不协调。

（二）生长发育的计算与分析

对生长发育进行比较研究，其理论依据为两方面：一是从动态观点来研究双峰驼整体（或局部）体重（体积）的增长；二是研究比较各种组织（或器官）随着整体的增长而发生比例上的变化，和它们彼此增长的相对比例关系。生长发育的计算与分析，常用下列方法：

1. 累积生长 任何一时期所测得的体重或体尺，都是代表该双峰驼被测定以前生长发育的累积结果，因此称为累积生长。从不同日龄或月龄的累积生长数值，可以了解到双峰驼生长发育的一般情况。

2. 绝对生长 指在一定时间内的增长量，用以说明某个时期双峰驼生长发育的绝对速度。例如，1 个月内的平均日增重，就是绝对生长，说明这个月内的每日平均生长速度，一般用 G 来表示，其计算公式如下：

$$G = \frac{W_1 - W_0}{t_1 - t_0}$$

式中：W_0代表始重，即前一次测定的重量或体尺；W_1代表末重，即后一次测定的重量或体尺；t_0代表前一次测定的月龄或日龄；t_1代表后一次测定的月龄或日龄。

在生长发育的早期，由于双峰驼幼小，绝对生长不大，以后随着个体的成长逐渐增加，到达一定水平以后又逐渐下降。绝对生长在生产上使用较普遍，是用以检查所养双峰驼的营养水平、评定双峰驼优劣和制定各项生产指标的依据等。

3. 相对生长 绝对生长只反映生长速度，并没有反映生长强度。为了表示生长发育的强度，就需要采用相对数值，以增重占始重的百分率来表示。相对生长用 R 代表，计算公式如下：

$$R = \frac{W_1 - W_0}{W_0} \times 100\%$$

这个计算公式有一个缺点，因为它只是以始重为基础，没有考虑到新形成部分（可能除脂肪外）也是积极参与有机体的生长发育过程的。因此有人提出了改进的计算方法，即不与始重相比，而与始重和末重的平均值相比，其公式如下：

$$R = \frac{W_1 - W_0}{(W_1 + W_0)/2} \times 100\%$$

4. 生长系数 即开始时和结束时测定的累积生长值的比率，也即末重占始重的百分率。它也是相对生长的一种。以 C 代表生长系数，其计算公式为：

$$C = \frac{W_1}{W_0} \times 100\%$$

在计算生长系数时，一般习惯于以初生时的累积生长值为基准。但当年它与结束时的累积生长值相差过大时，往往采用生长加倍次数（n）来表示其生长强度，其公示为：

$$W_1 = W_0 \times 2^n$$

实际应用时应采用下列公式：

$$n = \frac{\lg W_1 - \lg W_0}{\lg 2}$$

5. 分化生长 分化生长或称相关生长，是指双峰驼个别部分和整体相对生长间的相互关系。Dubois 和 Lapicque 提出分化生长公式：

$$Y = bX^a$$

式中：Y 代表所研究的器官或部分的重量和大小；X 代表整个机体减去被研究器官后的重量和大小；a 代表被研究器官的相对生长和整个机体相对生长之间的比率，即分化生长率；b 代表所研究器官或部位的相对重量和大小，为一常数。

在实际应用上，a 的数值根据两次或两次以上测定的资料来求得，如第一次测定个别器官的重量为 Y_1，除去该器官重量后的体重为 X_1，其公式为：

$$Y_1 = bX_1^a \quad 即\ \lg Y_1 = \lg b + a \lg X_1$$

第二次称重后分别得 Y_2和 X_2。

同理：$$\lg Y_2 = \lg b + a\lg X_2$$

解方程组得：$$a = \frac{\lg Y_2 - \lg Y_1}{\lg X_2 - \lg X_1}$$

6. 体态结构指数　当测定了驼体某部位的长短、大小后，如果不和其他有关的体尺联系起来分析，就不可能对双峰驼的体躯结构有一个较完整的概念。因此需要计算不同的体态结构指数，才能较好地反映双峰驼各部位的相对发育和相互关系，以及不同时期在外形特征上的变化。在双峰驼养殖业中常用胸围率、管围率、体长率、肢长率、体重率等（计算方法见第二章）。

三、骆驼生长发育规律

（一）双峰驼的生长发育不同时期

在双峰驼生长发育过程中，可以观察到有几个区分比较明显的时期。每一时期双峰驼的结构和生理生化过程都有一定的特点，而且必须完成一定的生长时间后，才转入另一个时期。人们把这种时期，一般称为生长发育阶段，也有称为生长发育时期或生长关卡的。一般从出生前后作为一个分界线而分为两个大的时期，即胚胎时期与生后时期，然后要根据不同特点及与生产实际的关系再划分为若干时期。

1. 胚胎时期　从受精卵开始到出生为止为胚胎时期。这是双峰驼生长发育中细胞分化最强烈的时期。在胚胎时期中，受精卵经过急剧的生长发育过程转变为复杂而具有完整组织器官系统的有机体。在这个时期，胚胎是在母体的直接保护和影响下生长发育的，因此在很大程度上可以排除外界环境的直接干预与不良影响。根据胚胎在母体子宫所处的环境条件和其细胞分化和器官形成的不同，一般把胚胎时期又划分为胚期、胎前期和胎儿期。

（1）胚期　是指从受精卵开始逐渐发育到与母体建立联系时为止。这一时期大约延续至第2个月初。通常受精卵在母体输卵管中已开始卵裂。卵裂形成囊胚，继而在一边产生胚盘，分化出三个细胞层。最内层为内胚层，以后分化形成消化道及腺体、呼吸系统和膀胱等。最外层为外胚层，在发育初期沿着胚盘中轴形成一长脊，即神经外胚层，继而发生脑和脊髓以及神经系统的衍生组织，如眼泡、垂体后叶等；而在神经外胚层两侧的外胚层细胞，分化成为脑垂体前叶、皮肤及其衍生组织（如蹄爪、毛发）。中间一层是中胚层，分化出结缔组织、肌肉、骨骼、肾脏等。

受精卵移行到子宫角内初期，依靠本身贮备的营养进行卵裂。当进入囊胚期时形成滋养层，直接与子宫腺体分泌物——子宫乳接触，以渗透方式获得营养。

（2）胎前期　这一时期是胎儿快速发育的时期，几乎所有器官原基都已形成，其延续时间从第2个月中旬至第3个月末。

（3）胎儿期　这时期胎儿体躯及各组织器官迅速生长，中枢神经系统开始发育，同时形成了被毛与汗腺。这时期胚胎已有发育良好的子叶和母体子宫壁密切联系，保证了胎儿生长发育的营养需要，胎儿体重增加很快。这一阶段约从第3个月末到第13

个月末。

在家畜胚胎发育前期，绝对增重不大，但分化很强烈，因此对营养的质量要求较高；怀孕后期，细胞数量迅速增加，胚胎绝对增重很快，对营养的数量要求很大，以保证迅速生长所需的物质基础。

2. 生后时期 生后时期是指双峰驼从出生到衰老以至死亡的一段发育过程。在这一时期中，双峰驼个体直接与自然条件接触，生长发育的特点大不同于胚胎时期。双峰驼生后的生长发育阶段按其生理机能特点分为哺乳期、幼年期、青年期、成年期和老年期。

（1）哺乳期 指出生到断乳这段时间。双峰驼哺乳期一般为16～18个月。这是驼羔对外界条件逐渐适应期，其特点为：

①驼羔各种组织、器官在构造和机能上都发生很大变化，如从依靠母体血液供给氧转变为个体进行独立的氧气代谢，呼吸系统机能迅速适应新的条件。原来通过脐带依靠母体供应营养，出生后则吃母乳，这时消化系统迅速生长发育，机能也日趋完善。驼羔出生后的前4个月由于消化器官的构造和分泌机能不健全，只能从母乳中获取营养物质，对饲草尚不能利用。内蒙古农业大学的“乳品生物技术与工程”教育部重点实验室研究了阿拉善双峰驼乳化学成分与变化，阿拉善双峰驼乳在分娩后2h至90d内干物质、蛋白质、乳糖、脂肪、灰分含量变化范围分别为14.31％～20.16％、3.55％～14.23％、4.24％～4.44％、0.27％～5.65％和0.98％～1.22％。初乳还含有抗体，对保证幼驼早期生长发育及机体抗病能力有很大作用。母乳营养全面，最适于初生驼羔的消化器官与机能。从第4个月龄以后，驼羔才逐步开始采食青草，消化器官逐渐增大，对粗饲料的利用能力逐渐提高。随着幼驼的消化机能的逐渐完善，对母乳的依赖也日益减小，幼驼开始吃草，而且采食量慢慢增加，最后完全断乳。

由表3-1可见，驼羔在4月龄以内的营养和成长，几乎全靠母乳的供给，4月龄后开始逐渐吃草，直到16月龄以前的驼羔，都还必须食母乳，过多地挤乳对驼羔极为不利，尤其是6月龄以前的驼羔，所以挤乳的次数和量应该随驼羔的生长发育逐渐减少。

表3-1 不同月龄驼羔对母乳中各种营养物质的消化率（％）

月龄	干物质	灰分	有机物质	蛋白质	脂肪	无氮浸出物	植物纤维素
20～30	98.81	93.92	99.04	99.20	99.42	98.46	60
60～70	87.41	61.99	88.62	91.12	98.69	87.70	60.84
180～190	68.13	54.25	69.71	71.78	79.99	73.27	62.44

资料来源：苏学轼等，1983。

②在驼羔生后最初1周中体温调节的机能未完全发育，抗寒能力较差，气温低或天气恶劣时需采取保温措施，以防初生驼羔生病或冻伤（或冻死）。造血机能也由肝和脾产生血细胞转变为由骨髓产生。

③哺乳期驼羔生长迅速，是整个生长发育过程中体重增长最快的1年，其中第1个月最为关键。发育良好的驼羔，满周岁时应该完成成年驼体高的84%，体长的76%，胸围的72%，活重应该不低于150kg。

哺乳期驼羔的护理：这个阶段是双峰驼整个生长发育过程中的关键时期，必须加倍重视各方的护理。

驼羔出生时体重较小，一般个体重为35～45kg，个别初生重达60kg。与其母体比较，只占母驼活重的5%～7%（图3-1）。另外，母驼生产后不舐羔，所以有条件时接羔员用干布将口腔和头部天然孔的黏液擦净，撕去体外的套膜，擦干被毛，消毒脐带，用毡片包着胸腹，并将驼羔放在铺有干粪末的地上，晚上或恶劣天气时可将驼羔放入接羔棚中。

图3-1　初生驼羔与成年母驼

第一次哺乳是在出生后2～3h，可以进行人工辅助。在哺乳前应洗净母驼乳房，并挤去最初几滴初乳。为了促进胎粪排出，可在哺乳之前给驼羔灌服80～120g蓖麻油或清油。第二次哺乳是在第一次哺乳后的3～4h进行。以后哺乳，不论白天晚上，最好每3h让母驼授乳一次。对于泌乳量较高的母驼，可每日早晚各挤乳一次，以防止驼羔过食，引起消化失调。

有少数初产母驼不认羔，帮助哺乳的方法是：用绳将它的一条后腿拴在重袋上或桩上，把母驼稍向前牵，这条后腿被拉向后，就可在同侧帮助驼羔吮乳，经过3～4d后，母驼即能认羔。

哺乳期也是训练驼羔的最佳时期。初生10d左右的驼羔，用埋设在运动场上的转环长绳，轮流系于前臂，1个月以后，可戴上笼头，随同母驼短距离出牧，4个月龄以后进行笼头拴系，这样便于挤乳和收毛。

在生产实践中断乳期驼羔护理也较为重要。放牧条件下的驼羔应采取自然断乳。事实证明：当驼羔在不满周岁时母驼死亡而被迫断乳的驼羔，在生长发育方面，无论如何也赶不上16～18月龄自然断乳的驼羔。进入冬营地后，可根据草场条件，对不满2周岁的驼羔，应分别喂1～2kg混合精料，这样才能保证基本生长发育的进行（图3-2）。

断乳后的驼羔不应殴打、恐吓和异常逗弄，但须经常地进行背部负重和牵引训练，这样有利于骑乘、挤乳和收毛。

图 3-2　人工哺乳的 1 周岁驼羔

（2）幼年期　一般指由断乳到性成熟这段时期间，即 18～24 月龄。在这阶段体内各组织器官逐渐接近于成年状态，性情活泼，其特点是：

①幼驼食物由母乳过渡到饲草，食量不断增加，消化能力也大大加强。

②骨骼和肌肉迅速生长，各组织器官也相应增大，特别是消化器官和生殖器官的生长发育迅速。

绝对增重逐渐上升，奠定了今后体质外形和各生产性状的基础。

（3）青年期　在 3～5 周岁，性器官和第二性征逐渐发育，外形上逐年表现出两性特征，对粗饲料已有较高的利用能力。如在此阶段连年营养不良，或过早使役，则生长发育将会受到显著的不良影响。此阶段特点是：

①各组织器官的结构和机能逐渐完善。

②绝对增重达到最高峰，以后则下降。生殖器官发育完善，两性特征明显出现。

（4）成年期　6～19 周岁，生长发育已完成，各生产水平达到稳定状态。特点是：

①各组织器官发育完善，生理机能也已成熟，能量代谢水平稳定。

②生产水平已达到最高峰，性活动旺盛。

③体型已定型。在饲草丰富的情况下，能迅速沉积脂肪。

（5）老年期　20 周岁以上，整个机体代谢水平下降，各种器官的机能逐渐衰退，饲草利用能力和生产力随之下降，眼盂陷成深窝，下唇无力下垂、闭合不全，被毛变稀短、色变浅，肌肉欠丰满。一般在经济利用价值开始下降时大部分被淘汰。

以上各个生长发育时期的划分是相对的，可根据实际情况加以改变，使之在一定范围内加快或延缓。尽管如此，双峰驼的生长发育确实是有阶段性的，这对控制其生长发育和提高生产力都是很重要的。

（二）生长发育的一般规律

在双峰驼生长发育过程中，无论是内外组织、器官，也无论部分还是整体，不同

时期的绝对生长或相对生长都不是等比例增长的，而是在不同的生长发育时期有规律地表现出高低起伏的不平衡状态。人们在生产实践中，就是利用这些规律来控制双峰驼有关性状生长发育的。

双峰驼生长发育慢，生长周期长，整个生长发育过程可延伸到8～10周岁，但在6周岁之后生长发育的变化不大。在整个生长周期中，早期的生长速度快，后期的生长速度慢，随着年龄增长，生长速度逐渐降低。

整个生长发育过程中，双峰驼体型结构变化较大。在妊娠期，胎儿的体高生长较快，出生时体高较大，体长和胸围小，体长指数和胸围指数较小；生后体长和胸围生长加快，体长和胸围指数增大，而胸围的增长较体长更快，使得体躯指数增加。在2周岁以后体尺指数和体躯指数基本不变，体高、体长、胸围生长速度相当。整个生长过程中管围指数基本不变，管围生长与体高生长表现出相关性。

公驼初生时体重大于母驼，体高、体长、胸围和管围等性状上无差异；公驼在2～3周岁有一个快速生长过程，3周岁时公驼的体重和体尺都明显高于母驼；公驼的四肢骨生长发育较母驼快，3周岁之后，公驼的管围明显高于母驼；在整个生长发育过程中，体重增长速度最快，公驼的体重均高于母驼，但除初生重和3周岁龄体重外，其他时期公、母驼体重差异不显著；公、母驼的体尺性状在7周岁之后开始表现出差异性，公驼高于母驼。

公、母驼的生长曲线基本一致，早期生长速度快，6周岁之后体重和体尺的变化不大，基本接近了体成熟。

成年驼的胸围大于体高和体长，体高大于体长。这种体型结构使骆驼具有强的耐受力，有利于骆驼在沙漠、戈壁上长距离远行，可能是双峰驼适应环境的一种表现。

1. 生长发育的基本规律研究 阿拉善双峰驼体尺和体重统计结果显示，在出生至15周岁期间双峰驼体重和体尺都有不同程度的变化，表现为生长发育慢，生长周期长，整个生长发育过程中，早期生长快，后期生长慢。比较公、母驼的生长发育，在3周岁前公、母驼的生长发育的差异不大，除初生重（0周岁时体重）公驼明显高于母驼外（$P<0.05$），1周岁、2周岁时体重、体高、体长、胸围和管围在公、母驼间差异不显著（$P>0.05$）；3周岁时公驼的体重、体高、体长、胸围和管围均显著高于母驼（$P<0.05$或0.01），表明公驼在2～3周岁的生长速度比母驼快。3～15周岁公驼管围均明显高于母驼（$P<0.01$）。体重、体高、体长和胸围在4～7周岁公、母驼间差异不大（$P>0.05$）。在7周岁以后，公、母驼体高、体长和胸围的差异性变化较大；体高在10周岁和13～15周岁时公驼明显高于母驼（$P<0.05$），其他时期差异不显著（$P>0.05$）；体长在8～10周岁和13周岁时公驼明显大于母驼（$P<0.05$），其他时期差异不显著（$P>0.05$）；胸围在8周岁时公、母驼差异不显著（$P>0.05$），在9～15周岁公驼明显大于母驼（$P<0.05$）；1～15周岁，公、母驼的体重没有明显差异（$P>0.05$），如表3-2所示。

表 3-2 双峰驼体重和体尺生长

年龄（周岁）	性别	峰数	体高（cm）	体长（cm）	胸围（cm）	管围（cm）	体重（kg）
0	♀	18	$103.85^{A}\pm3.72$	$63.62^{A}\pm4.81$	$81.85^{A}\pm0.91$	$11.27^{A}\pm3.61$	$29.29^{A}\pm5.45$
	♂	16	$103.69^{A}\pm4.55$	$64.26^{A}\pm3.54$	$80.56^{A}\pm5.24$	$11.14^{A}\pm1.10$	$33.41^{B}\pm4.31$
1	♀	76	$131.16^{A}\pm9.96$	$102.99^{A}\pm8.16$	$140.10^{A}\pm14.09$	$13.84^{A}\pm1.65$	$162.42^{A}\pm35.72$
	♂	63	$133.06^{A}\pm10.30$	$104.62^{A}\pm7.94$	$142.74^{A}\pm15.33$	$14.08^{A}\pm1.31$	$168.65^{A}\pm25.08$
2	♀	94	$144.25^{A}\pm9.16$	$113.99^{A}\pm9.66$	$164.16^{A}\pm13.82$	$14.81^{A}\pm1.29$	$206.21^{A}\pm47.97$
	♂	125	$143.86^{A}\pm9.67$	$113.53^{A}\pm14.03$	$164.62^{A}\pm18.92$	$15.03^{A}\pm1.28$	$208.02^{A}\pm59.34$
3	♀	93	$150.99^{A}\pm8.33$	$121.00^{A}\pm8.12$	$174.90^{A}\pm22.42$	$15.92^{A}\pm1.28$	$237.38^{A}\pm54.70$
	♂	54	$156.17^{B}\pm8.90$	$124.89^{B}\pm9.87$	$182.65^{B}\pm15.67$	$17.05^{B}\pm2.04$	$276.20^{B}\pm44.27$
4	♀	87	$161.30^{A}\pm7.70$	$131.41^{A}\pm11.57$	$192.13^{A}\pm15.28$	$16.82^{A}\pm1.33$	$296.55^{A}\pm80.14$
	♂	37	$161.74^{A}\pm6.36$	$132.34^{A}\pm7.77$	$192.81^{A}\pm11.75$	$18.45^{B}\pm1.19$	$324.88^{A}\pm43.285$
5	♀	95	$165.40^{A}\pm6.96$	$135.27^{A}\pm8.95$	$199.22^{A}\pm17.10$	$17.49^{A}\pm1.07$	$347.31^{A}\pm67.63$
	♂	15	$162.67^{A}\pm8.62$	$131.67^{A}\pm11.15$	$206.67^{A}\pm19.09$	$18.87^{B}\pm1.81$	$338.67^{A}\pm94.586$
6	♀	103	$166.86^{A}\pm5.77$	$138.38^{A}\pm7.38$	$202.38^{A}\pm13.26$	$17.64^{A}\pm0.93$	$378.90^{A}\pm70.45$
	♂	18	$166.89^{A}\pm5.78$	$136.67^{A}\pm6.23$	$207.33^{A}\pm11.81$	$18.67^{B}\pm1.33$	$351.33^{A}\pm78.68$
7	♀	80	$168.54^{A}\pm6.11$	$139.89^{A}\pm8.54$	$207.66^{A}\pm11.39$	$17.74^{A}\pm0.91$	$408.89^{A}\pm90.37$
	♂	13	$171.54^{A}\pm4.79$	$142.62^{A}\pm5.20$	$212.85^{A}\pm14.82$	$19.69^{B}\pm1.18$	$387.62^{A}\pm31.72$
8	♀	58	$169.14^{A}\pm6.38$	$141.00^{A}\pm6.72$	$209.08^{A}\pm10.92$	$17.85^{A}\pm1.05$	$410.07^{A}\pm71.99$
	♂	11	$171.04^{A}\pm60.9$	$146.00^{B}\pm6.45$	$214.90^{A}\pm12.19$	$20.30^{B}\pm1.34$	$419.50^{A}\pm20.27$
9	♀	43	$168.8^{A}\pm5.75$	$142.54^{A}\pm7.29$	$208.66^{A}\pm10.02$	$17.91^{A}\pm1.89$	$408.70^{A}\pm73.94$
	♂	10	$173.50^{A}\pm10.61$	$151.50^{B}\pm16.26$	$220.05^{B}\pm8.49$	$21.5^{B}\pm0.71$	$420.50^{A}\pm3.54$
10	♀	84	$168.90^{A}\pm6.74$	$141.69^{A}\pm7.01$	$209.78^{A}\pm10.96$	$18.08^{A}\pm1.06$	$401.04^{A}\pm71.45$
	♂	12	$175.50^{B}\pm6.95$	$149.17^{B}\pm6.37$	$227.50^{B}\pm11.61$	$21.00^{B}\pm0.63$	$454.80^{A}\pm89.01$
11	♀	46	$168.15^{A}\pm6.87$	$142.86^{A}\pm7.38$	$211.20^{A}\pm10.42$	$18.32^{A}\pm1.08$	$406.33^{A}\pm63.30$
	♂	14	$173.25^{A}\pm9.01$	$147.00^{A}\pm6.65$	$223.25^{B}\pm16.05$	$20.25^{B}\pm0.52$	$440.75^{A}\pm78.03$
12	♀	48	$169.52^{A}\pm5.57$	$143.32^{A}\pm7.71$	$209.50^{A}\pm9.64$	$18.16^{A}\pm0.92$	$411.76^{A}\pm60.58$
	♂	13	$174.00^{A}\pm2.55$	$150.00^{A}\pm7.87$	$220.00^{B}\pm10.56$	$20.88^{B}\pm0.89$	$449.25^{A}\pm52.61$
13	♀	49	$171.51^{A}\pm6.20$	$144.04^{A}\pm5.51$	$213.37^{A}\pm8.77$	$18.44^{A}\pm1.04$	$422.92^{A}\pm48.53$
	♂	12	$177.43^{B}\pm2.44$	$151.86^{B}\pm6.24$	$220.43^{B}\pm9.19$	$20.57^{B}\pm0.49$	$441.00^{A}\pm35.74$
14	♀	22	$170.17^{A}\pm6.44$	$147.00^{A}\pm10.12$	$210.79^{A}\pm9.66$	$18.40^{A}\pm0.93$	$440.38^{A}\pm60.25$
	♂	10	$176.33^{B}\pm1.15$	$150.00^{A}\pm3.61$	$224.67^{B}\pm12.06$	$21.16^{B}\pm0.98$	$456.07^{A}\pm51.39$
15	♀	19	$170.52^{A}\pm4.67$	$147.36^{A}\pm7.88$	$212.05^{A}\pm9.98$	$18.59^{A}\pm0.80$	$456.12^{A}\pm62.10$
	♂	16	$178.88^{B}\pm3.72$	$150.38^{A}\pm3.78$	$221.00^{B}\pm8.67$	$21.38^{B}\pm0.92$	$488.75^{A}\pm42.72$

注：①15 周岁年龄组包括 15 周岁及其以上双峰驼。②同年龄同列大写字母相同表示差异不显著（$P>0.05$），不同大写字母表示差异显著（$P<0.05$）。

资料来源：冯登侦，2007。

出生到15周岁，公、母驼的体重、体高、体长、胸围和管围的生长曲线的形状相似，均表现为早期生长速度较快，5～6周岁后生长速度减缓，生长曲线趋于平稳，说明双峰驼的生长发育基本停止。6～7周岁后，除体重表现出一定强度的生长外，体高、体长、胸围和管围的变化不大，说明体躯生长基本完成，接近成熟（图3-3至图3-5）。

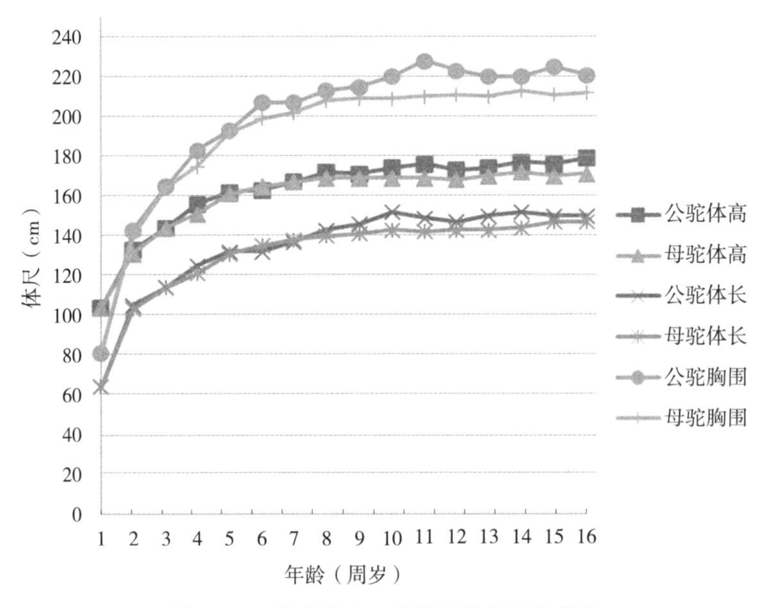

图3-3　双峰驼体高、体长和胸围生长曲线
（冯登侦，2007）

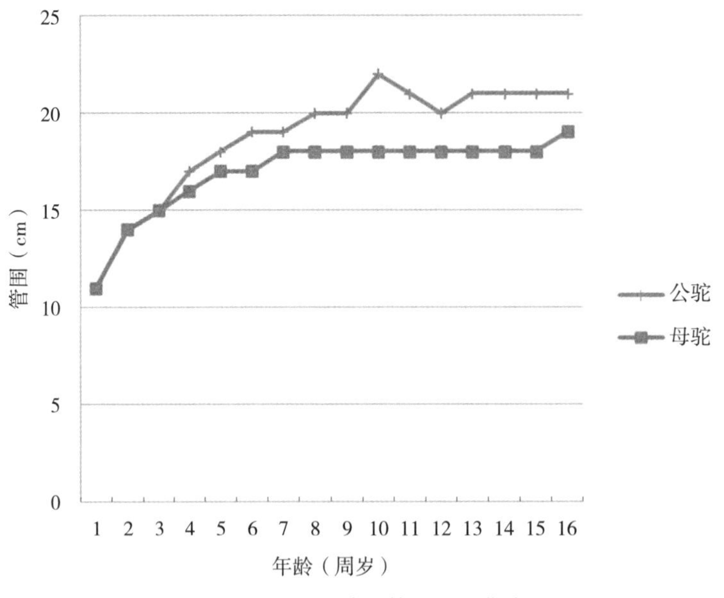

图3-4　双峰驼管围生长曲线
（冯登侦，2007）

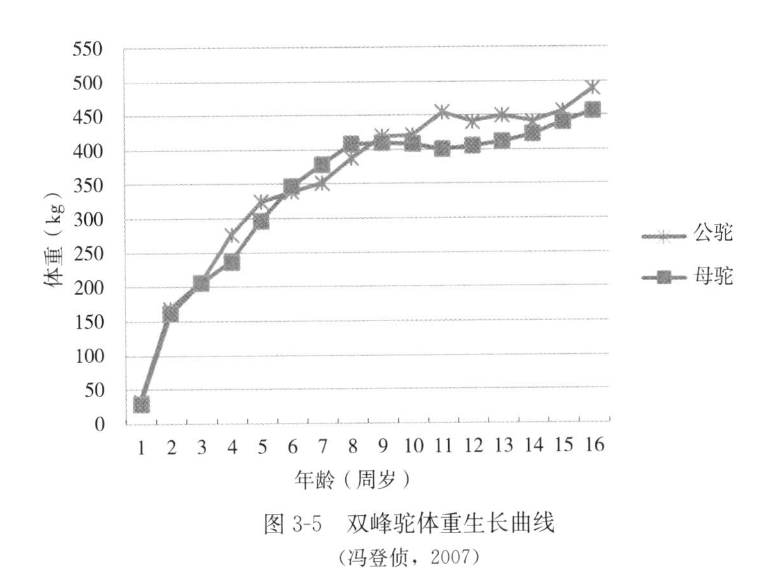

图 3-5　双峰驼体重生长曲线

（冯登侦，2007）

2. 生长强度和生长速度　用绝对生长来表示生长强度，相对生长来表示生长速度，分别计算了不同年龄阶段的体重、体尺的绝对生长和相对生长（表 3-3 和表 3-4）。

表 3-3　双峰驼母驼体重、体尺的绝对生长和相对生长

年龄（周岁）	体高		体长		胸围		管围		体重	
	绝对生长（cm）	相对生长（%）	绝对生长（cm）	相对生长（%）	绝对生长（cm）	相对生长（%）	绝对生长（cm）	相对生长（%）	绝对生长（kg）	相对生长（%）
0～1	27.66	23.51	39.37	47.26	58.25	52.49	2.57	20.47	132.50	137.78
1～2	12.74	9.24	11.00	10.14	24.06	15.82	0.97	6.77	43.79	23.76
2～3	6.74	4.57	7.01	5.97	10.74	6.34	1.11	7.22	31.17	14.05
3～4	10.31	6.60	10.41	8.25	17.23	9.39	0.90	5.50	59.17	22.16
4～5	4.10	2.51	3.86	2.89	7.09	3.62	0.68	3.96	50.76	15.77
5～6	1.57	0.94	3.11	2.27	3.17	1.58	0.14	0.80	31.59	8.70
6～7	1.57	0.94	1.51	1.09	5.27	2.57	0.10	0.57	29.99	7.61
7～8	0.60	0.36	1.11	0.79	1.42	0.68	0.11	0.62	1.18	0.29
8～9	−0.24	−0.14	1.54	1.09	−0.42	−0.20	0.06	0.34	−1.29	−0.32
9～10	0.91	0.54	−0.85	−0.60	1.12	0.54	0.17	0.94	−7.74	−1.91
10～11	−1.66	−0.98	1.17	0.82	1.24	0.59	0.24	1.32	5.29	1.31
11～12	1.37	0.81	0.46	0.32	−1.52	−0.72	−0.16	−0.88	5.43	1.33
12～13	1.99	1.17	0.72	0.50	3.87	1.83	0.28	1.53	11.16	2.67
13～14	−1.34	−0.78	2.96	2.03	−2.58	−1.22	−0.04	−0.22	17.17	3.98
14～15	0.35	0.21	0.36	0.24	1.26	0.60	0.19	1.03	16.03	3.58

资料来源：冯登侦，2007。

表 3-4 双峰驼公驼体重、体尺的绝对生长和相对生长

年龄（周岁）	体高		体长		胸围		管围		体重	
	绝对生长（cm）	相对生长（%）	绝对生长（cm）	相对生长（%）	绝对生长（cm）	相对生长（%）	绝对生长（cm）	相对生长（%）	绝对生长（kg）	相对生长（%）
0～1	29.37	24.81	40.36	47.80	62.16	55.68	2.92	23.14	135.24	133.86
1～2	10.80	7.80	8.91	8.17	21.90	14.25	0.95	6.53	39.37	20.90
2～3	12.31	8.21	11.36	9.53	18.03	10.38	2.02	12.59	68.18	28.16
3～4	5.57	3.50	7.45	5.79	10.17	5.42	1.40	7.89	48.68	16.20
4～5	0.93	0.57	−0.67	−0.51	13.51	6.77	0.42	2.25	13.79	4.16
5～6	4.22	2.56	5.00	3.73	1.00	0.48	−0.20	−1.07	12.66	3.67
6～7	4.65	2.75	5.95	4.26	5.52	2.63	1.02	5.32	36.29	9.82
7～8	−0.52	−0.30	3.38	2.34	2.05	0.96	0.61	3.05	31.88	7.90
8～9	2.48	1.44	5.05	3.40	5.60	2.57	1.20	5.74	1.00	0.24
9～10	2.00	1.15	−1.88	−1.25	7.00	3.13	−0.50	−2.35	34.3	7.84
10～11	−2.25	−1.29	−2.17	−1.47	−4.25	−1.89	−0.75	−3.64	−14.05	−3.14
11～12	0.75	0.43	3.00	2.02	−3.25	−1.47	0.65	3.16	8.58	1.93
12～13	3.43	1.95	1.86	1.23	0.43	0.20	−0.33	−1.59	−8.33	−1.87
13～14	−1.10	−0.62	−1.86	−1.23	4.24	1.91	0.43	2.07	15.00	3.34
14～15	2.55	1.44	−8.62	−5.57	−3.67	−1.65	0.38	1.79	32.75	6.93

资料来源：冯登侦，2007。

双峰驼出生后，早期阶段的生长强度和生长速度是最高的，随着年龄的增长，其生长强度和生长速度而降低。到 7 周岁后，母驼的体重、体高、体长、胸围和管围的绝对生长和相对生长变化不大，生长速度趋向于零，说明母驼的生长基本结束，达到体成熟。但公驼的管围和体重的绝对生长和相对生长在 7 周岁后仍有不同程度的波动。公、母驼在体成熟之后体重都有一些小的增加过程，这可能与体成熟后机体脂肪沉积能力增强有关。

无论公驼和母驼，在出生后体重生长速度最快，胸围、体长次之，体高和管围最慢。但随着年龄增加生长速度的差异性逐渐减小，7 周岁后，生长速度均接近零，性状间几乎没有差异。

3. 体型结构的变化 双峰驼不同年龄的体尺指数如表 3-5 所示，公、母驼的体长指数、胸围指数和体躯指数在出生时最小，之后随着年龄增加而增大，2 周岁之前增长速度较快，2 周岁之后增长速度减慢。说明双峰驼体高在胚胎期生长发育相对较快，胸围、体长在胚胎期的生长发育较慢，出生时体高相对较大，体长、胸围相对较小，体长指数和胸围指数比较小；而体长在胚胎期生长发育速度可能比胸围更快一些，使得双峰驼出生时的体躯指数也比较小。在生后时期，双峰驼胸围和体长的生长速度超过体高，胸围的生长速度超过体长，使得体长指数、胸围指数和体躯指数增大；特别是在 2 周岁前，体长指数、胸围指数和体躯指数增加很快，体长、胸围生长速度明显超过体高，2 周岁之后，指数增长趋缓，体型结构变化不大。体长指数和胸围指数在 6 周岁之后基本不变，说明此后体高、体长和胸围的生长速度基本相同。这可能是由于此时双峰驼接近体成熟，体高、体长和胸围的生长基本结束的缘故。管围指数在整个生长周期中变化不大，说明双峰驼的管围生长与体高生长有一定的相关性。体躯指数在 2 周岁后基本不变，说明此后双峰驼体长和胸围的生长速度基本相同，两性状的生长具有相关性。在整个生长周期中，公、母驼间的体长指数、胸围指数、管围指数和体躯指数基本一致，说明公、母驼在生长发育过程和体型结构基本相同。

管围指数在整个生长周期中变化不大，说明双峰驼的管围生长与体高生长有一定的相关性。

表 3-5 不同年龄双峰驼体尺指数变化（%）

年龄（周岁）	体长指数		胸围指数		管围指数		体躯指数	
	母驼	公驼	母驼	公驼	母驼	公驼	母驼	公驼
0	61.26	61.97	78.82	77.69	10.85	10.76	128.65	125.37
1	78.31	78.63	106.53	107.26	10.52	10.58	136.03	136.42
2	79.02	78.92	113.80	114.43	10.27	10.45	144.01	145.00
3	80.14	79.97	115.84	116.96	10.54	10.92	144.55	146.25
4	81.47	81.82	119.11	119.22	10.43	11.41	146.21	145.70
5	81.78	80.94	120.45	126.84	10.58	11.60	147.28	156.70
6	82.88	81.89	121.21	124.23	10.56	11.19	146.26	151.70
7	83.00	83.14	123.21	124.08	10.53	11.48	148.45	149.24
8	83.36	85.37	123.61	125.66	10.55	11.87	148.28	147.19
9	84.39	87.06	123.54	127.09	10.60	12.39	146.39	145.98
10	83.44	85.00	123.54	129.63	10.65	11.97	148.06	152.51
11	84.96	84.85	125.49	128.86	10.90	11.69	147.71	151.87
12	84.54	86.21	123.58	126.44	10.71	12.01	146.18	146.67
13	83.98	85.59	124.41	124.23	10.75	11.59	148.12	145.15
14	86.38	90.17	123.87	127.41	10.81	11.91	143.39	141.30
15	86.42	84.07	124.35	123.55	10.90	11.95	143.90	146.96

资料来源：冯登侦，2007。

4. 双峰驼体成熟和成年体重与体型结构 根据双峰驼的累积生长、绝对生长和相对生长情况，公、母驼的体成熟一般在 6～7 周岁，以 6～15 周岁的体高、体长、胸围、管围、体重和体尺指数的算术平均值分别计算成年时的体高、体长、胸围、管围、体重和体尺指数，见表 3-6 和表 3-7。

表 3-6 双峰驼成年驼平均体尺、体重

性别	体高（cm）	体长（cm）	胸围（cm）	管围（cm）	体重（kg）
公驼	173.83	148.38	219.24	20.53	430.96
母驼	169.32	142.81	209.43	18.11	414.49

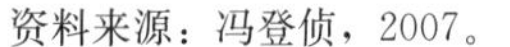

资料来源：冯登侦，2007。

表 3-7 双峰驼成年驼体尺指数（%）

性别	体长指数	胸围指数	管围指数	体躯指数
公驼	85.33	126.12	11.80	147.86
母驼	84.33	123.68	10.70	146.67

资料来源：冯登侦，2007。

双峰驼的胸围大于体高和体长，体高大于体长，这证明双峰驼胸部发育良好；四肢骨发育较体轴骨好，这证明双峰驼耐力大，适合于长途跋涉。这些可能是双驼适应环境的一种表现。

5. 双峰驼的寿命 双峰驼体型大，体成熟晚，母驼 4～5 周岁开始参加配种，公驼 5～6 周岁参加配种，公母驼繁殖利用年龄均能达到 20 周岁以上，个别母驼 33 周岁也能产羔。母驼怀孕期 374～419d，是单胎动物，一般 2 年产 1 羔，一个生命周期中能产 9～14 羔。

四、生长发育的影响因素

我国牧民饲养双峰驼基本以散牧的方式管理，除了骑乘驼和挤乳驼外，其余的几乎处于半野生状态。双峰驼生长发育缓慢，生长和繁育周期长，对其开展的研究较少，需待进一步深入研究。

（一）遗传因素

我国双峰驼是原始品种，与其他家畜相比品种较单一，个体间生产性能差异大，选育提高空间大。如阿拉善双峰驼成年种公驼年平均产毛量 7.2kg，最高可达 12.5kg；新疆柯坪县双峰驼（塔里木双峰驼）成年公驼平均产毛量为 4～7kg；新疆木垒长眉驼成年驼平均产毛量为 8～10kg，个体产毛量最高达 18kg。1983 年，田守义等通过半同胞女儿法对阿拉善双峰驼部分经济性状遗传参数进行估计，阿拉善双峰驼的胸围、管围及绒毛长度、细度、强度的遗传力较高，均大于 0.5，对这些性状进行表型选择，可以获得较大的遗传进展。体高遗传力为 0.342 3，属中等，所以在选择体高这一性状时，还要考虑到有 60%以上是环境因素造成的，需结合其他选种方法才能得到满意的结果。体长和绒毛伸度遗传力较低，表型选择效果较差。

目前，我国双峰驼选育的主要目标是提高绒、肉和乳的产量，注重改进绒毛品质（细度、强度、毛色等指标）、屠宰率和净肉率以及乳脂率等。因此，绒、肉、乳等的产量和品质特性以及生长发育水平是双峰驼选育的主要检测指标。由于缺乏完整的系谱资料，主要性状的遗传参数、选择指数或育种值均无法准确估计。所以，我国双峰驼的选种主要以表型选择为主，参考家系资料。

（二）母体大小

母驼的大小和胚胎的生长强度呈正相关，即母驼愈大，胎儿生长愈快。母体对胚胎生长发育的影响有下列两种直接或间接因素。

(1) 一般来说随着胚胎的生长发育，胎盘也高速生长。若母体由于某种生理过程限制了胎盘的生长，那就有可能使胎儿生长受阻。这说明胎盘大小和胎儿体重之间有密切相关。胎盘中的异常养分也可能影响胎儿生长。

(2) 双峰驼是单胎动物，单羔体重比双羔体重大。

(三) 饲养因素

饲养是影响双峰驼生长发育的重要因素之一。饲养因素包括营养水平、饲料品质、日粮结构、饲喂时间与次数等。实验证明，只有合理和全价的营养水平，才能使双峰驼正常生长发育，使经济性状的遗传性充分表现。用不同的营养水平喂养双峰驼，可以控制各种组织和器官的生长发育。若在生长期的不同阶段改变营养水平，可以控制双峰驼的体型和生产力。当然这也是有一定限度的，因为双峰驼的生长发育还受遗传的制约，营养过分不足还会造成死亡。但是在一定限度以内，的确可以在不同程度上影响双峰驼的发育和生产性能。

在生产实践中常会遇到由于饲养管理不善而引起双峰驼生长发育受阻的现象。这时不仅体重停止增长或减轻，外形和组织器官也会产生相应的变化。这种现象称为生长发育不全现象。以后随年龄增长仍保持着开始受阻阶段的特征，这种现象称为稚态延长。

如果双峰驼在胚胎时期营养不良，出生后仍保持胚胎早期的体型，这称为胚胎型。双峰驼在胚胎时期，四肢骨的生长发旺盛，若此时期生长受阻，那么在外形上就表现出头大体矮、关节粗大、四肢短、尻部低等特征，性机能方面可能正常，但较早期发育的组织，如心脏和消化系统，可能出现发育不全或畸形。

双峰驼出生以后遭受营养不良，表现为另种体型，称为幼稚型，其特征是双峰驼仍然保持幼年时的外形特征。因为出生以后生长旺盛的是中轴骨，因此长度、深度和宽度的增长受影响，在外形上表现出体躯浅窄、四肢相对较高，后躯更为显著。若营养不足延续到性成熟，性机能也会受到阻抑，后期生长的组织器官加骨骼、乳腺、肌肉也会受影响。这种现象能否补偿，则视影响时间长短而定。

双峰驼产羔时间一般集中在3—4月，这时间牧草枯黄，营养价值处于一年中最低水平。母驼经过冬消耗，体质乏弱，泌乳量少，对驼羔的生长发育有一定影响。为此张振飞等用不等量的混合精料（玉米60%、黄豆40%、复合添加剂3%、亚硫酸钠0.45%）分别喂24峰驼羔，分四个组，补饲11个月。补饲量分别由350g、300g、250g、200g提高到1 050g、900g、750g、600g。试验结果表明：不论是驼羔的体重或体尺的增长，均与补饲量成正比，试验结果如表3-8所示。

表3-8 不同补饲量对驼羔体尺、体重的影响

项目	Ⅰ组	Ⅱ组	Ⅲ组	Ⅳ组
体重（kg）	188.14±10.38	146.25±13.97	135.7±15.94	130.1±17.53

（续）

项目	Ⅰ组	Ⅱ组	Ⅲ组	Ⅳ组
体高（cm）	146.93±2.16	134.25±2.21	13.2±3.68	129.4±3.78
体长（cm）	106.21±4.20	100.42±3.11	97.71±4.31	98.5±3.45
胸围（cm）	155.21±4.20	147±4.38	143±4.80	141.5±9.60
管围（cm）	15.50±0.41	14.5±0.30	14.07±0.73	13.8±0.45

资料来源：张振飞等，1990。

试验结果：体重依次为Ⅰ组＞Ⅱ组＞Ⅲ组＞Ⅳ组。第一组补喂效果最好，与其他组体重比较差异显著，说明加大补饲量可以加快生长发育。

根据许多试验结果概括如下几点：

（1）母驼严重的营养不足，一般在胚胎发育后期才较显著地抑制胎儿的发育。

（2）从胚胎发育后期到成年，某一部分若处于生长强度最大时遭到营养不足，那么该部分所受影响最大。

（3）任何阶段营养不足对不同部分或不同组织所产生的阻抑作用，与该部分的成熟期早晚成正比。早熟部分影响最小，晚熟部分影响较大。

（4）当营养供应不足时，双峰驼会本能地分解利用自身组织的养分，以保证维持生命所需要的热能和蛋白质。分解利用的顺序与组织的成熟早晚次序相反，最初利用是脂肪，其次为肌肉，最后为骨。营养再进一步减少时，胎儿流产，甚至母体本身也会死亡。

（5）正在生长发育的双峰驼，由于营养水平不足而导致发育不全。但当营养水平高时，受阻部分就表现出较大的生长能力，特别在体重方面。若双峰驼经受营养不足的时间不长，发育不全的器官或组织可能得到完全补偿，但生长时期需要延长。

（6）某一部位生长发育过程受影响而发生变化，将会影响某些相关部位与组织。例如，与主轴骨和四肢骨有关的指标有鬐甲高、体长、胸深等，而受肌肉增长与脂肪沉积影响的指标有胸围、腹围等。因此，影响骨骼的生长将会导致体高、体长、胸深的相应变化，而胸围及腹围则受肌肉与脂肪生长发育的影响。

（四）性别因素

性别对活重的增长和外形有两种影响，一是公驼和母驼间遗传上的差异，这是遗传影响；二是由于性腺激素的作用，这是内部环境的影响。公、母驼在各发育阶段体格大小不一样，公驼羔初生时和 3 周岁时体重比同龄母驼羔小，其他年龄段公驼体重均比母驼大。如表 3-9 所示，成年公驼体尺比成年母驼大，育成公驼的体长比育成母驼小。

表 3-9　双峰驼体尺表（cm）

类别	数量	体高	体长	胸围	管围
成年公驼	146	171.92	148.84	218.72	20.71

（续）

类别	数量	体高	体长	胸围	管围
成年母驼	1356	167.11	145.73	213.95	18.70
育成公驼	29	164.38	138.56	201.06	19.13
育成母驼	161.61	136.66	198.27	198.27	17.76

资料来源：敖日布，1990。

去势对双峰驼的生长发育影响极其明显。公驼幼年去势后第二性征不发育，骨骼发育不受阻，头部不及正常公驼宽广，颈及前躯不粗壮。体型改变大，外观介于两性之间，具体差异与去势年龄及去势后时间长短有关。公驼去势后内分泌发生改变，新陈代谢和神经敏感性减低，肥育性能提高。实践证明，公驼一般4～7周岁去势为宜，过早期去势会影响骨骼发育。成年公驼和骟驼比母驼的产毛量高，公驼比母驼高35%～40%，骟驼高出母驼20%左右。

（五）环境因素

各种自然因素如温度、湿度、光照时间、光线种类、空气组成、风速以及海拔高度等，对双峰驼生长发育及生产性能会产生影响。例如，驼羔生后最初几天体温调节的机能未完全发育，不保持适宜的温度，生长发育就会停滞，甚至造成个体死亡。

光照对双峰驼生产也起到相当作用。光线通过视觉器官和神经系统作用于脑下垂体，从而影响脑下垂体的分泌，调节生殖腺与生殖机能。

寒冷地区骆驼体格比温暖地区骆驼的体格大，四肢较短，被毛中的绒毛含量高。如苏尼特双峰驼体格比阿拉善双峰驼大，并且产毛量也较高。

双峰驼毛色深浅与所处的生态环境有关。在山区、干旱草原、戈壁生活的骆驼毛色较深；生活在沙漠地区的骆驼毛色较浅。从新疆福海县至青海，由北向南随着海拔递增，棕褐色被毛比例逐渐增多；其中柴达木双峰驼被毛颜色最深，棕褐色被毛比例最大，可能与紫外线照射强有关。从东向西，降水量逐渐减少，干旱度递增，黄色被毛比例增加，褐色被毛减少。

但必须指出，这些因素对双峰驼生长发育的影响往往是综合的，影响途径是多方面的，引起的变化也是多种的。

第二节　骆驼的培育

一、培育的概念

由于环境条件影响性状表现，因此我们在进行遗传或育种的试验设计时，应该保证双峰驼能在相同条件下进行试验，而且若干代都保持相对稳定，这样才能得到可靠的结果。我们既要重视遗传因素的作用，也要重视各种生活条件对生长发育的影响，

要观察条件改变对双峰驼产生的影响，研究控制双峰驼性状发育的可能性与规律。从进化的观点来看，人类从开始对双峰驼进行驯化以来，通过使用不同条件对双峰驼进行累代的干预和选择，使许多性状都朝着人们需要的方向转变，双峰驼品种的形成与产生都是人类有目的、有意识培育的结果。

双峰驼培育就是对一定双峰驼类型或个体，在其生长发育过程中采用相应的条件进行作用，以保证它能正常地生长发育，或根据生长发育规律，改变其生产方向或干预某部位的生长发育过程。培育的实质就是在一定的遗传基础上，利用条件作用于生长发育过程，能动地塑造理想的双峰驼类型。所以它是生物学和经济学的综合技术措施。许多研究者预期，研究由环境引起的正常或异常发育，将有利于对生长发育进行更好的遗传控制。

双峰驼的生长发育具有一定的规律性，在不同时期对不同条件有不同的反应。这是我们当前对双峰驼生长发育的研究所得到的一些结果，也是进行双峰驼培育的理论依据。许多试验与生产实践说明，对双峰驼进行培育，不但必要而且完全可能。我们可以通过饲养管理等培育条件直接或间接作用于双峰驼个体，影响其生产性能与性状的形成。但是这不等于说我们可以从主观愿望出发，随心所欲地去改造双峰驼类型。必须掌握并利用其规律性，有目的地进行培育。

二、培育的原则

1. 明确培育目标 培育目标必须具体、合理，符合双峰驼的生物学特点与规律，同时也要考虑当地自然与经济条件。

2. 加强个体选择 培育工作主要是利用条件来控制个体发育，因此对个体选择非常重要。一般来说应选择处于生长发育旺盛阶段，或由一个发育阶段转入另一个发育阶段的个体。

3. 深入研究双峰驼品种形成的历史及特点，研究个体生长发育的规律与特性 前面我们已讨论过，不同双峰驼生长发育的规律既有共性，也有特殊性。双峰驼的种类、品种不同，个体的特性也有差异，这些在拟定培育方案时必须注意。

4. 选择培育的手段或条件 作用的条件就是指对双峰驼有影响的因素，包括饲料、温度、湿度、光线、气候、卫生措施等，也包括应用外科手术、药物（激素等）和某些管理条件（如圈养、机械挤乳等）。应根据需要与可能性选用主要的作用条件。

5. 选择培育条件的作用部位与作用时间 必须根据生长发育规律，在作用阶段生长强度大的组织，较易于受培育条件影响。若某些组织或器官在作用阶段生长强度已有下降趋势，那么培育条件的影响就很有限。对部位的选择也是如此。对性状的选择还应注意遗传力的高低。

6. 确定作用的强度与剂量 对双峰驼生长发育有影响的条件，只有在适当的剂量或强度时才能起到良好的作用，特别是自然因素如温度、光照、湿度等更需注意适度应用。

条件作用的强度、剂量与时间有密切关系。低剂量、低强度的条件需在时间上有一定累积才有明显的作用效果；若用大剂量，短时期就可产生急剧的影响。作用的剂量、强度以及作用时间的长短，需根据培育目的来决定。

双峰驼培育不仅要考虑目标、手段和个体本身的规律，也要考虑生产上的经济成本和当地具体条件，这样才能定出合理的培育方案，并且获得预期效果。这里需提出的是双峰驼本身生命周期长、生长缓慢、成熟较晚，关于双峰驼生长发育和培育方面的研究工作开展进度较慢，迟于其他家畜，需进一步深入研究。

三、骆驼培育进展及目标

千百年来，我国双峰驼的选育一直以役力大小和适应性强弱为标准。但是随着国民经济的发展，双峰驼的役用地位不断下降，选育逐渐向绒用为主、兼顾肉役的方向发展。20 世纪 50 年代末，内蒙古自治区有关部门在阿拉善双峰驼产区大量开展品种资源调查，明确品种优点的同时，也发现普遍存在着个体大小不一、体型不够整齐、毛色杂乱、产毛量低等缺点。在此基础上确立了以本品种选育为主的技术路线，制定了选育方案。经过二十多年的有组织、有计划的精心选育，1990 年培育出了绒用为主、兼顾肉役的新型阿拉善双峰驼品种。

2000 年后，随着人类社会和科技的发展，人们的穿着、饮食、交通等都发生了巨大改变，现代农业机械和运输工具代替了双峰驼，使双峰驼的用途和发展方向都发生了新的变化。地方特色旅游业和娱乐行业的发展，促使养驼业向骑乘（竞技）方向发展；人们对穿着方面追求舒适、高档、时尚，这促使养驼业向绒用方向发展；饮食方面的绿色无污染、营养价值高、保健等需求，促使养驼业向乳用方向发展。为了适应社会发展需求和利用资源优势，今后的双峰驼选育工作应以体格大、适应性强、产乳多、产肉多、产绒多为目标，培育产乳、产肉、产绒、骑乘等不同经济类型的双峰驼新品种。

第四章 骆驼选择

CHAPTER 4

选择在骆驼育种中是第一位的工作，也是长期持续进行的工作。在自然选择的基础上进行的人工选择，是育种的核心内容。我国骆驼没有形成役用、绒用、肉用、乳用等专门化培育品种，而是以原始地方品种为主。这样的现状，给未来骆驼的人工选择提供了更多的机会和空间，新技术和理论的应用有可能使骆驼育种工作走上一条超常规发展的道路。质量性状、数量性状选择各有特点和方法，在常规育种理论指导下，针对骆驼的特点开展选择工作，是取得良好效果的途径。

第一节　选择的概念和作用

一、选择是进化的主导因素

选择是包括双峰驼在内的所有物种起源和进化过程中起主导作用的因素。达尔文的进化论其核心就是自然选择学说。他经过环球生物考察，用 5 年时间观察和研究了不同地区生物的演化发展状况，令人信服地提出物种进化的原理与机制，在《物种的起源》一书中明确提出自然选择的概念。在其研究结论中将物种进化划分为三个主要阶段。一是变异，就是在漫长的物种生活史中发生的基因突变和基因重组现象，这样的变异是进化的前提，能传递下去进而产生分化。二是自然选择作用对变异的影响，也就是什么样的变异才能够被保留下来，而什么样的变异会被淘汰掉。只有能适应自然、更好地保证物种生存和繁衍的变异才被保存和扩散，也就是在生存竞争中带有更好适应性的个体才可以获得更多的繁衍后代的机会，这样就使得变异在种群内得到巩固和发展，变异了的基因会在群体内获得更高的频率。这一过程的决定性因素是自然选择，实质上就是物种进化的动力。三是隔离，有特定适应性和稳定基因频率的种群，经繁殖隔离和地理隔离，使性状分歧更深，群体间特性更显著，从而演变为不同的种群。在单峰驼和双峰驼演化过程中就能够清晰地看到这种隔离效果。

二、选择的种类

选择是一个过程，根据其实施主体的不同，可分为自然选择和人工选择。在选择机制的作用下，同一个种群的个体并不是均等地参与到下一代的繁殖活动之中的，而是那些更好地适应自然环境而有较强生存能力的个体，以及在某些性状上表现得更为优异而有利于人类需求的个体，才有可能获得较多的繁殖机会，从而把自己的遗传特性扩散在种群内。也就是说选择是通过外界因素的作用，使一个群体的遗传物质结构重新调整的工具或手段。所以选择是育种工作不可或缺的方法和工作任务。

1. 自然选择　就是在自然力量作用下实现的选择。对于双峰驼而言自然选择是起着主导作用的过程，这一过程的主要贡献在于使双峰驼形成了适应干旱荒漠地区严酷自然环境的特征，并在机体功能和构造上产生了独特的应激对策。当出现某种变异时自然选择就发挥着导向功能，让能适应的变异得以保存和扩大，而不利于生存的变异则无缘继续传递下去，由此自然选择控制着群体变异产生之后的留存去向，从而决定着群体内各性状的发展方向，控制着各性状在群体中的基因频率。同一品种内同样存在着由自然选择作用导致的逐步分化。例如阿拉善双峰驼分布在近 30 万 km^2 的区域内，虽然都属荒漠草原，但是自然环境差别也较大。在沙漠腹地及其边缘，夏季更为炎热，牧草种类相对单调，营养水平长期处于低下状态。生活在沙漠地区的双峰驼毛色较浅，呈杏黄色或黄色，与沙漠环境色调一致，体型较小而绒纤维较细，外形多清秀紧凑。在戈壁地区冬季更为寒冷，牧草稀疏，但灌木半灌木种类较多，采食范围广，游走距离长，正常年景下营养水平能满足生理需要。生活在戈壁地区的双峰驼毛色较深，多为棕色、深红色，甚至黑色，被毛发达且产量高，但绒纤维粗，平均细度超过沙漠地区双峰驼 1.5～2μm。体格粗壮，产肉量多。沙漠地区和戈壁地区的双峰驼同属阿拉善双峰驼，仅仅由于所处地理环境的不同就造成两者在外貌特征、生产性能等方面的明显差异（图 4-1 和图 4-2）。这是自然选择导向作用的典型案例。在育种工作中需要注意的是自然选择的作用非常明显，引进不同环境条件下的个体必须考虑其适应性，这也是在新品种培育过程中一般都以本土品种作母本的原因。

图 4-1　阿拉善双峰驼戈壁驼

图 4-2　阿拉善双峰驼沙漠驼

2. 人工选择 是由人为作用而实现选择的过程，是按照预先设定的条件和标准对双峰驼进行的选择。自然选择的结果是能更好地适应生存条件，而人工选择则是让双峰驼更加有利于人类的需要。在唐代“明驼”之术，就是相驼之术，相当于我们现代的体型外貌鉴定和选择，为军需和运输的目的选择速度快、挽力大的个体留种。现代我们的育种工作在某种程度上是用人工选择代替了自然选择，让骆驼能有更高的经济性状表型值。当我们认为某些个体符合生产需要时可以决定增加其繁殖机会，以获得更多后代，而当育种者认为某些个体不符合生产需要时人为取消其繁殖资格，如此世代更迭，就改变了自然条件下群体的基因频率。特别在对种公驼的选择中最看重的是外形特征与生产性能两个方面，而外形与生产性能之间也有许多相关性。目前生产状态下只有8%左右的公驼被留作种用参与配种，其余大部分公驼被去势而无缘参与遗传活动。这是目前为止最主要的控制双峰驼繁殖随机性而采用的人工选择方法。

三、选择的作用

就双峰驼育种工作而言，人工选择的理论均来自家畜育种学，是育种学研究较为深入和完善的理论体系，且达到的效果也最明显最有效，上述举的种公驼选择例子即是证明。一方面目前的双峰驼品种基本上是在自然选择主导作用之下施以人工选择的影响而形成的，如在距今1 100～1 400年前的唐朝就通过相驼术进行人工选择，而双峰驼的生存条件近1 000年来基本没有发生实质性改变，可见两个方面的选择在品种发展历史中是并存的，共同起着调整作用，只是人工选择会有不同的历史阶段，因当时社会物质文化的需求不同而有不同的选择方向和目标。尽管人工选择在双峰驼选育过程中有悠久的历史和系统的经验知识，但与其他家畜相比，双峰驼并没有形成种类繁多的品种、品系、类群，没有形成役用、挽用、绒用、肉用、乳用等专门化培育品种，仍然是原始地方品种占主角。这与双峰驼饲养管理方式、分布区域特点、遗传育种研究深度以及在全社会畜牧业生产中所占比重都有直接的关系。也正因为有这样的现状，恰恰给未来双峰驼的人工选择提供了更多的机会和空间，可以说现在已经到了补课与超越的阶段，新技术和理论的应用有可能使双峰驼育种工作走上一条超常规发展的道路。现有品种中已经存在着我们所需要的突变。例如在几乎所有母驼都产单羔的繁殖行为中，极少数个体会出现双羔，尽管所占比例小于0.01%，只要掌握其遗传规律，通过人工选择就有可能将决定这一特殊性状的基因扩散，以提高繁殖力。属于数量性状的产乳量也是如此，阿拉善双峰驼个体平均日产乳量为1kg，而某些表现异常优秀的个体可达日产乳量4kg，生活在同一地区、同一群体内的同一品种的不同个体之间却有如此之大的差异，无疑是由于遗传物质的不同所造成的，人工选择时就要更多注意和发现诸如此类的变异，并不失时机地抓住机会加以利用。

四、利用选择方法提高生产性能是育种工作的重要目标

自然选择与人工选择是对立统一的矛盾关系。在现代育种工作中，人工选择是尤为关键的育种技术手段，在双峰驼育种中更是到了不得不强化人工选择的阶段，这是提高绒、肉、乳产量最主要的方法，也是有意识地建立品系、培育品系，促进品种内产生分化，形成某一方面有优异表现的专门化品系或类群的前提和基础。与此同时，自然选择的作用也在发挥，并且与人工选择的方向相反，因为人工选择考虑的重点不是双峰驼的生存需要，而是能给人们提供更多更好的产品，是希望对人类有经济价值的性状持续提高持续改进，这种趋势必然会影响双峰驼自然条件下的生活力，有可能导致生活力下降，在不能满足某种方面的保障条件时，比如饲料不能保障，比如环境温度不适合等，就会丧失原有的生存本领，形成此消彼长的状况。自然选择的核心是让双峰驼如何更好地适应环境条件，是从双峰驼本身的需要出发的，而不顾及某一性状有什么优异的表现，人工选择只支持性状表现在平均数附近的个体，所以也是克服和超越自然选择作用的一个过程。育种工作中既要坚持人工选择以提高经济性状也要考虑自然选择的因素，尊重自然，或在拟选育品种品系生存条件上有科学的预见和改变。例如进行营养水平的调节，增加补饲甚至进行舍饲，改善防暑防寒的设施，让双峰驼把自身资源调整到生产性能的提高上，减少恶劣环境造成的物质消耗。

第二节　质量性状的选择

一、骆驼质量性状的划分

家畜性状分为两类，一类是质量性状，另一类是数量性状，双峰驼也不例外。质量性状是由单个基因座或少数几个基因座控制的性状，它的表达基本不受环境影响，就像通常所说的“与生俱来”，并且质量性状的表现有非此即彼的间断性特点，容易区分和辨认，可以分成不同类型、不同等级、不同形态。比如双峰驼趾部颜色、被毛颜色、耳朵形状、驼峰形态、双脊与单脊等都属于质量性状。有些质量性状与驼产品质量及经济价值直接相关，双峰驼毛色就是典型的与绒毛价值相关联的质量性状。白色、杏黄色、黄色等浅色驼绒在纺织上更受欢迎，深色系列的驼绒价值稍低一些，收购原绒时毛色是评判优劣等级的重要依据之一。所以毛色选择在双峰驼育种中就有重要意义，被广泛重视。阿拉善双峰驼选育过程中注重白驼扩繁，许多驼群都选择白色公驼留种，近20年内白色双峰驼比例由5%上升到9%。有些质量性状与双峰驼适应能力和生产能力间接相关，如趾部和皮肤颜色为黑色的双峰驼比白色、红色的更能抵抗紫外线，体质更结实，耐力更好；双脊驼比单脊驼抗旱能力更强，产肉量更多。新疆双峰驼、阿拉善双峰驼内都有长眉驼，长眉与短眉也是质量性状。畜牧工作者已将长眉驼

划入特定的种内类群，其产绒量高于群体平均水平。此类质量性状在育种过程中也具有重要价值，应当引起充分的重视，在外貌鉴定时要列入条目给予相应分值。有些质量性状与适应性和生产性能关联度不大，但能反映品种特征，如双峰驼耳朵形态、峰形、瞳孔颜色等；也有可能是这些性状所关联的其他特点尚未被我们发现。还有一些质量性状是借助化验分析才能进行比较的，如血型、蛋白质多态性等，可以利用这些性状进行家系判断、遗传距离分析等，双峰驼血型和蛋白质多态性测定工作已做了不少，但在育种中的应用目前尚无实例。随着测定技术的简单智能化和育种工作的深入，这些性状的应用势必会得到重视并有望起到事半功倍的效果。

二、质量性状选择的理论方法

（一）对隐性基因的选择

选择隐性基因就意味着淘汰显性基因。假设显性基因外显率为100%，且杂合子与显性纯合子表型相同，那么通过表型选择，就可以直接将显性基因全部从群体中剔除。从目前的研究成果看，关于双峰驼隐性基因的研究非常少，我们还对毛色、皮肤颜色、血型及血液蛋白多态性的遗传规律所知甚少，因此只能掌握家畜遗传一般规律，然后再根据双峰驼研究的进展应用到育种实践中去。

如果留种率为$1-S$，某一对性状基因型为AA、Aa、aa，A对a显性，AA与Aa都有同样的表现型，aa为隐性纯合，设原始驼群的基因型频率为$D=p^2$、$H=2qp$、$R=q^2$、淘汰率为S，于是可以得到选择前后的基因型频率如下：

基因型	AA	Aa	aa
选择前	p^2	$2qp$	q^2
留种率	$1-S$	$1-S$	1
选择后	$\frac{p^2(1-S)}{1-S(1-q^2)}$	$\frac{2pq(1-S)}{1-S(1-q^2)}$	$\frac{q^2}{1-S(1-q^2)}$

式中分母的由来是：

$$\begin{aligned}&p^2(1-S)+2pq(1-S)+q^2\\=&(p^2+2pq)(1-S)+q^2\\=&(p^2+2pq+q^2-q^2)(1-S)+q^2\end{aligned}$$

因为基因型频率之和为1，即$p^2+2pq+q^2=1$

所以上式演变为：

$$\begin{aligned}&(1-q^2)(1-S)+q^2\\=&1-q^2-S+Sq^2+q^2\\=&1-S+Sq^2\\=&1-S(1-q^2)\end{aligned}$$

设选择后的基因型频率为D'、H'、R'，那么下一代a的基因频率q_1为：

$$q_1=\frac{1}{2}H'+R'$$

$$=\frac{1}{2}\times\frac{2pq(1-S)}{1-S(1-q^2)}+\frac{q^2}{1-S(1-q^2)}$$

$$=\frac{pq(1-S)+q^2}{1-S(1-q^2)}$$

因为 $p=1-q$，所以上式演化为：

$$q_1=\frac{(1-q)q(1-S)+q^2}{1-S(1-q^2)}$$

$$=\frac{q-S(q-q^2)}{1-S(1-q^2)}$$

当 $S=1$ 时，$q_1=\frac{q-q+q^2}{1-1+q^2}=1$。也就是说淘汰率为100%时，下一代隐性基因的频率就可达到1。

当 $S=0$，则 $q_1=\frac{q-0}{1-0}=q$。也就是不产生淘汰时，下一代隐性基因 a 的频率与原始群体的频率相同，没有发生任何变化。

而淘汰率介于0～1之间，则下一代隐性基因频率就会发生变化且高于原始群体基因频率 q。如果在选择隐性基因时基因的外显性较低，那么用表型选择的方法淘汰显性个体，其效果就不理想，这时就要综合考虑系谱、同胞、后裔等表现，作为参考。

（二）对显性基因的选择

对显性基因的选择，就是提高群体中显性基因频率，淘汰隐性基因。首先要淘汰隐性纯合个体，其次要对杂合子进行鉴别分析，一经发现即行剥夺繁殖机会，但是杂合个体毕竟需要测交等手段才能进行鉴别，双峰驼5周岁才开始繁殖，2年1胎、1胎1羔，因此进行测交需要较长时间及详细的记录才能得到结果。

1. 淘汰隐性纯合个体下群体基因频率的变化 每代都将能识别的隐性纯合个体淘汰掉，并且在杂合个体并没有明显的表型优势而被增加留种机会的情况下，群体中隐性基因的频率可由下列公式计算得出：

$$f_n=\frac{f_0}{1+(n\times f_0)}$$

式中，f_n 代表在淘汰全部隐性纯合体 n 代后隐性基因的频率；f_0 代表淘汰隐性纯合体前隐性基因的频率（初始频率）；n 代表淘汰隐性纯合体的代数。

例如群体中 a 的频率为0.20%，经过10代选择，淘汰 aa 个体，则10代选择之后 a 的频率为：

$$f_{10}=\frac{0.2}{1+(10\times 0.2)}=\frac{0.2}{3}=0.066$$

而经过5代后 a 的频率为：

$$f_5=\frac{0.2}{1+(5\times 0.2)}=0.1$$

可见在刚开始阶段选择的效果非常显著，越往后期效果越减缓。并且从理论上讲

这种方式下的选择几乎不可能把隐性基因从群体中完全清除。

现实中往往有杂合体表现优于显性纯合体的个例，如此一来给选择者造成错觉，把带有隐性基因的杂合体留作种用，于是在某一时段某一部分群体内出现隐性基因被扩散的情形，这在使用冷冻精液的配种方式下影响更加明显，因此对于表现优异公驼的检验就显得十分重要。

2. 通过测交鉴别杂合体 杂合个体的表型和显性纯合个体一致但基因型却不同，它们是隐性基因的携带者，若想在群体中完全清除隐性基因，就需要一方面彻底淘汰隐性纯合体，另一方面区分出哪些个体是显性纯合体、哪些个体是杂合体并将后者也进行淘汰。区分与鉴别的主要方法就是测交。

（1）隐性基因可疑携带者与隐性纯合母驼交配 如果被鉴定的公驼是杂合体，与隐性纯合母驼交配后，后代中产生隐性纯合体的概率为 0.5，模式为 $Aa \times aa$。配子分配方式和概率为 $1Aa$ ∶ $1aa$，即杂合体和隐性纯合体各占一半。如果后代中出现过 1 个隐性纯合体，那么被测公驼必然是 Aa，但如果后代不出现隐性纯合体情况就需要继续分析。只有达到一定的后代，根据概率分析才得到在某个置信水平条件下的判断。当只有一个后代时有 0.5 的概率是 Aa，0.5 的概率是 aa。当有多个后代并且都是显性表现时其 n 个后代都是显性个体的概率是 0.5^n。也可以说，1 峰公驼与隐性纯合母驼交配，n 个驼羔全是显性个体，没有隐性个体，此时该公驼为杂合体的概率为 0.5^n。换一种方式来理解，那么 $1-0.5^n$ 就是该公驼为显性纯合体的概率，此概率也称之为判断公驼为纯合体的置信水平，即 $P=1-0.5^n$。根据这个关系就可以推导出在一定的检验概率下，所需要后代为全部显性的数量。我们在统计上使用 95% 和 99% 的检验概率，即所谓“显著”和“极显著”。$0.95=1-0.5^n$，解此方程可得 $n=5$。即在 95% 置信水平下，显性后代个体最少需要 5 个。在 99% 置信水平下 $0.99=1-0.5^n$，解此方程得 $n=7$。即需要全部为显性表现的后代 7 个才有 99% 的概率说该公驼为显性纯合体。

（2）隐性基因可能携带者与杂合体母驼交配 有一些基因，纯合时会导致严重的遗传缺陷或致死，但杂合体却无表现，所以测交只能与已知是杂合体的母驼进行，也就是 $Aa \times Aa$，而配子为 AA、Aa、Aa、aa，也就是说后代中从概率上面看有 3/4 的显性表现者，有 1/4 的隐性纯合体，其置信水平的计算公式为

$$P=1-\left(\frac{3}{4}\right)^n$$

95% 和 99% 水平下所需后代数分别用下式计算：

$$95\%=1-\left(\frac{3}{4}\right)^n$$

$$99\%=1-\left(\frac{3}{4}\right)^n$$

解之得 95% 水平下 $n=11$，99% 水平下 $n=16$。所以在与已知杂合体母驼交配的情况下该公驼为显性纯合体的概率为 95%（即 $P \leqslant 0.05$）则需要有 11 个显性表现的后代，该公驼为显性纯合体的概率为 99%（$P \leqslant 0.01$）则需要有 16 个显性表现的后代来支持。

(3) 隐性基因可疑携带者与另一峰已知为杂合体的公驼的未经选择的女儿交配　若是群体中有一峰已知是杂合体的公驼，那么它的后代中隐性基因的频率一般会高于群体平均水平，其女儿中隐性基因频率可达 0.25，用这些女儿进行测交效率会提高。被测公驼隐性基因频率为 0.5，测交模式中后代出现隐性纯合个体的概率为 $0.25\times0.5=0.125$，即为 1/8。那么出现显性个体的概率为 7/8，因而检测概率为 $P=1-(\frac{7}{8})^n$。由此公式计算出在 95%、99%置信水平下所需最少后代个体数分别为 23 个、35 个。这种测交方式虽然要求后代数量多但只要有足够数量的与配母驼且符合条件，在使用人工授精技术时有可能经过一代就能够得到检测结果。

(4) 隐性基因可疑携带者与一个母驼群体随机交配　母驼群体的基因型频率为 $AA=p^2$、$Aa=2pq$、$aa=q^2$，随机选择交配对象时 a 的概率为 q，公驼若是杂合体，其隐性基因频率为 0.5，则这种随机交配所产生的后代中出现隐性纯合个体的概率为 $0.5q$，检验概率公式为 $p=1-(1-0.5q)^n$。在此情况下母驼所在群体中隐性基因频率 q 也是一个变数，所以所需最少显性后代个体数就与 q 的大小有直接关系。在 95%置信水平下，当母驼群体中隐性基因频率为 0.5 时，所需后代数为 11，当 $q=0.3$ 时 $n=18$，当 $q=0.1$ 时 $n=58$，当 $q=0.01$ 时 $n=598$。可见 q 值太小的时候这种测交的效率是很低的。只有已知母驼群体中隐性基因频率（q 值）且数值较高时，此法才有效。

在双峰驼育种实践中后裔往往需要较长时间才能获得，这与早期选种是矛盾的。但后裔信息又是最准确的判断依据，如果出现 1 个隐性纯合个体，就足以证明其父母都是杂合体。

（三）用生化遗传和分子遗传技术检测质量性状基因

这方面的技术手段在双峰驼育种工作中尚未见有应用的报道，但由于其可以提高传统育种的精确性，在今后育种中必然会有所应用，因此本书将生化遗传和分子遗传技术的一般原理予以介绍。此前介绍的质量性状选择方法与原理都是基于细胞遗传学原理、孟德尔遗传规律等。这些方法有两个方面的不足。一是我们所依据的判断基础都是表型，通过表型来判断基因型，虽然简便但不能包罗更多的遗传现象。例如有些等位基因间是不完全的显性遗传方式，即有中间地带。有些情况是一个基因座上不单单只有一对等位基因，而存在着复等位基因，还有就是某些隐性纯合体不一定有完全的外显率等。在这些情况下细胞遗传学的方法就不一定能准确地检测到个体的基因型，当然也就难以准确地分析测算群体基因型频率和基因频率，从而影响到质量性状选择的进度、精确性、效果。二是测交过程中需要一定数量的样本用以支持概率和置信水平，必须花费大量的时间和经费，尤其双峰驼世代间隔长、单胎，而且配种时间只有特定的 3 个月，所以耗时更长。而测交所得到的后代有些是生产中不需要的应淘汰个体，这又增加了选择的经济成本。而生化遗传和分子遗传的理论与方法在某种程度上可以消除细胞遗传理论和技术上的一些不足。

1. 生化遗传检测技术 在对质量性状生理生化机理深入研究的基础上，掌握遗传规律和生理生化指标的相关性并试图用生化遗传标记对基因型进行判断分析。其途径主要有：通过生物化学诱导某个特定性状的表现，用表型来判断基因型；测定在特定质量性状表现时的生化指标以此推断被测个体的基因型；应用生化遗传标记辅助测定判断个体的基因型。这种源自对由基因控制的代谢过程中产物进行分析的遗传分析，往往时效性更高，判断更准确，所以今后在血缘分析、同质性鉴定方面也会有较广阔的应用前景。

2. 分子遗传学检测技术 个体之间的差异或说个体之间的遗传变异，内因是DNA的变异，不同个体之间可能由于一个碱基的不同，也可能是多个碱基的不同，还有可能是一段碱基的不同，这些变异使个体之间在性状上发生变异，我们要检测个体的基因型，本质上来讲就是找出DNA分子的差异在哪里，找出我们所研究的目标基因，其基因座位上的不同在哪里。双峰驼基因组草图绘制已经于2012年完成，通过测序及预测分析，基因组大小为2.38Gb，包括20 821个蛋白编码基因，这些研究成果对于分子遗传在双峰驼育种中的应用将起到巨大的带动作用。有可能分析基因功能，在染色体上定位基因，验证基因和基因组在群体中的变异。通过DNA片段多态性分析与双峰驼性状间的关系，找到一部分多态的DNA片段作为某一质量性状的遗传标记，那么在育种中就可能准确地估测到个体的遗传结构，这就会使育种走向以人的需要为目标的可操作阶段。特别是目前生物技术进展迅速，PCR扩增、新电泳技术、DNA重组与分子克隆技术日益常规化应用，在其他畜种上DNA分子遗传标记已有应用，在此环境和形势下在双峰驼遗传育种上应用分子遗传技术也将指日可待。

第三节　数量性状的选择

双峰驼在生产实践中有价值的性状、想要提高的许多经济指标、体现一个品种优劣或特点的生产能力大小等，都与数量性状相关联。数量性状是指个体之间表现的差异能用数量值来测量和区别，数值之间呈连续性分布的性状。数量性状的特点是变异呈连续性且多数为正态分布，对环境影响敏感，易因环境改变而改变，往往受多基因控制且每个基因的作用是微效的。双峰驼的主要经济性状都是数量性状，如产绒量、绒细度、长度、密度、体尺、体重、产肉量、屠宰率、产乳量、乳品质量指标等。因此数量性状对双峰驼产业发展和品种改良都具有重要意义，是我们育种工作的重中之重。

一、遗传力

遗传力就是某一性状的表型方差中遗传成分所占的比重。我们知道，表型是受遗传和环境两个方面共同作用的结果，即表型（P）＝遗传（G）＋环境（E）。相同的基因型在不同的环境条件下表型可能不同，这个差别是由环境造成的，所产生的差别用数学统计来表示，就是环境方差（V_E）。在同样的环境条件下，不同基因型也有不同的表型，这个表型变异是遗传因素决定的，所产生的方差称为遗传方差（V_G）。遗传力就是衡量数量性状受遗传控制程度的参数，它介于0和1之间，当等于1时表示表型变异完全由遗传因素决定，当等于0时表示表型变异完全由环境因素引起。现实中几乎没有这样极端的情况。根据阿拉善盟畜牧研究所（阿拉善盟骆驼科学研究所）和内蒙古农业大学的分析结果，阿拉善双峰驼胸围、管围、绒纤维长度、绒纤维细度、单根绒纤维强力的遗传力都大于0.5，属较高遗传力。所以对以上性状进行表型选择，即可获得较理想的遗传进展。体高的遗传力为0.34，属中等遗传力，而体长、绒纤维伸度遗传力偏低，表型选择效果将会不明显。绒纤维长度与绒纤维细度、绒纤维细度与单根绒纤维强力、绒纤维细度与密度之间存在遗传负相关，在选择过程中不宜过分追求某一性状的提高而忽略了与之呈负相关的性状，造成顾此失彼。这种情形下特别要注意观察群体中出现的有利变异，如某一个体或许表现出绒纤维细度指标好同时绒纤维长度好，发现这样的个体就及时留种扩繁。这种发现往往有重大的经济价值，甚至有可能建成品系，改造群体的遗传结构。阿拉善双峰驼绒纤维长度与密度、绒纤维长度与绒纤维伸度呈遗传正相关，这种有用性状之间的正相关，有利于育种过程中相关数量性状的同步提高，在选择一个性状时间接选择了另一性状，加速了选育的进程。遗传力也可以理解为子女的表型值对双亲平均表型值的回归系数。

$(O-\bar{O})$ 表示子女表型值的离均差，$(P-\bar{P})$ 表示双亲均值的离均差。由于选择的作用，使得留种个体的平均表型值与所在群体原有的群体均值之间有差异，留种个体的平均表型值与群体均值的差就是由选择所造成的双亲均值的离均差，称为选择差（S）。由于选择使选留个体的子女的平均表型值也不会等同于原有的群体的均差，此二者之差就是子女表型值的离均差，是选择作用导致的下一代的差异性反应，称为选择反应（R）。也就是说，双亲均值的离均差（$P-\bar{P}$）就是选择差（S），子女表型值的离均差（$O-\bar{O}$）就是选择反应（R）。它们之间的关系为 $R=Sh^2$，其中 h^2 就是遗传力。一般来说，选择效果是以选择反应来衡量的，所以选择效果的大小取决于选择差和遗传力。当然，从上述关系中我们知道，遗传力就是选择反应与选择差之比，$h^2=\dfrac{R}{S}$。

二、选择差与遗传进展

我们已经知道由选择所造成的双亲均值的离均差就是选择差，这个差异是在育种实践中所做的第一个选择决定导致的结果。选择差在确定了选配方案以后就成了一个明确的数值，无须后代数量性状表型值的测量记录。选择差越大，选择反应也越大，因为对同一群体的同一个数量性状而言遗传力是一致的。在选择差的构成因素中，最核心的部分是被选留的双亲的表型值，因而在群体中测量发现表型值高的个体是选择

的前提，只有表现优异的个体留作种用才能增加选择差，才有可能提高后代的性状指标。影响选择差大小的另一个因素是留种率，所谓留种率就是留种数与全群总数的比值，留种率越小说明挑选越严格，选择种用双峰驼的个体平均质量越好，造成的选择差也就越大。留种率不是一成不变的，也不是完全由驼群主人来确定的。在持续干旱条件下有时会控制繁殖率、减少留种数。在种驼场、核心群内由于培育条件相对优越，育成驼发育良好，在选择时往往会有更多个体被留种，从而增加了留种率。

以产乳量和产绒量这两个性状分析，由于以往30多年更注重产绒量的选择，所以驼群在产绒量这一性状上，个体之间的差异并不是特别悬殊，产绒量的变异程度相对较小，这样的情形造成选择差拉大的空间就有限。而产乳量一直未被育种和科研工作者所关注，处在原始自由状态，只有个别驼群在挤乳、增加驼羔营养水平上或多或少进行个体产乳量的选择，这样就形成目前双峰驼群体内个体之间产乳量差异较大的现象，变异程度非常大，产量低的个体日产不足0.5kg，而产量高的个体日产乳量可达4kg。阿拉善双峰驼产乳量的群体均值大约为1kg。这就为增加选择差提供了基础，也会使近期内较大幅度提高群体平均产乳量成为可能。不同性状之间标准差不同，度量单位不同，为了实现它们之间的可比性，将选择差以各自的标准差进行标准化，就引出了选择强度的概念，即

$$选择强度=\frac{选择差}{标准差}$$

前已述及，选择反应是经选择之后产生了子代，这些子代的平均表型值与其亲本群体均值之间的差异。正是通过人工选择让后代的性状表现朝着预设的目标方向改进的程度，这种改进就是育种的意义所在。但是这个改进量是一代的改进量，为了便于分析和对比，我们需要知道平均每年的改进量是多少，由此便有了世代间隔的概念。一代是多少年，这主要是由物种的繁殖年限、性成熟期、妊娠期等决定的。繁殖一个世代所需要的时间就是世代间隔，是指双亲产生种用子女时的平均年龄。世代间隔计算公式为：

$$G=\frac{\sum_{i=1}^{n} N_i a_i}{\sum_{i=1}^{n} N_i}$$

式中，a_i代表父母平均年龄；N_i代表父母平均年龄相同的子女数；n代表组数。

例：一个驼群中有2个公驼分群交配，后代留用情况及父母年龄如表4-1所示（选5组举例）。

表4-1　世代间隔计算举例

组别	母驼年龄	公驼年龄	留种数
1	5	6	1
2	7	6	1
3	4	6	1

（续）

组别	母驼年龄	公驼年龄	留种数
4	8	8	1
5	11	8	1

$$G=\frac{\frac{5+6}{2}+\frac{7+6}{2}+\frac{4+6}{2}+\frac{8+8}{2}+\frac{11+8}{2}}{5}\text{年}=6.9\text{年}$$

公母驼初次繁殖时间为5周岁，母驼相续两次分娩之间的间隔为2年，母驼的妊娠期是395～405d，双峰驼繁殖年限长，2年1胎都是单胎，世代间隔比其他动物的长。如此一来平均每年的选择反应就降低不少，所谓遗传进展正是平均每年的选择反应。

遗传进展是我们开展育种工作追求的最有效目标，但是遗传进展同时受到选择强度、世代间隔和选择准确性等因素的影响。在制定育种方案时要认真分析各个因素的关联程度，找到最佳平衡点。在这里有必要引进育种规划的概念，育种规划就是应用系统工程的方法，合理配置育种资源，合理应用育种技术、方法、措施，制定最佳育种方案并组织实施，也就是如何在最短的时间内取得最大的遗传进展，实现预期育种目标的规划过程。在对双峰驼群体及产业发展方向有全面深入的了解和把握之后确定育种目标，如阿拉善双峰驼的育种目标应确定为乳肉兼用型，在此目标下选择科学的育种方法，以纯种繁育为主，在必要时引入外血对产乳性能进行改良，在可控制的范围内改变群体的遗传结构，并让这种改变稳定地传递下去。遗传进展的逐代积累就是育种的直接收获。对双峰驼而言，这是一个漫长的过程，需要坚持不懈地努力。假设一个世代驼乳产量可以提高1kg，那么每年的遗传进展只有0.145kg。所以双峰驼育种一定要持之以恒，此外，在一个育种生产体系中，育种群中得到的遗传进展并不是必然地就在生产群中产生效果，所以良种公驼的培育与推广也是缩短育种群到生产群的时间差距的措施。总而言之，双峰驼世代间隔长势必导致遗传进展慢，这就更需要所有育种步骤都应在提前规划的前提下一以贯之。

三、性状间相关及间接选择

通常在数量性状间有一些相关关系，当选择A性状时，除A本身会得到改进以外还有B性状、C性状等也有可能发生改变，而在初始选择时B性状、C性状往往不是育种者刻意去选择的。这种改变有两种不同的趋向：一种是正向的，即当A性状得到提高时，B性状等也同时得到提高，这种相关关系称之为正相关；还有一种趋向是反向的，即当A性状得到提高时，B性状等则出现下降现象，这种相关关系称为负相关。双峰驼绒纤维长度与产绒量、密度与产绒量、体重与屠宰率都是正相关，而绒纤维长度与细度、强度与细度等均为负相关。在大多数情况下，双峰驼的外貌特征与主要经济性状也有相关关系。例如双脊驼产肉量大，蹄大则耐力强等，这样就能通过机能与

结构之间的相关原理来选择不同需要的个体。有了对相关关系的这种认识就可以在育种工作中加以利用，如果A性状与B性状间有正相关关系，选择A性状时B性状也随之得以改进。选择绒纤维长度这一性状会提高绒产量，在实际工作中绒产量受多种因素的影响和制约，而其本身数据采集也有一定难度，双峰驼收取被毛分3次甚至更多，每次称重记录最后再相加才能得到个体产绒量，此过程中容易出现驼号驼名混淆、漏记、重复记等误差，特别是收取绒毛的时间掌握不当会使一部分绒毛丢失，从而影响测量的准确性。而绒纤维长度则经一次采样就可获取，测量方法有专用仪器设备和操作规程，其准确性可比性更为可靠。因此在育种工作中可以优先把绒纤维长度作为主选性状。以追求绒纤维产量和品质为育种目标时，与其费力采集明知不一定准确的产绒量数据，不如选择易检测、精确度高的绒纤维长度作为目标性状。

对于负相关性状，当选择A性状，则有可能导致B性状指标降低。对于此类性状在育种实践中必须从三个方面加以努力并尽量消除其原有的相关性，达到想要的目的。一是全面了解和掌握某一品种内主要经济性状之间的相关关系，尤其对于选育中确定的主选性状，都要分析与之有负相关关系的性状有哪些，相关系数有多大，表型相关系数和遗传相关系数是多少。这些前期的基础数据储备一定要丰富，这样得出的结论才不失偏颇。二是在选育的不同阶段把握好平衡点，掌握合理的尺度，避免有益性状之间两极分化，必要时采用异质选配措施以期得到双赢的效果。三是注意发现某些特殊个体，虽然群体统计上A性状与B性状是负相关，但有可能在某些特定个体上会出现A性状与B性状都表现良好的情况。多数情况下绒纤维长度与绒纤维细度是负相关关系，绒越短，产绒量越低，绒纤维直径越小，但在分析测试中也发现有些个体绒纤维长度、细度指标都十分理想，这就给我们的选择提供了一条捷径，一经发现这样的个体，就抓住机会，让又长又细的绒纤维在下一代中再现，并固定下来传递下去。这样的机遇需要长期观测才能被发现和抓住。在产乳量与乳脂率等方面都有可能存在类似兼而有之的情况。

通过B性状对A性状进行的选择，称之为间接选择。由于性状间有相关性，就有可能通过某一个性状的选择来间接提高另一个性状。其前提条件是两个性状间一定要有相关性。当遗传相关较高且两个性状的遗传力都较高的情况下，间接选择会得到理想的效果。以下几种情况就可以考虑采用间接选择：所要选择的性状不容易精确测量或测量所需时间、经济成本都比较大，如前所述产绒量的实际情况；所选性状在公驼上没有表现而只能在母驼上表现，如产乳量等；所选性状在活体上不能度量，如屠宰率、净肉率等；所选性状只能在成年后才能测量，而育种工作中往往需要在育成期或更早的哺乳期就进行决断，以降低留种的生产成本和管理成本，也就是通常所说的早期选择或早期选种。

早期选择是间接选择应用的典型，尤其是一些生理生化性状，如蛋白多态性、酶含量、血型、基因分析中核苷酸多态性等，当这些在早期能精准检测到的性状，与骆驼的一些主要经济性状如绒纤维品质、生长发育速度、产奶量及乳品质指标、适应能力等有相关关系时，早期选择就可以减少饲养成本和管理成本、减少留种数量、增加选择范围、加大选择差，从而提高选择效果。早期选择缩短了世代间隔，加速了育种进程，是非常实用的育种手段，尤其在双峰驼育种中更需要开展早期选择。目前我们工作的任务是大量检测双峰驼理化指标，并与生产性能进行对应分析，找出它们之间的相关规律和遗传参数。特别在基因研究方面，应用现代生物学技术最先进的研究成果武装双峰驼育种工作。

四、选择性状数

所谓选择性状数是指在选择的过程中同时考量多少个性状。在现实育种工作中往往不仅考虑某一个数量性状，还要考虑提高综合生产性能的其他性状以及影响主选性状品质优劣的系列性状。对于兼用型品种，由于育种方向本身就有兼用型，所以同时考虑的性状将会更多。那么我们要明确的问题便是主打性状是什么？围绕这一主打性状，其相应的辅助性状有哪些？选取几个作为主打性状的辅助性状？还有哪些性状确定最低标准就可以，而不必追求更高？同时选择的性状单一则不能实现群体综合生产性能提高的目的，而同时选择的性状过多则分散了育种资源，且性状间具有复杂的相关性而导致每个性状的改进量下降。如果选择一个性状的反应为1，则同时选择 n 个性状时每个性状的反应为 $\frac{1}{\sqrt{n}}$ 。如果一次选择 4 个性状，那么每个性状的进展相当于单独选择时的 $\frac{1}{\sqrt{4}}=0.5$。可见，在选择过程中即要考虑提高综合生产性能，也要兼顾选择效果和育种速度。以阿拉善双峰驼为例，目前正在调整和转变原有育种方向。该品种1990 年命名时是绒肉兼用型，随着产业发展方向的转变和需求的变化，驼乳更被重视，并成为双峰驼养殖主要收入来源，预测未来驼乳产品开发势头强劲，对驼乳数量与质量的需求更为迫切，所以必须通过育种手段，培育新的品系或类群，其方向应当是“以乳用为主，兼顾肉用”。在此背景下，阿拉善双峰驼产乳量、乳脂率、乳蛋白含量、增重速度（日增重）、净肉率等性状便显得更为重要，成为今后选择的主要经济性状。国内现有其他双峰驼品种如苏尼特双峰驼、新疆双峰驼等也都面临类似的育种工作任务和方向转变。

五、环境对选择的影响

数量性状的表型值是遗传与环境双重作用的结果，因此，具备好的遗传潜质，却未必能产生一个优秀的驼群，而必须是在最适当的环境条件下遗传潜力才能充分发挥出来。选择某些数量性状，加速遗传改进的同时也要积极创造条件，保证那些遗传改进不至于被不利的环境所湮灭，让所有个体都有充分表达其遗传潜力的机会。这里所谓的环境是广义上的环境，不仅指自然条件、生态环境，还包括人为创造的双峰驼生产生活的物质需求和环境，例如饲草料供应与营养保障、棚圈设施与防暑防寒措施、水源供应及水质条件等，也包括饲养管理方式方法和习惯，如放牧模式、挤乳模式及操作、调教驯化程度及与人的亲疏关系、饲养员对骆驼性格特征和行为特征的掌握等。

值得注意的是，在选育中存在一种遗传与环境的互作现象。一般而言，环境的改变会带来表型值的改变，数量性状基本上都遵循这样的规律。但是同一种群的个体在变化了的环境中所表现出来的数量性状表型值并不是按比例增减的，在低一个层级的环境中表现最优秀的个体到了高一个层级的环境中，未必也是最优秀的，个体之间的增加量不成正比关系，当然更不会是等量的。反之，当环境由好向坏发生变化时，在原有环境中的优秀个体其表现反而不如比它弱的个体。在双峰驼产乳量测定中，阿拉善盟畜牧研究所（阿拉善骆驼科学研究所）项目组的一组测定数据就比较清楚地说明了遗传与环境的互作。这是一个通过改善营养条件分析双峰驼产乳量变化情况的试验，试验分三个组，共 24 峰泌乳母驼，从 2014 年 12 月 1 日至 2015 年 4 月 18 日共 140d 对每峰母驼产乳量进行测定。实验处理是补饲不同配方的配合饲料，改善营养条件从而研究产乳量增减情况，并对每个处理的经济效益进行分析，筛选最佳配方和最适宜的补饲量。下面列出其中一个试验处理两个时间段的产乳量记录，2014 年 12 月 1 日为未施补饲的产乳量记录，2015 年 2 月 22 日为每天补饲 3.0kg 2 号配方料的产乳量记录。

表 4-2 中 6 号母驼在原有环境条件下表现型为 797g，是小组中表现最好的个体，超出组平均值 322g，但在改变环境条件（补饲配合饲料，改善营养状况）后，其表现平庸，产乳量仅增加了 174g，而 2 组平均增加量为 243g，6 号母驼的增加量低于小组平均增加量 69g。而娜 1 号母驼产乳量由 535g 增加到 1 096g，增加量为 561g，超出小组平均增加量 318g，成为环境改变后的最高产者。再看娜 4 号母驼，原来是 210g，2 组内倒数第一，在环境变化后增加到 360g，虽然仍是倒数第一，但其增量为 150g，却超过了 7 号母驼和 4 号母驼。这个结果让我们认识到遗传与环境互作的情况在双峰驼产乳量这一性状上是十分明显的。

表 4-2　产乳量记录

母驼编号	母驼年龄	胎次	2014 年 12 月 1 日产乳量（g）	2015 年 2 月 22 日产乳量（g）	增加量（g）
2	10	3	451	810	359
3	12	4	434	795	361
4	10	3	429	545	116
6	15	4	797	971	174
7	9	3	606	586	−20
娜 1	19	9	535	1096	561
娜 4	10	3	210	360	150
娜 5	7	2	340	583	243
平均	11.5	3.9	475.25	718.25	243

遗传与环境互作的原因是，一个性状往往受一系列生理生化过程的共同作用，在某些时候控制这部分生理生化过程的基因发挥着主要作用，而当环境变化以后控制另

一部分生理生化过程的基因发挥着主要作用。在双峰驼产乳量这一性状中，营养不足的情况下发挥主要作用的可能是母驼本身的体况膘情、在野外采食牧草的能力和数量等，而在营养基本能够得到保障的条件下，发挥主要作用的就有可能是对饲料的转化利用能力，营养代谢过程中能量、蛋白质等元素的分配与调节机制等。对于这种互作现象，我们应当把握其规律，特别是主要经济性状的互作分析要有个体档案，在育种中应当选择在品种今后的生存和发展环境中有更好互作的个体。有些情况下未来的品种生存条件需要适当预设，而不仅仅以现在的条件为环境条件，因为社会经济在发展，畜牧业生产发展方式在转变，集约化、规模化、高效生产的比重将会逐步增加，草原畜牧业包括双峰驼养殖业也会发生相应改变。特别是现有双峰驼品种将从“以绒为主、兼顾肉役”的育种方向转向绒乳肉兼用的育种方向，我们育种工作者应当不难理解其中环境条件将要发生的重大变化。

六、选择效果预估

一般而言，对群体中所有个体都测量数量性状表型值，得到的这一组数据会规律性地呈正态分布。正态分布是广泛存在于自然、社会实践背景下的分布，是许多统计学理论研究的基础。正态分布是具有两个参数的连续型随机变量的分布，第一个变量是服从正态分布的随机变量的均值，第二个变量是此随机变量的方差。随机变量的概率规律是取均值邻近值的概率大，取远离均值的概率小；方差越小，分布越集中在均值附近，方差越大，分布越分散。如果我们知道某一随机变量（即某数量性状的表型值）的平均数和标准差（方差的平方根），就可以估计任意取值范围的概率。常用的经验法则是符合正态分布的随机变量 68.27%的数据分布在均值的一倍标准差内，95%的数据分布在均值的 1.96 倍标准差内，99%的数据分布在均值的 2.58 倍标准差内。根据正态分布理论，当我们确定了留种率，就可以估算出选择程度，表 4-3 就是留种率与选择强度的对应关系。

表 4-3　留种率与选择强度的对应关系表

留种率（%）	90	80	70	60	50	40	30	20	10	5	1
选择强度 i	0.195	0.350	0.498	0.645	0.798	0.967	1.162	1.402	1.758	2.050	2.640

由此我们只要知道驼群某一数量性状的遗传力和标准差，就可以根据公式 $R=i\sigma h^2$ 来预估一个世代的选择反应。例如，在一个 200 峰母驼的乳源基地，我们选留 60 峰作为种用，即留种率为 30%，假设日产乳量的平均值为 1 100g，产乳量的遗传力为 0.35，那么下一代可以期望日产乳量能提高的平均量是：

$$R（选择反应）=i（选择强度）\times\sigma（标准差）\times h^2（遗传力）$$
$$=1.162\times130\times0.35=53（g）$$

即下一代母驼产乳量可能会提高 53g，达到 1 153g。在实际育种中公、母驼的留种率相差很大，基本上公驼留种率极低，一个群内种公驼所配母驼的数量也不同，所以需要分别计算来自公驼的贡献和来自母驼的贡献，然后平均为选择反应。计算来自公驼的贡献时留种率极小，所以就用选择差来直接计算选择反应，即 R（选择反应）$=S$（选择差）$\times h^2$（遗传力），例如在上例中产绒量的群体平均值为 3.5kg，遗传力 $h^2=0.31$，标准差 $\sigma=0.8$kg，母驼留种率为 40%，公驼选留 6 峰，其选择差分别为 6.5kg、6kg、4.5kg、4kg、3.5kg、3kg，所配母驼分别占 23%、20%、18%、18%、15%、6%。那么母驼带来的选择反应为：$R=i\sigma h^2=0.967\times0.8\times0.31=0.24$（kg）。公驼的平均选择差为 $S=6.5\times23\%+6\times20\%+4.5\times18\%+4\times18+3.5\times15\%+3\times6\%=4.93$（kg）。公驼带来的选择反应为 $R=Sh^2=4.93\times0.31=1.53$（kg），平均选择反应为 $R=\dfrac{0.24+1.53}{2}=0.88$（kg），即一代的选择反应为 0.88kg，下一代群体平均产绒量可望达到 4.38kg。我们前面计算过双峰驼世代间隔为 6.9 年，按此可计算出产绒量的年改进量为 0.13kg。

对于公驼不表现的性状如产乳量可以估计其育种值，以育种值作为选择差的计算依据，同样可以进行选择效果的估计。

第四节　选择方法及提高选择效果的途径

一、选择方法

在常规育种过程中，当选择强度、世代间隔等因素不变时，育种值与真实育种值的相关性越强，选择的准确性越高，得到的育种效果就越好。不管是选择一个性状（单性状选择），还是同时选择两个以上的性状（多性状选择），我们进行选择的基石就是双峰驼的各项生产性能记录的信息和亲属关系的信息、有亲属关系的个体生产记录等，因此需要尽可能多、尽可能全地收集掌握被选对象的这些信息数据，从而实现相对准确的选择。个体出生之前的选择主要利用父母资料进行，还有其先出生的同胞、半同胞资料等；个体出生后、未表现生产性能前采用早期选种措施可进行间接选择，当有了自己的生产记录时本身的记录就是最有价值的参数，是最接近真实的数据；被选择个体有后代以后，其后代的表现记录就成了最重要的选择依据，但对双峰驼而言，被选择个体的后代有生产性能记录之时，被选个体本身已超过 10 周岁，彼时再决定留种还是淘汰为时过晚。表现优异者应用保存遗传材料的方式，大量保存冻精、冻胚以期在育种中发挥更大的作用。多数情况下被选者有自身生产性能记录时就决定了去留，尤其是被淘汰的个体几乎没有参加配种的机会。总之，在选择的全过程中性状表型值的观测记录是否准确、是否全面，是一切措施与方法的基础。

（一）单性状选择的主要方法

1. 个体选择　就是根据个体本身的性状表型值进行选择。这种方法在目前双峰驼育种中最为常见，主要是因为产绒量、绒长度等性状遗传力属中等以上。该方法简单易行并有一定效果，羊驼牧民自己选留种公驼往往也是在使用这一方法。

2. 家系选择 就是根据个体所在家系的表型平均值大小进行选择。对双峰驼而言，因其繁殖力低，目前仅采用半同胞家系，将来采用胚胎移植技术时或许能利用全同胞家系资料进行选择。被选个体参与家系均值的计算时是完全意义上的家系选择，当被选个体尚未产生表型值记录而没有参与家系均值计算时，也可以说是同胞选择。对于双峰驼产乳量性状而言，全同胞选择具有较大的实际意义，能提早进行选择从而加速育种进程。

3. 家系内选择 对于群体规模小、家系数量少、家系内表型相关较大、性状遗传力低等情况，可采用家系内选择。此法是根据个体表型值与家系均值的偏差来进行选择。这在双峰驼保种和本品种选育的实践中具有非常重要的作用，既对有用的数量性状进行了一定程度的选择提高，又能保持分散的小群体独有的特性。在开展双峰驼品种资源保护工作时，应采用家系内选择方法。

4. 合并选择 这是根据与被选个体信息资料进行分析估测，然后形成一个综合指标，依据这个指标的大小来进行选择的方法。既考虑家系均值，又考虑家系内偏差，依据性状遗传力和家系内表型相关性分别给予合理加权，变成合并指标（指数）。这一方法的思路是尽可能利用测定信息力争准确选择，在实际应用中能解决个体选择、家系选择、家系内选择等方法的不足之处，其综合效果优于某一种方法的单项效果，在双峰驼育种实践中应多加应用。

（二）多性状选择的主要方法

1. 顺序选择法 这是对计划选择提高的所有性状逐一选择、逐一提高，经过若干世代，当被选择的性状达到某一量化指标即相对理想的程度时，就不再继续这一性状的选择，而将注意力集中在下一个性状上，同样，下一个性状完成预定指标任务后，再开始第三个性状的选择。如此不间断地使品种品质得到改进。这里需要确定的是第一要选择哪个性状，第二要选择哪个性状，依次类推。双峰驼世代间隔长，要完成某一性状的选择需 2～3 个世代，即 14～20 年时间，所以本方法不是最理想的多性状选择方法。当选择第二、第三个性状时，有可能造成第一性状的退化，顾此失彼。

2. 独立淘汰法 这种办法是把所选择的性状都确定一个界限水平，每个性状一个门槛，达不到指标的就直接淘汰。这种方法优点平衡地考虑了所有性状的最低标准，全面性、均质性较好，在时间上也能同时进行，育种进度比顺序选择法快；缺点是如果有一项指标低于预定水平，那么不管其他性状有多么优异都会被淘汰掉，会造成育种资源的浪费，也有可能抹杀掉一些有突出变异的优秀分子。

3. 综合指数法 将需要选择的性状根据其经济重要性和遗传基础分别设定权重系数，然后综合到一个指数之中，依据该指数的大小进行选择。这是多性状选择中最为合理的选择方法，避免了顺序选择法用时过长、顾此失彼的缺点，也避免了独立淘汰法有可能失去优异个体、造成育种资源损失的不足，还能够同时选择，并考虑了被选

择性的经济价值。在培育肉乳兼用双峰驼品系的过程中应当以综合选择法为主要选择方式。

二、提高选择效果的现实途径

（一）早选

顾名思义，早选就是尽早选择出理想的个体，特别是种公驼。早选既降低饲养成本又缩短世代间隔。

（1）根据双亲表现，预留备选个体。产乳量是限性性状，但同样可以根据母亲的产乳量估计公驼羔的育种值，所以重要经济性状选择中双亲表型值是极为重要的信息资料。

（2）根据系谱记录利用家系选择、家系内选择等方法确定留种驼羔。

（3）根据同胞表现可以实现早选。出生驼羔有可能在群体中找到有产量记录的同胞半同胞，其生产性能可以作为评断该初生驼羔的依据。

（4）利用性状间相关关系进行早期选择。

（5）幼驼外形鉴定也是早选的重要指标，例如蹄面大小、颜色与体质有关，皮肤颜色深浅与抗紫外线能力相关，头型及大小比例与雄性特征关联等。

（二）选准

1. 目标明确 根据社会经济发展的需要、根据种质资源保护的需要及自身特点，在全面系统研究的基础上确定育种目标和方向，一经确定不轻易变更。

2. 条件相近 在生态环境和饲养管理水平等方面相近的条件下，性状表现才具有可比性，才能相对准确地判断个体的育种价值，例如产绒量，戈壁地区和沙漠地区双峰驼差异较大，前者量大但品质较差，后者量少但品质优良，对二者取舍与平衡时就需要考虑被选个体未来将生活在哪个环境下，一般戈壁地区双峰驼到沙漠地区会产生产绒量下降的现象。

3. 记录精准 记录是育种工作的基本功，是测定度量结果的落实，尤其重视原始记录的准确与完整。除记录性状的量化测定值以外，还要记录时间、地点、记录者、测量工具及方法等相关信息内容。对记录的数据要及时统计整理，充分利用。

（三）选好

选好就是选出最适合留种的个体。所谓最适合是围绕着育种目标而言的，是在后代中能产生符合育种目标的高比例理想型基因频率。同一峰种驼在利用目的不同的评价体系下，其获得的评分是不同的。比如传统的相驼以善于骑乘驮运为选择标准，在牧民中也流传甚广，由此选出的个体役用性非常好，但乳用性能就未必领先。因而不同时期不同利用方式下有不同的评判标准。要注重在育种方向调整和变化的情况下发现和创造优秀个体，选择这样的优秀个体，让下一代、让群体更好。

第五章 骆驼种用价值及其利用

CHAPTER 5

选择种用骆驼，首先要求生产性能高、体质外形好、生长发育正常；其次作为种用骆驼，应该繁殖性能好、达到育种标准、种用价值要高。因此，以上六个方面都要达到，缺一不可。前五个是根据种用骆驼本身的特征来评定的，种用价值高是选择种用骆驼最终也最重要的要求，因为种用骆驼核心价值不是其本身产多少畜产品，而在于它能尽可能生产品质优良的后代，所以不但要求骆驼本身的表现型，还必须要求有优质的遗传型。评定骆驼种用价值就是对种用骆驼的遗传型进行评定，而鉴定种用骆驼的遗传型则必须根据其亲属的遗传信息。主要是用系谱资料（包括旁系系谱）的审查和测交方法评定质量性状的遗传型，用估测育种值方法评定数量性状的遗传型。这些新方法评定结果不但准确细致，而且把遗传信息来源从直系系谱扩展到旁系系谱。

第一节　系　　谱

作为一峰种用双峰驼或候选种用双峰驼，要求有尽可能完整的系谱记录。比如，繁殖配种记录、产仔记录、定时称重、体尺测量、外貌鉴定、产量和饲料消耗量等原始记录，把这些原始记录转载到种公驼和种母驼的卡片上去。这些日常细致的工作是日后选种的重要依据。种驼卡片的重要内容之一是系谱。系谱是一峰种驼的父母及其各祖先的编号、名字、生产成绩及鉴定结果的记录文件，在育种学上是指由共同祖先繁殖所得的后代。系谱也是记录种畜个体及其父母、祖代、曾祖代等的生产性能的一种方式，系谱上的各种资料来自日常的原始记录。系谱记录的形式多种多样，按排列方式可分为横式系谱与竖式系谱；按个体间亲缘关系可分为结构式系谱和箭头式系谱。

一、系谱编制

编制系谱之前，先了解所要编制的双峰驼，进行资料整理，编制配种表；没有卡片的，对此公驼应严格分群放牧，定期组织交配，作详细记录，如交配分娩、生产力、外形评分、个体育种值、健康状况、后裔测定成绩等育种记录。

虽然牧民自己对双峰驼的祖先及后裔信息比较清楚，但是没有系统的书面记录，所以查起来比较麻烦，有些育种场或奶驼场，原始记录是具备的，却不及时转载，有时技术员与饲养员对某些种驼的祖先有所了解，但不及时登记，全凭脑子记忆，日久很容易遗漏重要材料，或者技术员、饲养员调走也会使线索失落。

系谱一般记载 3～5 代。这已足够鉴定种驼之用，因为代数太远对种驼的影响就很小了。

按记录的项目，系谱分为两类。①不完全系谱。在系谱上只记录祖先的名字和编号，这种系谱对于选种工作来说是很不够详细的，因为除了血统关系外，通过系谱还要查看该种驼祖先的生产成绩、育种值、发育情况、外貌评分以及有无遗传疾病、外貌缺陷等，用以推断该种驼种用值的大小。所以这样的系谱只供分析血缘关系用。

②完全系谱。记录祖先的名字和编号，同时亦记录每个祖先的生产成绩、配种成绩、外形评分和后裔测定成绩、曾得过的奖项、育种值，这样的系谱供系谱审核用。

按记录格式，系谱分为横式、直（竖）式、结构式、箭头式、驼群亲缘结构图五类：

1. 横式系谱（亦称括号式系谱） 按子代在左、亲代在右、公驼在上、母驼在下的格式填写，系谱正中可画一横虚线，上半为父方，下半为母方。用大括号括起来，还可标注出个体的主要生产性能及特点（图 5-1）。

- 子代
  - 父
    - 祖父
      - 祖父的父亲
      - 祖父的母亲
    - 祖母
      - 祖母的父亲
      - 祖母的母亲
  - 母
    - 外祖父
      - 外祖父的父亲
      - 外祖父的母亲
    - 外祖母
      - 外祖母的父亲
      - 外祖母的母亲

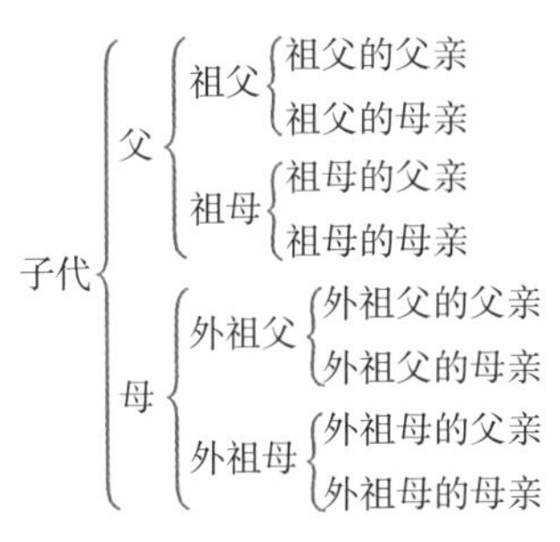

图 5-1　横式系谱

2. 直（竖）式系谱 按子代在上、亲代在下、公驼在右、母驼在左的格式，填写成表格形式，应该标注出个体的主要生产性能及特点，编制时先画好系谱的表格，代数愈高，祖先在系谱表中所占的位置愈小，因此横格的距离相应放宽。双峰驼的系谱都是由父亲和母亲组成的。在系谱的上面应写明被编制系谱双峰驼的名字、编号、生产成绩、外形评分、体重等，是逐代自上至下排列的。一般只编制 3～4 代（图 5-2）。

双峰驼名称

母亲				父亲			
母亲的母亲（外祖母）		母亲的父亲（外祖父）		父亲的母亲（祖母）		父亲的父亲（祖父）	
外祖母的母亲	外祖母的父亲	外祖父的母亲	外祖父的父亲	祖母的母亲	祖母的父亲	祖父的母亲	祖父的父亲

图 5-2　直（竖）式系谱

此系谱制式严格，填写方便，常用于种驼卡片、良种登记。

注意事项：为了避免登记时混淆不清，可先填写父系然后填写母系。如果在系谱中有重要的驼名和驼号，可在每个重要的名字上加以不同的标志，以便在分析亲缘关系时一目了然。

3. 结构式系谱 分析种驼系谱中的亲缘关系时，可制订一种简单的系谱。有亲缘关系的个体构成的系谱称为结构式系谱，这种系谱不登记生产性能及其他材料，仅登记名字或驼号，不像横式和直式系谱严格规定父驼和母驼的位置，但也应尽可能照顾习惯，为了区分公驼和母驼，可用“□”代表公驼，“○”代表母驼。将出现次数最多的个体放在适中位置，以免线条过多交叉，将同一代的个体放在一个水平线上，在几个世代中重复出现的个体放在最早出现的那一代位置，一峰双峰驼在系谱中只能占据一个位置，出现多少次即用多少根线条来连接。有上行式和下行式两种，上行式的祖先在上面，后代排在下面；下行式与此相反。其编制方法见图 5-3 至图 5-4。

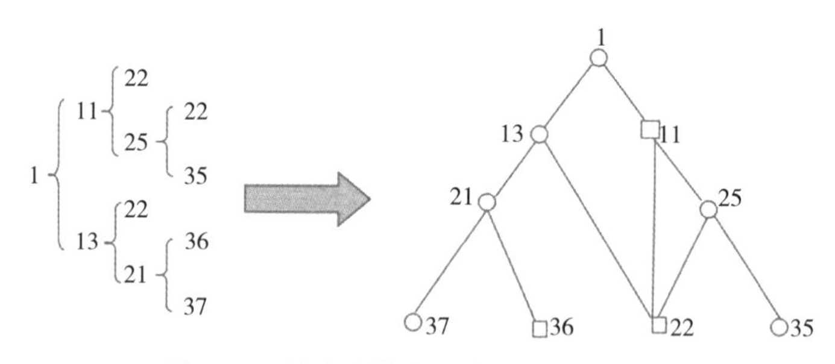

图 5-3　1 号公驼横式系谱改成结构式系谱

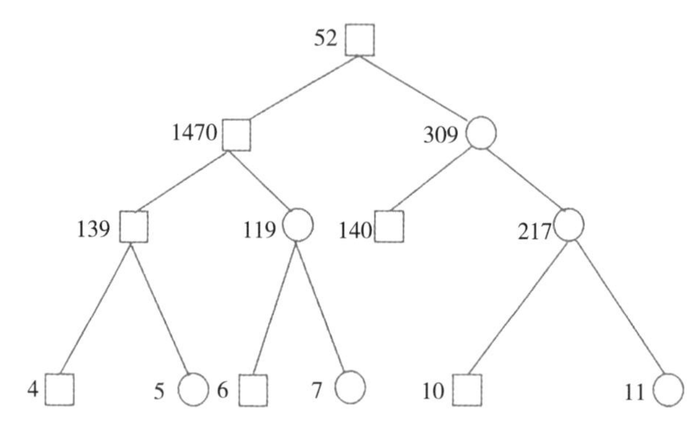

图 5-4　52 号公驼结构式系谱

在编制较复杂的结构式系谱时，为了简洁明确，应做到以下几点：

（1）首先找出重复出现的同名祖先，把出现次数较多的放在中间，这样可以避免线条交叉过多，混淆不清。

（2）为了更好地表示血缘关系，应尽可能地把同一代的祖先排列在同一水平上，如果是兼作的排在两代之间。

（3）某些个体既有祖先又有后代，在结构图上应放在适中地位。

（4）为了层次清楚起见，最好在作图之前，首先画几条适当距离的平行横线，然后找出亲代、祖代。

此结构式，能清楚地看出各个个体之间的血缘关系及血缘程度，但缺乏详细的记载，给系谱鉴定带来一定的困难。

4. 箭头式系谱　专供亲缘程度评定时使用的一种格式，与亲缘评定无关的个体不必在系谱图中画出。如将上述结构式系谱改画成箭头式系谱（图 5-5）。

5. 驼群系谱（驼群亲缘结构图）　要分析整个驼群各个体间的血缘关系，以及各

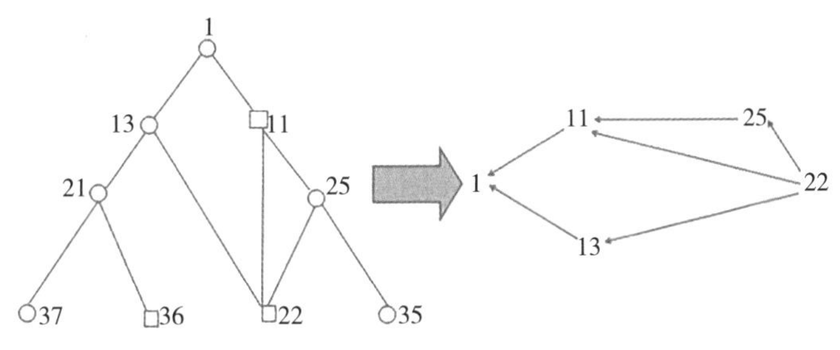

图 5-5　1 号母驼结构式系谱改成箭头式系谱

个体在形成驼群中所起的作用，以便进一步制订选种与选配计划时，最好编制一个驼群系谱。

驼群系谱是一种群体系谱。它是根据整个驼群个体间的血缘关系，将每个个体按照规定的方式整齐地排列和联系成的图谱。从这种系谱中，可以快速查明驼群中各个体之间的亲缘关系、驼群的近交情况以及各家系的延续和发展的情况等，有助于我们掌握驼群的亲缘结构和组织育种工作（图 5-6）。

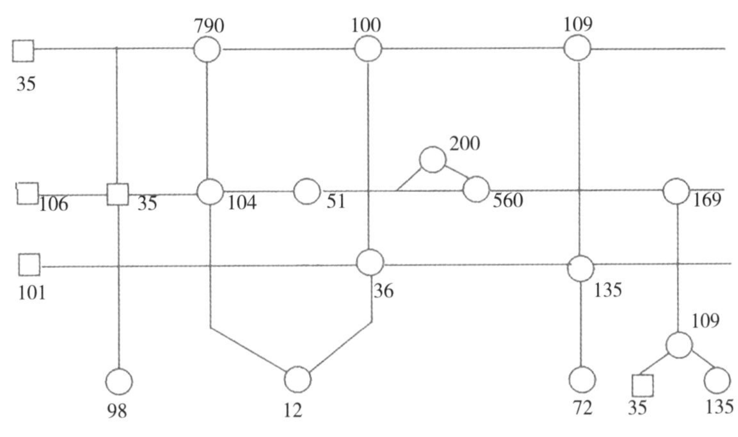

图 5-6　驼群系谱（1）

具体编制驼群系谱的方法：

（1）在纸上绘几条平行横线，横线的数目相同于主要公驼的数目，在横线的左端标明种公驼的驼号，每一峰种公驼占一条横线。利用年份早的种公驼排在下面，利用年份晚的种公驼排在上面。

（2）与横线交叉画上垂线，每垂线的下端标上种母驼的名字或号数，垂线之间的距离决定于种母驼在驼群中的后裔数。优秀母驼留的后裔多，因此，间距应留得宽些，以免过挤。

（3）根据种驼的个体卡片，找出各种驼的父母。在其父母代表线的交叉点上标符号或驼名，公驼用“□”代表，母驼用“○”代表，旁边注明该种驼的名字或号数。

（4）新生公驼羔选留为种公驼时，可另占一条横线，但须由其父母线交叉点向此横线作一垂线，并在两线接触点画一黑三角标明联系。驼羔继续繁殖时，在结构图中以该驼羔为出发点向上作垂线。

（5）母驼羔与在结构图中居于其父亲下方的公驼交配，从该母驼羔向上作垂线就不可能与该公驼的代表线交叉，则可将该母驼羔另立一垂线，而在此垂线的下端标明该驼羔的父母号数或名字。

（6）在驼群的各个体来源、血统清楚的情况下，还可以用一定的图形或颜色表示出各个体的血统成分。纯种用“○”或“●”表示，二者杂交产生的杂种可用“◍”表示，如果是进行吸收杂交，则杂交二代可用“⊕”表示，以此类推。

（7）为了标明某个体不在驼群，对驼群个体可用“◍ 12”表示 12 号母驼已离群。

（8）必要时在每一个驼号旁还可注明其主要经济指标。

在驼群亲缘结构图上，位于同一水平线上从左向右的驼群是品系；而来源于同一基础母驼的各垂线上的双峰驼群体则是一个品族（图 5-7）。

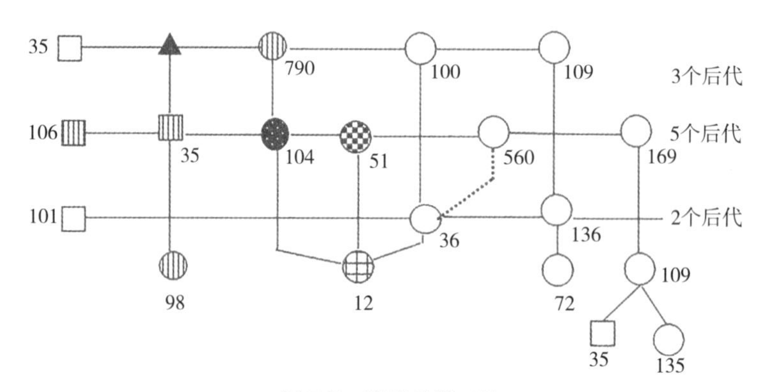

图 5-7　驼群系谱（2）

如图 5-7 所示，现已知 12 号为阿拉善双峰驼母驼，106 号为苏尼特双峰驼公驼，可分别用⊕及▥表示，它们交配所生后代 104 号母驼及 51 号母驼，104 号用●表示。又如 98 号为苏尼特母驼，故写为◍ 98，98 号与 106 号交配所生 35 号公驼，父母是纯种，故写为▥ 35。104 号母驼与 35 号公驼交配所生 790 号母驼，其血统成分应表示为◍ 790。因 51 号母驼已离群，故写为◍ 51。

二、系谱审定

系谱是一峰种驼的历史材料。通过查阅和分析各代祖先的生产性能、发育表现以及其他材料，可以估计该种驼的近似种用价值。通过系谱审查也可以了解到该种驼祖先的近交情况。分析优秀种驼祖先的选配情况，可以作为今后选配工作的借鉴。

系谱审查与鉴定首先应注意的是父母代，然后是祖父母代。因为在没有近交的情况下，每经过一代，个体与祖先的关系减少一半。

系谱审查与鉴定多用于处于幼年或青年时期的种驼，因为本身尚无产量记录，更无后裔鉴定材料。

系谱审查不是针对某一性状的，它比较全面，但主要着重在缺点方面，譬如查看在祖先中有无遗传缺陷者、有无质量特差者、有无近交和杂交情况等。系谱鉴定往往是有重点的，一般重点是祖先的外形和生产性能。

有比较才有鉴别，系谱鉴定时需有两峰以上种驼的系谱对比观察，选出优良者作为种用。

系谱审查与鉴定的必要条件是各代记录完整。如果系谱中仅有各代祖先的名号，而没有其他材料，也就无法审查和鉴定。

系谱鉴定时，祖先中公驼的后裔测验成绩比各代母驼的表型值材料更为重要。因为种公驼后裔测验成绩已能确切地说明种公驼的种用价值，而母驼的表型值并不能全部遗传给后代。

第二节　同胞鉴定与后裔鉴定

一、同胞鉴定

同胞鉴定是指用全同胞或半同胞的生产成绩评定种驼优劣的鉴定方法。其资料较易获得，所需时间较短，有利于早期选种，对一些遗传力较低的性状，以及屠宰率、胴体品质等不能活体度量的性状，用同胞资料选择更有重要意义。但是同胞鉴定只能区别家系间的优劣，同一家系内的个体间差异难以鉴别。同父同母的子女间为全同胞，在没有近交的情况下，全同胞个体间的亲缘系数为 0.5，在一些繁殖力高的畜禽（如猪和鸡）的育种中，可以得到较多的全同胞。同父异母或同母异父的子女间为半同胞，在没有近交的情况下，半同胞个体间的亲缘系数为 0.25，在一些繁殖力较低的畜禽（如牛和羊）的育种中，通过人工授精等技术可以得到大量的同父异母半同胞。双峰驼的繁殖力更低，但也可以通过人工授精技术得到同父异母半同胞。

利用全同胞或半同胞信息估计个体育种值有下列 4 种情况：一个同胞单次度量值、一个同胞多次度量均值、多个同胞分别单次度量的均值以及多个同胞各自多次度量的均值。各种情况下估计育种值时的加权系数公式列入表 5-1。

表 5-1　不同信息估计个体育种值的回归系数

信息资料类型	一个体单次度量值	一个体 k 次度量均值	n 个同类个体单次度量均值
自身	h^2	$\frac{kh^2}{1+(k-1)r_e}$	
亲本	$0.5h^2$	$\frac{0.5kh^2}{1+(k-1)r_e}$	h^2
全同胞兄妹	$0.5h^2$	$\frac{0.5kh^2}{1+(k-1)r_e}$	$\frac{0.5nh^2}{1+0.5(n-1)h^2}$
半同胞兄妹	$0.25h^2$	$\frac{0.25kh^2}{1+(k-1)r_e}$	$\frac{0.25nh^2}{1+0.25(n-1)h^2}$

（续）

信息资料类型	一个体单次度量值	一个体 k 次度量均值	n 个同类个体单次度量均值
全同胞后裔	$0.5h^2$	$\frac{0.5kh^2}{1+(k-1)r_e}$	$\frac{0.5nh^2}{1+0.5(n-1)h^2}$
半同胞后裔	$0.5h$	$\frac{0.5kh^2}{1+(k-1)r_e}$	$\frac{0.5nh^2}{1+0.25(n-1)h^2}$

在多个同胞度量均值情况下，计算公式中分子的亲缘系数是这些同胞与被估个体间的亲缘系数。在父母中的多个同胞间表型相关，由同胞资料遗传力估计原理知道，它可以用同胞个体间亲缘相关系数乘上性状遗传力得到，但是这一亲缘相关系数与父母中的含义不同，应明确加以区分，它表示的是这些同胞个体间的亲缘相关，两者的取值有时也是不一样的，如下面将要谈到的多个半同胞子女信息估计育种值时两者的取值就不相同。

与亲本信息相比，只需将表 5-1（不同信息估计个体育种值的回归系数）公式中的亲子亲缘系数换成相应的同胞亲缘系数即可。可以看出，同胞测定的效率除了与性状遗传力和同胞表型相关系数有关外，主要取决于同胞测定的数量。同胞信息的估计效率在前两种情况下均低于个体选择，并且半同胞信息选择效率低于全同胞。但是由于双峰驼全同胞、半同胞资料相对较少，因此在性状遗传力和同胞表型相关系数下的估计准确度较低。对低遗传力性状的选择，其效率可高于个体选择。在测定数量相同时，全同胞的效率高于半同胞。最后值得注意的是，这里的同胞信息均不包含个体本身记录，如有个体记录，可作为两种不同信息来源进行合并估计。如果仅根据同胞信息选择，则类似于第四章论述过的家系选择，不同的是在家系选择中还包含了个体本身的记录。

用同胞信息估计育种值的好处主要有下列几点：①可作早期选择；②可用于限性性状选择；③由于同胞数目可以很大，能较大幅度地提高估计准确度；④当性状度量需要屠宰骆驼个体时，更需要根据同胞信息选择；⑤阈性状选择，例如，达到一定年龄时的死亡率，几乎唯一的选择依据就是同胞的存活率。双峰驼育种当中同胞鉴定的利用不如猪、禽等产仔数较多的动物多。

二、后裔鉴定

后裔鉴定是指测定对象是需要进行遗传评定的个体的后裔，利用后裔信息估计个体育种值。评定双峰驼种用价值较可靠的方法是后裔鉴定，估计个体育种值的最终目的就是希望依据它来选择，使后代获得最大的选择进展，因为选种的目的就是为了选出能产生优良后代的种驼，因此，个体的后代性能表现是评价该个体最可靠的资料，若一峰种驼产生的后代优良，就直接说明它是一个优良种驼。当然，实际上一个个体后代性能表现不完全是评价该个体的资料，原因是后代的遗传性能并不完全取决于该个体，而与它所配的另一性别个体的遗传性能好坏也有关，并且数量性状的表型值也受到环境很大影响，因而只有当后裔数量较大时，才能得到较为可靠的估计育种值。后裔鉴定估计育种值的最大缺点是延长了世代间隔，缩短了种驼使用期限，而且育种费用大大增加。像双峰驼这样的大家畜后裔鉴定所需时间太长，一般需要在种驼7～8周岁时才能得出结果。因为必须等到种驼的后代有了生产记录以后，才能得到鉴定所需的资料。这样就大大地延长了世代间隔，减慢了遗传进展的速度。而且也不能将所有的双峰驼都留到成年，等有了后裔以后再根据后裔鉴定成绩进行选种，这在经济上负担太大。当驼羔出生不久，就应该根据它们的系谱和同胞，决定选留哪些继续观察。当它们本身有了性能表现，又根据它们本身发育情况和生产性能以及更多的同胞材料，选优去劣。只有最优秀的个体才饲养到成年进行后裔鉴定。通过后裔鉴定，确认为优良的种驼，加强利用，扩大它们的影响。目前在其他动物上利用冷冻精液技术，发挥后裔鉴定的作用，双峰驼育种上也可以采用这一技术来提高优秀种驼的利用率。

后裔鉴定也可以区分为全同胞子女和半同胞子女两类，一般也有下列 4 种情况：一个子女单次度量值、多个子女单次度量均值、一个子女多次度量均值以及多个子女各自多次度量的均值。各种情况下估计育种值的加权系数公式列入表 5-1。在多个半同胞子女度量均值情况下，计算公式中分子的亲缘系数是这些半同胞子女与被测定的种公驼间的亲缘系数，在非近交情况下等于 0.5。而此时分母中的亲缘系数是这些半同胞子女间的亲缘系数，在非近交情况下等于 0.25。与全同胞后裔测定相比，在测定数量相等时，由于分母的取值变小，所以半同胞后裔测定的效率高于全同胞后裔，因此在后裔测定中应该尽量采用半同胞后裔鉴定。

三、后裔鉴定注意事项

（1）后代品质取决于父母双方，母亲不仅给后代以遗传影响，而且还直接影响后代胚胎期与哺乳期的发育。所以当应用后裔鉴定比较几峰公驼时，应减少与配母驼的差异。可以采用随机交配的方法，也可以选几个相似的母驼群与不同种公驼交配。在不同配种季节与不同的种公驼交配，比较它们的后代品质，需要做季节校正。

（2）后代品质除受双亲的遗传性影响外，同时还受生后条件的影响。在比较几峰种驼的时候，它们的后代应该在相似的环境条件下饲养，而且应该提供能保证它们遗传性得以充分表现的条件，还应该尽量将不同种驼的后代的出生时间安排在同一季节，以利于比较。

（3）在统计资料时，应该将每峰种驼的所有健康后代都包括在内，无论其产量是优是劣。有意识地选择部分优秀后代进行比较，会造成评定的错误。

（4）后代峰数愈多，所得结果愈正确，但往往受到条件的限制。因为想一次多鉴定几峰种公驼，与配母驼峰数就不能满足需要，所以要进行后裔鉴定，双峰驼至少需要 20 峰有生产性能表现的后代。

（5）后裔鉴定时，除突出后代的其一项主要生产成绩外，还应全面分析，如后代的体质外形、适应性、生活力以及遗传缺陷和遗传疾病等。

四、后裔鉴定方法

（一）女母对比法

这种鉴定方法多用于公驼。做法是用该公驼所生女儿的成绩和其与配母驼——即女儿和母亲的成绩相比较。凡女儿成绩超过母亲的，则认为该公驼是“改良者”；女儿成绩低于母亲的，认为该公驼是“恶化者”；如果女母相比无大差异，则认为该公驼是“中庸者”。

这种鉴定方法的优点是简单易行，缺点是母女所处年代不同，存在生活条件的差异。如测双峰驼的断乳重，母女双方断乳时间处于不同年代，也可能处于不同季节。母女双方所处的饲养管理条件和气候条件不同，对它们的断乳重可能产生不同的影响。

另外，一峰种公驼在某一驼群中可能表现为“改良者”，而转移到另外一个驼群则可能成为“恶化者”。例如，一峰种公驼，当它与第一泌乳期平均产乳 400kg 的母驼群交配，所生女儿一胎产乳量平均值高于母亲，说明它是“改良者”；但当它与一胎平均产乳量为 700kg 母驼群交配时就未必是“改良者”。由此看来，并不存在绝对的“改良者”或“恶化者”。

（二）角平分线图解法

角平分线法以母亲产量为横坐标，女儿产量为纵坐标，标出每对母女产量的交点，见图 5-8。由左下向右上画一角平分线，凡交点在角平分线上面的，表示女儿产量高于母亲。交点多数位于角平分线上面（图上指 A），说明种公驼是“改良者”；交点多数位于角平分线上或其附近（图上指 B），说明种公驼是“中庸者”；交点多数位于角平分线下面（图上指 C），则说明种公驼是“恶化者”。利用这种图解法，可以表示各种指标，如外形评分、体尺、体重、屠宰率、产乳量等，可根据这些对种公驼作综合分析。

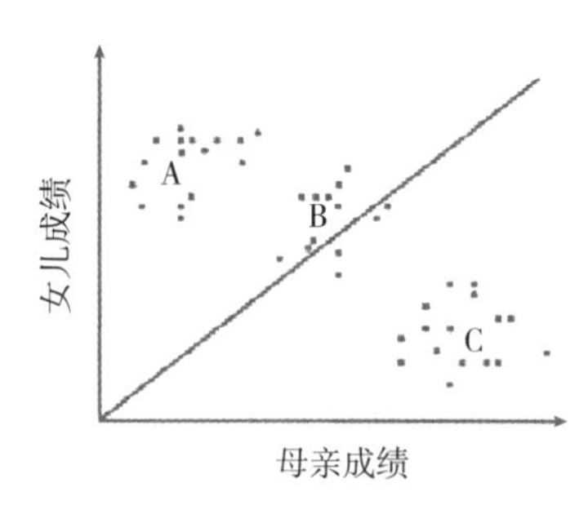

图 5-8 角平分线图解法

图解法的优点是对种公驼的遗传品质一目了然，缺点也同样是母女所处条件不相同。

（三）公驼指数

由于公驼不产乳，不能度量其产乳量，但公驼在产乳量方面是有其遗传影响的。资料上有人为了衡量公牛产乳量的遗传性，提出使用“公牛指数”这个指标，在此我们也类似地提出“公驼指数”。这个指数的原理是假设公驼和母驼对女儿产量具有同等的影响，因此女儿的产量等于其父母产量的平均数。用公式表示：

$$D=(F+M)/2$$

式中，D 代表女儿的平均产乳量；F 代表父亲的平均产乳量，即公驼指数；M 代表母亲平均产乳量。由上式可以得到：

$$F=2D-M$$

这个公式的意思就是公驼指数等于两倍的女儿平均产量减去母亲的平均产量。

用这个指数来鉴定公驼，其缺点与前两方法相同，优点在于公驼的质量有了具体的数量指标，各公驼可以进行较精确的比较。在饲养管理基本稳定的驼群，这种后裔鉴定方法不失为一种简便易行又比较准确的方法。

这种指数虽然主要用于鉴定公驼产乳量的遗传性，但同样可以推广到其他限性的数量性状，如乳脂率、泌乳速度等。

（四）不同后代间比较

这种方法可用以鉴定种母驼。使数峰被鉴定的母驼在同一个时期与同一峰种公驼交配。当母驼产下后代都在同一条件下饲养管理，同一季节生长发育，它们很少受不同条件的影响。然后通过对每峰母驼的所有后代的资料分析，用以判断各母驼的优劣。例如，欲鉴定 A、B、C 三峰母驼，则使它们在同一时期与同一公驼交配，待产羔后，三峰母驼的驼羔都在相同的条件下饲养管理，然后度量它们的增重情况，并将各母驼所产羔数的平均日增重相互对比。

这种后裔鉴定方法应用于种公驼更为普遍。当鉴定两峰以上种公驼时，让它们在同一时期各配若干母驼，这样母驼分娩季节相同。所有后代都在相似的条件下饲养，然后比较后代的生产性能和体质外形，判断种公驼的好坏。当单独鉴定一峰种公驼时，可将其后代与驼群中其他种公驼的同龄后代比较，或与驼群平均值比较。

五、同胞鉴定及后裔鉴定的最宜测定规模

由于同胞鉴定及后裔鉴定的效率都与测定规模有关，而测定规模又与育种费用等密切相关，因此有必要针对不同的性状、不同的亲属类型来确定最宜的测定规模。尽管个体育种值的估计准确度与性能测定规模大小密切相关，但估计准确度与测定个体数目并非是线性关系。在遗传力不同的情况下，增加测定数目的效果也是不一样的。因此，在测定容量有限时，确定每一个体测定的同胞或后裔的最宜数目，对实际育种工作是十分有意义的。下面以半同胞后裔测定最宜测定数目的确定为例，说明其计算方法。同胞测定的最宜测定数目可以参照此法类似确定。

设测定总容量为 T 峰子女，若需选留 S 峰公驼，则每一公驼可测定的子女数，即测定比为 $k=T/S$。若每一公驼测定 n 个子女，则可测定的公驼数为 $S_T=T/n$。因此公驼留种率 p 为

$$p=\frac{S}{S_T}=\frac{n\times S}{T}=\frac{n}{k}$$

根据选择反应估计原理，可以确定在这一留种率时的预期选择反应，利用求极大

值方法可以得到预期选择反应最大时的留种率与测定比的函数关系如下：

$$\frac{k}{a}=\frac{2pc-z}{2p(z-pc)}$$

式中，z 和 c 是与留种率 p 对应的标准正态分布曲线在选择截点处的纵坐标和截点值，$a=\frac{1-r_Ah^2}{r_Ah^2}$。

由于上式中 z 和 c 的取值均与 p 有关，且不能用一般函数表示，必须作数值积分运算。因此，实际应用时解上式的最好方法是，根据一定的 p 值，由正态分布表查出相应的 z 和 c 取值，并由上式计算出相应的 k/a 值，制成表 5-2。应用时根据实际的留种公驼数和测定总容量确定 k 值，并由遗传力和亲缘系数算出相应的 k/a 值，从表中查出相应的最宜留种率，然后由 $p=\frac{S}{S_T}=\frac{n\times S}{T}=\frac{n}{k}$ 即可确定每一公驼的测定子女数 n，以及在 T 确定时的测定公驼数 S_T。下面用一个实例说明其计算方法。

表 5-2 对应于不同 k/a 的 p 值

k/a	p	k/a	p	k/a	p	k/a	p
0	0.27	1.27	0.20	4.80	0.13	21.76	0.06
0.104	0.26	1.57	0.19	5.78	0.12	29.36	0.05
0.261	0.25	1.93	0.18	7.00	0.11	41.72	0.04
0.415	0.24	2.31	0.17	7.21	0.10	64.24	0.03
0.588	0.23	2.78	0.16	0.51	0.09	114.78	0.02
0.786	0.22	3.33	0.15	13.12	0.08	293.41	0.01
1.19	0.21	4.00	0.14	16.69	0.07		

【例】某双峰驼改良中心具有测定 100 峰母驼的能力。若需选留 5 峰小公驼作为种公驼，假设双峰驼产乳量的遗传力为 $h^2=0.3$。应该测定多少峰小公驼？每一公驼测定多少峰女儿?

由于 $T=100$，$S=5$，$h^2=0.3$，因此有：

$$k=\frac{T}{S}=\frac{100}{5}=20 \qquad a=\frac{1-r_{HS}h^2}{r_{HS}h^2}=\frac{1-0.25\times0.3}{0.25\times0.3}\approx12$$

所以：$k/a=20/12=1.666\ 7$

由表 5-2 可查得与 1.6667 对应的 p 值约为 0.187。因此，最宜测定女儿数 n 为：

$$n=kp=20\times0.187\approx4$$

应测定的小公驼数 S_T 为：

$$S_T=\frac{T}{n}=\frac{100}{4}=25$$

因此，在给定条件下的最佳测定决策是，测定 25 峰小公驼，每峰公驼测定 4 峰女儿，选留其中 5 峰小公驼作为种公驼使用。应该注意的是，这里所讨论的最宜测定数仅考虑了测定容量的限制，而未考虑到测定成本、世代间隔、环境差异等因素的影响。

六、综合鉴定

综合鉴定，是根据祖先、个体和后裔等方面的材料，对种驼的种用价值进行综合评价的方法。这种方法由于材料来源比较广泛，所得结果也较准确。所以在核心群中选择种公驼时，一般要求采用此种方法。

对种驼综合鉴定时，一般分两次进行。第一次是 3～3.5 周岁，主要对血统来源、体质外貌、体尺和产毛量等进行评定；第二次是 7～8 周岁，主要对外貌、体尺、生产力和后裔等方面进行评定。标准全用 10 分制，时间在秋季满膘时进行，对种驼进行综合鉴定的等级标准见表 5-3。

表 5-3　对种驼进行综合鉴定的等级标准（各等级所需的最低分数）

评定项目	特级		一级		二级	
	公驼	母驼	公驼	母驼	公驼	母驼
血统来源	8	7	6	5	4	3
体质外貌	8	7	6	5	4	3
体尺	8	7	6	5	4	3
役用品质	5	4	3	—	—	—
产毛量	8	7	6	5	4	3
挤乳量	—	8	—	6	—	3
后裔品质	8	7	6	5	4	3

资料来源：宁夏农学院，内蒙古农牧学院，1983。

第三节　育种值估计

一、育种值概念及估计原理

任何一个数量性状的表型值都是遗传与环境共同作用的结果，即 $P=G+E$。遗传的效应是基因的作用造成的，由于基因具有加性、显性、上位三种不同的作用，因此，基因型值（G）又可剖分为基因的加性效应（A）、显性效应（D）和上位效应（I）。显性和上位两项虽然也都是由基因作用造成的，但在遗传给后代时，由于基因的分离和重组，这两部分一般不能确实遗传，在育种过程中不能被固定。所能固定的只是基因加性效应造成的部分，即 $P=A+D+I+E=A+R$。只有加性效应能确实地遗传给后代，个体加性效应的高低反映了它在育种上贡献的大小，因而称之为育种值。也就是说，只有根据育种值进行选种，选择效果才最好。但育种值不能直接度量，要根据表型值间接估计。

估计育种值：个体育种值无法直接测量，能够测定的是包含育种值在内的各种遗

传效应和环境效应共同作用得到的表型值。只能利用统计学方法，通过表型值和个体间的亲缘关系对育种值进行估计，由此得到的估计值称为估计育种值（estimated breeding value，EBV）。

估计传递力：对常染色体上的基因而言，后代的遗传基础由父母双方共同决定，一个亲本只有一半的基因遗传给下一代。对数量性状来说，个体育种值的一半能够传递给下一代，在遗传评估中将它定义为估计传递力（estimated transmitting ability，ETA）。即 $ETA=EBV/2$。

相对育种值：个体育种值占所在群体均值的百分比称为相对育种值（relative breeding value，RBV）。这是为了育种实践中便于比较个体育种值的相对大小而设定的。

$$RBV=\left(1+\frac{\hat{A}}{\bar{P}}\right)\times 100\%$$

式中，$\hat{A}$ 代表个体估计育种值；$\bar{P}$ 代表与该信息来源处于相同条件下的所有个体的均值。

综合育种值：对多性状选择时，需要估计个体多个性状的综合育种值（total breeding value），根据它进行选择可获得多个性状的最佳选择效果。综合育种值是考虑了不同性状在育种上和经济上的重要性差异，用性状的经济加权值表示。假设需要选择提高的目标性状共有 n 个，各性状的育种值分别为 a_1，a_2，…，a_n，相应的经济加权值（economic weight）分别为 w_1，w_2，…，w_n，则综合育种值（H）可定义为：

$$H=\sum_{i=1}^{n} w_i a_i = w' a'$$

式中，$w'=[w_1, w_2, \cdots, w_n]$，$a'=[a_1, a_2, \cdots, a_n]$。实际上，综合育种值可看作一个复合数量性状的育种值，可以通过适当的统计分析方法对个体的综合育种值进行估计。

双峰驼的大多数重要生产性状均为数量性状，如体长、体高、胸围、管围、体重等生长性状，耐温、抗病等抗逆性状。这些数量性状的一个显著特点就是受环境影响较大，要对数量性状进行改良，必须区分性状值中的遗传效应和环境效应部分。根据微效多基因模型，数量性状的表型值是多个基因效应综合作用的结果，以现在的分子辅助育种技术水平而言，难以准确地剖分每个基因的效应和作用，即便根据主效基因模型，主效基因的定位分析和应用也是一个十分复杂的难题。

估计育种值，实质就是充分利用个体的各种有关信息（包括个体本身、同胞、亲代和后裔资料，见图 5-9 和图 5-10），应用现代统计分析方法和先进的计算工具，根据遗传力和度量次数的不同进行适当加权，尽量准确地反映和评定个体真实育种值。

在估计某一个体的育种值时，可仅利用其某一类亲属（包括个体本身）的性状测定值，也可同时利用多类亲属的性状测定值。传统习惯上，在单性状选择时，将前者称为个体育种值估计，而将后者称为复合育种值估计。实际上，这种区分没有实质性的意义，为了避免与多性状选择时的综合育种值概念混淆，将这两种情况统称为个体育种值估计。

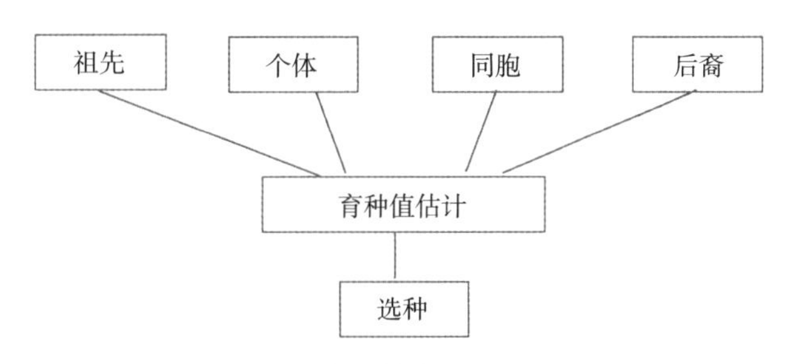

图 5-9　育种值估计信息来源

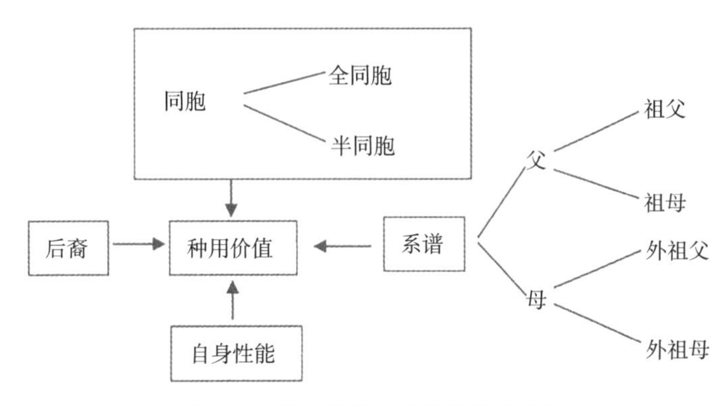

图 5-10　种用个体育种值的信息来源

二、单性状育种值估计

在实际的双峰驼育种中，无论是对单性状还是多性状的选择，都有大量的亲属信息资料可以利用，问题的关键是如何合理地利用各种亲属信息，尽量准确地估计出个体育种值。常用于估计个体育种值的单项表型信息主要来自个体本身、系谱、同胞及后裔，共 4 类，见图 5-11。一般只有在个体出生之前，资料不足时加入祖代资料；其他亲属资料，由于被估个体亲缘关系较远而很少用到。

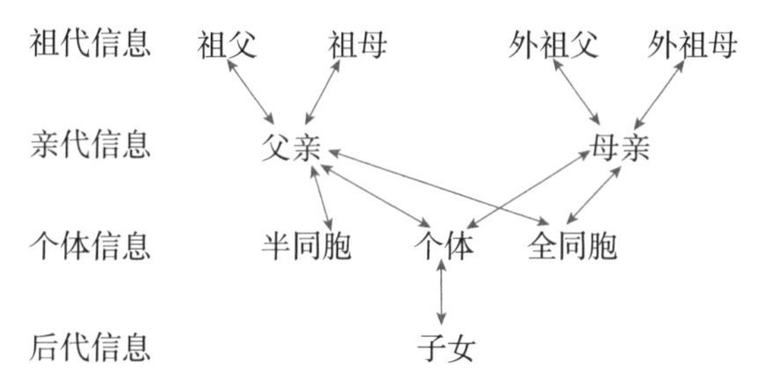

图 5-11　估计育种值常用的各种信息

(一) 单一亲属信息育种值估计

育种值估计原理：利用育种值与表型值之间的回归关系方程来进行估计。

当仅利用个体本身或其某一类亲属的性状表型值估计个体的育种值时，最简便易

行的方法就是建立育种值对表型值的回归方程，即：

$$EBV=\hat{A}=b_{AP}\ (P^{*}-\bar{P})$$

式中，$\hat{A}$ 代表个体估计育种值；b_{AP} 代表个体育种值对信息表型值的回归系数或称加权系数；P^{*} 代表用于评定育种值的信息表型值；$\bar{P}$ 代表该信息来源处于相同条件下的所有个体的均值。

显然，这里最为关键的是要计算出 b_{AP}。根据回归系数的计算公式，有

$$b_{AP}=\frac{\mathrm{Cov}(A,\ P^{*})}{\sigma_{P^{*}}^{2}}$$

式中，$\mathrm{Cov}(A,\ P^{*})$ 代表被估计个体育种值与信息表型值的协方差；$\sigma_{P^{*}}^{2}$ 代表信息表型值方差。

信息表型值可以剖分为决定该表型值的育种值和剩余值，即 $P^{*}=A^{*}+R^{*}$，一般情况下均假设 $\mathrm{Cov}(A,\ P^{*})=0$，因此，得到 $\mathrm{Cov}(A,\ P^{*})=\mathrm{Cov}(A,\ A^{*})=r_{A}\sigma_{A}^{2}$，$r_A$ 是提供信息的亲属个体与被估个体的亲缘系数，σ_{A}^{2} 是性状的加性遗传方差。$\sigma_{P^{*}}^{2}$ 与信息资料形式有关，一般常用的资料形式有下列 4 种：个体本身单次度量表型值、个体本身多次度量均值、多个同类亲属单次度量均值以及多个同类亲属多次度量均值。在实际计算时，最后一种类型作为多信息来源处理更为简便、准确。对于前 3 种资料形式，由

$$V_{P}k=\frac{1+(k-1)r_{e}}{1+(n-1)r_{P}}V_{P}$$

可得：

$$\sigma_{P^{*}}^{2}=\frac{1+(n-1)r_{P}}{n}\sigma_{P}^{2}$$

式中，n 代表个体本身的度量次数或同类亲属个体数；σ_{P}^{2} 代表性状的表型方差；r_P 代表为多个表型值间的相关。如果是同一个体多次度量，$r_P=r_e$（重复力）；如果是多个同类个体单次度量，则

$$r_{P}=r_{A}^{*}h^{2}$$

式中，r_{A}^{*} 代表同类个体间的亲缘系数。

将其代入 $b_{AP}=\dfrac{\mathrm{Cov}(A,\ P^{*})}{\sigma_{P^{*}}^{2}}$，可得

$$b_{AP}=\frac{r_{A}nh^{2}}{1+(n-1)r_{P}}$$

表 5-4 中列出了几种主要信息资料类型估计个体育种值时 b_{AP} 的计算公式。

表 5-4　不同信息估计个体育种值的回归系数

信息资料类型	同一个体单次度量值	同一个体 k 次度量均值	n 个同类个体单次度量均值
本身	h^2	$\frac{kh^2}{1+(k-1)r_e}$	

（续）

信息资料类型	同一个体单次度量值	同一个体 k 次度量均值	n 个同类个体单次度量均值
亲本	$0.5h^2$	$\frac{0.5kh^2}{1+(k-1)r_e}$	h^2（这时 $n=2$）（非近交，两亲本平均值）
全同胞兄妹	$0.5h^2$	$\frac{0.5kh^2}{1+(k-1)r_e}$	$\frac{0.5nh^2}{1+0.5(n-1)h^2}$
半同胞兄妹	$0.25h^2$	$\frac{0.25kh^2}{1+(k-1)r_e}$	$\frac{0.25nh^2}{1+0.25(n-1)h^2}$
全同胞后裔	$0.5h^2$	$\frac{0.5kh^2}{1+(k-1)r_e}$	$\frac{0.5nh^2}{1+0.5(n-1)h^2}$
半同胞后裔	$0.5h^2$	$\frac{0.5kh^2}{1+(k-1)r_e}$	$\frac{0.5nh^2}{1+0.25(n-1)h^2}$

由 $EBV=\hat{A}=b_{AP}(P^*-\bar{P})$ 式得到的估计育种值的准确度可用估计育种值与真实育种值的相关系数来度量，其计算公式为：

$$r_{A\hat{A}}=r_{AP}=b_{AP}\frac{\sigma_P^*}{\sigma_A}=r_A\sqrt{\frac{nh^2}{1+(n-1)r_P}}$$

这意味着估计育种值的准确度取决于被估个体与提供信息个体的亲缘关系、性状的遗传力、重复力和可利用的信息量。

1. 根据个体记录 利用个体本身信息估计育种值也称为个体测定，根据不同性状的特点，个体本身信息可以是单次度量值，也可以是多次度量值。从表5-4可以看出，在利用单次度量值估计时，加权系数就是性状的遗传力，因此，对于同一群体的个体来说，个体育种值估计值的大小顺序与个体表型值是完全一样的。当性状进行多次度量时，由于可以消除个体一部分特殊环境效应的影响，从而提高个体育种值估计的准确度。由表5-4可知加权系数取决于度量次数和性状的重复力。度量次数越多，给予的加权值越大；重复力越高，单次度量的代表性越强，多次度量能提高的效率也就低。然而，在实际育种工作中应注意到，多次度量带来的选择进展提高，有时不一定能弥补由于延长世代间隔而减少的单位时间的选择进展。因此，除非性状重复力特别低，一般不必等到多次度量后再行选择，而是随着记录的获得，随时利用已获得的 n 次记录均值进行选择。

由于个体测定的准确度直接取决于性状遗传力大小，因此，遗传力高的性状采用这一信息估计时，准确度较高。此外，如果综合考虑到选择强度和世代间隔等因素，这种测定的效率可能会更高一些。因此，只要不是限性性状或有碍于种用的性状，一般情况下应尽量充分利用这一信息。

（1）根据个体本身一次记录

$$\hat{A}_X=(P_X-\bar{P})h^2+\bar{P}$$

式中，$\hat{A}_X$ 代表个体 X 某性状的估计育种值（EBV）；P_X 代表个体 X 该性状的表型

值；$\bar{P}$ 代表该性状的群体表型平均值；h^2 代表该性状的遗传力。

（2）根据个体的多次记录

$$\hat{A}_X=[\bar{P}_{(n)}-\bar{P}]h^2_{(n)}+\bar{P}$$

式中，$\bar{P}_{(n)}$ 代表个体 X 的 n 次记录的平均表型值；$h^2_{(n)}$ 代表 n 次记录平均值的遗传力。

$$h^2_{(n)}=\frac{V_A}{V_{P(n)}}=\frac{nh^2}{1+(n-1)r_e}$$

式中，n 代表记录次数；r_e 代表各次记录间的相关系数（即重复率）。

2. 根据祖先记录 利用系谱信息估计个体育种值也称为系谱测定。系谱信息包括个体的父母及祖先的性状测定信息。在实际测定时首先应注意父母代（亲本），然后是祖父母代，更远的祖先所提供的信息价值十分有限。根据亲本信息估计育种值有下列 4 种情况：一个亲本单次表型值、一个亲本多次度量均值、双亲单次度量均值以及双亲各自度量多次的均值，其中最后一种情况可以作为两种信息来源处理。由表 5-4 可以看出，亲本信息的加权值均值只为相应的个体本身信息的一半，当利用双亲单次度量均值估计时它正好就是遗传力，这与前述选择反应估计是一致的。当利用更远的亲属信息估计育种值时，只需在加权值计算公式中将相应的亲缘系数代替亲子亲缘系数即可，只是由于亲缘关系越远，其信息利用价值越低，一般而言，祖代以上的信息对估计个体育种值意义不大。

尽管亲本信息的估计效率相对较低，利用亲本信息估计育种值的最大好处是可以做早期选择，甚至在个体未出生前，就可根据配种方案确定的两亲本成绩来预测其后代的育种值。此外，在个体出生后，亲本信息可以作为辅助信息来提高个体育种值估计的准确度。

（1）只有一个亲本记录

$$\hat{A}_X=0.5[\bar{P}_{P(n)}-\bar{P}]h^2_{P(n)}+\bar{P}$$

式中，$\bar{P}_{P(n)}$ 代表一个亲本 n 次记录的平均值；$h^2_{P(n)}$ 代表亲本 n 次记录平均值的遗传力。

（2）同时有父母的记录

$$\hat{A}_X=0.5[\bar{P}_{S(n)}-\bar{P}]h^2_{S(n)}+0.5[\bar{P}_{D(n)}-\bar{P}]h^2_{D(n)}+\bar{P}$$

式中，$\bar{P}_{S(n)}$ 和 $\bar{P}_{D(n)}$ 分别代表父、母亲 n 次记录平均值；$h^2_{S(n)}$ 和 $h^2_{D(n)}$ 分别代表父、母 n 次记录平均值遗传力。

（3）利用双亲的一次记录

$$\hat{A}_X=[0.5(P_S+P_D)-\bar{P}]h^2+\bar{P}$$

注意：用祖先记录估计的育种值不如根据个体本身记录准确，但可作为早期选择的依据。

3. 根据全同胞记录

$$\hat{A}_X=[\bar{P}_{(FS)}-\bar{P}]h^2_{(FS)}+\bar{P}$$

式中，$\bar{P}_{(FS)}$ 代表全同胞的平均表型值；$h^2_{(FS)}$ 代表全同胞均值的遗传力。

$$h^2_{(FS)} = \frac{0.5nh^2}{1+(n-1)0.5h^2}$$

注意：同胞数（n）越多时，同胞均值遗传力越大。故对于低遗传力性状，用同胞资料选中的可靠性大。

利用同胞信息估计育种值的优点：可进行早期选种；可进行限性性状的选择；可进行本身难以度量的性状的选择；对低遗传力性状，同胞资料选种的可靠性大。

缺点：只能区别家系间优劣，不能鉴别家系内好坏。

4. 根据后裔记录 主要用于公驼选择。

（1）公驼与随机母驼群体交配的后代

$$\hat{A}_X = (\bar{P}_O - \bar{P})h^2_{(O)} + \bar{P}$$

式中，$\bar{P}_{(O)}$ 代表子女的平均表型值；$h^2_{(O)}$ 代表子女均值的遗传力：$h^2_{(O)} = 2h^2_{(HS)}$。

后裔资料估计育种值的可靠性高于用半同胞资料估计育种值。根据后裔估计育种值的可靠性要高于半同胞，在峰数相等时，它的加权值是半同胞时的两倍。

（2）与配母驼为挑选出的群体

$$\hat{A}_X = 2[(\bar{P}_O - \bar{P}) - 0.5(P_D - \bar{P})h^2]h^2_{(O)} + \bar{P}$$

或

$$\hat{A}_X = [2(\bar{P}_O - \bar{P}) - (P_D - \bar{P})h^2]h^2_{(HS)} + \bar{P}$$

上式中考虑并消除了母驼群体高于全群均值的偏差部分（方法：从子女高出群体平均值的部分中减去由于母亲的作用使子女高出群体的部分）。

（二）多种亲属信息育种估计值

有多种资料来源时，由于亲属间亲缘相关系数的差异，要利用不同的偏回归系数对各项资料进行加权，以求得复合育种值。

不同资料来源的比较：祖先资料估计育种值的可靠性较差。对于遗传力低的性状，同胞选择优于个体选择；对于遗传力高而本身又能直接度量的性状，个体选择的效果优于后裔测定。

在利用各种亲属信息估计个体育种值时，单独利用一项信息总有一定的局限性，不能达到充分利用信息、尽可能提高育种效率的目的。与利用单一亲属信息估计育种值类似，在利用多种亲属信息估计育种值时，可用多元回归的方法，即用如下的多元回归方程来估计育种值：

$$\hat{A} = \sum b_i X_i = b'X$$

式中，X_i代表第 i 种亲属的表型信息；b_i代表被估个体育种值对 X_i的偏回归系数；X 代表信息表型值向量；b 代表偏回归系数向量。

因而，现在问题是如何计算这些偏回归系数。这可借助通径分析来解决。

为叙述方便，我们将每种亲属的信息归纳为 3 种类型：①一个个体单次度量表型

值，记为 P_i；②多次度量表型值均值，记为 $\overline{P}_i$，这包含两种情况，即多个个体单次度量表型均值和一个个体多次度量表型均值；③多个个体多次度量均值，统记为 $\overline{\overline{P}}_i$。这 3 种类型信息资料是依次决定于前者的，如图 5-13 的通径关系图所示，图中 A_X 为需要估计的个体育种值，P_i、$\overline{P}_i$ 和 $\overline{\overline{P}}_i$ 为用来估计育种值的信息表型值（$i=1, 2, \cdots$），显然，这些信息与 A_X 应该是遗传上相关的，其联系桥梁就是决定这些信息表型值的相应育种值 A_i 与 A_X 间的遗传相关 $r_{(iX)}$，$r_{(ij)}$ 为第 i 种亲属与第 j 种亲属的育种值相关系数。

图 5-13 的关系链上：h_i 为个体育种值到个体单次度量表型值的通径系数；z_i 为个体单次度量表型值到个体多次度量表型均值或多个个体单次度量表型均值的通径系数；q_i 为个体多次度量表型均值到多个个体多次度量表型均值的通径系数。

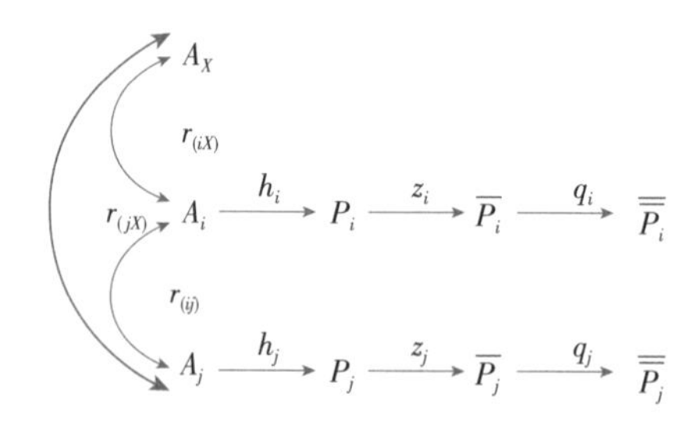

图 5-13　估计信息与个体育种值的通径关系

依据通径分析原理，当偏回归系数为 1 时，通径系数等于原因变量标准差与结果变量标准差之比，因此得到：

$$h_i = \frac{\sigma_{A_i}}{\sigma_{P_i}} = \frac{\sigma_A}{\sigma_P} = h \tag{1}$$

$$z_i = \frac{\sigma_{P_i}}{\sigma_{\overline{P}_i}} = \sqrt{\frac{k}{1+(k-1)r_P}} \tag{2}$$

$$q_i = \frac{\sigma_{\overline{P}_i}}{\sigma_{\overline{\overline{P}}_i}} = \sqrt{\frac{n}{1+(n-1)r_A z_i^2 h^2}} \tag{3}$$

式中，r_P 为多个表型值间的相关，如果是一个个体多次度量，$r_P = r_e$（重复力），如果多个同类个体单次度量，$r_P = r_A^* h^2$ 的含义与 $b_{AP} = \dfrac{r_A n h^2}{1+(n-1)r_P}$ 式中的相同。

各种亲属信息与 A_X 的通径关系如图 5-14 所示，其中的 $P_i = h_i$、z_i 或 q_i，可根据实际的亲属信息类型，由（1）、（2）、（3）式计算。

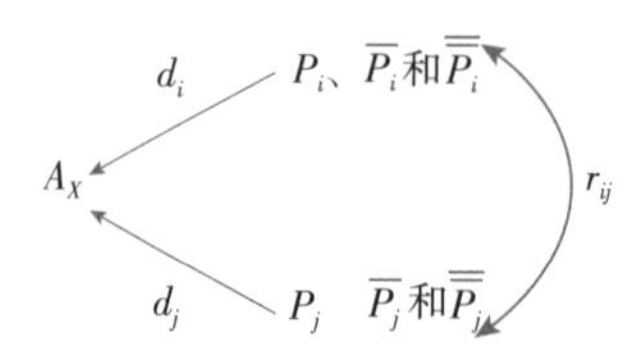

图 5-14　多信息估计育种值的通径原理

据此，可得到计算偏回归系数的正规方程如下：

$$b=R^{-1}r \tag{4}$$

这里 b、R 和 r 的具体形式分别为：

$$b=\begin{bmatrix} \cdots \\ b_iX \\ \cdots \\ b_jX \\ \cdots \end{bmatrix} \quad R=\begin{bmatrix} \cdots & \cdots & \cdots & \cdots & \cdots \\ \cdots & \frac{1}{d_i^2} & \cdots & r_{(ij)} & \cdots \\ \cdots & \cdots & \cdots & \cdots & \cdots \\ \cdots & r_{(ji)} & \cdots & \frac{1}{d_j^2} & \cdots \\ \cdots & \cdots & \cdots & \cdots & \cdots \end{bmatrix} \quad r=\begin{bmatrix} \cdots \\ r_iX \\ \cdots \\ r_jX \\ \cdots \end{bmatrix}$$

式中，b 代表所求的估计育种值偏回归系数矩阵；R 代表各信息间的相关矩阵；r 代表各信息与被估计育种值的个体间亲缘系数向量。

R 中的对角线元素为各类亲属到被估个体育种值的通径系数的平方之倒数，非对角线元素为各类亲属彼此间的亲缘相关系数，r 中的元素为各类亲属与被估个体间亲缘系数。对于非近交群体，r 和 R 中亲缘相关系数为固定的常量，对有近交的群体，则需要计算出两种亲属间的实际亲缘相关系数。

根据实际的估计育种值信息来源，将有关参数代入方程 $b=R^{-1}r$ 式并对方程组求解，即可得到各偏回归系数。用 $\hat{A}=\sum b_iX_i=b'X$ 式估计育种值的准确度就等于这一多元回归的复相关系数，即：

$$r_{A\hat{A}}=\sqrt{b'r}=\sum b_{iX}r_{(iX)}$$

三、多性状综合遗传评定

上述的各种选择方法都是针对单个性状选择而言的，但是在实际的育种工作中很少仅考虑单个性状选择。一般情况下，双峰驼的育种目标均涉及多个重要的经济性状，如产乳量、乳脂率和乳蛋白率、产绒量、绒长和绒纤维直径等。因此，多性状的选择在实际的双峰驼育种中是不可避免的，关键是如何对多性状进行选择才可以获得最大的遗传效益和经济效益。

（一）多性状选择概述

多性状选择方法一般有 3 种：①顺序选择法，或称单项选择法；②独立淘汰法；③综合选择法，即利用对个体综合育种值的估计值进行选择。估计综合育种值的常用方法是综合指数法，这个方法在过去的 30 余年中得到了很大的发展，从一般的综合选择指数发展为约束选择指数、最宜选择指数及通用选择指数等，因而成为多性状选择的重要方法。此外，随着现代线性模型技术的发展，最优线性无偏预测法（BLUP）吸收了综合选择指数方法的优点，并且考虑了多种固定环境效应、随机遗传效应等，为不同环境条件下的种驼育种值评定提供了可行的方法，多性状 BLUP 法已逐渐取代综合指数法，成为多性状选择的常用方法。

对这3种选择方法相对效率的理论研究表明：①在任何情况下，指数选择法的效率不低于独立淘汰法，独立淘汰法的效率不低于顺序选择法。②指数选择法优于其他方法的相对效率随性状数增加而提高，但是随各性状的经济加权值差异增加而下降，在经济加权值相同时，其优越性最大。指数选择法优于独立淘汰法的相对效率，随选择强度增加而提高；但是指数选择优于顺序选择法的相对效率，则与选择强度无关。③独立淘汰法优于顺序选择法的相对效率随性状数和选择强度增加而提高，但是随经济加权值差异增加而下降。④当各性状的经济加权值相同时，指数选择法优于其他方法的相对效率还受其表型相关的影响较大，当 r_P 很低或为负值时，其相对效率较高。而遗传相关对相对效率的影响只有在经济加权值不同时才明显，其影响大小随着其他参数的变化而改变。

在多性状选择中，必须首先确定综合育种值中的经济加权值，它实际上就是育种目标的数量化，Hazel 最初提出综合选择指数时应用的经济加权值定义是："在其他性状保持不变时，一个性状提高一个单位所增加的收益"，这实际上是性状的边际效益。因而确定经济加权值的方法多是经济学方法，影响它的经济因素很多而且复杂。

（二）综合选择指数

将多个性状综合在一起进行选择，常用的方法是制订综合选择指数进行选择。综合选择指数是 Hazel（1943）提出来的，它以使育种群的经济价值得到最大的改进为目标。根据性状的遗传力、经济加权值和性状间的遗传相关等制订出综合选择指数，计算出每个个体的指数值即综合育种值，然后进行选择。这种方法比较全面地考虑了各种遗传和环境因素，同时考虑到育种效益问题，因此，能较全面地反映一峰种驼的种用价值，指数制订也较为简单，选择可以一次完成。

综合选择指数法从理论上讲是科学的，选择效果优于其他方法，但实际应用时，难以达到理论上的期望效果。其主要原因在于：①遗传参数估计的误差较大；②各目标性状的经济加权值不太准确；③群体小，近交程度增高；④选择性状与目标性状不一致。

由于综合指数选择法在任何情况下均具有最高的选择效率，因此自该方法提出以后，即被广泛地应用于育种改良实践，并取得了相当大的成就。广义而言，一个选择计划的制订一般应包括下列几个步骤：①性状各种表型参数和遗传参数的估计；②性状经济加权值的确定；③选择强度估计；④选择指数制订和选择效果估计；⑤计算个体指数值，确定选择决策。

然而，传统的选择指数要求目标性状与信息性状一致，而且只是利用个体本身的各性状信息，这不符合现代育种学的精神。实际上，对多性状选择在群体遗传基础和环境条件相对一致的情况下，应该充分利用各种信息来源的资料，采用与上一节类似的多元回归方法进行综合遗传评定。这里直接介绍根据多种信息来源计算个体多性状选择指数的方法，这与传统的选择指数是不完全相同的，应该理解为选择指数是个体多性状的一个综合指标，对不同个体由于信息来源有所不同，计算它们的选择指数值的回归系数是不完全相同的，只有在信息性状与目标性状完全一致，只有个体本身单次度量值时，这里所介绍的综合选择指数才与传统选择指数等同。

1. 综合选择指数的构造 在多性状选择中，由于各性状在育种上和经济上重要性的差异，对各性状的选育提高要求是不一致的，这些差异一般用性状经济加权值表示。用它对需要选择提高的性状育种值进行加权就可以得到综合育种值：

$$H=\sum_{i=1}^{n}w_i a_i=w'a$$

个体的综合育种值 H 可以利用本身和（或）有关亲属的相关性状的表型值 X_1，X_2，…，X_m（表示为与相应的群体均值的离差）来估计，这些性状称为信息性状，而综合育种值包含的性状称为目标性状，信息性状与目标性状可以相同，也可以不同，但必须与目标性状有较高的遗传相关。最简单可行的估计方法就是建立一个信息性状的线性函数 I，即选择指数，用它来估计 H，即：

$$I=\sum_{i=1}^{m}b_i X_i=b'X$$

式中，$X'=[X_1,\ X_2,\ \cdots,\ X_m]$；$b'=[b_1,\ b_2,\ \cdots,\ b_m]$；$b_i$代表性状$X_i$的加权系数，即偏回归系数。

显然，多性状选择的目的是要获得一个指数 I，用它可以最准确地估计 H，从而获得最大的综合育种值进展 ΔH，利用求极大值方法可以得到如下多元正规方程组：

$$Pb=DAw$$

则：
$$b=P^{-1}DAw$$

式中，P 代表信息性状表型值之间的方差-协方差矩阵；A 代表各信息性状与目标性状育种值之间的协方差矩阵；D 代表提供每一信息性状表型值的个体与被估计个体间的亲缘相关对角矩阵，其具体形式为：

$$P=\begin{bmatrix} \cdots & \cdots & \cdots & \cdots & \cdots \\ \cdots & \sigma_{P_i}^2 & \cdots & \mathrm{Cov}_P(i,\ j) & \cdots \\ \cdots & \cdots & \cdots & \cdots & \cdots \\ \cdots & \mathrm{Cov}_P(i,\ j) & \cdots & \sigma_{P_j}^2 & \cdots \\ \cdots & \cdots & \cdots & \cdots & \cdots \end{bmatrix}$$

$$D=\begin{bmatrix} \cdots & 0 & 0 & 0 & 0 \\ 0 & r_{A(i,I)} & 0 & 0 & 0 \\ 0 & 0 & \cdots & 0 & 0 \\ 0 & 0 & 0 & r_{A(j,I)} & 0 \\ 0 & 0 & 0 & 0 & \cdots \end{bmatrix}$$

$$A=\begin{bmatrix} \cdots & \cdots & \cdots & \cdots & \cdots \\ \cdots & \mathrm{Cov}_A(i,\ k) & \cdots & \mathrm{Cov}_A(i,\ l) & \cdots \\ \cdots & \cdots & \cdots & \cdots & \cdots \\ \cdots & \mathrm{Cov}_A(i,\ k) & \cdots & \mathrm{Cov}_A(i,\ l) & \cdots \\ \cdots & \cdots & \cdots & \cdots & \cdots \end{bmatrix}$$

P 中的对角线元素为信息性状表型值的方差，非对角线元素为各个信息性状表型值间的协方差，A 中的元素 Cov_A（i，k）为第 i 个信息性状与第 k 个目标性状间的育种值协方差，余类推。当目标性状与信息性状完全相同时，A 与 P 有相同的结构。在性状的表型方差、遗传力、表型相关和遗传相关、提供信息的个体与被估计综合育种值的个体（I）亲缘系数都已知的情况下，可以利用这些参数来确定这三个矩阵。其中 $r_{A(i,I)}$ 表示提供 i 个信息的个体与被估个体的亲缘系数，例如：提供信息的是个体本身时它等于 1；如果是个体的半同胞提供信息，则在随机交配情况下等于 0.25。

2. 综合选择指数效果的度量　综合选择指数也可以看作一个综合的数量性状，制定出选择指数后，对它也可以像一般数量性状一样计算各种参数，对它的选择效果进行预测，主要的度量指标有综合育种值估计准确度 r_{HI}、综合育种值选择进展 ΔH 以及各性状育种值选择进展 Δa 等，各指标可如下计算：

（1）综合育种值估计准确度 r_{HI}　它是选择指数与综合育种值的复相关系数，计算公式如下：

$$r_{HI}=\frac{\mathrm{Cov}(H,I)}{\sigma_H\sigma_I}=\frac{\sigma_I}{\sigma_H}=\frac{b'DAW}{w'Gw}$$

式中，G 表示目标性状间的育种值方差-协方差矩阵。

（2）综合育种值选择进展 ΔH　它是在给定选择强度（i）的情况下利用综合选择，指数进行选择，预期可以获得的综合育种值改进量。当所有候选个体都有相同的信息来源，即对所有个体 r_{HI} 为常量，群体的综合育种值选择进展为：

$$\Delta H=ir_{HI}\sigma_H=i\sigma_I=i\sqrt{b'DAw}$$

（3）各性状育种值选择进展 Δa　在育种中除了要知道总的综合育种值进展外，还需要了解每一个目标性状的遗传进展如何，类似地可以得到其计算公式：

$$\Delta a=\frac{ib'A}{\sigma_I}=\frac{ib'DA}{\sqrt{b'DAw}}$$

此外，考虑多性状选择与单位性状选择的效果比较，如果所有选择的性状间都不存在相关，而且各性状的表型方差、遗传力和经济加权值都相同，可以证明在同样的选择强度下，用综合选择指数同时选择多个性状时，每一个性状的遗传进展只有单独选择该性状时的 $1/\sqrt{n}$。即使当各性状的表型方差、遗传力和经济加权值不相同，性状间也存在相关时，多性状的改进也低于单独选择某一性状。因此，一般情况下，在选择方案中，尽量不要包括太多的目标性状。

（三）约束选择与最宜选择指数

在多性状遗传改良中，有时需要对不同性状的改进作适当的控制，希望在一些性状改进的同时，保持另一些性状不变，即进行约束选择（restricted selection）。例如，在奶驼育种中，希望在增加产奶量的同时，保持乳脂率不下降。

所谓最宜选择并不是指这种选择是最优的。理论研究表明，对选择性状的任何约束都将导致预期总的综合育种值进展下降，只不过是对所约束的性状而言，可以使它按所要求的进展改变而已。此外，由于性状遗传进展的任何变动都会导致选择指数很大的改变，因此对性状的改进施加约束应慎重考虑，不适当的约束会极大地降低指数的选择效率。

约束选择可通过约束选择指数进行，它是在上述综合选择指数基础上，通过一定方式施加一些约束条件来实现的。因此，综合育种值（H）和选择指数（I）仍由下式定义：

$$H=\sum_{i=1}^{n}w_i a_i=w'a$$

$$I=A_T=\sum_{i=1}^{m}b_i X_i=b'X$$

约束选择的目的是在给定的约束条件下使得确定的选择指数尽量准确地估计综合育种值，从而获得最大的综合育种值进展。为了对某些性状的遗传进展施加一定的约束，需要引入如下的约束矩阵 R，即：

$$R=\begin{bmatrix} r_{11} & r_{12} & \cdots & r_{1s} \\ r_{21} & r_{22} & \cdots & r_{2s} \\ \vdots & \vdots & \vdots & \vdots \\ r_{n1} & r_{n2} & \cdots & r_{ns} \end{bmatrix}$$

式中，n 为 $H=\sum_{i=1}^{n}w_i a_i=w'a$ 式中目标性状的数目；s 代表施加约束的性状数。

R 中的每一列向量对应于一个约束性状。在该列向量中，对应于约束性状的元素取值为 1，其余元素取值为 0，从而使得 $R'a$ 只含有约束性状的育种值向量，从而实现对其中某些性状施加约束条件。如果限制所约束的性状按比例向量 $k'=[k_1, k_2, \cdots, k_s]$ 变化，采用 Lagrange 乘子法，引入一个不定乘子向量 λ，则可以得出如下的求解方程组：

$$\begin{bmatrix} b \\ \lambda \end{bmatrix}=\begin{bmatrix} P & DAR \\ R'A'D & 0 \end{bmatrix}^{-1}\begin{bmatrix} DAw \\ k \end{bmatrix}$$

解此方程组，将得到的 b 代入下式：

$$I=A_T=\sum_{i=1}^{m}b_i X_i=b'X$$

即得到所需的约束选择指数。应用分块矩阵求逆法容易得到：

$$b=[I-P^{-1}DAR(R'A'DP^{-1}DAR)^{-1}R'A'D]P^{-1}DAw+P^{-1}DAR(R'A'DP^{-1}DAR)^{-1}k$$

式中，I 为单位矩阵。此式即为最宜选择指数的计算公式。

实际上，下式涵盖了本章讨论的全部个体遗传评定方法，具有广泛的适用性，不论是单性状、多性状，还是单信息、多信息，都可以直接利用它进行育种值估计。

$$b=[I-P^{-1}DAR(R'A'DP^{-1}DAR)^{-1}R'A'D]P^{-1}DAw+P^{-1}DAR(R'A'DP^{-1}DAR)^{-1}k$$

下面给出在两类特定条件下的简化形式：

1. 只有个体本身成绩记录，且不含选种辅助性状 这时 $D=I$，$A'=A$，这相当于传统意义上的各种选择指数，因此可得到：

（1）最宜选择指数（b_0）

$$b_0=[I-P^{-1}AR(R'AP^{-1}AR)^{-1}R'A]P^{-1}Aw+P^{-1}AR(R'AP^{-1}AR)^{-1}k$$

（2）约束选择指数（b_R） 这时 $k=0$，即保持所有约束性状不变，因此：

$$b_R=[I-P^{-1}AR(R'AR^{-1}AR)^{-1}R'A]P^{-1}Aw$$

（3）无约束综合选择指数（b） 这时 $k=0$、$R=0$，因此：

$$b=P^{-1}Aw$$

2. 有多种信息来源

（1）单性状育种估计值（b_c） 这时只有各种亲属的一个性状信息，无约束性状，$W=I$、$R=0$，因此：

$$b_c=P^{-1}DA$$

（2）多性状综合育种值估计（b_H） 无约束性状，$R=0$，因此：

$$b_H=P^{-1}DAw$$

利用类似的方法，还可以定义各种类型的选择指数，但所有这些都是下式的特例：

$$b=[I-P^{-1}DAR(R'A'DP^{-1}DAR)^{-1}R'A'D]P^{-1}DAw+P^{-1}DAR(R'A'DP^{-1}DAR)^{-1}k$$

制定出约束选择指数后，度量选择效果的主要指标也有与综合选择指数类似的三个，基本上可以参照以下公式计算，只是在最宜选择时，r_{HI}的计算稍有不同。

$$r_{HI}=\frac{\mathrm{Cov}(H,I)}{\sigma_H\sigma_I}=\frac{\sigma_H}{\sigma_I}\sqrt{\frac{b'DAw}{w'Gw}}$$

$$\Delta H=ir_{HI}\sigma_H=i\sigma_I=i\sqrt{b'DAw}$$

$$\Delta a'=\frac{ib'A}{\sigma_I}=\frac{ib'DA}{\sqrt{b'DAw}}$$

四、选择指数法应用的注意事项

如上所述，选择指数方法包含了单性状和多性状、单信息和多信息等各种情况，它的处理方法在理论上是比较完善的，与其他两种多性状选择方法（顺序选择和独立淘汰）相比，选择指数法的选择效率最高。但是，在实际双峰驼育种中，选择指数的应用也很难达到理论上的预期效果，有时这种差异甚至相当大。下面讨论一些与选择指数应用有关的注意事项。

（一）应用选择指数的前提

Henderson（1963）论述了选择指数的统计特性及其应用的先决条件，认为当满足以下 3 个前提条件时，选择指数法可以得到个体育种值的最优线性无偏预测，即：

（1）用于计算指数值的所有观测值不存在系统环境效应，或者在使用前对系统环境效应进行了校正。

（2）候选个体间不存在固定遗传差异，换言之，这些个体源于同一遗传基础的群体。

（3）所涉及的各种群体参数是已知的。

对实际的育种工作应用而言，这 3 个前提是比较苛刻的。例如，在奶牛育种中，由于人工授精技术的大力推广，种公牛后代在很大范围内分布，因此，用于种公牛泌乳性能评定的女儿间不可避免地存在系统环境偏差。由于第二个条件的限制，选择指数法往往不能用于不同畜群和不同世代的个体的比较，因为在它们之间可能存在固定遗传差异。因而选择指数法存在很大的缺陷。在 BLUP 育种值预测方法在很大程度上弥补了这些缺陷，目前已得到全面的推广应用，大大地提高了遗传改良的效率。然而，由于多性状 BLUP 育种值预测的计算量十分庞大，因此，如果实际应用中能大致满足上述条件，利用选择指数也可获得较好的选择效果。

（二）指数选择效果与理论预测的差异

选择指数法在育种实践中的应用已有半个多世纪的历史，在很多情况下实际的选择效果与理论预期效果有相当的差异，除了要尽量满足上述前提条件外，造成这一差异的主要原因还有以下几个方面。

（1）各种参数估计误差的存在，是实际选择效果难以达到预期效果的一个主要因素。一般而言，为制定 n 个性状的传统选择指数，需要 $n(n+2)$ 个参数，例如，制定一个 3 性状选择指数需要 15 个表型和遗传参数。随着性状数增加，所需参数急剧增加。而这些参数的估计误差必然导致指数估计的偏差。遗传参数，特别是遗传相关的估计误差可能是相当大的。因此，有研究者认为指数值只是个体遗传性能大致的估计，当遗传相关估计有很大的抽样误差时，直接用性状的遗传力和其经济加权值之乘积制定选择指数更为简单适用。

（2）各性状经济重要性加权值确定的依据不充分，而且对有的性状难以确定它的加权值，或者确定的依据是不明确的。不同性状的经济加权值在不同的地区、不同的时间是有所不同的，应针对具体情况加以确定。当经济加权值估计错误时，会导致选择出现偏差，但是有研究表明当经济加权值偏差不大时，其影响可能不大。

（3）候选群体太小，导致选择强度估计偏高，因而对选择反应的预测也偏高，使得实际选择效果达不到预期效果。这也是在双峰驼育种中的一个主要问题。

（4）传统应用的选择指数还有一个最大缺陷是，要求信息性状与目标性状保持一致，并且只能利用个体本身信息，这无疑降低了选择指数的准确性，并极大地限制了选择指数的应用。为此，本书在介绍多性状选择时，目标性状与信息性状不一致的情况下，利用多亲属来源、可施加任何约束条件的估计个体综合育种值方法，实现了充分利用各种信息准确估计个体综合育种值的目的，并且将选择指数与个体育种值估计方法统一起来。

(5) 在计算理论的选择进展时，需要假定所有候选个体都有相同的信息来源，即有相同的育种值估计准确度，但在实际个体遗传评定时，各候选个体的可利用信息是不一样的，这也造成了实际的选择进展与理论进展的差异。

(三) 制定选择指数注意的事项

在实际双峰驼育种中制定选择指数时，还应该考虑以下几点：

1. 突出育种目标性状 前面已论及选择指数的效率与目标性状多少有关，因此在一个选择指数中不应该、也不可能包含所有的经济性状，同时选择的性状越多，每个性状的改进就越慢。一般来说，一个选择指数包括 2～4 个重要的选择性状为宜。

2. 用于遗传评定的信息性状应该是容易度量的性状 在制定选择指数时，可以将需要改进的主要经济性状作为目标性状包含在综合育种值中，而将一些容易度量、遗传力高、与目标性状遗传相关较大的一些性状作为信息性状。如果可能的话，尽量保持信息性状与目标性状相同。此外，也还可以充分利用遗传标记作为选种的辅助性状。例如，肉用双峰驼的增重速度、饲料利用率和瘦肉率遗传相关较高。因此，可以将前三个性状作为改良的目标性状，增重和膘厚可以作为选择的信息性状。当然，如果目的也在于降低膘厚的话，可以将它也列入目标性状。

3. 信息性状尽可能是双峰驼发育早期性状 进行早期选种可以缩短世代间隔，提高单位时间内的选择效率。尽量选择一些与全期记录有高遗传相关在前期表现的性状，作为选择的信息性状。例如，乳驼用第一个泌乳期的产乳量。

4. 多个目标性状之间尽量避免有高的负遗传相关 由于目标性状间的相互颉颃，如果同时包含两个高的负遗传相关性状，它们的选择效率会很低，应尽可能避免，若必须同时考虑，应尽可能将其合并为一个性状。例如，将乳驼的产乳量和乳脂率合并为标准乳量。

五、个体遗传评定——BLUP 法

设 x_1，x_2，…，x_n 是 n 个随机变量，令

$$\mu_i = E(x_i) = x_i \text{ 的数学期望，}$$

$$I\sigma_B^2 = \mathrm{Var}(x_i) = E(x_i - \mu_i)^2 = x_i \text{ 的方差}$$

$$\sigma_{ij} = \mathrm{Cov}(x_i, x_j) = E(x_i - \mu_j)(x_j - \mu_j) = x_i \text{ 和 } x_j \text{ 的协方差}$$

$$i = 1, 2, \cdots, n; \ j = 1, 2, \cdots, n \neq i$$

将这 n 个随机变量和它们的期望、方差和协方差用向量和矩阵表示：

$$x = \begin{bmatrix} x_1 \\ x_2 \\ \vdots \\ x_n \end{bmatrix}, \ E(x) = \mu = \begin{bmatrix} \mu_1 \\ \mu_2 \\ \vdots \\ \mu_n \end{bmatrix}, \ \mathrm{Var}(x) = V = \begin{bmatrix} \sigma_1^2 & \sigma_{12} & \cdots & \sigma_{1n} \\ \sigma_{12} & \sigma_2^2 & \cdots & \sigma_{2n} \\ \vdots & \vdots & & \vdots \\ \sigma_{1n} & \sigma_{2n} & \cdots & \sigma_n^2 \end{bmatrix}$$

称 x 为随机向量（random vector），μ 为 x 的期望向量（expectation vector），可表示为 E（x）$=\mu$，V 为 x 的方差-协方差矩阵（variance covariance matrix），或简称协方差矩阵，可表示为 Var（x）$=V$ 或 V（x）$=V$，V 中的对角线元素为各个 x 的方差，非对角线元素为各个 x 间的协方差，它是一个对称矩阵。

个体间的加性遗传相关：个体 X 和 Y 间的加性遗传相关是指在它们的基因组中具有同源基因的比例，或者说从个体 X 的基因组中随机抽取的一个基因在个体 Y 的基因组中也存在的概率。例如，不存在近交的情况下，一个亲本和它的一个后代之间的加性遗传相关为 0.5，因为该亲本传递了一半基因给它的后代，因而它们的基因组中有一半基因是相同的。同理，祖代与孙代之间的加性遗传相关为 1/4，半同胞之间为 1/4，全同胞之间为 1/2。一般地，任意 2 个个体 X 和 Y 之间的加性遗传相关的计算通式为：

$$a_{XY}=\sum(1/2)^{n_1+n_2}(1+f_A)$$

式中，n_1 和 n_2 代表个体 X 和 Y 到它们的共同祖先 A 的世代数；f_A 代表 A 的近交系数；$\sum$代表当 X 和 Y 有多个共同祖先时要对所有连接 X 和 Y 的通径求和。

个体间的加性遗传相关就等于个体间亲缘相关系数计算公式中的分子，而一个个体的近交系数等于其双亲的加性遗传相关的一半。

一个个体与它本身的加性遗传相关为：

$$a_{XX}=1+f_X$$

式中，f_X 代表个体 X 的近交系数。

对于一个群体，如果我们将所有个体相互间的加性遗传相关用一个矩阵表示出来，设群体中的个体为 1，2，…，n，则这个矩阵为：

$$A=\begin{bmatrix} a_{11} & a_{12} & \cdots & a_{1n} \\ a_{12} & a_{22} & \cdots & a_{2n} \\ \vdots & \vdots & & \vdots \\ a_{1n} & a_{2n} & \cdots & a_{nn} \end{bmatrix}$$

其中的 a_{ij} 为个体 i 和个体 j 之间的加性遗传相关，这个矩阵称为加性遗传相关矩阵（additive genetic relationship matrix）或分子亲缘相关矩阵（numerator relationship matrix），因为其中的元素是个体间亲缘相关系数计算公式中的分子。

需要说明的是，虽然用 $a_{XY}=\sum(1/2)^{n_1+n_2}(1+f_A)$ 和 $a_{XX}=1+f_X$ 可以计算任意 2 个个体之间的加性遗传相关，但这一般要求画出完整的系谱图，这在系谱大而复杂时是很困难的。在实际中一般是用下面的 2 个递推公式来计算 A 中的每一个元素：

$$a_{ii}=1+0.5a_{s_id_i}$$

$$a_{ij}=0.5\ (a_{is_j}+a_{id_j})$$

式中，s_i 和 d_i 代表个体 i 的父亲和母亲；s_j 和 d_j 代表个体 j 的父亲和母亲；$a_{s_id_i}$ 代表 s_i 和 d_i 之间的加性遗传相关，当个体 i 的双亲或一个亲本未知时，$a_{s_id_i}$ 为 0；a_{is_j} 和 a_{id_j} 代表个体 i 与 s_j 和 d_j 之间的加性遗传相关，当个体 j 的父亲未知时，a_{is_j} 为 0，当个

体 j 的母亲未知时，a_{id_j} 为 0。

个体间的加性遗传相关可用来计算个体间在某一性状上的育种值的协方差。我们注意到在前面的定义中，个体间的加性遗传相关与它们之间的亲缘关系有关，而不涉及什么性状，也就是说，对于任何性状，2 个个体间的加性遗传相关都是一样的。但加性遗传相关也可理解为在某一性状上 2 个个体的育种值之间的相关，于是有：

$$a_{XY}=\frac{\mathrm{Cov}\ (A_X,\ A_Y)}{\sigma_{A_X}\sigma_{A_Y}}$$

式中，A_X 和 A_Y 代表个体 X 和个体 Y 的育种值；σ_{A_X} 和 σ_{A_Y} 代表 X 和 Y 所在群体的加性遗传标准差，如果 X 和 Y 在同一群体，则 $\sigma_{A_X}=\sigma_{A_Y}=\sigma_A$。

于是

$$\mathrm{Cov}\ (A_X,\ A_Y)\ =a_{XY}\sigma_A^2$$

对于一个有 n 个个体的群体，它们之间的育种值的协方差矩阵为

$$\mathrm{Var}\ (a)\ =A\sigma_A^2$$

式中，a 代表 n 个个体的育种值向量；A 代表 n 个个体间的加性遗传相关矩阵。

（一）线性模型的基础知识

1. 模型（model）　在统计学中，模型（或数学模型）是指描述观察值与影响观察值变异性的各因子之间的关系的数学方程式。所有的统计分析都是基于一定的模型基础上的。一个模型应恰当地反映数据资料的性质和所要解决的问题。

（1）真实模型　非常准确地模拟观察值的变异性，模型中不含有未知成分，对于生物学领域的数据资料来说，真实模型几乎是不可能的。

（2）理想模型　根据研究者所掌握的专业知识建立的尽可能接近真实模型的模型，这种模型常常由于受到数据资料的限制或过于复杂而不能用于实际分析。

（3）操作模型　用于实际统计分析的模型，它通常是理想模型的简化形式。

影响观察值的因子也称为变量，它们可分为两类：一类是离散型的，它们通常表现为若干个有限的等级或水平，通过统计分析，我们可估计这类因素的不同水平对观察值的效应的大小，或检验不同水平的效应间有无显著差异；另一类是连续型的，它呈现连续性变异，它们通常是作为影响观察值的协变量（回归变量）来看待的，通常需要估计的是观察值对这一变量的回归系数，有时一个连续性变量也可人为地划分成若干等级而使其变为离散型变量。

离散型因子又可进一步分为固定因子和随机因子。区别一个因子是固定因子还是随机因子，主要看样本的取得方法和研究的目的。如果对于一个因子，我们有意识地抽取它的若干个特定的水平，而研究的目的也只是要对这些水平的效应进行估计或进行比较，则该因子的若干水平可看作来自该因子的所有水平所构成的总体的随机样本，研究的目的是要通过该样本去推断总体，则该因子就是随机因子，它的不同水平的效应就称为随机效应。

2. 线性模型（linear model）　在统计模型中线性模型占有很重要的地位。所谓线

性模型是指在模型中所包含的各个因子是以相加的形式影响观察值，即它们与观察值的关系为线性关系，但对于连续性的协变量也允许出现平方或立方项。

一个线性模型应由 3 个部分组成：①数学方程式；②方程式中随机变量的期望和方差及协方差；③假设及约束条件。

3. 线性模型的分类 线性模型可以从不同的角度进行分类。按其功能，可分为回归模型、方差分析模型、协方差分析模型、方差组分模型等；按模型中含有的因子个数，可有单因子模型、双因子模型、多因子模型；按模型中因子的性质（固定的还是随机的），可分为固定效应模型、随机效应模型和混合模型。这里将只介绍按因子的性质分类的情况。

（1）固定效应模型　如一个模型中除了随机误差外，其余所有的效应均为固定效应，则称此模型为固定效应模型或固定模型（fixed model）。

（2）随机效应模型　若模型中除了总平均值 μ 外，其余的所有效应均为随机效应，则称此模型为随机效应模型或随机模型（random model）。

（3）混合模型　若模型中除了总平均值 μ 和随机误差之外，既含有固定效应，也含有随机效应，则称之为混合模型（mixed model）。

传统的育种值估计方法主要是选择指数法，它是通过对不同来源的信息（个体本身的及各种亲属的）进行适当的加权而合并为一个指数，并将它作为育种值的估计值。这个方法的一个基本假设是，不存在影响观察值的系统环境效应，或者这些效应是已知的，从而可以对观察值进行校正。在这一假设的基础上，由选择指数法得到估计育种值（$\hat{A}$）具有如下性质：①是真实育种值 A 的无偏估计值，即 $E(A-\hat{A})=0$；②估计误差（$A-\hat{A}$）的方差最小，这意味着估计值的精确性（以估计值与真值的相关系数来度量）最大；③若将群体中所有个体按 $\hat{A}$ 排序，则此序列与按真实育种值排序所得序列相吻合概率最大。

在传统的评价个体种用价值的方法一切都是为了育种实践中操作方便，对很多因素无法进行准确估计或矫正，如影响观察值的系统环境效应，在利用传统方法估计育种值时是假设它不存在，而实际上它是存在的。

（二）BLUP 的概念

美国学者 Henderson 于 1948 年提出了 BLUP（best linear unbiased prediction）方法，即最佳线性无偏预测。线性是指估计值是观测值的线性函数；无偏是指估计值的数学期望等于被估计量的真实值（固定效应）或被估计量的数学期望（随机效应）；最佳是指估计值的误差方差最小。按照最佳线性无偏的原则去估计线性模型中的固定效应和随机效应，这个方法本质上是选择指数法的一个推广，但它可以在估计育种值的同时对系统环境效应进行估计和校正，因而在上述假设不成立时其估计值也具有以上理想性质。但在当时由于计算条件的限制，这个方法并未被用到育种实践中。到了 20 世纪 70 年代，随着计算机技术的高速发展，这一方法的实际应用成为可能，Henderson 又重新提出这一方法，并对它做了较为系统的阐述，从而引起

了世界各国育种工作者的广泛关注，纷纷开展了对它的系统研究，并逐渐将它应用于育种实践。目前它已成为世界各国（尤其是发达国家）家畜遗传评定的规范方法。

（三）BLUP 的数学模型

根据 BLUP 的定义，所用数学模型为线性模型，模型中所包含的各因子是以相加的形式影响观察值，相互间呈线性相关。

BLUP 所使用的数学模型是混合效应模型，它的实质是选择指数法的推广，但它又有别于选择指数法，它可以在估计育种值的同时对系统环境误差进行估计和矫正，因而，在传统育种值估计的假设不成立的情况下，其估计值也具有理想值的性质。BLUP 法唯一的缺点是受计算条件的限制。

（四）BLUP 法的基本原理

BLUP 的含义是最佳线性无偏预测。预测通常是指对未来事件的可能出现结果的推测，在这里预测则是指对取样于某一总体的随机变量的实现值的估计。

设有如下的一般混合模型：

$$y=Xb+Zu+e$$

式中，y 代表所有观察值构成的向量；b 代表所有固定效应（包括 μ）构成的向量；X 代表固定效应的关联矩阵；u 代表所有随机效应构成的向量；Z 代表随机效应的关联矩阵；e 代表所有随机误差构成的向量。

需要对该模型中的固定效应 b 和随机效应 u 进行估计，对随机效应 u 的估计也称为预测。所谓 BLUP 法，就是按照最佳线性无偏的原则去估计 b 和 u，线性是指估计值是观察值的线性函数，无偏是指估计值的数学期望等于被估计量的真值（固定效应）或被估计量的数学期望（随机效应），最佳是指估计值的误差方差最小。根据这个原则，经过一系列的数学推导，可得：

$$\hat{b}=(XV^{-1}X)^{-1}X'V^{-1}y \tag{5}$$

它就是 b 的广义最小二乘估计值，

$$\hat{u}=GZ'V^{-1}(y-X\hat{b}) \tag{6}$$

在（5）和（6）两式中涉及了对观察值向量 y 的方差协方差矩阵 V 的逆矩阵 V^{-1} 的计算，V 的维数与 y 中的观察值个数相等，当观察值个数较多时，V 变得非常庞大，V^{-1} 的计算就非常困难乃至根本不可能实现，为此 Henderson 提出了 $\hat{b}$ 和 $\hat{u}$ 的另一种解法——混合模型方程组法（mixed model equations，MME）。Henderson 发现，通过对以下的方程组

$$\begin{bmatrix} X'R^{-1}X & X'R^{-1}Z \\ Z'R^{-1}X & Z'R^{-1}Z+G^{-1} \end{bmatrix} \begin{bmatrix} \hat{b} \\ \hat{u} \end{bmatrix} = \begin{bmatrix} X'R^{-1}y \\ Z'R^{-1}y \end{bmatrix} \tag{7}$$

求解，所得到的 $\hat{b}$ 和 $\hat{u}$ 与由（1）和（2）得到的正好相等。这个方程组不涉及 V^{-1} 的计算，而需要计算 G^{-1} 和 R^{-1}，G 的维数通常小于 V，对它的求逆常常可根据特定的模型和对 u 的定义而采用一些特殊的算法，R 的维数虽然和 V 相同，但它通常是一对

角阵或分块对角阵，很容易求逆。因而用（7）式比用（5）式和（6）式在计算上要容易得多。

用（7）式得到的 BLUP 估计值的方差和协方差可通过对该方程组的系数矩阵求逆得到。设$\begin{bmatrix} C^{XX} & C^{XZ} \\ C^{ZX} & C^{ZZ} \end{bmatrix}$为混合模型方程组中系数矩阵的逆矩阵（或广义逆矩阵），其中的分块与原系数矩阵中的分块相对应，则：

$$\text{Var}(\hat{b}) = C^{XX}$$

$$\text{Var}(\hat{u}) = G - C^{ZZ}$$

$$\text{Cov}(\hat{b}, \hat{u}) = 0$$

$$\text{Var}(\hat{u} - u) = C^{XX}$$

$$\text{Cov}(\hat{b}, \hat{u}' - u) = C^{XZ}$$

（五）动物模型 BLUP

BLUP 本身实际上可看作一个一般性的统计学估计方法，但它特别适合用于估计双峰驼的育种值。在用 BLUP 方法时，首先要根据资料的性质建立适当的模型。目前在育种实践中普遍采用的是动物模型（animal model）。所谓动物模型是指将动物个体本身的加性遗传效应（即育种值）作为随机效应放在模型中。基于动物模型的 BLUP 育种值估计方法即称为动物模型 BLUP。下面我们对家畜在被考察的性状上有或无重复观察值这两种情形分别讨论动物模型 BLUP 方法。

1. 无重复观察值时的动物模型 BLUP

如果一个个体在所考察的性状上只有一个观测值，且不考虑显性和上位效应，则该观测值通常可用如下的模型来描述：

$$y = \sum_{j=1}^{r} b_j + a + e$$

式中，b_j 代表第 j 个系统环境效应，它们一般都是固定效应；a 代表该个体的加性遗传效应（育种值），它是随机效应；e 代表随机残差（主要由随机环境效应所致）。

假如我们有 n 个个体的观察值，需要对 s 个个体估计育种值（$s \geqslant n$），则对这 n 个观察值可用如下的以矩阵表示的模型来描述：

$$y = Xb + Za + e$$

式中，y 代表所有 n 个观察值的向量；b 代表所有（固定）环境效应的向量；X 代表 b 的关联矩阵；A 代表 s 个个体的育种值向量；Z 代表 a 的关联矩阵，当 a 中的所有个体都有观察值（即 $s=n$）时，$Z=I$。

根据 $\text{Var}(a) = A\sigma_a^2$ 式，可知 a 的协方差矩阵应为：

$$\text{Var}(a) = G = A\sigma_a^2$$

式中，A 代表 s 个个体间的加性遗传相关矩阵；σ_a^2 代表加性遗传方差。

e 是随机环境效应向量，通常假设随机环境效应间彼此独立，且具有相同的方差，故有：

$$\mathrm{Var}(e)=R=I\sigma_a^2$$

于是对照 $\begin{bmatrix} X'R^{-1}X & X'R^{-1}Z \\ Z'R^{-1}X & Z'R^{-1}Z+G^{-1} \end{bmatrix}\begin{bmatrix}\hat{b}\\ \hat{u}\end{bmatrix}=\begin{bmatrix}X'R^{-1}y\\ Z'R^{-1}y\end{bmatrix}$ 式可得与此模型相应的混合模型方程组为

$$\begin{bmatrix} X'X\dfrac{1}{\sigma_\theta^2} & X'Z\dfrac{1}{\sigma_\theta^2} \\ Z'X\dfrac{1}{\sigma_\theta^2} & Z'Z\dfrac{1}{\sigma_\theta^2}+A^{-1}\dfrac{1}{\sigma_\theta^2} \end{bmatrix}\begin{bmatrix}\hat{b}\\ \hat{u}\end{bmatrix}=\begin{bmatrix}X'y\dfrac{1}{\sigma_\theta^2}\\ Z'y\dfrac{1}{\sigma_\theta^2}\end{bmatrix}$$

或

$$\begin{bmatrix} X'X & X'Z \\ Z'X & Z'Z+A^{-1}k \end{bmatrix}\begin{bmatrix}\hat{b}\\ \hat{u}\end{bmatrix}=\begin{bmatrix}X'y\\ Z'y\end{bmatrix}$$

其中

$$k=\frac{\sigma_\theta^2}{\sigma_a^2}=\frac{\sigma_y^2-\sigma_a^2}{\sigma_a^2}=\frac{1-\sigma_a^2/\sigma_y^2}{\sigma_a^2/\sigma_y^2}=\frac{1-h^2}{h^2}$$

解此方程组即得到固定效应（b）和个体育种值（a）的估计值。

若令此方程组系数矩阵的逆矩阵（或广义逆矩阵）为

$$\begin{bmatrix} C^{XX} & C^{XZ} \\ C^{ZX} & C^{ZZ} \end{bmatrix}$$

则估计值的方差协方差矩阵为

$$\mathrm{Var}(\hat{b})=C^{XX}\sigma_\theta^2$$

$$\mathrm{Var}(\hat{a})=A\sigma_a^2-C^{ZZ}\sigma_\theta^2$$

$$\mathrm{Cov}(\hat{b},\hat{a}')=0$$

$$\mathrm{Var}(\hat{a}-a)=C^{ZZ}\sigma_\theta^2$$

$$\mathrm{Cov}(\hat{b},\hat{a}'-a')=C^{XZ}\sigma_\theta^2$$

由此可得第 i 个个体的育种值估计值的准确度（估计值与真值的相关）为：

$$r_{a_1\hat{a}_i}=\frac{\mathrm{Cov}(a_i,\hat{a}_i)}{\sigma_{ai}\sigma_{\hat{a}i}}=\frac{\sigma_{\hat{a}i}^2}{\sigma_a\sigma_{\hat{a}i}}=\frac{\sigma_{\hat{a}i}}{\sigma_a}=\sqrt{(\sigma_a^2-d_{ai}\sigma_\theta^2)/\sigma_a^2}=\sqrt{1-d_{ai}k}$$

其中 d_{ai} 为 C^{ZZ} 中与个体 i 对应的对角线元素。

通常将 $r_{a_1\hat{a}_i}$ 的平方 $r_{a_1\hat{a}_i}^2$ 称为育种值估计值的可靠性（reliability）或重复力（repeatability），但要注意这里所说的重复力与前面所定义的性状的重复力是不同的。

2. 有重复观察值时的动物模型 BLUP 当个体在被考察的性状上有重复观察值时，个体的一个观察值 y 可剖分为：

$$y=\sum_{j=1}^{r}b_j+a+p+e$$

式中，p 代表随机永久性环境效应；b_j 代表第 j 个系统环境效应，它们一般都是固定效应；a 代表该个体的加性遗传效应（育种值），它是随机效应；e 代表随机残差

（主要由随机环境效应所致）。

按此式，表型方差可分解为：

$$\sigma_y^2=\sigma_a^2+\sigma_p^2+\sigma_e^2$$

将式用矩阵形式表示

$$y=\sum_{j=1}^{r}b_j+a+p+e$$

则有

$$y=Xb+Z_1a+Z_2p+e$$

$$\mathrm{Var}（a）=A\sigma_a^2，\mathrm{Var}（p）=I\sigma_p^2，\mathrm{Var}（e）=I\sigma_e^2$$

若令 $Z=（Z_1，Z_2）$，$u=\begin{bmatrix}a\\p\end{bmatrix}$，$\mathrm{Var}（u）=G=\begin{bmatrix}A\sigma_a^2 & O\\0 & I\sigma_p^2\end{bmatrix}$

则参照式 $\begin{bmatrix}X'R^{-1}X & X'R^{-1}Z\\Z'R^{-1}X & Z'R^{-1}Z+G^{-1}\end{bmatrix}\begin{bmatrix}\hat{b}\\\hat{u}\end{bmatrix}=\begin{bmatrix}X'R^{-1}y\\Z'R^{-1}y\end{bmatrix}$，可得相应的混合模型方程组

$$\begin{bmatrix}X'X & X'Z_1 & X'Z_2\\Z'_1 & Z'_1Z_1+A^{-1}k_1 & Z'_1Z_2\\Z'_2 & Z'_2Z_1 & Z'_2Z_2+Ik_2\end{bmatrix}\begin{bmatrix}\hat{b}\\\hat{a}\\\hat{p}\end{bmatrix}=\begin{bmatrix}X'y\\Z'_1y\\Z'_2y\end{bmatrix}$$

式中，

$$k_1=\frac{\sigma_e^2}{\sigma_a^2}=（1-r）/h^2$$

$$k_2=\frac{\sigma_e^2}{\sigma_p^2}=（1-r）/（r-h^2）$$

$$r=\frac{\sigma_a^2+\sigma_p^2}{\sigma_y^2}=\text{重复力}$$

$$h^2=\frac{\sigma_a^2}{\sigma_y^2}=\text{遗传力}$$

（六）关于动物模型 BLUP 的几点说明

1. 动物模型 BLUP 的理想性质 动物模型 BLUP 具有以下理想性质（Kennedy，1985）：①最有效地充分利用所有亲属的信息；②能校正由于选择交配所造成的偏差；③当利用个体的重复记录（如多个胎次记录）时，可将由于淘汰（例如，将早期生产成绩不好的个体淘汰）所造成的偏差降到最低；④能考虑不同群体及不同世代的遗传差异；⑤能提供个体育种值的最精确的无偏估计值。

在用动物模型 BLUP 估计双峰驼育种值时，对每一个体都可有 3 个方面的直接的信息来源：亲本信息、个体本身信息和后裔信息。任一个体的估计育种值可用如下的公式来表示：

$$\hat{a}_{\text{个体}}=b_1\left[\frac{\hat{a}_{\text{父亲}}+\hat{a}_{\text{母亲}}}{2}\right]+b_2(P_{\text{个体}}-\hat{B})+b_3\sum_{i=1}^{n}(\hat{a}_{\text{后代}i}-\frac{1}{2}\hat{a}_{\text{配偶}i})$$

式中的 3 项分别对应于 3 个信息来源：

第一项：$[\frac{\hat{a}_{父亲}+\hat{a}_{母亲}}{2}]$ 是个体的系谱指数。由于 $\hat{a}_{父亲}$ 和 $\hat{a}_{母亲}$ 本身也是由同一模型系统所得到的估计育种值，所以在它们包含所有祖先（即个体的祖代、曾祖代等）、祖先的同胞（即个体的叔、婶、舅、姨等）和祖先的其他后代（即个体的全同胞和半同胞）的信息。

第二项：$(P_{个体}-\hat{B})$ 是个体的本身记录，$\hat{B}$ 是固定环境效应估计值，这一项对个体记录进行了系统环境效应的校正。

第三项：$\sum_{i=1}^{n}\left(\hat{a}_{后代i}-\frac{1}{2}\hat{a}_{配偶i}\right)$，此项提供了个体的 n 个后代的信息。由于个体只传递它的一半基因给后代，后代的另一半基因来源于个体的配偶，因而当实行选择交配时，后代提供的信息是有偏差的，为此，要从后代育种值中减去 1/2 的个体配偶的育种值。由于在估计后代的育种值时，又利用了它们的后代的信息，所以这些信息也间接地为估计个体育种值时所利用。

将 3 个方面的信息进行最合理的加权，各权重（b_1、b_2、b_3）取决于各信息来源提供的信息量和性状的遗传力。

要注意的是，由 BLUP 法所提供的最佳线性无偏估计值是有前提的：①所用的数据是正确并完整的；②所用的模型是真实模型；③模型中随机效应的方差组分或方差组分的比值（如 $\begin{bmatrix} X'X & X'Z_1 & X'Z_2 \\ Z'_1 & Z'_1Z_1+A^{-1}k_1 & Z'_1Z_2 \\ Z'_2 & Z'_2Z_1 & Z'_2Z_2+Ik_2 \end{bmatrix}\begin{bmatrix}\hat{b}\\ \hat{a}\\ \hat{p}\end{bmatrix}=\begin{bmatrix}X'y\\ Z'_1y\\ Z'_2y\end{bmatrix}$ 式中的 k_1 和 k_2）已知。

这些前提在实际中几乎是不可能满足的。记录（包括性状记录和系谱记录）的差错（如测量仪器或人为因素造成的系统误差）和不完整是很难完全避免的。对系谱记录，从理论上说必须追溯到最初的基础群才能得到正确的 A 阵，但这往往是不可能的。所用的模型（操作模型）也与真实模型是有区别的。方差组分或方差组分比值的真值作为总体参数一般也是未知的，只能用估计值去代替。因此，由动物模型 BLUP 得到的育种值估计值往往并不是真正最佳无偏的，但是我们可以说对于同一数据资料，动物模型 BLUP 要优于过去所采用的各种育种值估计方法。当然我们也不否认在将来还可能会出现比动物模型 BLUP 更好的方法。

2. 个体间加性遗传相关矩阵的逆矩阵 A^{-1} 在动物模型 BLUP 的混合模型方程中，需要有 A^{-1}。从理论上说，A^{-1} 可通过对 A 求逆获得，但当 A 很大时（如其维数达到几千、上万乃至几十万），对它求逆就十分困难乃至根本不可能（即便用最先进的计算机）。Henderson（1975）提出了一个对于非近交群体可以从系谱直接构造 A^{-1}（不需要先构造 A）的简捷方法，正是由于这一方法的提出，才使得动物模型 BLUP 在家畜育种中的广泛应用成为可能。这个方法可归纳如下：

（1）构造所有个体的系谱表，对每一个体都列出其个体号、父亲号（如果已知）和母亲号（如果已知），见表 5-5。

表 5-5　几峰骆驼个体系谱

个体	父亲	母亲	个体	父亲	母亲	个体	父亲	母亲
1	—	—	4	1	—	7	2	6
2	—	—	5	2	3	8	1	3
3	—	—	6	—	3			

注意在个体一列中要包括那些没有观察值的个体（如 1 和 2）。为计算方便最好将所有个体用自然数从 1 开始连续编号。

(2) 对于每一个体，根据其双亲已知与否，计算下列数值并将它加到 A^{-1} 中的特定位置上（事先将 A^{-1} 置为零阵），见表 5-6 和表 5-7。

表 5-6　双亲已知情况下一个个体 A^{-1} 中的位置

要加的数值	A^{-1}中位置
2	(i, i)
−1	(i, s), (s, i), (i, d), (d, i)
1/2	(s, s), (d, d), (s, d), (d, s)

其中 i 表示个体，s 表示它的父亲，d 为其母亲，(i, i) 为 A^{-1}中的第 i 行第 i 列上的元素，余类推。

表 5-7　有一个亲本已知情况下一个个体 A^{-1} 中的位置

要加的数值	A^{-1}中的位置
4/3	(i, i)
−2/3	(i, p), (p, i)
1/3	(p, p)

其中 p 表示个体 i 的已知亲本。

双亲未知：将 1 加到 A^{-1}中的 (i, i) 位置上。

在此例中，个体 1、2 和 3 的双亲均未知，故将 1 加到 (1, 1)、(2, 2) 和 (3, 3) 的位置上；个体 4 有一亲本已知，其父亲为 1，将 4/3 加到 (4, 4) 上，−2/3 加到 (4, 1) 和 (1, 4) 上，1/3 加到 (1, 1) 上，余类推。

3. 关于混合模型方程组的求解　从理论上说，我们总可通过对系数矩阵求逆的方法来求混合模型方程组的解。但在实际中通常方程组的系数矩阵都很大而无法求逆。因而要采用某种数值计算方法即某种迭代方法来求解方程组，常用的迭代方法有高斯-赛德尔（Gauss-Seidel）迭代法、雅可比（Jacobi）迭代法和逐次超松弛（succesive over-relaxation）迭代法。经典的解法一般是先建立方程组（即求出方程组的系数矩阵和等式右边的向量），然后迭代求解。对于动物模型来说，混合模型方程组往往是十分庞大的，用经典的解法由于受计算机内存的限制很难求解，这在很大程度上限制了动物模型 BLUP 的应用范围。Schaeffer 和 Kennedy 及 Misztal 和 Gianola 分别提出了混合模型方程组的另一种解法——间接解法，这种解法不需建立方程组，而是在每次迭代

中读入原始数据（性状观测值和系谱记录），并同时计算该次迭代的解，故这种解法又称为对数据迭代（iteration on data）。用这种解法，在一台 PC 机上就可同时对数万至数十万（取决于计算机的内存）个个体求解 BLUP 值，这使得动物模型 BLUP 的广泛实际应用成为可能。

4. 关于育种值估计值的准确性 如果我们能求得混合模型方程组系数矩阵的逆矩阵。则可用下式计算估计育种值的准确度（$r_{a\hat{a}}$）或可靠性（$r^2_{a\hat{a}}$）。

$$\begin{bmatrix} X'X & X'Z \\ Z'X & Z'Z+A^{-1}k \end{bmatrix} \begin{bmatrix} \hat{b} \\ \hat{u} \end{bmatrix} = \begin{bmatrix} X'y \\ Z'y \end{bmatrix}$$

但我们通常是用迭代方法来求方程组的解，这样就得不到系数矩阵的逆矩阵。因而必须采用某种近似方法来计算估计育种值的准确度，在这方面也有一些学者做了大量工作。

（七）其他模型下的 BLUP

BLUP 原则上可用于任意的混合模型（包括随机模型），在家畜育种实践中，常用于估计育种值的模型除了上面介绍的动物模型外，还有公畜模型（sire model）、公畜-母畜模型（sire-dam model）、外祖父模型（maternal grandsire model）等，但它们都可看成动物模型的某种简化形式，我们把它转化为公驼模型、公驼-母驼模型。在动物模型中，随机遗传效应为个体的加性遗传效应值，即育种值。由于个体的基因一半来自父亲，另一半来自母亲，所以任一个体的育种值 a_i 都可表示为

$$a_i=0.5_{a_s}+0.5_{a_d}+m_i$$

式中，a_s 代表个体 i 父亲的育种值；a_d 代表个体 i 母亲的育种值；m_i 代表基因从亲代到子代传递过程中由于随机分离和自由组合所造成的随机离差，称为孟德尔抽样（Mendelian sampling）离差，于是，动物模型（设所有个体都有一个观察值）

$$y=Xb+Ia+e$$

可重新写为：

$$y=Xb+0.5Z_sa_s+0.5Z_da_d+m+e$$

式中，a_s 代表父亲育种值向量；a_d 代表母亲育种值向量；m 代表孟德尔抽样离差向量。

所谓公驼模型，就是将 $y=Xb+0.5Z_sa_s+0.5Z_da_d+m+e$ 式中的最后 3 项（$0.5Z_da_d+m+e$）合并成随机误差项，此时 $y=Xb+0.5Z_sa_s+0.5Z_da_d+m+e$ 式重写为：

$$y=Xb+Z_sS+\varepsilon$$

式中，s 代表 $0.5a_s$，通常称为父亲效应或公驼效应，$E(s)=0$，$\mathrm{Var}(s)=A_s\sigma_s^2$，$A_s$ 为父亲之间的加性遗传相关矩阵，σ_s^2 为公驼方差$=1/4\sigma_a^2$；ε 代表随机误差向量，即 $y=Xb+0.5Z_sa_s+0.5Z_da_d+m+e$ 式后 3 项的合并，$E(\varepsilon)=0$，$\mathrm{Var}(\varepsilon)=I\sigma_s^2$。

公驼模型只可用来估计公驼的育种值，而且有 3 个重要假设：①公驼在群体中与母驼的交配是完全随机的；②母亲之间没有血缘关系；③每个母亲只有一个后代，即

一个公驼的所有后代都是父系半同胞。

这些假设在生产实际中一般是很难满足的。尽管如此，这个模型由于在计算上比动物模型要简单易行，因而在 20 世纪 70 年代和 80 年代前期在奶牛育种中得到了广泛应用。

所谓公驼-母驼模型，就是将 $y=Xb+0.5Z_sa_s+0.5Z_da_d+m+e$ 式中的最后 2 项（$m+e$）合并为随机误差项，此时 $y=Xb+0.5Z_sa_s+0.5Z_da_d+m+e$ 式可重写为

$$y=Xb+Z_ss+Z_dd+\varepsilon$$

式中，s 代表 $0.5a_s$ 为父亲效应向量（同公驼模型）；d 代表 $0.5a_d$ 为母亲效应向量，$E(d)=0$，$\mathrm{Var}(d)=A_d\sigma_d^2$，$A_d$ 为母亲之间的加性遗传相关矩阵，σ_d^2 为母驼方差$=1/4\sigma_a^2$；ε 代表随机误差向量，即 $y=Xb+0.5Z_sa_s+0.5Z_da_d+m+e$ 式后 2 项的合并，$E=(\varepsilon)=0$，$\mathrm{Var}(\varepsilon)=I\sigma_s^2$。

若将 $y=Xb+0.5Z_sa_s+0.5Z_da_d+m+e$ 式中的 a_d 再按 a_i 的方式进一步剖分，然后在模型中保留父亲效应和母亲的父亲（外祖父）效应（$g=0.25a_g$，a_g 为外祖父育种值），其余遗传效应均归入随机误差，则得到外祖父模型：

$$y=Xb+Z_ss+Z_dd+\varepsilon$$

无论何种模型，由于都可按混合模型的一般形式表示：

$$\hat{b}=(X'V^{-1}X)-X'V^{-1}y$$

因此，都可参照下式建立相应的混合模型方程组，从而得到育种值的 BLUP 估计值。

$$\begin{bmatrix} X'R^{-1}X & X'R^{-1}Z \\ Z'R^{-1}X & Z'R^{-1}Z+G^{-1} \end{bmatrix} \begin{bmatrix} \hat{b} \\ \hat{u} \end{bmatrix} = \begin{bmatrix} X'R^{-1}y \\ Z'R^{-1}y \end{bmatrix}$$

无论从统计学还是从遗传育种学的观点看，动物模型都要优于其他模型，随着计算机技术和计算方法的日益完善，其他模型在育种实践中逐渐被淘汰，而动物模型的应用则越来越广泛。

（八）多性状的 BLUP 育种值估计

当我们要对骆驼个体多个性状的育种值进行估计时，可以分别对每一性状单独进行估计，也可以利用一个多性状模型对多个性状同时进行估计。由于同时进行估计时考虑了性状间的相关，利用了更多的信息，同时可校正由于对某些性状进行了选择而产生的偏差，因而可提高估计的准确度（尤其是对低遗传力的性状）。提高的程度取决于性状的遗传力、性状间的相关性和每个性状的信息量。当性状间不存在任何相关时，多性状的育种值估计等价于单性状的育种值估计。如果每个性状的遗传力都相似，性状间的相关都是正的，每一个体都有所有性状的观察值，则多性状的育种值估计并不能使估计的准确度得到显著提高。

BLUP 方法可直接应用于多性状模型。例如，设考虑两个性状，第一个性状的模型为 $y_1=X_1b_1+Z_1a_1+e_1$，第二个性状的模型为 $y_2=X_2b_2+Z_2a_2+e_2$。

令

$$y=\begin{bmatrix}y_1\\y_2\end{bmatrix},\ X=\begin{bmatrix}X_1 & 0\\0 & X_2\end{bmatrix},\ b=\begin{bmatrix}b_1\\b_2\end{bmatrix},\ Z=\begin{bmatrix}Z_1 & 0\\0 & Z_2\end{bmatrix},\ a=\begin{bmatrix}a_1\\a_2\end{bmatrix},\ e=\begin{bmatrix}e_1\\e_2\end{bmatrix}$$

则有

$$y=Xb+Za+e$$
$$E(a)=0,\ E(e)=0$$

令

$$G_0=\begin{bmatrix}g_{11} & g_{12}\\g_{21} & g_{22}\end{bmatrix},\ R_0=\begin{bmatrix}r_{11} & r_{12}\\r_{21} & r_{22}\end{bmatrix}$$

其中 g_{11} 和 g_{22} 分别为第一个性状和第二个性状的加性遗传方差，g_{12} 为两个性状间的遗传协方差，r_{11} 和 r_{22} 为第一个性状和第二个性状的误差方差，r_{12} 为性状间的误差协方差。于是

$$\mathrm{Var}(a)=G=\begin{bmatrix}A_{g_{11}} & A_{g_{12}}\\A_{g_{12}} & A_{g_{22}}\end{bmatrix}$$

$$\mathrm{Var}(e)=R=\begin{bmatrix}I_{r_{11}} & I_{r_{12}}\\I_{r_{12}} & I_{r_{22}}\end{bmatrix}$$

其中 A 为个体间的加性遗传相关矩阵。

令

$$G_0^{-1}=\begin{bmatrix}g_{11} & g_{12}\\g_{12} & g_{22}\end{bmatrix},\ R_0^{-1}=\begin{bmatrix}r_{11} & r_{12}\\r_{12} & r_{22}\end{bmatrix}$$

则

$$G^{-1}=\begin{bmatrix}A^{-1}g_{11} & A^{-1}g_{12}\\A^{-1}g_{12} & A^{-1}g_{22}\end{bmatrix},\ R^{-1}=\begin{bmatrix}Ir_{11} & Ir_{12}\\Ir_{12} & Ir_{22}\end{bmatrix}$$

参照 $\begin{bmatrix}X'R^{-1}X & X'R^{-1}Z\\Z'R^{-1}X & Z'R^{-1}Z+G^{-1}\end{bmatrix}\begin{bmatrix}\hat{b}\\\hat{u}\end{bmatrix}=\begin{bmatrix}X'R^{-1}y\\Z'R^{-1}y\end{bmatrix}$ 式，我们可为此模型建立相应的混合模型方程组如下：

$$\begin{bmatrix}X'_1X_1r_{11} & X'_1X_2r_{12} & X'_1Z_1r_{11} & X'_1Z_2r_{12}\\X'_2X_1r_{12} & X'_2X_2r_{22} & X'_2Z_1r_{12} & X'_2Z_2r_{22}\\Z'_1X_1r_{11} & Z'_1X_2r_{12} & Z'_1Z_1r_{11}+A^{-1}g_{11} & Z'_1Z_2r_{12}+A^{-1}g_{12}\\Z'_2X_1r_{12} & Z'_2X_2r_{22} & Z'_2Z_1r_{12}+A^{-1}g_{12} & Z'_2Z_2r_{22}+A^{-1}g_{22}\end{bmatrix}\begin{bmatrix}\hat{b}_1\\\hat{b}_2\\\hat{a}_1\\\hat{a}_2\end{bmatrix}$$
$$=\begin{bmatrix}X'_1y_1r_{11}+X'_1y_2r_{12}\\X'_2y_2r_{12}+X'_2y_2r_{22}\\Z'_1y_1r_{11}+Z'_1y_2r_{12}\\Z'_2y_2r_{12}+Z'_2y_2r_{22}\end{bmatrix}$$

解此方程组就可得到 a_1 和 a_2 的 BLUP 估计值。显然，此时在计算上要比单性状时困难得多，因为方程组中的方程个数将成倍增加。

第六章 骆驼选配

CHAPTER 6

实践表明，不同骆驼品种之间，无论是驼产品的数量和质量，还是劳动生产率和生产成本，都存在显著差别。所以，以改良现有品种和创造新品种为目的的工作，就成为当前骆驼育种的核心任务。养驼业是畜牧业的重要组成部门之一，为了满足我国经济建设和人民物质生活不断增长的需要，必须在大力发展数量的同时，积极提高质量，使骆驼向“稳定、优质、高产”的方向发展。

长期以来，由于所处自然环境的艰苦贫瘠，以及人们所提供的饲养繁育条件较差，故骆驼未能像其他家畜那样分化出更多的品种。但经过长期综合选择，其在役、乳、肉等方面都有了一定程度的发展，并表现出体质结实、结构协调、适应性强、耐粗饲等特征。随着交通运输事业的发展、人民物质生活的提高，多数地区对骆驼役力的需要有所减少，而对绒、乳、肉等产品的需要将日益增加。面对这种客观形势的变化，有必要进行选育，从改善遗传和环境这两方面，切实把骆驼的育种工作做好。

第一节　个体选配

选配是指人为确定骆驼或驼群的交配体制，即有目的地选择公母驼进行配对，有意识地组合后代的遗传型，以达到通过培育获得良种或合理利用良种的目的。

选配主要分为两类，一是个体选配，二是群体选配。个体选配主要有品质选配和亲缘选配两种类型。品质选配又分为同质选配和异质选配，亲缘选配分为近交和杂交。群体选配主要有纯种繁育和杂交繁育（图 6-1）。

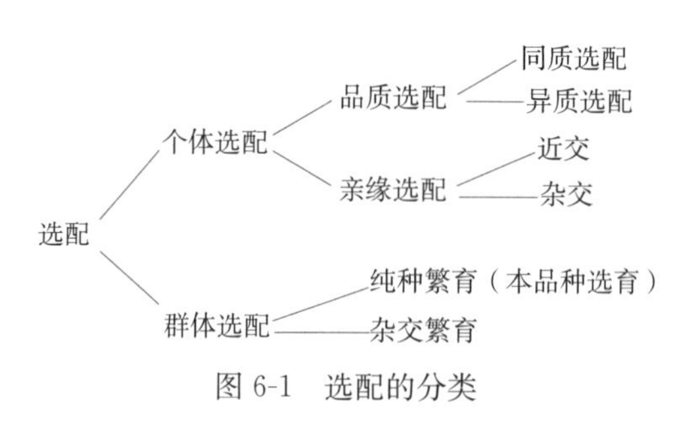

图 6-1　选配的分类

一、品质选配

品质既可指一般品质，如体质、体型、生物学特性、生产性能、产品质量等方面的品质，也可指遗传品质。

品质选配又称选型交配，是根据骆驼双方表型品质的对比，以驼群中的个体为单位的选配方法。如果两个骆驼个体品质相同或者相似，则其间的交配称为同质选配或同型选配；如果两个骆驼个体品质不同或者不相似，则称为异质选配或者异型选配。

（一）同质选配

1. 同质选配 就是选用性状相同、性能表现一致或育种值相似的优秀公母驼来配种，以期获得与亲代品质相似的优秀后代。其实质就是选配双方越相似，就越有可能将共同的优秀品质遗传给后代。例如，用特级、一级驼配特级、一级驼，用毛量多的驼配毛量多的驼。

同质选配是使亲本的优良性状相对稳定地遗传给后代，使该性状得以保持和巩固，增加后代的同质性。一般只适用于优秀驼群，而不能用于中等品质和有明显缺陷的驼群。白骆驼是阿拉善双峰驼毛色基因发生变异后选育得到的特殊品种，全身被乳白色的毛覆盖，所产驼绒的净绒率、梳绒性、成纱性、着色性都比一般驼绒高很多。

例如，要提高同质选配的效果，选用同种毛色的公母驼进行选配。在一个由白色驼和棕色驼组成的驼群，白色驼在全部公驼中的频率是 R，在全部母驼中的频率也是 R，如果采用随机交配，则白色母驼和白色公驼交配的概率是 P（白色公驼×白色母驼）$=P$（白色公驼）$\times P$（白色母驼）$=R\times R=R^2$；若采用同质交配，交配的概率就将有所不同。此时两个白色驼交配的概率为 1 而不是 R^2。因此，增加后代毛色的同质性。

【例 6-1】表型同质选配

已知骆驼毛色受一个基因座上的 2 个等位基因 B、b 控制，B 对 b 完全显性。假设初始群的状况如表 6-1 所示。

表 6-1 其双峰驼初始群毛色基因型频率（B、b）

基因型	频率	表型
BB	D	棕色
Bb	H	棕色
bb	R	白色

据此，初始群的基因频率为 P（B）$=D+1/2H$，P（b）$=R+1/2H$。如果在该群体针对毛色依据表型进行同质交配，则存在两种情况：①棕色公驼配棕色母驼，②白色公驼配白色母驼。但因存在完全显性，所以就基因型而言问题比较复杂。具体地说，一峰棕色的母驼，其基因型可能是 BB 也可能 Bb，而一峰棕色的公驼其基因型同样既可能是 BB 也可能是 Bb。

把要配种的母驼圈在 1 个大的圈里，而把公驼按照毛色分别圈在 2 个圈里，棕色母驼沿着配种通道到棕色公驼圈与棕色公驼交配，白色母驼沿着配种通道到白色公驼圈与白色公驼交配（图 6-2），则各种交配概率及其对下一代预期基因型频率的贡献如表 6-2 所示。在此，棕色公驼圈中 BB 与 B 的频率分别为各自占全部棕色公驼的比例，等于 $D/$（$D+H$）和 $H/$（$D+H$）；而白色公驼圈中 bb 的频率等于 1。因此，由表 6-2 中的各种基因型交配的概率就很容易得出。这里要注意，同质交配后下一代的基因频率为：

$$P（B）=D+\frac{H^2}{4（D+H）}+\frac{1}{2}［H-\frac{H^2}{2（D+H）}］=D+\frac{1}{2}H$$

$$P（b）=R+\frac{H^2}{4（D+H）}+\frac{1}{2}［H-\frac{H^2}{2（D+H）}］=R+\frac{1}{2}H$$

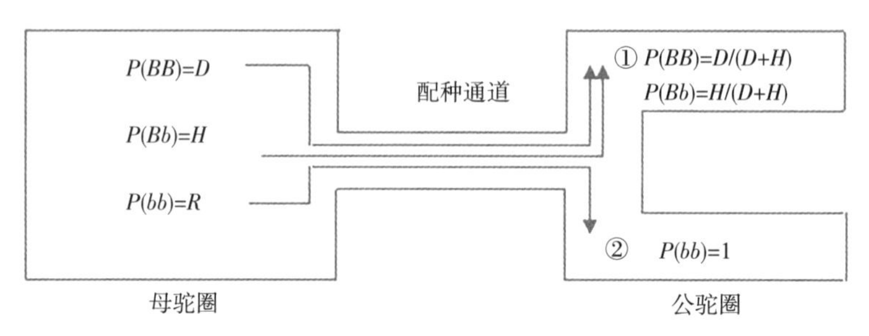

图 6-2　骆驼表型同质选配

表 6-2　双峰驼毛色表型同质选配对下一代基因型频率的影响

交配双方的基因型 母驼　公驼	交配概率	对下一代预期基因型频率的贡献		
		BB	*Bb*	*Bb*
BB×*BB*	$D^2/（D+H）$	$D^2/（D+H）$	—	—
BB×*Bb*	$DH/（D+H）$	$DH/［2（D+H）］$	$DH/［2（D+H）］$	—
Bb×*BB*	$DH/（D+H）$	$DH/［2（D+H）］$	$DH/［2（D+H）］$	—
Bb×*Bb*	$H^2/（D+H）$	$H^2/［4（D+H）］$	$H^2/［2（D+H）］$	$H^2/［4（D+H）］$
bb×*bb*	R	—	—	R
下一代的预期基因型频率：		$D+\frac{H^2}{4（D+H）}$	$H-\frac{H^2}{2（D+H）}$	$R+\frac{H^2}{4（D+H）}$

【例 6-2】遗传同质选配

已知驼的毛色受一个基因座上的两个等位基因 R、r 控制，R 与 r 共显性。初始群的状况如表 6-3 所示。

表 6-3　某双峰驼初始群毛色基因型频率（R、r）

基因型	频率	表型
RR	D	棕色
Rr	H	杏黄色
Rr	R	白色

基因频率显然也为 $P（R）=D+\frac{1}{2}H$，$P（r）=R+\frac{1}{2}H$。若在该群体针对毛色依据基因型进行同质交配，则有三种情况：棕配棕，杏黄配杏黄，白配白。*RR* 的频率为 D。然而，一旦选定一峰 *RR* 母双峰驼，其配偶的基因型就是固定的，不存在什么随机因素。图 6-3 为这种选配方法的直观表示，其中，要配种的母驼被圈在一个大的圈里，而公驼则据其基因型被分别圈在三个不同的圈里。各种基因型的交配概率及其对下一代的预期基因型频率贡献见表 6-4。而下一代的基因频率为：

$$P\text{（}R\text{）}=D+\frac{1}{4}H+\frac{1}{2}\text{（}H-\frac{1}{2}H\text{）}=D+\frac{1}{2}H$$

$$P\text{（}r\text{）}=R+\frac{1}{4}H+\frac{1}{2}\text{（}H-\frac{1}{2}H\text{）}=R+\frac{1}{2}H$$

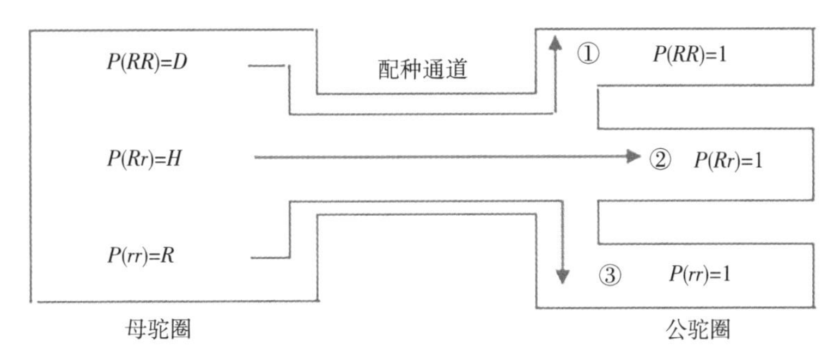

图 6-3　骆驼的遗传同质选配

表 6-4　双峰驼毛色遗传同型选配对下一代预期基因型频率的影响

交配双方的基因型	交配概率	对下一代预期基因型频率的贡献		
		RR	Rr	Rr
$RR\times RR$	D	D	—	—
$Rr\times Rr$	H	$\frac{1}{4}H$	$\frac{1}{2}H$	$\frac{1}{4}H$
$Rr\times rr$	R	—	—	R
下一代的预期基因型频率：		$D+\frac{1}{4}H$	$H-\frac{1}{2}H$	$R+\frac{1}{4}H$

下一代的基因频率为：

$$P\text{（}R\text{）}=D+\frac{1}{2}H$$

$$P\text{（}r\text{）}=R+\frac{1}{2}H$$

我们可以得到以下结论：

（1）同质选配并不改变基因频率。但这需要两个条件：一是公驼群与母驼群的基因频率相同，公驼与母驼使用频率相同；二是在交配前对于交配类型没有选择，在交配后对下一代的基因型也没有选择。

（2）同质选配改变基因型的频率。即纯合子的频率增加，杂合子的频率减少。所增加的纯合子频率的幅度等于所降低的杂合子的频率的幅度，而且各种纯合子的频率增加的幅度相同。

（3）遗传同质选配改变基因型频率的程度大于表型同质选配。由表 6-2 和表 6-4 知遗传同质选配下杂合子的频率减少$\frac{1}{2}H$，表型同质选配下杂合子的频率减少$\frac{1}{2}H$（$\frac{H}{D+H}$），二者之比为$1+\frac{D}{H}\geqslant 1$。各种纯合子频率的增加也有相同的结果。因此，可以说遗传同质选配对基因型频率的改变是表型同质选配的 $1+\frac{D}{H}$ 倍。

(4) 连续进行同质选配，杂合子的频率不断降低，各种纯合子的频率将不断增加，最后群体将分化为由纯合子组成的亚群。

(5) 同质选配若同选择相结合，则将既改变群体的基因频率，又改变群体的基因型频率，群体将以更快的速度定向达到纯合。

(6) 同质选配对于数量性状将不改变其育种值，但因杂合子的频率降低，却有可能降低群体均值。仍以一个基因座的两个等位基因情况为例，设基因型及基因型值如下：

A_1A_1	A_1A_2	A_2A_2
α	d	$-\alpha$

基础群的群体均值为：

$$\mu_0 = D\alpha + Hd - R\alpha$$

而表型同质选配后下一代的群体均值为：

$$\mu_1 = \left[D+\frac{H^2}{4(D+H)}\right]\alpha + \left[H-\frac{H^2}{2(D+H)}\right]d - \left[R+\frac{H^2}{4(D+H)}\right]\alpha$$

$$= D\alpha + H\alpha - R\alpha - \frac{H^2}{2(D+H)}d$$

$$\mu_1 - \mu_0 = -\frac{H^2}{2(D+H)}d$$

对于遗传同质选配，下一代的群体均值为：

$$\mu_1 = \left(D+\frac{1}{4}H\right)\alpha + \left(H-\frac{1}{2}H\right)d - \left(R+\frac{1}{4}H\right)\alpha = D\alpha + Hd - R\alpha - \frac{1}{2}Hd$$

$$\mu_1 - \mu_0 = -\frac{1}{2}Hd$$

同样可以看出遗传同质选配改变群体均值的幅度也较表型同质选配要大。

在育种实践中，同质选配主要用于下列几种情况：①群体当中一旦出现理想类型，通过同质选配使其纯合固定下来，并扩大其在群体中的数量；②通过同质选配使群体分化成为各具特点而且纯合的亚群；③同质选配加上选择得到性能优越而又同质的群体。

但是用同质选配需要注意下列事项：①表型选配虽与遗传选配作用性质相同，但其程度却有不同。而且运用遗传同质选配，下一代的基因型可以准确预测；而表型同质选配，因表型相同的个体基因型未必相同，故其下一代的基因型无法准确预测。因此实践中应尽量准确地判断个体的基因型。根据基因型进行同质选配。②同质选配是同等程度地增加各种纯合子的频率。因此，若理想的纯合子类型只是一种或者几种，那就必须将选配与选择结合起来。只有这样才能使驼群定向地向理想的纯合群体发展。③同质选配使一个群体分化成为几个亚群，亚群之间因基因型不同而差异很大，但亚群内的变异却很小。因此，在亚群内要想进一步选育提高可能比较困难。④同质选配因减少杂合子的频率而使群体均值下降，因而可能适于在育种群中应用，却不适于在繁殖群中应用。⑤同质选配必须在达到目的之后即应停止，同时必须与异质交配相结合，灵活运用。

同质选配所存在的问题是：①虽然遗传同质选配较表型同质选配来得更加准确、快捷，但是判断基因型并非易事；②同质选配只能针对一个或者少数几个性状进行，因为要使两个个体在众多性状上同质是困难的。

2. 影响同质选配效果的因素 主要有基因型纯合与否、目标性状的多少两个方面。因此同质选配以基因型的准确判断为基础，为了提高选配效果，应以一个性状为主、不宜多于 2 个遗传率高的性状。

3. 同质选配的缺点 长期同质选配会增大近交系数，降低群体内的变异程度，产生近交衰退（使原有的缺点更明显，适应性与生活力都下降），故应加强选择。

（二）异质选配

1. 异质选配 可分为两种。一种是选择具有不同优异性状的公母驼相配，以求这两种性状能很好地结合，从而获得兼有双亲优点的后代。例如，选毛长的双峰驼与毛密的双峰驼配。另一种是选同一性状上表现优劣程度不同的公母驼相配，即以优改劣，以良好性状纠正不良性状，使后代在这一性状上获得提高。例如，有些母驼只在某一性状上表现不好，即可选择在这个性状上有突出表现的公驼与之交配，给后代加入一些合意的基因，这样往往经过一两代，就有可能改善其缺点。实践证明，这是用来改进不良性状的一种行之有效的选配方法。

异质选配，是在希望打破驼群的停滞状态，矫正不良品质，或综合双亲优点时才应用。其遗传基础是控制双亲优异性状的基因是独立遗传或不完全连锁遗传。选配达到的效果是后代表现介于双亲之间。

【例 6-3】 单一性状异质选配

对双峰驼的毛色进行异质选配，初始群的状况如表 6-1 所示。

存在两种交配类型：①棕色母驼与白色公驼交配；②白色母驼与棕色公驼交配。图 6-4 是这种交配体制的示意。各种交配形式的概率及其对下一代基因型频率的贡献概括于表 6-5 中。由表 6-5 可知，没有一种交配产生 BB 后代。因此，后代的基因型频率显然不同于初始群的基因型频率。而基因频率则为：

$$P(B)=0+\frac{2D+H}{4(D+H)}=\frac{2D+H}{4(D+H)}$$

$$P(b)=\frac{H}{2(D+H)}+\frac{2D+H}{4(D+H)}=\frac{2D+3H}{4(D+H)}$$

基因频率改变的关键是因为公驼不成比例地应用。在本例中，白色公驼只占全部公驼的 R，但要与 $1-R$ 的母驼交配产生 $1-R$ 的后代；反过来，棕色公驼占公驼的 $1-R$，却只和 R 的母驼交配产生 R 的后代，这与同质选配中公驼随机交配的利用方式不同。

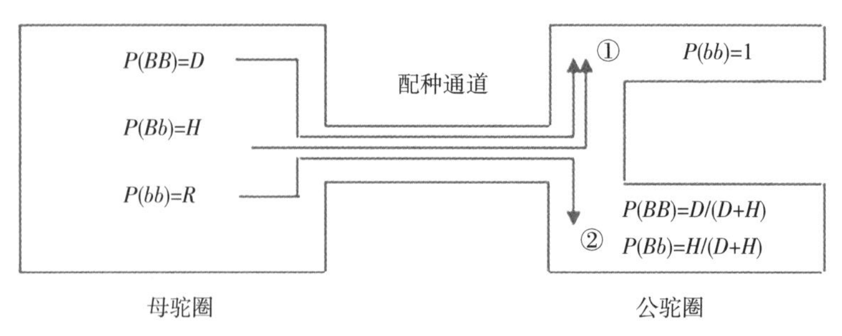

图 6-4　双峰驼异质选配

表 6-5　双峰驼异质选配对下一代基因型频率的影响

交配双方的基因型	交配概率	对下一代预期基因型频率的贡献		
母驼　公驼		BB	Bb	Bb
$BB \times bb$	D	—	D	—
$Bb \times bb$	H	—	（1/2）H	（1/2）H
$bb \times BB$	$RD/(D+H)$	—	$RD/(D+H)$	—
$bb \times Bb$	$RH/(D+H)$	—	$RH/2[(D+H)]$	$RH/[2(D+H)]$
下一代的预期基因型频率：		0	$(2D+H)/[2(D+H)]$	$H/[2(D+H)]$

据表 6-5 我们可以看出单性状的异质选配具有下列作用：①单性状的异质选配改变下一代的基因频率，究其原因在于公驼使用比例的不均衡。②单性状的异质选配改变下一代的基因型频率，其中显性纯合子将全部消失，而隐性纯合子全部源于杂合子的存在。③如果能够区分表型与基因型，进而淘汰杂合子，而只保留两种纯合子间的异质选配，即遗传异质选配，则下一代将全为杂合子。④异质选配对于数量性状而言，可能提高群体的均值，尤其是在遗传异质选配下，杂合子的频率最大，显性效应也最大。

【例 6-4】　多个性状异质选配

假设考虑两个性状，如产乳和产肉性状：产乳性状由一个基因座的两个等位基因 A、a 控制，而且 A_ 表现优良；产肉性状由另一个基因座的两个等位基因 B、b 控制，而且 B_ 表现优良。若采用 $A\_bb \times aaB\_$ 表型异质选配，下一代可能出现 4 种基因型 $AaBb$（产乳产肉优良后代）、$Aabb$（产乳优良后代）、$aaBb$（产肉优良后代）、$aabb$（淘汰后代）。而若采用 $AAbb \times aaBB$ 遗传异质选配，下一代将只有一种基因型即 $AaBb$。

据此可见，多个性状异质交配具有下列作用：①无论表型异质选配，还是遗传异质选配，都有可能出现 $AaBb$ 杂合子，这种杂合子将交配双方的优良特性集于一身而优于交配双方。但表型选配不像遗传选配那样，仅有一种 $AaBb$ 后代，而是可能出现另外三种基因型的后代。②对于数量性状而言，$AaBb$ 在两个性状上均处于杂合状态，故可充分利用基因间的互作效应，从而使下一代的生产性能表现高于两个亲本。

2. 应用　因为异质选配具有上述作用，所以育种实践当中主要将其用于下列几种情况：①用好改坏，用优改劣。例如，有些高产母驼只在某一性状上表现不好，就可以选在这个性状上特别优异的公畜与之交配，给后代引入一些适合的基因，使其表型优良。②综合双亲的优良特性，提高下一代的适应性和生产性能。③丰富后代的遗传基础并为创造新的遗传类型奠定基础。例如，在异质选配产生了 $AaBb$ 的基础上，采用 $AaBb \times AaBb$ 同质横交，即有可能得到 $AABB$ 纯合优秀类型。

异质选配需要注意的是：①不要将异质选配与“弥补选配”混为一谈。所谓“弥补选配”是选有相反缺陷的公母驼相配，以期待获得中间类型而使缺陷得到纠正。这样交配实际上并不能克服缺陷，相反，却有可能使后代的缺陷更加严重，甚至出现畸形。②异质选配的主要目的是产生杂合子，因此准确判断基因型同样极为重要。③在考虑多个性状选配时，在单个性状时个体间可能是异质选配，但在整体上可能因综合选择指数相同而可视为同质选配。这也说明了二者间的辩证关系。④异质选配也要注意适用场合及其时机。同质选配多用于育种群，异质选配可能多用于繁殖群。而且一旦达到目的即应停止或改用同质选配。异质选配所存在的问题与同质选配一样，即判断基因型比较困难，并只能针对少量性状进行。

（三）品质选配的运用

1. 生产上的运用 以同质选配为主，也可将同质选配和异质选配结合使用，扬长避短。

2. 育种上的运用 先异质选配，再同质选配（先杂交，将两亲本的主要优良性状组合到一起后再进行同质选配）。

二、亲缘选配

亲缘选配，就是依据交配双方亲缘关系远近（图 6-5）进行选配。如果骆驼间的亲缘关系较近，就称为近亲交配，简称近交；如果骆驼间的亲缘关系较远，就称为远亲交配，简称远交。当评定一峰骆驼是不是近交所生，主要看系谱中有无共同祖先，如有，则为近交，反之，则为远交。

在育种学中，常以随机交配作为基础来区分是近交还是远交。此外，远交细究起来尚可分为两种情况。①驼群内的远交。这种远交是在骆驼群体之内选择亲缘关系远的个体相互交配，其在驼群规模有限时有重大意义。因为在小驼群中，即使采用随机交配，近交程度也将不断增大，此时人为采取远交、回避近交，可以有效阻止近交程度的增大，从而避免近交带来的一系列效应。②驼群间的远交。这种远交是指两个驼

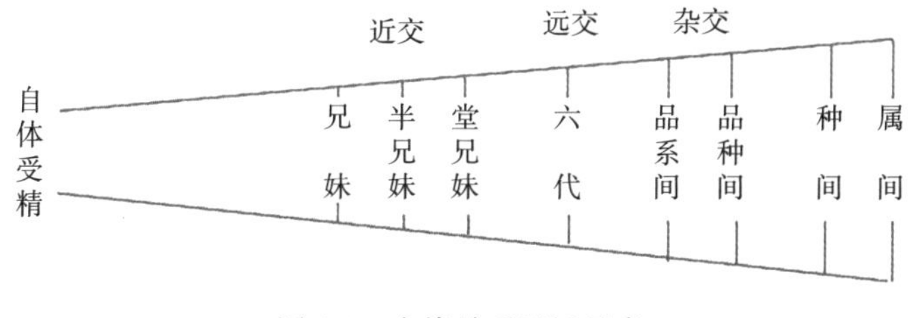

图 6-5　亲缘关系远近示意

群的个体间相交配，而驼群内的个体间不交配。因为涉及不同的驼群，这种远交又称杂交。而且根据交配群体的类别，进一步分为品系间、品种间的杂交（简称杂交）和种间、属间的杂交（简称远缘杂交）。但是远交不论是在驼群内的还是在驼群间的，都可同等看待，因为驼群间的远交可以看作一个大驼群内的两部分亲缘关系很远的个体间的交配，故而效应类似。

第二节 近　　交

近交，是指有亲缘关系的骆驼个体之间的交配。在实际的骆驼群体中，大部分个体或多或少都会有亲缘关系，大部分的交配都可称作近交。

一、近交

（一）近交系数

亲缘交配关键在于亲缘关系的远近，而对骆驼个体间的亲缘关系远近可用其下一代的近交系数予以度量。近交系数这一概念首先是由 Wright 提出，据其定义，近交系数是指配子基因效应间的相关，用 F 表示。一般来说，两个基因相同分为两种情况：一是两个基因功能相同，称这两个基因同态相同；二是两个基因来源于同一祖先的同一基因的拷贝，自然也有相似的功能和核苷酸序列，这样的基因我们称为同源基因。

（二）近交的作用

1. 增加纯合子的频率　由于近交可使后代的任一基因座上的两个等位基因是同源基因的概率增大，这意味着近交个体为纯合子的概率增大，因而在整个群体中，纯合子的比例增大，同时杂合子的比例降低，但不改变群体的基因频率。如果持续地进行近交，则群体会逐渐分化为以不同纯合基因型为主的亚群体，或近交系。在极端情况下，当所有个体的近交系数都达到最大即 $F=1$ 时，群体中的所有个体为纯合子。

假设某骆驼一个基因座有两个等位基因 A 和 a，A 基因频率为 p，a 基因频率为 q。$q=1-p$，而且基础群处于 Hardy-Weinbery 平衡状态。对于驼群而言，近交系数 F 可以定义为杂合子频率的降低量或纯合子的增加量。据此，$2pq$ 的杂合子中将有 F 部分分化为纯合子，从而 Aa 的频率将变为：

$$P\ (Aa)\ =2pq-2pqF=2pq\ (1-F)$$

在从杂合子转化为纯合子的 $2\times 2pqF$ 部分基因中，一半是 A 基因，另一半是 a 基因，即有 $2pqF$ 的 A 和 $2pqF$ 的 a。这 $2pqF$ 的 A 基因仅以成对的形式存在于纯合子中，因此所产生的 AA 纯合子比例为 pqF，新形成的 aa 纯合子比例为 pqF，两种纯合子的总的频率为：

$$P(AA)=p^2+pqF=p^2(1-F)+pF$$
$$P(aa)=q^2+pqF=q^2(1-F)+qF$$

具体结果见表 6-6。

表 6-6　近交下杂合子与纯合子的频率变化

基因型	基因型值	基础群的基因频率或基因型频率	近交系数为 F 时下一代的基因频率或基因型频率
AA	α	p^2	$P^2+pqF=p^2(1-F)+pF$
Aa	d	$2pq$	$2pq-2pqF=2pq(1-F)$
aa	$-\alpha$	q^2	$q^2+pqF=q^2(1-F)+qF$
A 的频率		p	p
a 的频率		q	q

由表 6-4 可见，近交对于驼群的基因频率及基因型频率作用如下：①降低杂合子的频率，降低程度为 $2pqF$。②增加纯合子的比例，每种纯合子均增加 pqF。③不改变群体的基因频率。④当近交程度达到最大即 $F=1$ 时，群体将全部为纯合子，其中 AA 的频率为 p，aa 的频率为 q。⑤当近交程度最低（$F=0$）且符合 Hardy-Weinberg 条件时基因频率与基因型频率为通常的 Hardy-Weinberg 频率。

2. 导致近交衰退　近交衰退有两个方面的表现。一是隐性有害基因纯合子出现的概率增加。由于长期自然选择的结果，有害基因大多是隐性的，其作用只在纯合时才表现。由于近交导致纯合子比例增加，因而隐性有害基因纯合子出现的概率增大。二是使数量性状的群体均值下降。这是由于近交使得群体中的杂合子比例下降，如果在一些基因座上存在显性效应，且多数显性性状都有有利效应，则杂合子比例下降就意味着有利显性效应的减小，因而使群体均数下降。这种现象尤其在遗传力较低的性状，如繁殖性状和生活力性状，表现得更为明显。

近交衰退除了导致疾病等有害现象发生之外，有时也使驼群均值下降。对此也可根据表 6-6 予以说明。对于基础群，驼群均值为：

$$\mu_0=p^2\alpha+2pqd+q^2(-\alpha)=p^2\alpha+2pqd-q^2\alpha$$

而近交所产生之下一代的驼群均值为：

$$\begin{aligned}\mu_F&=(p^2+pqF)\alpha+(2pq-2pqF)d+(q^2+pqF)(-\alpha)\\&=p^2\alpha+pqF\alpha+2pqd-2pqFd-q^2\alpha-pqF\alpha\\&=p^2\alpha+2pqd-q^2\alpha-2pqFd\end{aligned}$$

因此：

$$\mu_F-\mu_0=-2pqFd$$

如果考虑多个基因座则有：

$$\mu_F-\mu_0=-2F\sum pqd$$

由此可见，近交导致驼群均值下降，下降程度同近交系数 F、基因频率以及显性效应成正比。不过，近交导致驼群均值下降的条件是基因座的定向显性（directional dominance），即有关基因的显性绝大多数在同一方向上。

3. 改变驼群方差 根据方差计算公式，容易得到子代骆驼遗传方差为：

$$\sigma_{GF}^2=(p^2+pqF)\alpha^2+2pq(1-F)d^2+(q^2+pqF)(-\alpha)^2-\mu_F^2$$

若定义 σ_{G0}^2 为随机交配时的驼群的遗传方差，且等位基因间无显性（$d=0$）时，可以证明：

$$\sigma_{GF}^2=\sigma_{G0}^2(1+F)$$

因此，近交系数为 F 时，整个驼群中总加性遗传方差为基础群的（$1+F$）倍。这一总方差可剖分为近交后导致的系内和系间方差两部分。因为无显性时，$\sigma_{G0}^2=2pq\alpha^2$，即随机交配驼群内的加性遗传方差与驼群体内杂合子频率 $2pq$ 成比例，而近交导致驼群分化形成许多个系或亚群，系内总杂合子频率变为 $2pq(1-F)$，故系内加性遗传方差 σ_{Gw}^2 和系间加性遗传方差 σ_{Gb}^2 分别为：

$$\sigma_{Gw}^2=2pq(1-F)\alpha^2=\sigma_{G0}^2(1-F)$$

$$\sigma_{Gb}^2=\sigma_{GF}^2-\sigma_{Gw}^2=2F\sigma_{G0}^2$$

由此可见，当不存在近交时 $F=0$，没有系的分化，即 $\sigma_{Gb}^2=0$，而驼群内遗传方差就是整个遗传方差。但在完全显性且隐性基因频率较低时，近交早期可能出现系内方差增加，在近交系数达到一定程度后才逐渐下降。造成这一结果的原因可能是存在显性方差的作用。

4. 导致骆驼系内的遗传变异性下降 由于近交骆驼为纯合子的可能性更大，所以其后代与它本身以及后代之间在遗传上的相似性增大，也就是骆驼系内的遗传一致性加大。

（三）近交的用途

1. 揭露有害基因 近交可以增加隐性有害基因表现的机会，因而有助于发现和淘汰其携带者，进而降低这些基因的频率。例如，某牧户的一个驼群因长期使用同一公驼，在五年所生的三个驼羔中，就出现了歪颈等畸形现象。牧民也反映，凡兄妹配所生的驼羔，一般初生时较软弱，体单薄，保护毛较少。以上可以看出，近交有两重性，育种中不能不用，但也不能随便滥用，只能在必要时有计划有目的地应用，决不可长期连续使用。近交只宜在品系繁育中，为了突出固定某一性状或在培育新品种需要尽快固定遗传性时应用，而且一般只宜用来繁殖种驼。近交的对象，只能是那些经过鉴定认为品质优良、外形健壮的种驼。

2. 保持优良个体血统 按照遗传原理，任何一个祖先的血统在非近交情况下，都有可能因世代的半化作用而逐渐衰退直至消失。只有借助近交，才可使优良祖先的血统长期保持较高水平而不严重下降。所以，当驼群中出现了某些特别优秀个体，需要尽量保持这些优秀个体的特性时，就得考虑采用近交。例如，当驼群中出现了一峰特别优良的公驼，为了保住它的特性并扩大它的影响，只有让这峰公驼与其女儿交配，或让其子女互相交配，或采用其他近交形式，才能达到这个目的。这也是品系繁育中所常用的一种手段。此外，一个近交个体与其后代的相似程度大于非近交个体与其后代的相似程度，一个非近交亲本与其后代的亲缘系数为1/2，而一个近交亲本与其后代的亲缘系数为$\sqrt{1+F}/2$。类似地，一个近交个体的后代之间较非近交个体的后代之间更加相似，半同胞间亲缘系数为（$1+F$）/4，而非1/4。全同胞且有一个亲本为近交个体时亲缘系数为（$1/2+F/4$）；两个亲本均为近交个体但不相关时，全同胞间亲缘系数为［$1/2+$（F_S+F_D）/4］。这说明为了保持优良个体的血统，利用近交和有关的近交个体有助于更好、更快地达到目的。

3. 提高驼群的同质性 近交导致群体的纯合子比例增加，从而造成驼群的分化。随着近交程度的增加，分化程度越来越高。当$F=1$时，驼群分化为各个近交系。例如，如果在一个基因座上有两个等位基因A和a，近交使得纯合子AA和aa的比例增加，最终导致群体分化为一个全部为AA和另一个全部为aa的两个近交系。这时，系内的个体高度一致，而系间的个体差异则达到最大。结合选择，我们就可以得到我们所需要的高度同质的近交系。这种方法尤其对于质量性状（如毛色、肤色、耳型等）的效果很显著。这些近交系可用于杂交，一般来说，各系内的一致性越高，系间的差异越大，则杂交后代的杂种优势越大。

4. 固定优良性状 近交可使基因纯合，因此可以利用这种方法来固定优良性状。换句话说，近交可使优良性状的基因型纯合化，从而能比较确定地遗传给后代，不再发生大的分化。值得指出的是，同质选配也有纯化基因和固定优良性状的作用，但和近交相比其固定速度要慢得多，而且还只限于少数性状，要同时全面固定就比较困难。同质选配大多只在生产性能和体型外貌上要求同质，而忽视或难以保障遗传上的同质表现型，虽相似但不等于基因型相同，所以其作用是有限的。

5. 提供试验动物 近交可以产生高度一致的近交系，为医学、医药、遗传等生物学试验提供试验动物。

（四）防止近交衰退

近交虽有许多用途，但也存在致命的缺陷，即有可能产生近交衰退。因此，除非有特殊的需要，在一般的育种实际中，近交是应该尽量避免的，也就是在选配时要避免亲缘关系较近的个体的交配。在需要应用近交时，也要特别注意防止衰退发生，只有这样才能发挥近交应发挥的作用。防止近交衰退可以采取以下措施。

1. 严格淘汰 严格淘汰是近交中被公认的一条必须坚决遵循的原则。实践证明，近交中的淘汰率应该比非近交时大得多。据报道，猪的近交后代的淘汰率一般达80%～90%。所谓严格淘汰，就是将那些不合理想要求的、生产力低下、体质弱、繁殖力差、表现出衰退迹象的个体从近交群中坚决清除出去。其实质就是及时将分化出来的不良隐性纯合子淘汰掉，而将含有较多优良显性基因的个体留作种用。

2. 加强饲养管理 个体的表型受到遗传与环境的双重作用。近交所生个体，种用价值一般是高的，遗传性也较稳定，但生活力较差，表现为对饲养管理条件的要求较高。如果能适当满足它们的要求，就可使衰退现象得到缓解、不表现或少表现。相反，饲养管理条件不良，衰退就可能在各种性状上相继表现出来；如果饲养管理条件过于恶劣，直接影响正常生长发育，那么后代在遗传和环境的双重不良影响下，必将导致更严重的衰退。但需要注意的是，对于加强饲养管理应当辩证看待。在育种过程当中，整个饲养管理条件应同具体生产条件相符。如果人为改善、提高饲养管理条件，致使应表现出的近交衰退没有表现出来，将不利于隐性有害或不利基因的淘汰。

3. 血缘更新 一个驼群尤其是规模有限的驼群，在经过一定时期的自群繁育后，个体之间难免有程度不同的亲缘关系，因而近交在所难免，经过一些世代之后，近交将达到一定程度。为了防止近交不良影响的过多积累，可考虑从外地引进一些同品种、同类型但无亲缘关系的种畜或冷冻精液，来进行血缘更新。为此目的的血缘更新，要注意同质性，即应引入有类似特征、特性的种畜，因为如引入不同质的种驼来进行异质交配，将会使近交的作用受到抵消，以致前功尽弃。

4. 灵活运用远交 远交即亲缘关系较远的个体交配，其效应与近交正好相反。当近交达到一定程度后，可以适当运用远交，即人为选择亲缘关系远甚至没有亲缘关系的个体交配以缓和近交的不利影响。但是同样应注意交配双方的同质性，以免淡化近交所造成的群体的同质性。

二、远交

（一）远交的效应

远交的效应与近交相反，主要体现在以下几方面：

1. 增加杂合子的频率 远交使骆驼后代中的杂合子频率增加，同时使纯合子的频率下降。在极端情况下，如果用远交使后代中的杂合子频率增加，同时使纯合子的频率下降。在极端情况下，如果用两个不同的完全近交系杂交，则后代全部为杂合子。

2. 产生杂种优势 和近交衰退相反，杂交由于增加了杂合子的频率，如果在多数基因座上都存在有利的显性效应，则杂交后代的平均数将高于双亲的平均数，这种现象称为杂种优势。远交产生的互补效应可体现在两个方面：一是同一数量性状内的增效基因间的互补；二是不同性状间的互补。性状间的互补即两个种群在不同性状上表现优异，二者杂交可把两个种群的优良性状集中到杂种子一代上。例如，骆驼的产毛和产乳是两个性状。一群骆驼产毛量高，产乳量低；另一群骆驼产毛量低，产乳量高。两个群体杂交可以得到产毛量高、产乳量高的后代。

（二）远交的用途

远交因为具有上述作用，因而被广泛用于下列几个方面：

（1）在群体内实施远交以避免近交衰退。

（2）在品种或品系间杂交以利用杂种优势和杂交互补。

（3）培育新品种。杂交可以丰富子一代的遗传基础，把亲本群的有利基因集于杂种一身，因而可以创造新的遗传类型，或为创造新的遗传类型奠定基础。新的遗传类型一旦出现，即可通过选择、选配，使其固定下来并扩大繁衍，进而培育成为新的品系或者品种。

第三节　种群选配

种群即种用群体，大到品种或种属，小到畜群或品系。按内容和范围来讲，种群选配主要是研究与配个体所隶属的种群特性和配种关系，是根据与配双方是隶属于相同的还是不同的种群而进行的选配。相同品种或品系的个体间交配或者不同品种或品系个体间交配，由此形成两种基本形式的类型，即纯种繁育和杂交繁育。

一、纯种繁育和杂交繁育

（一）纯种繁育

纯种繁育简称纯繁，是指在同一种群范围内通过选种选配、品系繁育、改善培育条件等措施以提高种群性能的一种方法。其目的是当一个种群的生产性能基本能满足经济生产需求、不必作大的方向性改变时，使用纯繁以保持和发展一个种群的优良特性增加种群内优良个体的比重，同时克服种群的某些缺点，达到保持种群纯度和提高种群质量的目的。包括育成品种的纯繁和地方品种品群的改造。

纯种繁育不同于“本品种选育”，两者都是在同一种群范围内进行繁殖和选育，但所针对的种群特性不同。纯种繁育是针对培育程度较高的优良种群和新品种而言，目的是为了获得纯种。本品种选育是针对某一品种的选育提高而言，但并不强调保纯，为了提高性能甚至可采用杂交的手段。

驼群中的优秀个体总是少数，要扩大优秀个体数量，单靠正常繁殖是很慢的。而采用品系纯育就能增强优秀个体的影响，使个别优秀种驼的特点迅速转变为群体共有的特点。一个品种需要改良和提高的性状往往很多，如果这么多性状同时选择，其选择差必然小，改良进度必将变慢。而采用品系繁育，将这些改良高的任务分不同品系去完成，每个品系只选育一两个性状，这样就比较容易得到。各品系是独立的，品系间在遗传性上存有较大的差异，用于杂交同样可产生较大的杂种优势。

建立品系的方法很多，目前以群体继代选育法的运用较多：先选基础群，而后封闭并在闭锁群体内，根据生产性能、体质外形、血统来源等进行相应的选种选配，以培育出符合预定标准的品系。

1. 选基础群　可以是同质的，也可以是异质的。在一般情况下，当预期的品系只求突出个别性状，则基础群以同质为宜；基础群大小可定为 80～100 峰母驼和 4～5 峰公驼。这些个体应力求大部分不是近交产物，对公驼更应要求彼此间没有亲缘关系，这样才不致过早发生较高程度的近交。

2. 闭锁选育　按此法建系时，驼群必须严格封闭至少4～6个世代，不从外面引进公驼。这样群中基因将逐步趋向纯合，再结合严格的选种，就可使有差异的基础群经几个世代而变为具有共同优点的驼群。对质量已符合品系标准的优秀个体可采用同质选配或近交。

3. 严格选留，多留精选　要求每世代的后备种驼尽量争取在同样饲养管理条件下育成和生产，然后根据其同胞或本身的资料严格选种。选种标准和选种方法也要代代保持一致，这样就能保证提高选种的准确性。各阶段的选择强度应随年龄增长而加强。每世代的驼群规模以保持稳定为宜。

（二）本品种选育的基本措施

1. 加强领导，建立选育机构　这是保证选育成功的组织措施，建立协作组对品种进行调查研究（主要性能、优缺点、数量、分布、形成的历史条件、当地群众的喜好等），确定选育方向，明确选育目标，制订选育计划。

2. 建立良种繁育体系　在保护区内，以乳产量和质量、绒纤维产量与品质、产肉性能等为重点选育性状，进行系统的本品种选育提高。

3. 健全性能测定制度和严格选种选配　定期进行性能测定，建立骆驼养殖档案，实时监测选育进程。确保选育效果。

4. 科学饲养与合理培育　制定合理的饲养管理方案，针对某一特性进行定向培育，如培育高产乳驼，就要对挤乳驼补充精饲料、微量元素等。

5. 开展品系繁育　通过对种群内骆驼进行普查后，在群体内按性状进行分群，开展群内扩繁。

6. 适当导入外血　在群体数量、比例保持稳定的情况下，可以适当引入产乳量高的新疆双峰驼或者产肉性能较好的苏尼特双峰驼，逐步改善原群体的性状。

（三）杂交

运用2个或2个以上地方品种相杂交，创造出新的优良品种。通过育种手段将它们固定下来以培育新品种或改进品种的个别缺点。

不同的遗传基础杂交时基因重组，优良基因汇集、互作，经选种选配，使有益基因纯合并稳定遗传。

1. 作用

（1）增加杂合子的频率　现以一个基因座的两个等位基因为例。设有两个群体 P_1、P_2，其基因频率、基因型频率以及基因型值如表6-7所示。于是如果两个群体杂交则子一代 F_1 基因型频率将如表6-8所示。若令 $p_2=p_1+y$，$q_2=q_1-y$，则子一代杂合子的频率为：

$$H_{F_1}=p_1q_2+q_1p_2=p_1(q_1-y)+q_1(p_1+y)=2p_1q_1+y(q_1-p_1)$$

表 6-7　两个群体的基因频率、基因型频率及基因型值

群体	基因频率		基因型频率			基因型值		
	A_1	A_2	A_1A_1	A_1A_2	A_2A_2	A_1A_1	A_1A_2	A_2A_2
P_1	p_1	q_2	p_1^2	$2p_1q_1$	q_1^2	α	d	$-\alpha$
P_2	p_1	q_2	p_2^2	$2p_2q_2$	q_2^2	α	d	$-\alpha$

而两个群体的平均杂合子频率为：

$$\overline{H}=\frac{1}{2}\ (2p_1q_1+2p_2q_2)$$

$$=\frac{1}{2}\ [2p_1q_1+2\ (p_1+y)\ (q_1-y)\ ]$$

$$=2p_1q_1+y\ (q_1-p_1)\ -y^2$$

从而子一代的杂合子频率与亲本群体的平均杂合子频率的差为：

$$H_{F_1}-\overline{H}=y^2$$

因为 $y^2 \geqslant 0$，所以杂交必定使子一代的杂合子频率大于或者等于两个群体的平均杂合子频率。杂合子频率的增加必然伴随着纯合子的减少。不过需要注意的是，杂交虽然导致杂合子的频率增加，却不改变基因频率。

此外，杂合子频率的增加显然同两个群体基因频率的差异成正比，即两个群体的基因频率差异越大，子一代杂合子频率增加得越多。

表 6-8　两个群体杂交各种交配类型的概率及其对下一代基因型频率的贡献

交配群体 P_1　P_2	交配概率	对下一代基因型频率的贡献 A_1A_1	A_1A_2	A_2A_2
$A_1A_1\times A_1A_1$	$p_1^2\cdot p_2^2$	$p_1^2\cdot p_2^2$	—	—
$A_1A_1\times A_1A_2$	$p_1^2\cdot 2p_2q_2$	$p_1^2\cdot p_2q_2$	$p_1^2\cdot p_2q_2$	—
$A_1A_1\times A_2A_2$	$p_1^2\cdot q_2^2$	—	$p_1^2\cdot q_2^2$	—
$A_1A_2\times A_1A_1$	$2p_1q_1\cdot p_2^2$	$p_1q_1\cdot p_2^2$	$p_1q_1\cdot p_2^2$	—
$A_1A_2\times A_1A_2$	$2p_1q_1\cdot 2p_2q_2$	$p_1q_1\cdot p_2q_2$	$2p_1q_1\cdot p_2q_2$	$p_1q_1\cdot p_2q_2$
$A_1A_2\times A_2A_2$	$2p_1q_1\cdot q_2^2$	—	$p_1q_1\cdot q_2^2$	$p_1q_1\cdot q_2^2$
$A_2A_2\times A_1A_1$	$q_1^2\cdot q_2^2$	—	$q_1^2\cdot q_2^2$	—
$A_2A_2\times A_1A_2$	$q_1^2\cdot 2p_2q_2$	—	$q_1^2\cdot p_2q_2$	$q_1^2\cdot p_2q_2$
$A_2A_2\times A_2A_2$	$q_1^2\cdot q_2^2$	—	—	$q_1^2\cdot q_2^2$
下一代的基因型频率：		p_1p_2	$p_1q_2+q_1p_2$	q_1q_2

（2）提高杂种群体均值　根据表 6-7 和表 6-8 可知子一代的群体均值及两个亲本群体的平均值分别为：

$$\mu_F=p_1p_2\alpha+\ (p_1q_2+q_1p_2)d-q_1q_2\alpha$$

$$=p_1(p_1+y)\alpha+[2p_1q_1+y(q_1-p_1)]d-q_1(q_1-y)\alpha$$

$$=(p_1-q_1+y)+[2p_1q_1+y(q_1-p_1)]d$$

$$\bar{\mu}=\frac{1}{2}[p_1^2\alpha+2p_1q_1d-q_1^2\alpha+p_2^2\alpha+2p_2q_2d-q_2^2\alpha]$$

$$=\frac{1}{2}[p_1^2\alpha+(p_1+y)^2\alpha-q_1^2\alpha-(q_1-y)^2\alpha]+[2p_1q_1+y(q_1-p_1)-y^2]d$$

$$=(p_1-q_1+y)\alpha+[2p_1q_1+y(q_1-p_1)-y^2]d$$

从而有：

$$\mu_{F_1}-\bar{\mu}=y^2d$$

如果控制该数量性状的基因座不止一个，则有：

$$\mu_F-\bar{\mu}=\sum y^2d$$

在此没有考虑基因的上位效应。可见杂交导致群体均值提高，我们把此现象称为杂种优势现象，而把杂种群体均值高于亲本群体平均的部分称为杂种优势，一般记为 H。显然，杂种优势的大小取决于两个因素：一是两个群体基因频率差异的平方，二是等位基因间的显性程度 d。需要注意的是，在此我们假设等位基因间的显性都是定向显性，而且是正向的。如果不同基因座的显性方向不一致，甚至多数是反向的，则杂种优势可能很小，甚至为杂种劣势。

（3）产生互补效应　互补效应可体现在两个方面：一是同一数量性状内的增效基因间的互补，二是不同性状间的互补。这意味着杂交可以丰富后代的遗传基础，为创造新的基因型奠定基础。

性状间的互补即两个种群在不同性状上表现优异，二者杂交可把两个种群的优良性状集中到杂种子一代上。例如，为提高骆驼的产肉性能，将苏尼特双峰驼和阿拉善双峰驼进行杂交，后代可以获得亲本的产肉性状。

（4）改变子一代的遗传方差　两个亲本种群可以视为一个大的群体的两个组成部分，显然该大群体并不处于平衡状态，其基因频率为 $\bar{p}=(p_1+p_2)/2$，$\bar{q}=(q_1+q_2)/2$，而方差可以记为 $\sigma^2_{P_1+P_2}$，该大群体内两个亲本种群杂交子一代的方差可以记为 $\sigma^2_{F_1}$。为便于比较，以在该大群体内采用随机交配作为比较的基准，同时假设等位基因间无互作，则有：

$$\sigma^2_{P_1+P_2}=\sigma^2_{G0}\left(1+\frac{y^2}{4pq}\right)$$

$$\sigma^2_{F_1}=\sigma^2_{G0}\left(1-\frac{y^2}{4pq}\right)$$

式中，σ^2_{G0} 为随机交配时的加性遗传方差。

可见与随机交配相比，合并亲本群体的加性遗传方差有所增加，增加量为 $\frac{y^2}{4pq}\sigma^2_{G0}$，而杂交子一代的加性遗传方差则有所下降，其下降量也为 $\frac{y^2}{4pq}\sigma^2_{G0}$。杂交子一代与合并亲本群相比，加性遗传方差下降的程度更大，为 $2\frac{y^2}{4pq}\sigma^2_{G0}$。注意：加性遗传方差的变化程度与系数$\frac{y^2}{4pq}$有关。

其中，在 $p_1 = q_2 = 1$，即两亲本群体在不同等位基因上固定时，$\bar{p} = \bar{q} = 1/2$，$y = p_2 - p_1 = 1$，从而使系数有最大值，而$\sigma^2_{P_1+P_2} = \sigma^2_{G0}$、$\sigma^2_{F_1} = 0$，即两纯系杂交，其子一代的遗传基础完全一致，不存在遗传变异。

2. 用途 杂交因为具有上述作用，已被广泛用于下列几个方面：①杂交育种。杂交可以丰富子一代的遗传基础，把亲本驼群的有利基因集于后代，因而可以创造新的遗传类型或为创造新的遗传类型奠定基础。新的遗传类型一旦出现，即可通过选择、选配使其固定下来并扩大繁衍，进而培育成为新的品系或者品种。杂交有时还能起到改良作用，迅速提高低产品种的生产性能，也能较快改变一些驼群的生产方向；还能使具有个别缺点的种群得到较快改进。②杂交生产。杂交可以产生杂种优势、利用互补效应并使子一代的表现一致性增高。目前杂交已经成为畜牧生产的一种主要方式。

二、杂交育种

（一）杂交的分类

根据种群关系的远近，可以分为系间杂交、品种间杂交、种间杂交、属间杂交。根据杂交的目的不同，可分为经济杂交、改良杂交、育成杂交。根据杂交的方式不同，又分为简单杂交、复杂杂交、引入杂交、级进杂交、轮回杂交和双杂交。

1. 简单杂交育种 只用两个品种杂交来培育新品种，称作简单杂交育种。这种育种方法简单易行，新品种的培育时间较短，成本也低。采用这种方法，要求两个品种包含所有新品种的育种目标性状，优点能互补，又可以纠正个别缺点。几个常见的品种就是通过简单杂交育成的。在双峰驼育种上，阿拉善双峰驼绒纤维细而长，有良好的成纱性，但产量不高；长眉驼是北疆驼中的优异类群，特点是眉毛、耳尖毛特别长，产毛量高（图 6-6，图 6-7）。如将这两种品种杂交，可育成产绒量高且绒毛纤维细长的双峰驼，这样的驼绒有较高的经济价值，对纺织业的发展有一定的促进作用。

2. 复杂杂交育种 用三个以上的品种杂交培育新品种，称为复杂杂交育种。如果选择两个品种仍然满足不了要求时，可以增加一个或两个甚至更多一些品种参与杂交，以丰富杂交后代的遗传基础。但是也不可用过多的品种，用的品种过多，不好控制，后代的遗传基础较复杂，杂种后代变异的范围常常较大，需要的培育时间相对较长，成本较高。当使用的品种较多时，不仅应根据每个品种的性状或特点确定父本或母本，并严格选择优良个体，还要认真计划品种间的杂交次序，因为后用的品种对新品种的影响和作用相对较大。通过复杂杂交育种已经培育出了不少新品种。例如，阿拉善双峰驼个体产乳水平较低，而绒较细；苏尼特双峰驼有体大粗壮，躯干较长，驼峰较大，肉脂性能突出，绒毛密度大等优良特性。将阿拉善双峰驼与苏尼特双峰驼杂交育成绒

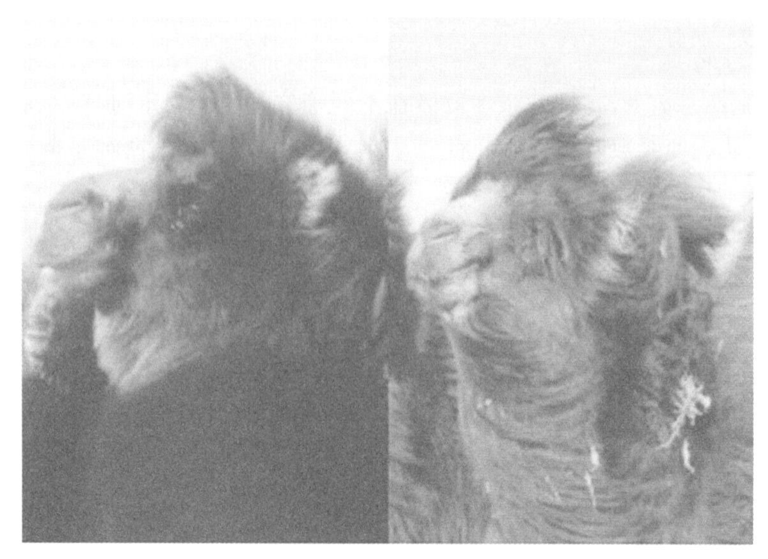

图 6-6　阿拉善双峰驼脸部（左）与长眉驼脸部（右）

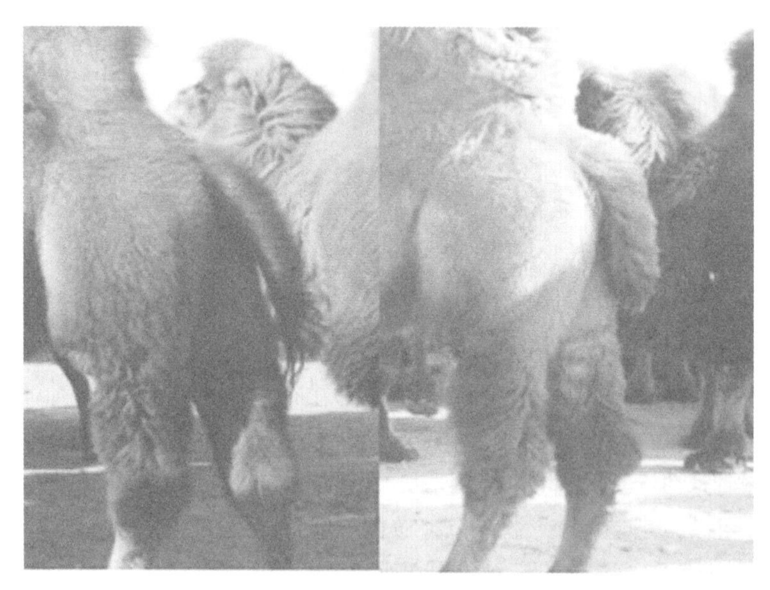

图 6-7　阿拉善双峰驼尻部（左）与长眉驼尻部（右）

肉兼用型双峰驼，再与引入蒙古国的产乳量较高母驼的后裔种公驼杂交，提高生产性能，增加双峰驼母驼产乳量，提升经济效益。

（二）杂交育种的目标

1. 改变动物主要用途　随着人民生活水平的提高，许多原有的家畜品种不能满足需求，这时就有必要改变现有品种的主要用途。

2. 提高生产能力　培育高生产力水平的动物新品种，对动物生产的发展有着重要的意义。杂交可掩盖隐性不良基因的表现，从而提高畜群生产性能。以表 6-9 为例，可以看出子一代的表现型优于父本个母本。

表 6-9　杂种优势的产生

父本	基因型	AA	bb	CC	dd	EE	ff	合计
	基因型值（作用单位）	1	0.5	1	0.5	1	0.5	4.5
母本	基因型	aa	BB	cc	DD	ee	FF	合计
	基因型值（作用单位）	0.5	1	0.5	1	0.5	1	4.5
F_1	基因型	Aa	Bb	Cc	Dd	Ee	Ff	合计
	基因型值（作用单位）	1	1	1	1	1	1	6.0

3. 提高适应性和抗病力　不同地区的骆驼都有各自最适宜的自然环境条件，当把这些品种引入环境条件不同的地区时，要求这些品种要对新环境有一定的耐受能力。于是就有必要培育适应性强的品种。例如，苏尼特双峰驼生活的地区，要比阿拉善双峰驼产区的纬度高4°～5°，又是西伯利亚中路寒潮南下的必经之地，故冬春季节的寒潮侵袭频率较大，气温明显要比同纬度的其他地区低。所以苏尼特双峰驼的绒毛生长和抗寒性能都良好，可用来改良其他品种骆驼。

（三）杂交育种的步骤

1. 确定育种目标和育种方案　如果杂交育种前不重视这一步骤，也没有明确的指导思想，会使育种工作效率较低、育种时间长、成本高，会与动物生产的发展和社会需求不适应。杂交用几个品种，选择哪几个品种，杂交的代数，每个参与杂交的品种在新品种血缘中所占的比例等，都应该在杂交开始之前详尽讨论。实施中也要根据实际情况进行修订与改进，但不宜做大的变动。

2. 杂交　品种间的杂交使两个品种基因库的基因发生重组，杂交后代中会出现各种类型的个体，通过选择理想型的个体组成新的类群进行繁育，就有可能育成新的品系或品种。杂交阶段的工作，除了选定杂交品种以外，每个品种中的与配个体的选择、选配方案的制定、杂交组合的确定等都直接关系到理想后代能否出现。因此需要进行一些试验性的杂交。由于杂交需要进行若干世代杂交方法，如引入杂交或级进杂交都要视具体情况而定，即理想个体一旦出现，就应该用同样方法生产更多的这类个体，在保证符合品种要求的条件下，使理想个体数量增加，达到满足继续进行育种的要求。

3. 理想性状的固定　固定理想性状主要用于质量性状，如毛的细度、长度，绒的细度、均匀度及体型外貌等。在这一阶段要停止杂交，而进行理想杂种个体群内的自群繁育，以期使目标基因纯合和目标性状稳定遗传。主要采用同型交配方法，有选择地采用近交，近交的程度以未出现近交衰退现象为度。有些具有突出优点的个体或家系，应考虑建立品系。该阶段以固定优良性状、遗传特性为主要目标，同时，也应注意饲养管理等环境条件的改善。

4. 扩群　迅速增加群体数量和扩大分布地区，培育新品系，建立品种整体结构和提高品种品质，完成一个品种应具备的条件。使已定型的新类群增加数量、提高质量。

在前面的阶段虽然培育了理想型群体或品系，但是在数量上毕竟较少，难以避免不必要的近交，它们仍有退化的危险，也就是该理想型类群或品种群，在数量上还没有达到成为一个品种的起码标准。另外，没有足够的数量，便不可能有较高的质量，只有群体大才可能有较大的选择差，以利进一步提高品种的水平。因此，在这一阶段要有计划地进一步繁殖和培育更多的已定型的理想型群体，向外地推广，以便更好地扩大数量和发挥理想型群体的作用。为了使之具有较大的适应性，进行推广是培育新品种中必不可少的工作。

一般的品系都是独立的，为了健全品种结构和提高质量，应该有目的地使各品系的优秀个体进行杂交，使它们的后代兼有两个或几个品系的优良特性。这样，一方面可以使品种的质量在原有的水平上有所提高，同时品种在结构上也可以进一步优化，从而使这个新的类群达到新品种的要求。另外，还应继续做好选种、选配和培育等一系列工作。不过，这一阶段的选配不一定再强调同质选配，而应避免近交。为了保持定型后的遗传性状，选配方法上应该是纯繁性质的，不可使用杂交。

（四）杂交育种的应用

1. 导入杂交 如果一个品种的骆驼已有较高的生产性能，但还存在某些或个别缺点，而这些缺点用本品种选育不能很快得到改进，这时可以考虑采用导入杂交。导入杂交又称引进外血。导入品种应具有本品种所要求改进性状的优势，同时又不致使本品种原有优点丧失。

2. 级进杂交 当需要改变原有骆驼品种主要生产力方向时，我们可以采用级进杂交。级进代数主要应根据当地自然和饲养管理条件以及杂种的表现而定，并在适当的代数进行自群繁殖，稳定优良性能。

3. 育成杂交 用两个或两个以上的品种进行杂交，在后代中选优固定，育成新品种的杂交方法称为育成杂交。

4. 经济杂交 在动物生产中为了获得高产、优质的商品代而使用的杂交方法称为经济杂交。如二元杂交、三元杂交、四元杂交、轮回杂交、顶交、近交系杂交等。经济杂交的目的是利用最大的杂种优势。

5. 远缘杂交 不同物种间杂交属于远缘杂交。骆驼属的单峰驼与双峰驼杂交产生的杂种，公母都可育。

远缘杂交对动物生产有重要意义。它可以丰富现有家畜家禽品种的基因库，提供了创造新的品种甚至创造新的物种的途径。一些高度培育的品种适应性下降时，可以考虑用野生物种远缘杂交以提高适应性，例如，家猪和野猪的杂交。近代生物学的发展阐明了许多种与种之间的隔离机制，在理论上解决了远缘杂交的问题。人工授精和精液保存技术的应用，使过去许多在自然情况下不能杂交的物种在实际上有了交配的可能。

第四节 近交系数计算

由近交产生的个体称为近交个体，个体的近交程度可用近交系数来度量。一个个体的近交系数是指在该个体的任一基因座上的两个基因为同源基因的概率。一个基因座上的两个基因分别来自两个亲本，如这两个亲本有亲缘关系，也就是说它们有共同的祖先（一个或多个），则这两个基因就可能会是某个共同祖先的一个基因的拷贝，如果是这样，它们就是同源或相同的，称为同源基因。出现这种情况的概率就是个体的近交系数。

一、一般近交系数的计算公式

根据 Malēcot 所做定义，近交系数计算可用图 6-8 所示系谱作为例子予以说明。图中，一峰骆驼 X 的父亲 S 和母亲 D 是半同胞，它们有一个共同的祖先 A，因而 X 就是近交个体。由于 S 和 D 可能会从 A 处获得相同的基因（概率为 0.5），而它们又可能都将这个相同的基因传递给 X（概率为 0.25），因而 X 就有可能携带两个同源相同基因（概率为 0.125），或者说 X 的近交系数为 0.125。

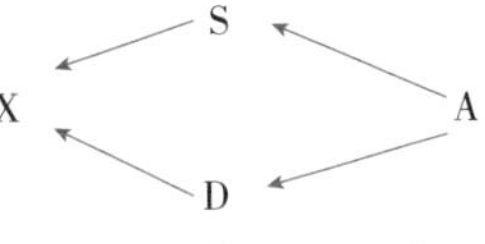

图 6-8 个体 X 的系谱图

显然，双亲的亲缘关系越近，同源相同基因出现的概率就越大，后代骆驼的近交系数就越大。一般近交系数的计算公式为：

$$F_X=\sum(\frac{1}{2})^{n_1+n_2+1}(1+F_A)$$

式中，F_X 为个体 X 的近交系数，n_1 为由该个体的父亲到共同祖先 A 的世代数，n_2 为由其母亲到 A 的世代数，F_A是共同祖先 A 的近交系数，而 $\sum$ 则表示当个体的父亲和母亲有多个途径造成亲缘相关时，对由所有途径所造成的近交求和。

二、近交系数计算举例

例如，已知骆驼 X 的系谱图为图 6-9，根据上述公式计算 X 的近交系数。

首先，需要知道 X 的父母 A、B 的共同祖先及其近交系数。A、B 共有 I、G、E 三个共同祖先。显然 I、G 的近交系数为 0，而 $F_E=0.5^3=0.125$。其次，确定连接 A、B 的通径链，在此共有 B←E→C→A、B←E→D→A、B←E←G→D→A、B←E←H←I→G→D→A 四条。再次，计算各通径链的系数：$(0.5)^N$ $(1+F_A)$。已知 N 为各通径链内包含的个体数。最后，将各通径链的系数累加即得 X 的近交系数。

整个计算过程可以概括在表 6-10 中。这种计算方法在系谱复杂、需计算的个体数较多时比较麻烦，尤其是在确定通径链时容易出错。

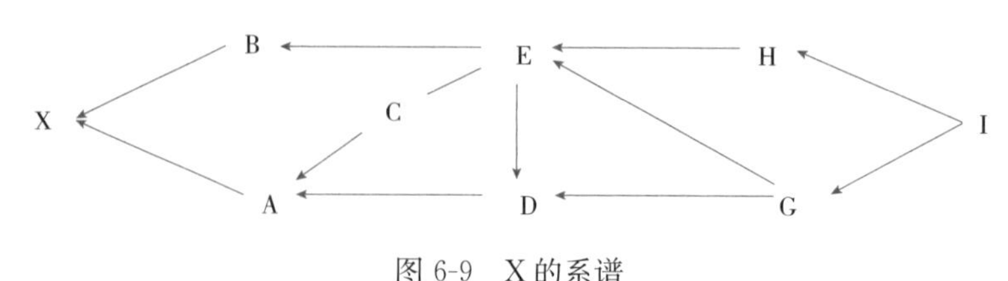

图 6-9　X 的系谱

表 6-10　图 6-9 中 X 个体近交系数的计算

通径链	共同祖先的近交系数	个体数	通径链的系数
B←E→C→A	$F_E=\frac{1}{8}$	4	$(\frac{1}{2})^4(1+\frac{1}{8})$
B←E→D→A	$F_E=\frac{1}{8}$	4	$(\frac{1}{2})^4(1+\frac{1}{8})$
B←E←G→D→A	$F_G=0$	5	$(\frac{1}{2})^5$
B←E←H←I→G→D→A	$F_I=0$	7	$(\frac{1}{2})^7$
			$F_X=23/128$

与近交系数密切相关的一个概念是亲缘相关系数，它是两个个体在同一性状的育种值上由于亲缘关系导致的相关，是个体间亲缘关系远近的一个度量，计算公式为：

$$r_{XY}=\frac{\sum\left(\frac{1}{2}\right)^{n_1+n_2}(1+F_A)}{\sqrt{1+F_X}\sqrt{1+F_Y}}$$

式中，r_{XY}为个体 X 和 Y 之间的亲缘相关系数，n_1 为由个体 X 到共同祖先 A 的世代数，n_2 为由个体 Y 到 A 的世代数，F_A是共同祖先 A 的近交系数，$\sum$表示当个体 X 和 Y 有多个途径造成亲缘相关时，对由所有途径所造成的相关求和，F_X是个体 X 的近交系数，F_Y是个体 Y 的近交系数。

比较近交系数与亲缘相关系数，容易看出，一个个体的近交系数就等于其双亲的亲缘相关系数的分子的 1/2。如果双亲本身的近交系数都为 0，则它们的后代的近交系数就等于它们之间的亲缘相关系数的 1/2。一些常见的亲属间的亲缘相关系数及它们交配后所产后代的近交系数见表 6-11，其中假设这些亲属本身的近交系数为 0。

表 6-11　常见的亲属间的亲缘相关系数及它们的后代的近交系数

（假设这些亲属本身的近交系数为 0）

亲属关系	亲缘相关系数	后代近交系数
亲子	0.5	0.25
全同胞	0.5	0.25

（续）

亲属关系	亲缘相关系数	后代近交系数
祖孙	0.25	0.125
半同胞	0.25	0.125
叔侄	0.25	0.125
一代双堂兄弟	0.25	0.125
一代单堂兄弟	0.125	0.062 5

第五节　选配方案

骆驼选育存在世代间隔较长、繁殖力低、组建新群难、草料贮备少、基础设施差、面对选育方向转变和技术力量薄弱等特点，因此在具体措施和要求上，应有别于其他家畜，不能原样照搬、急于求成。

骆驼 4～5 周岁配种，5～6 周岁产羔，两年一产，这是骆驼选育进程缓慢的重要原因。而骆驼则因保守性较强，不愿离开原群旧土，如果勉强组成新群，则易发生斗殴或逃走，必须经过 1～2 年时间才能逐渐稳定下来。骆驼产区因交通闭塞，生活艰苦，居住又极其分散，而被许多人视为畏途，故养驼方面的科技力量就显得特别薄弱。这些是在开展驼选育中客观存在的而又必须设法解决的几个大难题。所以说，骆驼的选育工作是具有长期性和艰巨性的任务。

一、选配的实施原则

（一）目的明确

在双峰驼选配时，首先要明确需要培育出的生产特性，再根据需要来选择种畜。

1. 对毛色性状的选择　皮毛色素对骆驼具有重要的适应性意义。一般戈壁驼皮毛色素较深，沙漠驼颜色较浅。毛色与当地气温也很有关，低纬度高温地区因日照长而辐射很强，故骆驼皮毛沉积有较多的黄色或红棕色素而使颜色较深；而高纬度低温地区，色素沉积的意义相对减小，故毛色一般较浅。

长期以来，牧民多认为“毛色越深越结实”，白驼由于适应性一般不如黑驼，故不多加发展。现在骆驼毛色的选育方向要转向绒用为主，毛纺工业从增加花色品种出发，也希望多生产白绒。因此要多培育白驼，在不降低其对环境的适应性的同时，毛皮最好是白色或浅色。

2. 对育成驼的培育和选择　育成驼是驼群的未来，其质量好坏决定驼群能否尽快转变，因此必须加强对幼年和青年骆驼的选择培育工作。

3. 对骆驼肉乳等方面的选育　在产肉性能方面的改变，必须在体型结构上做出相应改善，也就是增大其体长和胸围，并加强对后躯肌肉发育的选择；体高则只求能保持现有水平。体长与胸围这两项体尺，与体重大小有很强的关系，相关系数可达0.7～0.8，而体重增大，则产绒、产肉、产乳和役力都可得到相应提高。骆驼的后躯发育，无论是宽度、长度和深度，均明显不如前躯。后躯和大腿部的肌群组也不发达，故缺乏很大的推进能力和跳跃能力，也严重影响出肉量的增加。要改变这种现状，只有在加强选种选配的同时，大力改善培育条件。

（二）公驼等级高于母驼

个体性状优秀的公驼配优秀的母驼，有利于优质性状的遗传，且稳定遗传。为评定种公驼，可参考表6-12，对其体质外貌和生产性状进行鉴定。一般最优质选配方案是用一等及以上的公驼配一等及以上母驼。

表6-12　双峰驼公驼生产性状鉴定表

体质外貌					
评分项目	标准分	鉴定评分	备注		
头颈	4		符合本品种标准体型外貌、体质特征得满分，不足者扣分		
体躯	4				
四肢	4				
被毛色	5		毛色：杏黄色或白色为5分，棕红色为4分，褐色为3分		
整体结构	8				
合计	25				
体尺体重					
评分项目	项目标准	标准分	测量数据	鉴定评分	备注
体高	≥180cm	5			
	171～180cm	4			
	≤170cm	3			
体长	≥156cm	8			
	151～155cm	7			
	≤150cm	6			
胸围	≥246cm	10			
	231～245cm	7			
	≤230cm	6			
管围	20cm	2			每减少1cm减0.5分，超过不加分
体重	550kg	10			每高/低25kg加/减1分
合计	—	65	—		

（续）

绒毛品质及产量					
评分项目	项目标准	标准分	测量数据	鉴定评分	备注
绒层厚度	5cm	10			每增/减 1cm 加/减 1 分
鬃毛长	20cm	5			每增/减 5cm 加/减 0.5 分
嗉毛长	50cm				
肘毛长	30cm				
绒毛产量	5kg	10			每增/减 0.5kg 加/减 2 分
鬃毛、嗉毛、肘毛产量	1.5kg	5			每增/减 0.5kg 加/减 2 分
细度	20μm	15			每增/减 1μm 加/减 2 分
合计	—	45	—		
等级					
特等，96 分以上；一等，95～86 分；二等，85～76 分；三等，75～66 分；等外，65 分以下					
鉴定总评分			鉴定等级		
鉴定日期			鉴定员		

（三）相同缺陷或相反缺陷的个体不能交配

在驼群中，若用于配种的公驼和母驼体质外貌鉴定等级在二级以下，要避免交配。用一等驼配二等以下驼，这样虽然可以改变后代的部分性状，但是改良时间长，且有可能发生性状缺陷后代，故一般情况下也要避免这样的交配方案。

（四）慎用近交

近交可能会产生近交衰退的现象，使骆驼繁殖力减退，出现死胎和畸形胎，或后代生活力下降，适应性变差，体质变弱，生长缓慢，生产性能下降。不恰当的近交，使骆驼的近交系数变大，所以一般应慎重使用。

（五）注意品质选配

在制订一个驼群的选配方案时，一定要以现有骆驼的生产性状为主，灵活选用选配方案，切不可单一进行同质选配或异质选配。

二、选配的准备

1. 了解驼群和品种的基本情况，如系谱和群体特性 在选配前，应实地考察驼群，

了解驼群的数量、公母比例、预计配种数，公驼的系谱图、母驼情况等，全面掌握驼群特性。

2. 分析以前的交配方案 在全面掌握驼群特性后，分析以往的配种方案，观察以前配种方案的后裔特性，如发现性状退化，应尽快调整方案。

三、选配计划（选配方案）的制订

根据交配双方品质的异同，可进一步将品质选配分为同质选配和异质选配两种。同质选配是一种以表型相似性为基础的选配，就是选用性状相同、性能表现一致或者育种值相似的优秀公母驼来配种，获得与亲代品质相似的优秀后代。而异质选配则是选择具有不同优异性状的公母驼相配，将两个性状结合在一起，从而获得兼有双亲不同优点的后代；或者是选同一性状但优劣程度不同的公母驼相配，即以良好性状纠正不良性状，从而使后代能取得较大的改进和提高。选配方案应该包括每峰骆驼的与配驼号及其品质说明、选配目的、选配原则、亲缘关系、选配方法、预期效果等。

（一）选配计划制订前的准备

1. 明确育种目标 这是制订选配计划的前提。育种目标应是结合群体实际情况，制定出在一定时间内群体主要的数量性状和质量性状预期达到的指标。

2. 优秀种公驼的选择 应具体分析每峰种公驼的系谱、生产性能、外貌鉴定、主要部位优缺点、体重、后裔测定结果及其分析等记录。选配前应根据下列情况选择优秀种公驼：

首先，审查种公驼的系谱，核实驼号、驼名、检疫标号、出生日期、品种（系）、来源、体型等级、体尺、体重，以及种公驼的父号、母号、祖父母号、外祖父母号及性能表现情况。

其次，骆驼育种目前以总性能指数 TPI 表示种公驼的育种值，每年度都要公布种驼的产乳量预期差 *PDM*、乳脂率的预期差 *PDF*%、体型预期差 *PDT* 以及总性能指数 *TPI*。根据各性能指数值计算正值以上种公驼的各项平均指数和标准偏差（$\overline{X}\pm S$）。对于性能指数是负值的种驼建议不再继续使用。

PDM、*PDF*%、*PDT* 和 *TPI* 是正值的种公驼可以按照以下的方法（表 6-13）进行分组：

A 组：$>\overline{X}+S$。

B 组：$>\overline{X}-S$ 且 $<\overline{X}+S$。

C 组：>0 且 $<\overline{X}-S$。

表 6-13　公驼的分组

性能指数	*PDM*	*PDF*%	*PDT*	*TPI*
$>\overline{X}+S$	A	A	A	A

（续）

性能指数	PDM	$PDF\%$	PDT	TPI
$>\overline{X}-S$ 且 $<\overline{X}+S$	B	B	B	B
>0 且 $<\overline{X}-S$	C	C	C	C

应准备好种公驼的血缘关系图，了解种公驼在血缘关系图上的位置，以便制订选配计划时使用。

3. 基础母驼的选择 对于基础母驼，首先应对其育种资料进行整理与分析。参配母驼包括成年母驼和育成母驼。制订选配计划之前应先整理有关数量性状和质量性状的数据。可将产乳量（M）、乳脂量（F）、乳脂率（$F\%$）、外貌评分（T）作为主要数据进行分析，分别计算出各项的平均值和标准偏差。然后根据各项平均值和标准差，按如下方法（表 6-14）分别组群：

A 组：$>\overline{X}+S$ 为核心群。

B 组：$>\overline{X}-S$ 且 $<\overline{X}+S$ 为良种群。

C 组：>0 且 $<\overline{X}-S$ 为生产群。

表 6-14 母驼的分组

群　　别	M	F	$F\%$	T
核心群	A	A	A	A
良种群	B	B	B	B
生产群	C	C	C	C

（二）选配计划的制订

（1）产乳量、乳脂率、体型外貌是决定母驼生产性能的主要性状，在制订选配计划时应进行全面、综合的考虑，选择最主要、最急于改进的性状列为首要的工作。对于性状的改良和改进，不能选择过多，选择的性状过多往往容易影响遗传改进的效果。为此，在制订选配计划时应逐峰确定每峰母驼的主要改进性状，如产乳量、乳脂率或体型外貌。

（2）在制订选配计划时首先标出与母驼个体有血缘关系的公驼。一般情况下系谱可见三代之内有共同祖先时应列为禁用公驼。三代之上如出现共同祖先，一般不会影响选择效果。

（3）依据种公驼的分组和母驼的分群，采用增强型或改进型的方法逐峰选用种公驼。增强型方法是指通过选配手段，增强母驼某一优良性状的稳定性，并争取有所提高（同质选配）。改进型是指通过选配手段，改进母驼某一性状存在的缺点或缺陷（异质选配）。

（三）随机交配

随机交配就是让驼群中的公母驼按照同等的机会自由地交配。严格来说，随机交

配不等于一般所说的自然交配。自然交配是将公母驼混养于一个群体中，任其自由交配。这样的交配由于受驼群中群居次序或配偶选择性的影响，某些公驼的配种概率高于其他公驼，这就不符合随机交配的定义。随机交配也不同于无计划的乱交乱配，这种乱交乱配血缘情况不明，无法知道群体的遗传结构，也不符合随机交配的定义。

无论是何种选配方式，在制订好选配计划后，采取定期的检查制度是必要的。应每月对选配计划的执行情况进行逐峰检查，发现偏离及时纠正。同时应备有完整的观测记录，以便对交配后出生的后代进行详细、准确的观测，从而达到选育效果。如达到预期的选育目标，则说明选配计划是可行的。如偏离预定指标，则需及时进行调查并在下次配种时加以注意。

骆驼育种的最终目的是要实现驼群生产力的提高，而不仅仅是少数个体的改进。因此，对驼群的长期育种工作，必须发动群众，依靠群众，把技术交给群众，使大家都关心骆驼的育种工作进展。特别是评鉴定级、驼羔培育、后备公驼选留和生产性能测定等工作，任务大，时间紧，更必须组织和发动群众，分工协作，才能按期完成。对长期广泛流传而又行之有效的群众选育经验，也必须重视，同时做好总结与推广工作。

第七章 骆驼本品种选育

CHAPTER 7

对于我国的所有骆驼品种而言，目前采用最多的选育方法就是本品种选育方法。因为我国现有骆驼品种都是地方品种，在其培育过程中对所处环境形成了良好的适应能力，具有较大的适应优势，在育种方向没有进行重大改变的情况下，本品种选育是有效且可持续的育种手段。

第一节　骆驼本品种选育的概念与意义

一、本品种选育的概念

本品种选育是指对品种自身采用选种选配、品系繁育、改善培育条件，必要时适当引入外血等技术手段，以提高本品种整体性能的育种方法。其基本任务是保持和发展一个品种的优良特性，增加群体中优良个体的比重，随着社会生产发展的需要确立品种的发展方向和利用方式，剔除和减少品种的某些缺点和不足，从而保持品种原有优点与纯度，不断改进和提高品种质量。

在生产实践中往往需要把本品种以外的优秀基因引入，例如阿拉善双峰驼选育中，会引进苏尼特双峰驼，经导血后提高体重等性状。因此，本品种选育不仅仅是顾名思义严格地在本品种内开展选育，而是可以在地方品种或类群的改进提高过程中适当引入外血，开展小规模杂交，让某些急需改良和提高的性状得以吸收其他品种的遗传成分，实现快速提高特定性状的目的。

阿拉善双峰驼自1960年起开始了系统的本品种选育工作，1964年提出“以绒为主、兼顾肉役”的选育方向，并于1965年在内蒙古自治区阿拉善右旗塔木素苏木首次组建了选育群，自此开始了长达半个世纪的双峰驼本品种选育工作。1975年制定了双峰驼区域化发展规划。1977年在内蒙古自治区阿拉善盟召开了全国第一次双峰驼育种工作会议。1981年在完成双峰驼品种资源调查的基础上成立了育种委员会，提出相应的选育标准。1984年发布阿拉善双峰驼企业标准并以此作为选育标准参照执行。1985年对内蒙古自治区阿拉善盟境内种公驼进行系统鉴定登记，共登记1 700峰，给达到标准所规定等级的1 157峰发放了种公驼使用证，从而使育种工作步入规范化标准化进程。1990年内蒙古自治区人民政府组织验收并正式命名“阿拉善双峰驼”。选育过程中坚持以绒为主的方向，使得阿拉善双峰驼保持了绒纤维细度在18μm以下的优质特性，同时个体平均产绒量由3.5kg提高到4kg以上。

二、本品种选育的意义

本品种选育是保持一个品种基本特征的必要手段。当一个品种被认定、命名，就意味着这个品种中的个体具有共同的特征，体现在外形外貌和生产性能、适应性等多个方面，这是识别该品种的依据，也是品种自身的优势。开展经常性的本品种选育，就能保持品种的这些固有特征不致因遗传漂变、突变、自然选择等作用而发生改变和偏离。

目前国内双峰驼品种都是地方品种，地方品种往往存在个体之间差异较大的特点，品种内的这种差异就是本品种选育的基础，差异大则有可能增加选择差，加大选择反应，从而促进遗传改进，提高后代生产性能。双峰驼是绒肉乳役等多种生产能力兼备的畜种，有些生产能力在以往的选育中得到重现，选育程度相对高一些，有些生产能力因当时社会经济条件的需求不大而不被重视，选育程度相对低一些，后者性状间差异性表现得更为明显，对这些差异性更大的性状进行选育，其效果和进展都更为显著，例如对产乳量和乳品质量指标的选育。在这种情形下开展本品种选育，群众基础好，参与度高，能大面积普遍开展起来，育种成本低而预期效果好，所以本品种选育具有重要意义，是理想的育种手段之一。一个品种形成以后，不是不再进行选育、原封不动地保持验收命名时的状态，而是要坚持不懈地开展本品种选育，进一步提高品种的生产性能，保持品种的优良特性，这在双峰驼品种保护、提高、利用上具有重大意义。事实上，作为地方品种的双峰驼千百年来并没有停止本品种选育的步伐，有转弯变向，有改道甚至后退，但总的趋势就是顺应人们在不同历史时期的需求而选育提高，直至今日形成了珍贵的品种资源。

另外，在品种资源保护方面，本品种选育也发挥着重要作用。我国双峰驼品种在形成和演化过程中具备了许多抗逆特性，并在生产性能表现上各有所长，如绒纤维品质、乳品营养特点等，农业农村部已将阿拉善双峰驼列入国家级畜禽品种资源保护名录，所以保种工作是在选育过程中必须重视和坚持的思路，在保护品种的策略中本品种选育是首选的方法和技术手段。

第二节　骆驼本品种选育主要方法

一、确立选育方向和目标

选育方向和目标，是选育工作的纲领，在很大程度上决定着选育进程和效果。我国双峰驼在 1960 年前主要是役用，绒、肉、乳并没有被充分重视和考虑。随着交通工具的现代化和机械化水平的提高，骑乘及长距离运输的需要主要由机械化车辆来完成，双峰驼在此领域的功能作用渐渐弱化，所以 1977 年《全国家畜改良区域规划》中指出“骆驼在荒漠草原地区要积极发展，注意做好选育工作，发展体大绒多、役力强的品种。”阿拉善双峰驼育种中也提出了“以绒为主，兼顾肉役”的方向，经过近 10 个世代的选育，绒用性能得到较大程度的提高。但国民经济的需要也发生了深刻的变化，如今人民生活的需要正在转向多元化、高品质，而不仅仅是保障供给，所以骆驼育种方向也必须适应这种社会需要的转变。驼乳因营养丰实并且含有对人体健康有益的功能性成分而成为优异的食用品，以及相应乳产品的基本原料，目前需求旺盛。驼肉也因饱和脂肪酸含量低等特点成为绿色健康食品，产业发展潜力很大。而传统的绒用、役用功能重要性相对下降，不作为主要的育种目标。总体而言，选育目标的排序应当是“乳—肉—绒”，每个品种可根据自身原有的优良特性和存在的缺点，根据品种所在地自然条件和经济支撑条件以及科研水平，确定自身选育目标，但前提必须是符合当前及今后较长时期社会需求，保持原有品种优良特性。如苏尼特双峰驼可侧重肉用，新疆双峰驼可侧重乳肉，阿拉善双峰驼亦可侧重乳肉、兼顾绒用。

二、全面了解品种现状，制订选育方案

我国现有畜禽品种资源依照选育程度可分为三类。第一类选育程度高，经历过长期精细选择培育，尤其是经闭锁繁育与近交后遗传性能稳定，性状表现整齐。第二类选育程度低，群体生产性能差异较大，基因型一致化程度较低，繁育体系不健全，个体及系谱登记不完整，选育工作处于初级阶段。第三类属于育成品种或品系，主要由杂交、育种等方式培育而成，生产性能高但纯度和一致度有待提高，遗传稳定性也有待提高。双峰驼品种基本属于第二类。所以在开展系统选育工作的同时必须全面准确了解和掌握本品种现状，包括符合品种标准的个体数量及分布情况，主要经济性状的平均值及极端个体的离均差或变异范围，驼群结构，品种内是否存在因产区不同而形成的地方类型或地方品系，对于品种内的异质性如何加以区别和利用等。

了解品种现状，重要内容是品种当前的生产性能。要开展广泛的生产性能测定。对双峰驼而言，目前比较重要的测定指标有产乳量、乳脂率、乳蛋白含量、体重（可以用体尺来估算）、产绒量、绒纤维细度、绒纤维长度等。每一项测定内容都需要付出巨大的人力、物力，按照统一的技术规范和标准，同时建立健全种公驼、种母驼档案，这是基础工作，是开展选育选配必不可少的原始依据。在此基础上制订详细的选育方案。方案包含规划方面的内容，如数量规划、群体比例规划、繁育体系建设规划；也包含选育标准部分的内容，选育标准的指标应适当高于品种标准，成为选育工作努力的目标；还包括选育的技术措施和技术路线等内容，如优先选择哪些性状，后续跟进选择哪些性状，选择的方法有哪些，选育的组织措施是什么；另外，确保选育的技术路线得以贯彻落实的政策条件、组织保障、经费保障等，都要在方案中充分考虑。

三、建立繁育体系

广义上讲，繁育体系也包括育种的领导组织机构，即成立相应的骆驼品种选育的组织保证机构，可以是育种委员会，也可以是本品种选育工作领导小组，由行业行政部门及负责人参与或主持工作，其作用是能够协调品种所在区域内技术、信息资源，

能以行政方式推进和调动产区骆驼选育的各种力量，并在物资经费方面给予保障。狭义的繁育体系一般应包含三个层面的驼群结构。

（一）核心群

顾名思义，核心群就是本品种选育工作的核心，也是该品种育种方向的核心代表，其成员自然是驼群中最具繁衍资格和能力的佼佼者，肩负着种群发展与延续的重大使命。核心群可以在种驼场内（多数情况下如此），也可以在种驼场之外。在现存生产责任制条件下，可以有一部分专业育种户，当其质量、技术、经验、主动性及驼群规模等达到组建核心群要求时，灵活地纳入核心群范畴，只要能实现核心群功能与作用，那么由种驼场经营管理或者由牧民个体经营管理，都没有本质的区别。关键是核心群内所有双峰驼统一由育种技术机构决定出入、决定留用与淘汰、决定选配具体方案等。核心群的数量可多可少，但不可少于品种选育的基本目标所要求的数量，例如阿拉善双峰驼目前的群体总量在12万峰以上，选育目标有乳、肉、绒等，所以考虑开展品系繁育的实际情况，应当组建3～5个甚至更多核心群。品种内已经存在的戈壁型和沙漠型，应当分别组建选育核心群。核心群的功能就是组合群体中最优秀的基因，制造最佳基因型，提供优秀个体作为种用，分期分批推广到下一层级的选育群中，发挥最优秀基因组合供应作用。核心群的管理应当是整个繁育体系中最为严格的，个体入选条件、血缘关系、生产性能、选配计划、整群方案、后代去向及表现等都必须有完整的档案记录和相应的管理办法。核心群在必要的阶段要进行全封闭，增大近交系数，促进基因高度纯合，其间即使出现近交衰退现象，在生产中会造成损失，也不能停顿下来，应提前有补助预案。

（二）选育群

选育群是良种繁育体系的第二个层级单位，其主要任务是扩大繁育，让核心群的优秀基因组合能够在更大的范围内扩散与传递，巩固和体现核心群遗传优势，同时当选育群内发现有突出表现的个体时可以向核心群输送。选育群的数量依据育种工作进展的程度、牧民参与度和认知度、物质基础和条件、技术力量延伸程度等因素量力而定，但肯定会多于核心群数量。如果核心群是金字塔的塔尖，那么选育群就是金字塔的塔身。选育群起着承接核心群传递遗传基因的作用，也起着支撑核心群贯彻整体育种思路的功能。选育群也必须有相应的育种记录、生产性能记录和种公驼、基础母驼个体档案，在扩繁过程中还必须有后代的所有登记。选育群可以是在种驼场、合作社组建的专业生产场，而更多的是在个体经营的牧户群中。选育群管理中的难点之一是部分个体（包括基础母驼中的个体和育成公驼中的个体）的留用和淘汰，决定权往往在牧户而不在育种技术管理者，这会影响群体的整体管理。所以鉴定整群工作需要一定的经济补偿来完成。选育群可以划分为不同的育种类型，如乳用、肉用等。在品系繁育工作中选育群可以根据育种规划的需要，全群性地参与到异质选配中，通过品种内差异来提高群体总的生产水平；当然也会更多地参与同质选配，因为选育群执行的是与核心群一致的选育技术路线。

（三）生产群

生产群是繁育体系中的第三个层级单位，也是数量最庞大、育种技术覆盖最薄弱的驼群。生产群中往往没有机会得到品种中最优秀的种公驼，核心群培育出的特级种公驼基本上都进入选育群中，生产群使用的种公驼多数为一级或二级，有可能来自核心群，也有可能来自选育群，甚至有很大一部分来自生产群。生产群数量多、分布面广，是品种生产水平的主要表现者。一个品种的选育成果能够实施于生产群的程度，代表着这个品种育种水平的高低，标志着这个品种良种化程度的大小，所以让更多的生产群融入选育活动，参与本品种选育工作，是我们今后工作的另一个重心。要让生产群自身也开展选种选配，提纯复壮。阿拉善现有驼群2 000余个，其中核心群、选育群、专业生产基地共计200个左右，占1/10，可见工作空间还很大，今后可以设立专业选育指导小组、技术服务工作小组，对生产群的育种工作进行服务和指导。

四、开展品系繁育

品系是指来源于同一系祖或一群系祖，具有突出优点，并能将这些突出优点相对稳定地遗传下去的种群。在品种内建立和发展品系，是为了增加种内差异化程度，实现品种内异质选配，从而得到类似于杂种优势的效果。所以开展品系繁育是保持品种内必要遗传结构的需要，也是快速提高品种生产能力的需要。对于双峰驼来说，生产性能多样化的现象更决定了开展品系繁育的必要性。

根据育种学理论，品系可分为五类：由于产区地理条件、饲养管理条件不同而形成的地方品系；由系祖及其继承者不断选育而建立的单系；由高度近交而建立的近交系；由群体继代选育法而产生的群系；侧重不同性状并以杂交为目的分别培育父系和母系而产生的专门化品系。在骆驼育种中，建立单系和近交系难度较大，时间成本、经济成本都较高，所以不适合以单系和近交系方式开展品系繁育；专门化品系在近期内也不可能实现；可以考虑的只有地方品系和群系。地方品系在品种中是实际存在的，如新疆双峰驼品种中的南疆驼（塔里木双峰驼）和北疆驼（准噶尔双峰驼）、阿拉善双峰驼中的戈壁驼和沙漠驼。这样的地方品系之间进行系间杂交，效果类似于异质选配，但这种繁育的效果与人们刻意设定的为改变某些数量性状而进行的品系繁育相比，就大打折扣了。可以说地方品系间的繁育还不是育种学意义上的品系繁育。通过以上分析，在双峰驼本品种选育中最有效的方式就是以群体继代选育法培育的群系间的繁育。经过选集基础群、闭锁繁育、严格选留等关键环节培育出两个以上品系（群系），使之在乳、肉、绒的性状表现上各自具有突出优点，且遗传性能稳定，通过系间杂交使优良基因在下一代组合，提高品种生产性能。当品系数量足够多、系内个体数量也足够多时，通过品系繁育，使品种内更多个体参与其中，再经过固定，还有可能形成品质更好的新品种。

五、适当导入外血

当品种的某一些性状不能通过纯繁快速提高，而又有其他品种在该性状上表现优异时，可以采用引入杂交、导入外血的方法，迅速改变目标性状的基因频率，从而提高目标性状的生产能力。需要注意的是，引血虽然也采用杂交形式，但引血比例小，多数情况下一次杂交就可以完成，一般引入品种的血统比例不超过1/4。在这个水平以下进行横交固定，目的只是为了提高目标性状，而不是杂交改良、杂交育种模式中的大面积杂交。从这个意义上讲，引入外血仍然是本品种选育的一种手段。

在双峰驼本品种选育中，引入外血是可以加以利用的捷径，特别在提高产乳量的选育中，一方面利用品种内差异较大的现状开展选种选配，另一方面品种间甚至种间亦可进行可控制范围内的引血试验。方式一：引进蒙古驼。蒙古驼产乳量高于我国双峰驼，平均产乳量2kg以上，高产个体8kg。所以在产乳量这一性状上蒙古驼具有明显优势，适当导入蒙古驼血液对提高国内品种产乳量将会有较大促进。方式二：可引进带有单峰驼基因的哈萨克斯坦双峰驼，或直接以种间杂交形式引入产乳量高的单峰驼品种，提高产乳量。哈萨克斯坦母驼平均产乳量4kg，而阿联酋单峰驼产乳量达8kg，高产个体达15kg。同一性状在品种间差异如此之大，进行相关的引血试验，可以期待国内现有品种产乳量有大幅度增加。

引入外血过程中有几个注意事项：一是引进国外品种要经过申报、审核、批准等程序，用时较长，手续复杂。二是要严格按规范的程序做好检疫防疫工作，双峰驼活体与遗传材料（精液、卵子、胚胎）要确保卫生安全。三是把握核心原则，引血只是措施，本品种选育仍是主体，所以严格控制血缘比例，尽量用一次杂交就解决问题。四是提前划定范围，在引血试验尚无结果前不得随意扩散外血。所有与配母驼都应记录在案。

第三节　骆驼品种资源保护与利用

一、骆驼品种资源分布特点及其产业价值

1. 品种资源的分布特点　双峰驼在全球范围内呈特定自然条件下集中分布态势，主要分布在中国、蒙古国（国土面积157万km^2，世界第二大内陆国）、哈萨克斯坦（国土面积272万km^2，世界第一大内陆国），以及俄罗斯西南部的阿斯特拉罕州、卡尔梅克共和国等地区。截至2017年，世界上共有双峰驼100万峰左右。其中中国存栏38万峰，是世界上双峰驼数量最多的国家；蒙古国存栏35万峰。中蒙两国双峰驼数量约占全球双峰驼数量的70%。由此可见，双峰驼相对比较集中地分布在亚洲，且主要

分布在北纬35°—45°的内陆地区。这些地区多为典型的大陆性气候，高寒且温差大，干旱少雨，日照强，风沙大，几乎没有地表径流，水源不足，植被稀疏，自然环境严酷。也就是说双峰驼与戈壁、沙漠相伴而生，其分布有明显的地域特征，是特定自然条件下的产物。

中国境内的骆驼均为双峰驼，主要分布在内蒙古自治区、新疆维吾尔自治区、甘肃省、青海省等地区。荒漠化程度越高，双峰驼数量越集中。内蒙古自治区阿拉善盟是全国双峰驼密度最大的地区，27万km^2分布着12万峰，占全国总数的32%。

2. 品种资源的开发潜力 双峰驼是荒漠半荒漠地区畜牧业的主体构成部分，但在以往的生产实践中养驼业基本处于原始状态，自然选择对骆驼种群的品质特征、经济性状、利用方向起着决定性作用，导致双峰驼在育种层面上的两个显著特点：一是培育程度与其他家畜相比非常低，所有品种都是原始品种，以地理分布的不同而形成地方性原始品种，没有培育品种，甚至连过渡品种也没有，更谈不上专用品种。二是生产性能与利用方向上的综合性，与其他畜种相比，双峰驼具有绒毛、肉、乳、皮、役用、生态、文化等多方面的综合利用价值和生产力。这种广泛的兼用性，一方面说明人为选育在双峰驼种群上施加的影响要小得多，另一方面又为今后的育种提供了更大的空间和机会。

3. 品种资源的产业价值 双峰驼产业在当地是与自然、社会、经济相结合的适应性产业，长期处于特色与优势地位，能够满足衣食住行等方方面面的需求，是分布区社会、经济、文化乃至政治的重要组成部分。例如，在内蒙古自治区阿拉善盟，双峰驼是既是牧民的生产资料，又是生活资料，其产值占畜牧业产值的25%左右。双峰驼产业发展对于充分合理地利用畜种与草原自然资源、因地制宜地发展畜牧业生产、满足边远地区人民生活需要、增加牧民收入等方面都起着非常重要的作用。

双峰驼产业的另一个价值是传统产业和优势特色产业结合，在供给侧结构调整中，通过实施提质增效计划，有可能把独特而传统的小品种做成带动牧民增收的大产业。随着经济社会的发展和技术进步的渗透，双峰驼产业正迎来前所未有的由技术创新和突破带来的提档与升级。以驼乳主打的产品研发和生产体系正在迅速增长，从传统驼乳制品和副产品生产加工，拓展到更深层次上研究驼乳医疗保健、美容化妆等一系列功能及相应的产品。驼绒、驼肉、驼血、驼皮等产品深加工方面也有较大的技术突破和创新。可以预见，在生物制药、动物模型、文化旅游、养生保健等领域，都将有双峰驼产业不断延伸的趋势。

4. 品种资源的生态价值 骆驼可以采食其他家畜不能够利用的植物，并在采食过程中留给植物充分的再生机会；采食一些成熟的牧草后，种子在其消化道内经过一系列的理化反应，种皮发生改变后仍能发芽，并随骆驼粪便排出，使植物种子得以传播；作为软蹄动物，骆驼蹄面积大而压强小，对草场践踏程度小，踩过的牧草依然能正常生长。这些现象说明骆驼与荒漠草原的植物之间有互相依存及和谐共存的关系。骆驼虽然是人工饲养的畜种，但是与其他家畜最大的区别是骆驼处于半野生状态，自然环境对骆驼的影响和作用非常大。因此，骆驼是荒漠地区生态系统中一个主要的组成部分，如果缺失骆驼，则这种生态平衡就会被打破，甚至造成极为不利的影响。

二、骆驼品种资源保护与利用方向和目标

（一）明确育种方向

1. 从综合利用向专门化的发展与过渡 上面谈到，双峰驼生产性能与利用方向具有综合性，与其他畜种相比，有绒毛、肉、乳、皮、役用、竞技、生态、文化等多方面生产性状，这种综合性满足了养殖者生产生活多方面的需求。但是社会的发展与进步一刻也不会停留，人们的需求也随之发生着转移与变化。例如，机械化和交通工具的创新进步导致骆驼骑乘、挽拽、驮运等役用价值逐渐弱化甚至消失，“沙漠之舟”的美誉也许会慢慢消失，而被新的具有产品特征的名号所取代。也就是说原有的综合性特点已经不能适应现实生活的需要，而应该进行相对专业化的育种目标调整。从原始的多元性向专门化品种演进，使群体的遗传结构按照育种者指定的趋势发生变化，这种调整是育种工作的重要任务，其他许多畜种的育种历史都很好地说明了这一点。

2. 不同的社会发展阶段对双峰驼品种有不同要求 例如，我国双峰驼在1980—2010年，基本上定位在绒肉兼用，以增加绒毛产量、提高绒毛质量为主要目标，因为当时骆驼绒毛产品是饲养双峰驼的最大目的，也是其价值的最重要体现。而2010年以后，人们发现驼乳在营养的均衡性、消化吸收率、对糖尿病的辅助治疗、诸多保健功能等方面具有天然的优势，是乳中珍品，其优势也得到了市场的普遍接受和认可。所以，驼乳逐步成为双峰驼所提供的首要产品，相比之下，驼绒、驼肉的权重在下降。这种需求就迫使畜牧业工作者改变和调整育种方向，将驼乳产量及质量作为双峰驼培育的主要指标。

3. 品种资源的保护必然采用育种学的技术措施和手段 我国双峰驼品种并不多，而且都是原始品种，培育程度低且生产性能表现差异非常大。可以说一个品种就是一个包含了人们当前所需要的和将来在可能需要的多种信息与潜力并存的基因库。杂交优势的利用、新品种培育等一系列工作最终都离不开这个基因库，随时从基因库里存取所需要的遗传材料。而对基因库的保护与利用，也是育种学的重要任务，特别是必要的技术方法与手段，都是建立在育种学理论的基础之上，比如群体有效含量的确定、根据种群结构选择合适的留种方式、依据近交系数增量计算保种群公母比例等，还有保种场与保种群的规模、核心群数量及结构、家系留种方法、如何降低基因丢失的概率等。

（二）提高生产性能

1. 提高双峰驼适应能力与群体质量 双峰驼具有耐粗饲、耐渴、耐饥饿、耐热、耐寒等诸多特性，适应独特的荒漠化生态条件。合理地利用和发展骆驼、提高经济性状的生产效率，与生态保护不会发生冲突，两者是相辅相成的关系。

品种资源保护的一个重要目标就是保持和改善双峰驼的适应能力，使之在原产地发挥最大的生产潜能，同时在被引种和推广时，还能有更大的适应空间，对气候、土壤、水文、海拔等自然因素都有较宽的适应阈值。例如，阿拉善地区地域广袤，环境条件非常严酷，从沙漠到戈壁，从酷暑到严寒，阿拉善双峰驼遍布其中却没有不适应现象，这是由于人工选育和自然选择长期作用的结果。

在提高质量方面，以阿拉善双峰驼传统集中饲养区为基础，根据地理特征与草场类型，在阿拉善盟划定五个保护区：阿拉善左旗北部戈壁保护区，包括阿拉善左旗乌力吉苏木、银根苏木及周边戈壁地带；乌兰布和沙漠保护区，包括阿拉善左旗吉兰泰镇、敖伦布拉格镇、巴音木仁苏木等；腾格里沙漠保护区，包括阿拉善左旗巴彦浩特镇、超格图呼热苏木、嘉尔格勒赛汉镇、腾格里额里斯苏木等；额济纳旗保护区，包括马鬃山苏木、哈日布日格德音乌拉镇、温图高勒苏木；阿拉善右旗保护区，包括阿拉腾朝格苏木、塔木素布拉格苏木、阿拉腾敖包镇等。根据草场类型，实行草畜平衡的基本保护制度，在保护区内实行保种技术措施与行政保护手段，扩建双峰驼种驼场，加强基础设施建设，提高饲养管理水平，增强防灾抗灾能力。在保护区内建立保种群，减少遗传漂变的影响，加强种公驼特培、育种核心群整群更新。通过调整驼群结构，扩繁育种，建立和完善保种功能，建立基因库和种源基地。

长期坚持骆驼科学研究，以提高骆驼科研机构的能力建设，促进科研机构开展新技术的研究，促进骆驼科研成果与骆驼生产和保护相结合。阿拉善盟畜牧研究所（阿拉善盟骆驼科学研究所）、内蒙古骆驼研究院与浙江大学、西安交通大学、河南科技大学、内蒙古农业大学等院校合作完成了骆驼基因组测序、“内蒙古双峰驼种质资源保护技术研究”“BLUP 法在阿拉善双峰驼选育和经济类型划分中的应用与研究”“荒漠半荒漠地带骆驼与生态关系机理研究”“阿拉善双峰驼精液冷冻稀释液的研究”“阿拉善双峰驼遗传多样性研究”“驼奶驼峰有效成分的分析及美容产品的开发”等科研项目。在技术力量方面，各地建立健全繁育体系和技术研究与推广机构，研究能力逐年加强，技术储备越来越丰富，成果不断被应用到实践之中。科技人员掌握和攻克了细胞遗传理论、生化分析技术和现代生物育种技术，为双峰驼育种工作打下了坚实的基础。

2. 提高主要经济性状的指标　产绒量以及绒毛品质是过去 30 多年最重要的选育指标，也是最被看中的经济性状。以阿拉善双峰驼为例，成年母驼平均产绒量在 1980 年为 3.5kg/d，2015 年为 4.5kg/d，增长了 1kg/d，提高幅度为 28%。近几年绒毛价格相对较低，而收取绒毛所需要的劳动强度大，所以有些牧民并不像以前那样精心地分批次分阶段收绒，而是只抓取 1 次，导致部分绒毛脱落丢失，个别驼群甚至不收取，这些情况都大大影响平均产绒量。但总体而言，通过持续选育，经济性状指标会逐步提高。在细度、净绒率、毛色等方面都有充分的体现。

在过去的育种工作中，各个品种对产乳量的重视程度不同，所得到的结果也就不同。在新疆维吾尔自治区的阿勒泰地区，哈萨克族牧民有食用驼乳的习惯，注重产乳量的提高，因此长期选留产乳量高的个体，群体平均产量约为 2kg/d，高产个体达 4kg/d。而阿拉善双峰驼、苏尼特双峰驼在 2010 年之前基本上没有进行产乳量的选择和培育，群体平均产乳量要低得多，普通驼群产量为0.5kg/d，经调教训练和简单选择的驼群为1kg/d。提高其产量的方法无外乎遗传与环境两个方面，而育种措施无疑是稳定保持改进效果的根本措施。就像奶牛、奶山羊等专用品种的形成过程所证明的那样，经过持续不断的选育，最终会培育出以乳用为主的专用品种。实际上，近5年来，畜牧工作者已经开始在向这个方向努力，除了改善母驼营养条件和改进挤乳方法以增加产乳量之外，还在遗传育种领域寻找提高产乳量的方法，如选种选配、估计产乳量育种值、进行品系培育试验、导入外血的探讨等。相信在若干年以后，育种技术在提高双峰驼产乳量上的作用会非常显著地发挥出来。

体重与产肉量呈强相关，阿拉善双峰驼的屠宰率为52%，净肉率为36%，而体重与环境特别是营养条件有直接的因果关系。驼肉是瘦肉型肉类，而且脂肪中不饱和脂肪酸比例高于已知的其他动物肉类，符合人体健康的需要。预计在未来高档肉品市场中，驼肉将占有一定份额。

可以预测，乳用型、肉用型、乳肉兼用型双峰驼品种或品系的培育将是今后我国双峰驼育种工作的重要内容。传统的役用性能指标会逐渐被放弃，但为了旅游和观赏的需要，速度赛驼等竞技类项目会促使育种者培育相应的品系或类群。主要经济性状都是数量性状，而且群体内各个指标的差异都很大，也就是选择差大，这就给选育提供了较大的增长空间和可能。

（三）保持遗传稳定性

每个品种都可视为一个完整的基因库。新疆双峰驼、阿拉善双峰驼、苏尼特双峰驼这些品种各自都包含着不同的类群，由此组成一个包括群体中所有基因种类与基因组合体系的基因库。育种过程中必然会建立一个完整的繁育体系，有核心群、良繁群、生产群的划分，在保证不导致近交衰退的前提下进行人工选择，保持一定的家系结构和数量，保证遗传稳定性并且能使群体质量持续改进。需要关注和保存的有：经过长期自然选择与人为选育后固定下来的优秀性状，目前利用方式下有利于高产和控制特有经济性状的基因，对荒漠化生态环境条件有极强适应性的品质。育种工作一方面是逐步改变群体中某些基因的频率（尤其是对多基因控制的数量性状而言），另一方面又起着保存基因不致漂变丢失的作用，让一个品种变得可预测、可控制。双峰驼世代间隔长，育种难度大，更需要精心规划育种方案和育种标准，坚持既定的育种路线。

三、品种原位保存的基本措施

1. 划定保护区和保种基地　在被保护品种主要产区界定保护区域，建立保种基地，该区域内严禁引进其他骆驼品种，防止群体混杂。例如，国家级畜禽品种资源保护名录中已将“阿拉善双峰驼”列入，并于2008年批准了保护区与保种场建设区域和机构。

2. 建立保种群　在保护区内建立足够数量的保种群，一般要求100年内近交系数

不超过 0.1。对双峰驼而言群体有效含量不少于 100 峰，保证有足够的公驼以维持性别比例。

3. 实行各家系等量留种 在每一世代公驼中选留一峰公驼，母驼也同样，且保持每个世代的群体规模一致。各家系等量留种意味着平行保存各家系的遗传结构而不致出现偏失。

4. 制定合理的交配制度，减少近交系数增量 保种群中实行避免全同胞、半同胞交配的不完全随机交配制度，或采取非近交的公驼轮回配种制度。

5. 适当延长时代间隔以降低群体近交系数增量 同时保种群一般不进行高强度选择。

四、品种资源保护的原理与影响因素

品种资源保护的目标是保存一个品种基因库中所有现存的基因都不丢失，不受突变、选择、迁移、漂变的影响。为此就要有相当规模的群体或保种群，实行随机留种和交配，降低群体近交系数增量或将其控制在规定的水平以下。当保种群成为品种资源保存的主要形式时，这些保种群往往是形成一个闭锁繁育的有限群体，这些有限群体内即使没有影响群体遗传结构的系统性因素存在，也会因为群体的有限性而带来配子的抽样误差，造成群体基因频率的遗传漂变。一对等位基因会有可能因为遗传漂变而使其中一个基因固定为纯合子，而另一个基因消失。近交具有使基因纯合或趋向纯合的作用，再加上选择及漂变就会导致基因的丢失，所以近交系数增量就成为品种资源保存过程中一个特别需要控制和监测的指标。在保种群体中影响近交系数增量的主要因素有群体规模、性别比例、留种方式、世代间隔等。

（一）群体规模

群体规模大小是影响群体平均近交系数增量最重要的因素，小群体更容易发生遗传漂变，即遗传漂变的概率随着群体含量的减少而增大，因此保障基因不丢失的主要途径就是要有一个数量足够大的群体。群体太大保种的成本增加，群体太小又不能保证基因不丢失，所以就要计算出一个群体有效含量，是近交程度与实际群体相当的理想群体的成员数。群体有效含量与群体近交系数增量的关系为：$\Delta F=\frac{1}{2N_e}$。式中 ΔF 为群体近交系数增量，N_e 为群体有效含量。

（二）性别比例

多数情况下，驼群中公驼数量远远少于母驼数量，种公驼数量对群体有效含量的影响远远大于母驼，为了在保种群体中维持较大的群体有效含量，必须要保持有一定数量的种公驼。设一个群体中公驼、母驼数量分别为 N_S、N_D，那么群体平均近交系数增量与留种公驼、母驼数的关系为：$\Delta F=\frac{1}{8N_S}+\frac{1}{8N_D}$。

（三）留种方式

在保种过程中留种方式常用的有两种，即随机留种和各家系等量留种。当公母驼留种数相等即家系等量留种时，近交系数增量只有随机留种的一半左右。也就是说，若各家系等量留种，可近似认为群体有效数量比随机留种的情况下增加了一倍。在生产实际中，公、母驼都留相同数目的情况很不现实。所以可以采用等比例留种，即公驼留 N_S峰，母驼留 N_D峰，选留当种用驼的个体，在数目上和性别比例上各家系之间仍然保持一致。也就是每个家系每世代留种的公驼数量是相同的，母驼数量虽然与公驼数量不同但各家系相同。此时，群体近交系数增量为：$\Delta F=\frac{1}{32N_S}+\frac{1}{32N_D}$。这个增量比随机留种要少一些。

（四）世代间隔

世代间隔越长，单位时间内群体平均近交系数增量越小，所以在保种群体中世代间隔的延长是有利的，可以减缓群体的遗传变化，在更长的时间内保存遗传资源。世代间隔本身并不直接影响近交程度，只是在一定时间范围内的缓解。增大世代间隔只起到延时作用，这与我们在选择中提高遗传改进的需要恰恰相反。

五、保种方式

（一）活体原位保存

活体原位保存是指双峰驼各品种在原产地以保护区、保种场等形态，在利用的同时动态地进行种质资源的保护。这是目前最实用的方式，并且已经建立起相应的机制和功能区。但其不足之处在于需要建立专门的保种群体，维持成本较高。经济上需要持续支持和输入，同时驼群也有受到各种不利因素侵袭的可能，如疾病、近交、有害基因的存在、附近其他驼群基因侵入、自然选择造成遗传结构的变化等。目前所谓的保种群仍然没有达到严格意义上的保种条件及要求，管理、技术措施和经济保障上都需要再规范。

（二）超低温保存遗传材料的方式

尽管这种方式还不能完全取代活体保种，但作为一种补充方式仍具有实用价值和作用。将精液、卵子、胚胎长期保存在液氮中，可以大量低成本地保存基因型，是双峰驼品种资源保存工作中一个重要内容。目前在实际操作技术上基本可行，但还需要加以完善和提高。

（三）DNA 基因文库保存方式

双峰驼基因库尚未建立，但此方法可以直接在 DNA 水平上有针对性地对特定性

状的基因组合通过定位、序列分析、克隆之后长期保存。此外，体细胞冷冻保存也是未来可选择的保存方式之一。利用体细胞保存了品种的全套染色体，未来可以复制现有的个体。

六、品种遗传资源的利用

双峰驼种质资源的保存、保护，其最终目的还是为了当下和未来的利用，一些目前还没有得到充分利用的遗传资源有可能经过不断发掘其潜在的利用价值，而在未来大显身手，特别是糖代谢、抗体等独特的性能，极有可能在将来成为双峰驼的极具价值的开发亮点。

（一）直接利用

现有双峰驼品种和类型，都具有较高的生产性能，在乳、肉、绒、役等方面综合表现优良，是养殖地区牧民的生产生活资料，也是畜牧业的重要组成部分，甚至在个别地区是特色支柱产业。这些品种的共同特点是适应当地自然条件及饲养管理条件，都可以直接用于生产绒、肉、乳，有重要的经济贡献。所以直接利用是目前主要的利用方式。

（二）间接利用

一是作为杂种优势利用的原始材料。目前双峰驼品种间杂交利用情况较少。但根据产业发展的需要，为了迅速增加驼乳产量，开展品种间杂交应该是必然趋势。不同品种之间杂交效果是不同的，所以要进行试验，寻找最佳杂交组合，进而推广使用，使杂种优势发挥最大效益。二是作为育种原材料。除本品种选育外，双峰驼新品种培育也可以提前规划，可以先从品系培育开始。当前所需要的就是乳用品种，或许随着社会需要的不断变化，还会有其他用途的品种需求，但不管哪个方面或用途的新品种培育，都少不了当地原有品种的参与。为了让新的育成品种对当地气候及饲养管理条件具有良好的适应性，最理想的选择就是利用当地品种进行杂交育种。

第八章 骆驼品系繁育和新品种培育

CHAPTER 8

品种和品系培育是骆驼育种工作最重要的工作之一。骆驼育种的一切出发点和归宿都在于具体的品种改进与提高，所有措施和手段最终都是在品种的层面上进行。品种是骆驼育种的基本素材，无论是本品种选育、品种改良和杂交生产，还是新品种培育等，主要是针对品种开展的。品系是品种结构单位的一种形式，是实施育种措施的最基本单位。品系繁育就是围绕品系开展的一系列繁育工作。本章主要对双峰驼品系繁育、杂交改良、新品种培育及生物技术在双峰驼育种中的应用展开介绍。

第一节 品系繁育

双峰驼主要分布在中亚、中东、蒙古国和中国西北部，主要为家养驼。主要品种包括中国的阿拉善双峰驼（分为沙漠型和戈壁型两个地方类型）、苏尼特双峰驼、青海双峰驼、塔里木双峰驼和准噶尔双峰驼。境外有阿斯特拉罕双峰驼、哈萨克双峰驼和蒙古双峰驼。阿拉善双峰驼主要分布在内蒙古自治区西部、甘肃省北部、宁夏回族自治区及其邻近地区荒漠、半荒漠地带，苏尼特双峰驼分布在内蒙古自治区中部的干旱草原和半荒漠草原地带，青海等省份也有少量分布。目前认为我国新疆维吾尔自治区的阿尔金山-罗布泊野双峰驼自然保护区是世界上唯一的野生双峰驼栖息地，但近期在甘肃省敦煌市西湖国家级自然保护区，放置在野外用于监测保护区的红外线相机拍摄到了规模达48峰的野生双峰驼种群。由于野生双峰驼生存数量极少，被联合国列入濒危珍稀物种红皮书，在我国列入国家一级保护野生动物，是具有极高保护价值的物种。

双峰驼由于繁殖生理的特殊性，性成熟时间一般为3～5岁，妊娠期为13～14个月，世代间隔为5年。采用常规育种手段开展品系繁育和新品种培育，过程长且难度大。在骆驼繁育方面，人们的关注还是很不够的，有关骆驼繁育方面的文献资料都不系统，鲜有报道。双峰驼品种和品系培育主要在参考家畜常规繁殖育种原理和技术手段的基础上，进行研究和探索。

在育种实践中，品系比品种更具有优越性。首先，品系培育比品种容易，培育一个新品种需要十几年甚至几十年的时间，并且需要投入大量的人力、财力、物力，而建立一个品系所需时间相对要短得多，投入也少得多。其次，品系比品种更容易提纯，可以提供大量的高质量种用畜禽。再次，品系比品种同质性更强，配合力测定更为准确。随着家畜育种技术的不断提高，品系繁育作为一种独特的育种手段在畜牧业中越来越被广泛采用。通过开展品系繁育，不但能够创新品种资源，丰富畜群结构，更重要的是能够加快育种进展，能充分高效利用杂种优势。因此，品系繁育在双峰驼育种工作中具有重要作用。

一、品系的概念

品系作为双峰驼育种工作最基本的种群单位，其概念和内涵随畜牧生产水平和育

种技术的发展、品系培育方法的创新而不断演化。品系可以自然形成，也可人工培育而成，既可在品种内培育形成，也可在杂交基础上建立。

（一）狭义的品系

狭义的品系是指品种内来源于同一头性能卓越的系祖，并有与系祖相类似的体质和生产性能的高产种用畜群。同时，这些群体要符合其品种的生产方向。这种品系的概念强调了血统的来源，即品系内的全部个体均来源于同一个系祖，并继承了系祖优良特性，与系祖有紧密的亲缘关系。由单一系祖建立的品系称为单系。

（二）广义的品系

广义的品系是指一群具有某些共同突出特点，并能将这些优良特点相对稳定地传递下去的种用畜群。这一品系的概念是建立在群体基础上的，范围较广，包括单系、群系、地方品系、近交系和专门化品系。

尽管狭义和广义的品系在概念理论和建系方法上有所区别，但从培育的目标和效果来看，是基本一致的，都是要培育成具有一定亲缘关系、有共同特点、遗传性能稳定、杂交效果优异的高产畜群。根据上述品系的概念，作为一个品系应该具备以下条件。

（1）具备突出的优点是品系存在的先决条件，是与品种内其他品系区分的标志。品种内不同品系的突出优点，丰富了品种的遗传基础和结构，有利于品种的发展。

（2）性状遗传稳定是种用家畜的基本要求，具有明显遗传优势，能够保证把品系的突出特性稳定遗传下去。与其他品种或品系杂交，能产生较好杂种优势；在一定的饲养条件下，保持品系的一致性。

（3）要有一定规模。品系内要有一定数量体型外貌相似、性能一致的个体，才能在自群繁育时把其突出的优良特性稳定的保持下去，不致因群体太小而导致近交衰退。

（三）品族

品族也是一种单系祖形成的品系，与单系的区别在于单系是指源自一头公畜系祖建立的品系，而品族多指源自一头母畜系祖建立的品系。对品族的定义因国家而异，在英、美等国家，品系、品族几乎等同；在前苏联，品族是指源于一头母畜（族祖）而形成的高产母畜群；在德国，品族是指品系内更为相似的畜群。由于围绕一头母畜很难培育成一个品系，在育种实践中没有实质意义。

二、品系的类别

根据家畜品系选育发展历史和品系形成的方式，品系可分为地方品系、单系、近交系、群系、专门化品系五类。目前双峰驼主要有地方品系、单系和群系，其他品系

没有开展相关研究。

（一）地方品系

由于品种分布区域广，各地生态条件和社会经济条件存在较大差异，同一品种个体经过长期的风土驯化，分别适应了当地的环境条件，形成各具特点的地方类群，并经人工选择培育而形成遗传稳定、各具特点的品系，这样就在同一个品种内出现一些各具特点的地方品系。地方品系经过多个世代的扩群和推广，可培育成新地方品种。例如，阿拉善双峰驼由于生存地域环境不同，形成戈壁型和沙漠型等地方类群，在体型外貌、毛色、绒毛品质等方面具有各自特点，如果有目的地进行人工选育，可形成在体型外貌、生产性能等方面各具特点的两个地方品系。

（二）单系

单系是通过系祖建系法建立的单系祖品系。单系内的个体均来源于同一个卓越祖先（系祖），并具有与系祖相似的体型外貌和生产性能，且以其共有杰出的特点区别于同一品种（群体）内其他家畜，也称个体系。系祖建系法是一种近交和远交相结合的建系方法。原则上，公畜、母畜均可作为系祖进行建系，但公畜能留下更多的后代，更有利于建系，在育种实践中，主要以公畜作为系祖建系。在双峰驼育种中，只能采用公驼作为系祖建系。

（三）近交系

近交系是通过近交建系法建立的品系。作为经过连续近交而形成的同质化群体，其群体的平均近交系数在37.5%以上。建立近交系的目的是提高品系内的一致性，扩大品系间的差异性，获得期望的系间杂种优势。由于近交衰退，近交系培育成本较大，因此，若没有理想的与之相配套的其他近交系以生产优秀杂种，不可盲目开展近交系培育工作。

（四）群系

群系是通过群体继代选育法建立的多系祖品系。主要是根据表型选择，而不考虑血统；重视生产性能，而不强调近交程度。相比于单系和近交系，群系的遗传基础更宽，特别是选择性状具有中等以上遗传力时，表性选择效果较好，建系成功率高、成本低、风险小。

（五）专门化品系

专门化品系是指某些生产性能方面具有优势的品系，是按照育种目标进行分化选育，培育出具有某方面的突出优点，并专门用于某一配套系杂交的品系，可分为专门化父本品系和专门化母本品系。专门化父本品系在配套系杂交中只做父本，在培育时，注重生长、胴体、肉质性状的选育。专门化母本品系在配套系杂交中只做母本，主选繁殖性状，辅以生长性状。

三、双峰驼品系繁育

（一）双峰驼品系繁育的概念

品系繁育是双峰驼育种工作中的一种重要的繁育方法，是指对双峰驼品系或配套品系的建立、延续、发展和利用等一系列的育种工作。其概念随品系的概念和内涵的演变而变化。最初是指单系的建立和延续，之后因品系培育方法和利用方式的变化，品系繁育主要指围绕某个品系开展的一系列育种工作。随着专门化配套品系的建立，品系繁育不再是指针对某一品系开展育种工作，而是围绕一组配套系而开展的一系列育种工作。

（二）双峰驼品系繁育的作用

1. 加快双峰驼种群的遗传进展　相对品种培育来讲，品系培育要求选育的性状较少，只要求某些性状具有突出特点，容易选择出某些性状比较优秀的群体，选育进展较快。例如，双峰驼可根据产乳量这一性状进行品系繁育。品系的群体规模要求相对较小，种群的提纯速度也比较快。同时，培育一个双峰驼品系所要求双峰驼的数量没有品种多，分布范围也不如品种要求广泛。因此，品系培育比培育品种快得多，容易培育出各具特点的品系。由于品系形成快、数量多、更新周转快，其遗传进展不仅可以通过品系内选育而渐进，而且可以通过种群的快速周转而跃进。

2. 加速现有双峰驼品种的改良　无论进行本品种选育，还是进行杂交改良，由于群体规模较大，各方面都比较优秀的个体较少，只通过这部分优秀个体繁殖来扩大优秀个体数量，选育进展一般较慢，改良效果不理想。如果利用品系繁育，就可使只在某些方面具有突出特点的个体参与繁殖，使该个体的优秀性状迅速扩散为品系的共同特点，而通过不同品系的综合，能够使分散在品种内各个体上的不同优良性状迅速集中而转变为品种的共同特点，进而加快双峰驼品种的选育进程。

如果一个双峰驼品种需要选择改良的性状较多时，由于选择的性状数目与选择反应成反比，改良效果更不理想。加之，品种既有一致性要求，又有品种结构要求，也就是说品种内的个体应具有一定的一致性，同时又要有不同的群体类群。开展双峰驼品系繁育工作，把双峰驼不同的选育性状分散到不同的品系中，有助于双峰驼单个性状的选育进展；而通过不同品系的综合，使双峰驼品种的多个性状同时得到改进，既加快了双峰驼品种的选育进展，也能解决双峰驼品种一致性和品种群体结构多样性的矛盾问题。

对于双峰驼品种来说，既要有一定的遗传稳定性，保持品种特征；又要有一定的多样性，维持一定群体结构，有利于群体内的血缘更新。要维持群体基因纯合和遗传稳定，往往需要近交，但近交可造成近交衰退，同时也使双峰驼群体结构单一化，不利于双峰驼品种的血液更新。因此，开展双峰驼品系繁育，通过分化建系和品系综合，交替采取

系内近交、系间杂交的繁育方式，使整个双峰驼品种既可通过近交促使其基因纯合和遗传稳定，又可避免近交引起的衰退，也使品种血缘不断更新，保持旺盛的活力。

3. 促进双峰驼新品种的育成 无论是通过纯种繁育，还是采取杂交育种方式进行双峰驼新品种培育，都可以采用品系繁育技术。特别是当优良性状不是由个别基因决定，而是由一些基因组合控制，采用品系繁育更有效。在双峰驼新品种培育时，为了巩固优良性状的遗传稳定性，往往采用近交，而近交容易引起生活力的衰退，造成基因纯化和生活力下降的矛盾，不利于双峰驼品种的培育。所以，在双峰驼新品系培育中，采用品系繁育的主要目的就是通过建立双峰驼不同品系，使双峰驼群体内不同优良性状的遗传性在各品系内快速稳定。由于在建系时大部分基因就是纯合的，在建系初期又采取较高程度的近交，就能使各品系基因迅速纯合；同时保持不同品系之间不存在亲缘关系，有利于品系综合。因此，在双峰驼品种培育时，采用品系繁育，通过分化建系和品系综合，就能使双峰驼各系的优良特性迅速在群体内稳定，成为群体的共同特征，而又不造成近交衰退，这样就可促进双峰驼新品种的育成。

4. 充分利用杂种优势 由于品系是在闭锁繁育群体中经过若干代同质选配和近交繁育而形成，因而使品系内许多基因组的基因纯合度高、遗传性稳定，系内个体遗传差异性小、一致性好，具有较高的种用价值；同时，也使品系间遗传分化、群体遗传结构差异增大，从而能使品系间的杂交获得明显的杂种优势，使品系可作为开展系间杂交、进行商品生产的良好亲本。因此，品系繁育不但为畜禽杂交提供了丰富有效的亲本素材，也拓宽了畜牧业商品生产中杂交优势利用的途径。

第二节　建立品系的方法

双峰驼品系繁育的核心是建立品系，建系的方法很多，常用的方法主要包括系祖建系法、近交建系法和群体继代选育法三种。

一、系祖建系法

系祖建系法就是在双峰驼群体内选择具有突出特点且遗传稳定的优秀个体作为系祖，围绕系祖培育和选择继承者，并进行同质选配或近交，以提高群体中优秀基因的频率，巩固优良性状，并使之成为群体的共同特点的过程。采用这种方法建立品系，最关键的是系祖的选择。

（一）系祖的选择

系祖是未来品系的基础，必须是卓越的个体，具有独特的遗传稳定的优点。系祖身上作为品系特征的性状，其综合育种值应超过群体平均值三个标准差以上；其他性状应不低于群体平均值，达到中等以上，且不携带隐性有害基因。如果系祖没有独特优点，即使建成品系也没有意义；如果只有突出优点而其他性状较差，用它建系也没有价值。但在实际工作中，选择出十全十美的系祖也是不现实的，可以允许次要性状上存在一定的缺点，并经过适当的选配而消除。

作为一个系祖，不仅应具有优良的表现型，更重要的是具有优良的基因型。如果其突出优点主要是环境所致，那么这一优点是不能够遗传给后代，也就建不成品系；或者尽管其表现型优秀，但携带隐性有害基因，这些隐性不良基因不仅影响建系，而且会给群体带来很大的隐患。因此，必须用遗传学的理论与方法，准确地选择基因型优秀的种畜作为系祖，有条件时最好运用后裔测定和测交的方法，证明其确实能将优秀性状稳定遗传给后代，且不携带隐性有害基因。对双峰驼来说，一般最好选用种公驼作系祖，因为种公驼的后代多，可以进行精选。

（二）系祖与配母驼的选择

选出系祖以后，为了充分发挥它的作用，就应做好选配工作，以便获得其大量的后代，进而从中选留具有优点突出的后代，加快品系的建立。为了保证双峰驼后代能突出表现系祖的优点，与配母驼的选择很重要。一般情况下，与配母驼体型外貌符合品系要求，主要性能达到或接近品系选育指标；为了拓宽品系的遗传基础，增加后代中与系祖同质的优良基因频率，系祖应尽量与没有亲缘关系的同质个体进行同质选配。对于那些有微小缺陷的系祖，有必要使用一定程度的异质选配，用配偶的优点来弥补系祖的不足，从后代中选择兼有双亲优点的个体留作新种畜。

最初与系祖交配的母畜（0 世代母畜）数量不必过多，以后可以逐渐增加与配母畜数。虽然数量多能使品系的遗传基础比较丰富，但与配母畜群过大，以后固定比较困难。从理论上讲，一头系祖与再大的母畜群交配，其群体有效含量也不会超过四头。双峰驼则不同，在双峰驼发情期应尽可能多地与主要性能达到或接近品系选育指标的母驼交配，即使这样得到的继承者后代数量也有限。

（三）系祖继承者的选择

为了巩固和发展系祖的优良性状，除了对系祖进行选种选配外，还要加强对其后代的培育和选择。系祖的后代并非全部成为品系的成员，只有那些完整地继承了系祖的优良特性，并能够将优良特性完整地遗传下去，满足品系繁育目标的最优秀的后代，才能作为继承者。以后各世代留种的继承者都要具有系祖的主要特征。一般情况下，一个优秀系祖，其后裔均值要比其本身表型值略低一些，但比群体均值要高一些。在系祖建系法建系时，主要是针对少数甚至某个性状的提高而进行的，又是小群体近交，所以在建系初期，系祖的后代会出现较大的分化，要找出与系祖完全相同的优秀后代很困难。因此，在系祖后代中选择继承者时，只要某些方面继承了系祖的优良性状的个体就可以选留。由于后代存在分化和衰退，有时后代群体的均值可能不高，但也可能出现一些特别优秀的个体，这些个体是可以作为系祖的继承者。

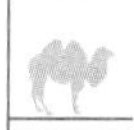

系祖的后代数量不能太少，否则很难找到优秀可靠的继承者，进而影响品系的建立。同时后代数量太少，也很难找到合适的母畜与系祖进行同质交配，从而使系祖的突出优点不易完整地巩固下来。在实际工作中，应多留后备个体，以便进行严格选择，确保有足够数量符合要求的个体，进而提高继承者的选择强度，并通过后裔测定，选择出具有优秀性能、遗传稳定的可靠继承者。双峰驼由于后代数量少，优秀后代更少，可以适当放宽选择标准。

（四）选配方法

为了使系祖的优良性状在群体内固定下来，应采取严格的同质选配。如果同质选配效果比较好，就不必要进行近交。最初的一两代尽量避免近交，然后再围绕系祖开展中等程度的近交。为了迅速固定系祖的优良性状，可采用高度近交，甚至用系祖回交，所需世代数以未出现衰退现象为限。一般情况下，交替采用近交和远交相结合的方式，但始终是进行同质选配。

（五）品系的育成

当经过多个世代的同质交配和近交后，品系内的个体基因型已经足够纯合，表型也趋于一致。此时只要群体具备了系祖的优秀性状，性能一致，遗传稳定，后代不发生分化，就可以认为品系已育成。双峰驼由于世代间隔长，性成熟较晚，在所需世代数相同的情况下品系育成所需时间远远高于其他家畜。

二、近交建系法

近交建系法就是选择足够数量的公母驼组成基础群后，根据育种目标进行不同性状和不同个体间的交配组合，然后进行高度近交，如亲子、全同胞或半同胞交配若干世代，使尽可能多的基因组迅速得到纯合，通过选择和淘汰建立品系。近交建系法与系祖建系法的区别，在于近交程度和近交方式的不同，它不是围绕一峰优秀个体（系祖）进行近交，而是从一个基础群开始高度近交。

（一）基础群组建

基础群的质量和数量是近交建系能否成功的关键。近交建系需要大量的原始素材，最初的基础群体要足够大。由于近交往往导致生活力衰退、繁殖性能和生产性能过低，需要大量的淘汰，如果群体数量不足，不能选择出用于繁殖的优秀个体，导致无法建系。一般情况，母畜越多越好，公畜则不宜过多，且相互间应有亲缘关系，以免近交后群体中出现过多的纯合类型，不利于群体的统一，影响建系。基础群的质量要求严格，个体不仅性能要优秀，而且选育性状相同，没有明显的遗传缺陷。因此，基础群的个体应严格选择，母畜最好来自经生产性能测定的同一家系，公畜最好经过后裔测定和测交，证明其生产性能优秀、遗传稳定、不携带隐性有害基因。

（二）近交方式

采用近交建系法时，应根据具体情况灵活选择近交方式。最早，英美等国家几乎都采用连续的全同胞交配来建立近交系。他们认为全同胞交配和亲子交配，虽然一代都同样达到25%的近交系数，但前者每一个亲本对基因纯合的贡献相同，而亲子交配时，在增加纯合性方面只有一个亲本起作用，如果这个亲本具有隐性有害基因，其有害基因纯合的概率为全同胞交配的两倍，危害较大。但这并不能说明全同胞交配一定比亲子交配好，而是各有利弊。因为亲子交配时，至少确保有一半基因是相同的，就一个亲本的基因来说，其隐性有害基因纯合的概率比全同胞交配的大，但其有益基因纯合的概率也大。

无论采用哪种方式的高度近交，大多数会很快因繁殖力和生活力衰退而无法继续进行。因此，有人提出最初将基础群分成几个小群，分别进行近交建立支系，然后综合最优秀的支系建立近交系。但也有采用连续全同胞近交而没有出现严重衰退的情况，说明近交衰退不是不可避免或降低的，关键是应根据情况灵活运用近交。

实际运用近交时，个体品质好，血统来源较混杂，可采用较高程度的近交。建系开始时，近交程度不高且都是优秀个体，可以采用高度近交；以后几代应根据上一代近交效果决定下一代的选配方式。如近交效果好，后代品质比上一代好，继续进行较高程度的近交，以迅速固定其优良品质；如近交效果不好，暂停近交，进行一次血缘更新。

（三）选择策略

在最初的几个世代中，因群体的杂合度高，杂合子在生活力和生产性能上比纯合子表现更优秀，此时选择留种会是大量杂合子被选留，选种效果差，不利于基因纯合和品系建立；同时，此时群体分离出的纯合子类型少，许多基因还没有纯合，选择容易错失一些优秀纯合子。因此，最初几代不进行严格的选择留种，并通过近交使群体性状快速分离，使尽可能多的基因纯合，然后在后续世代再按选育目标进行选择。这样可以使基因纯合的速度加快，产生更多的纯合类型，易于选种，而且选出的个体大多已具有一定的纯合度，有助于提高建系的效率。

尽管在初期世代不进行严格的选择留种，但对出现明显遗传缺陷的个体进行严格淘汰；对出现优良性状组合的个体，立刻选留扩繁，以加速品系建立。而且要求群体规模较大，使各种纯合子都有表现的机会；同时要加强培育力度，使纯合子充分表现出其优良特性而被选留下来，这样既可缓冲近交衰退效应，又可改进选种的准确性，提高遗传力，加快品系的建立。

（四）品系的育成

培育近交系的目的是进行杂交生产，不能单独追求近交程度。当群体表型一致，遗传性能稳定，平均近交系数达25%以上，筛选到优秀高产的杂交组合时，就可认为

近交品系育成。对于双峰驼来说，由于驼群结构的特殊性，同胞和亲子数量少，采用近交建系法相对复杂，所需世代数更多，时间更长。

三、群体继代选育法

从选集基础群开始，之后群体闭锁繁育，根据品系繁育的育种目标进行选种选配，通过世代选育，培育出符合品系选育标准、性状遗传稳定、表型一致、整齐均一的群体，称为群体继代选育法，这是一种多系祖群体建系法。

（一）选集基础群

由于从基础群选定开始，就进行闭锁繁育，不再引入外部优良基因，品系选育的目标性状取决于基础群的基因素材。因此，双峰驼基础群的选集非常重要，必须将目标性状的基因全部汇集到基础群基因库中。

基础群可以是异质群体，也可以是同质群体，取决于素材群的状况、品系培育的目标和目标性状的多少。当目标性状较多，且很难选集到各方面都比较优良的大量个体时，基础群以异质为宜，分别选择在某一性状比较突出的个体组群，把不同的优良基因选集到基础群中，尽管基础群的个体间在表型和基因型上可能存在较大差异，但可以通过有计划的选配，把分散在不同个体的理想性状汇集于后代，并使之基因纯化。如果品系繁育的目标性状数目不多，基础群以同质群体为好。这样可以加速优良性状纯化固定，加快品系的育成速度，提高育种效率。同时，为了使基础群具有更广泛的遗传基础，公驼间最好没有亲缘关系，更不应带有隐性不良基因。

基础群应具有一定的规模，可以避免群体有效含量太小而在育种工作中被迫近交，也可避免因整个群体太小而不能采用较高的选择强度，从而减慢品系的育成速度。同时，群体太小也难以获得理想的基因组合，影响育成后的品系质量。一般情况下，基础群由若干峰公驼和一定比例的母驼组成，由于公驼数量少，母驼数量多，所以群体有效含量主要取决于公驼数量。因此，基础群要求足够的公驼数量，且公母比例合适。具体数量视群体每代允许的近交增量而定，以不出现近交衰退为宜。

（二）闭锁繁育

当双峰驼基础群组成后，畜群必须进行严格的封闭，不能引入其他外来种驼。尽管引入外来种驼可能带来优良基因，但会影响群体的稳定性，不利于建系。群体要世代更新，不重叠，第 1 世代的种用群体都应从基础群（第 0 世代）的后代中选留，以后各世代种畜均从上一世代的后代中选留，各世代群体规模保持不变。由于各世代不能重叠，可缩短世代间隔，加快选育进展，通过 4～6 代选种选配，可使原来有一定差异的群体成为具有共同优良特点的同质群体。

由于进行群体闭锁繁育，群体规模小，近交难免发生。因此，一般情况下，在选配时尽量避免近交，不再进行细致的个体间同质交配，而应采取以家系为单位的随机交配。这样既避免了近交的增加，也能使基因组合种类较有意识个体选配的多，使各种基因组合都能获得表现的机会，有利于选种。同时，由于各世代选留的都是优秀个体，基本上是同质的，没必要进行个体同质选配。如进行细致的同质选配，将会导致性状分化，不利于建立整齐均一的群体。

对于是否采用近交和个体同质选配，有不同观点，应视群体具体情况而定。尽管近交能使有害基因纯合，产生衰退现象，但也有利于优良基因的纯合，特别是特殊优秀个体的近交，不一定会导致不良的后果。因此，近交结合严格的选择也是能够加快品系的建立。综合来讲，双峰驼群体不大或选配技术较差时，采用随机交配为宜；当群体规模较大或选配技术较强时，可在分析上一代选配效果的基础上，进行个体选配，即对质量已符合品系选育标准的优秀个体进行同质选配或近交。

（三）严格选种

双峰驼群体继代选育法采用闭锁繁育方式，并要求各世代群体规模不变、等量留种，世代不重叠。因此，在选种方法上有特殊要求。

1. 严格按选育标准留种 每一世代后备种驼尽量在同一个时期出生，在相同的饲养条件下培育；每一代的选择标准和选种方法始终保持不变；根据个体本身和全同胞或半同胞的生产性能等严格选种。每个世代的后备种驼在相同条件下饲养，个体间的性能差异能够反映出其遗传上差异，可提高选择的准确性。由于选种目标始终一致，群体基因频率朝同一方向改变，通过逐代的变异积累，使不同世代的基因型和表型出现显著变化，经过5～6个世代就能趋于稳定。

2. 多留精选，分阶段选择 双峰驼的体质外貌和生产性能随不同生长阶段发生变化。因此，种驼的选留也应按其生长和生产的不同阶段进行选择，但各阶段的选择强度应随年龄的增大而加强。双峰驼年幼时，生产性能还没有完全表现出来，体型外貌尚未确定，受母体效应影响较大，选择的准确性较差，此时应多留少选，尽量多留。并随着双峰驼的生长发育，逐步淘汰性能太差的个体。直到双峰驼生长到一定阶段，具有了个体生产信息时才进行选择，按群体规模大小和选育标准的要求选择留种，淘汰不理想的多余个体至所需规模，保持群体规模世代不变，这时母体效应逐步消失，选择的准确性会提高。

3. 兼顾每个家系 种驼选留时要考虑到每个家系都能留下后代，优秀的家系可适当多留一些，但不可多到排挤其他家系留种的程度。一般不对某一家系全部淘汰，除非经过1～2代的观测，表明某个家系成员普遍较差或存在某种遗传缺陷，才可全部淘汰该家系，以提高群体的优良基因型频率及其纯合度。

4. 缩短世代间隔 通过缩短世代间隔，可以加快年度选育进展。尽管后裔测定可以提高选择的准确性，但其所需的时间较长，影响选择进展。所以，在群选建系时，一般不采用后裔测定留种，主要根据个体本身和同胞的生产性能测定结果进行选择留种，以加快世代更替，缩短世代间隔，提高选育进展。

由于在群体选育过程中，进行断代选育，世代不能重叠。因此，在世代更替的过

程，当下一代的种群选留后，上一代的种驼将被调离选育群。这些被调离的种驼并不是因为性能差而被淘汰，而是为了缩短世代间隔的需要。这些种驼质量一般较高，可以根据其生产特性和生产实际需要转移到其他驼群或繁殖群中继续作种用，以利于种群推广。

同时，通过缩短世代间隔来加快选育进展，是基于子代优于上代的前提下，如果子代不如上代，世代间隔越短，退化也越快。因此，通过缩短世代间隔来加快选育进展必须建立在较高的选择准确性的基础上，在选种时，需要权衡进行后裔测定以提高选择准确性和缩短世代间隔的利弊，不可盲目追求缩短世代间隔，应二者兼顾。

（四）品系的育成

当经过5～6世代的选育，双峰驼群体生产性能稳定，体型外貌一致，达到选育目标，筛选出适合杂交利用的组合，推广利用后得到公认，可认为品系育成。

双峰驼由于品种数量少，世代间隔长，其种群数量、养殖规模、生长环境等有别于其他畜种，具有特殊性，适宜采用群体继代选育法。如新疆准噶尔双峰驼选育核心群就采用群体继代选育法，从选集基础群开始，然后闭锁繁育，根据品系繁育的育种目标进行选种选配，育成符合品系标准、遗传性稳定、整齐均一的乳用驼群体。

第三节　品系繁育的程序（应用实施）

随着现代畜牧业的发展和新的育种理论建立，在纯种繁育、新品种培育以及杂交生产利用中都普遍开展品系繁育。因此，品系繁育是一项重要的育种工作措施，技术性比较强。双峰驼品系繁育主要包括建系目标和方法的确立、基础驼群的选择、品系的建立、品系的鉴定和维持、配合力的测定及品系的利用方法等一套完整而严密的技术组织工作。相对于其他家畜双峰驼品系繁育复杂而难度大，可借鉴的经验很少，目前还没有形成一整套完整、成熟的理论和技术，可参考其他家畜成熟的理论和技术。

一、品系繁育的条件

双峰驼品系繁育是一项技术要求比较高、组织管理比较严密的育种技术工作，必须具备一定的条件，才能达到预期的效果。

（一）双峰驼数量要求

双峰驼群体内数量很少时是不能进行品系繁育的，只有一个品系也无法进行品系繁育。一般认为一个品种至少有一定数量的品系，每一个品系应有适当数量的家系，每个家系应有足够数量的个体。群体内应至少有三个品系，具体数量要求应视不同畜种、利用方式和饲养条件而定。例如，采用近交系双杂交方式，至少需要四个品系；

利用专门化品系杂交生产商品畜禽，至少需要父本和母本两个品系；为了获得更好的配合力，需要两个以上的品系。

一般来说，双峰驼数量越多，对品系繁育越有利。通过开展场间、地区间的联合育种，为品系繁育创造更为有利条件，更能有效利用品系，也能更充分发挥品系繁育的特点，加速提高畜牧业生产效益。

对进行品系繁育的驼群规模有基本数量要求，但并不是一定达到某一数量才能进行品系繁育。对于品系繁育的目标是建立几个近交系，建系所需的基础群规模可适当缩小；而建立单系所需的基础群规模要比建立群系的小一些。因此，只要种驼选择准确，严格选配，一般种驼场都是可以达到品系繁育要求的。

（二）双峰驼质量的要求

双峰驼品系繁育的目的，是利用培育的优秀品系来提高和改良现有品种的生产性能、培育新品种和充分利用品系间不同的遗传潜力生产杂种优势。所以，品系必须是一个优秀的群体，不但要有较好的综合性能，更重要的是要有某一方面突出的优良特性，才具有利用的价值。而优秀品系的建立是要有好的畜禽资源和育种素材，必须建立一个理想的基础群。如果驼群中只有个别出类拔萃的公驼或母驼，就可以采用系祖建系法建系；如优秀性状分散在群体的不同个体上，可以采用近交建系或群体继代选育法建系。一般生产性能差的群体不能用来建系，但可以参与到品系繁育中，可以用已建成的品系来改良。

（三）饲养管理条件

科学合理的饲养管理，是保证双峰驼正常生长发育的基本条件。在品系建立过程需要进行大量的近交，近交个体需要更加优良的饲养管理条件，才能保证其优良的生产性能得到充分的表达，进而准确地选择出优秀的种驼，保证品系繁育目标的如期实现。如果饲养管理条件较差，直接影响个体的生产性能和繁育活动，影响选种的准确性，不利于优良品系的培育和品系繁育的效果。

（四）技术与设备条件

品系繁育是一项技术性、系统性很强的畜牧业生产活动，需要有统一的组织管理和技术保障。既需要品系培育方法、选种选配、品系利用等先进的理论支撑，又要有性能测定、信息收集、生产管理等配套技术保证，也需要必要仪器设备来确保相关技术、方法的实现。

二、品系繁育的目的

相较于品种选育，品系繁育选育的目标性状少，所需群体规模小，选育技术容易实施，选育进展快，已广泛运用于育种工作中。

1. 培育新品种 杂交育种是新品种培育的主要方法。在利用杂交育种技术进行新品种培育过程中，采用品系繁育技术，能使杂种后代的优秀性状很快固定下来，有利于新品种的育成。

2. 提纯复壮 当品种混杂退化、性状分离、群体一致性差、需要提纯复壮时，采用品系繁育比纯种繁育更能使优良基因纯合加快，通过不同品系的综合，使不同优良基因迅速积聚，群体趋于一致，性能不断提高。

3. 品种改良 在长期本品种繁育过程中，群体性能趋于一致，选育效果往往不明显，选育提高困难。此时可通过品系繁育来丰富品种结构，增加群体的异质性，有助于改进选育的进展。特别是在品种内发现某些新的突出优良性状时，通过品系繁育使这些性状迅速纯合，并经品系综合成为品种的共同特征，使品种性能得到新的增长。

4. 获得杂种优势 相对于品种间杂交，品系间杂交的优势可能更大。与品种相比，品系的纯合度更高，遗传稳定性好，品系间遗传差异大，且无亲缘关系，系间杂交优势更明显。因此，在不需改变品种生产方向和生产特性的情况下，采用品系繁育配套杂交比品种杂交更有优势。

三、品系的建立

（一）建系目标的确定

品系建立是一项长期复杂的工作，不可能在短期内实现，至少需要 4 个世代的选育。双峰驼世代周期比较长，建系需要的时间比较长，对选育目标的确定应该要慎重，需要有长远的考虑和产业发展的预判，选育的目标性状和指标应符合现实和长远的发展需求。当目标确定后，要一代一代持续选下去，直至品系育成。不能这一代选某些性状，下一代又选另外一些性状，这样的话选育效果无法累积，基因难以纯合，不可能建成品系。

（二）建系数量和选育指标确定

当选育目标确定后，就需要考虑把目标性状分散到哪些品系里进行选育。这需要根据群体的具体情况，也要考虑性状之间的关系。把具有强的正相关的性状放在一个品系内选育，会起到事半功倍的效果；而把两个负相关的性状放在一起，只能是无功而返。一般情况，品系繁育要求有三个以上的品系，有利于配合力的测定。但在专门化品系杂交生产中，可以只建父系、母系两个品系，母系主要选育繁殖性能，父系主要选择生长发育和肉用性能。

（三）建系方法的确定

具体采用哪种方法进行建系，应在对驼群进行全面的调查分析后，视驼群的具体情况和条件而定。

（1）群体中同一类型优秀个体多且有亲缘关系，表明群体内个体间有相同的来源，群体同质性较高，具有了一定的共同优良特性，优秀基因频率比较高；且大部分基因可能纯合，性状能稳定遗传下去的可能性大，基本具备了品系的要求。这种品系的建立与地方品系的形成相类似，只要把不符合标准的个体淘汰，有目的地开展家系选择和同质选配，进一步巩固优良性状，不断扩大规模，就可培育成品系。

（2）群体中同一类型优秀个体多但无亲缘关系，表明群体有一定规模优秀个体和共同的优良特性，优秀基因频率比较高；但无亲缘关系说明优秀个体中纯合子较少，杂合子较多，优秀基因纯合的频率不高，遗传还不稳定，需要进一步选种选配。对于这类群体，应采用群体继代选育法建系，选择优秀个体组群，闭锁繁育，世代采用同质选配，纯化优秀基因，稳定群体优良特性的遗传性，培育群系。

（3）群体中同一类型的优秀个体数量少，表明群体整体生产水平较低，选育水平不高，优良基因少，频率低，个别优秀个体的出现可能是特殊的基因组合的出现。如果经后裔测定证实其优良性状能够遗传下去，可以将该个体作为系祖，采用系祖法建系，培育单系。若少数优秀个体中，既有公驼又有母驼，可采用近交法建系，培育近交系。

（4）群体中存在优秀性状但缺乏全面优秀个体，表明该群体属于异质化群体，群体内存在不同的突出优良性状，但分散在不同个体上，很难找到各个性状全有的个体。如果不同个体的优良性状集中起来，就能培育出各方面比较优秀的群体，使群体整体生产水平达到新高度。对于这样的群体应该采用群体继代选育法建系，选集群体中具有不同优良的全部个体，建立基础群，进行闭锁繁育，有目的地异质交配或随机交配，以增加优秀基因的重组，使各种优良性状在同一个体上集中，再经近交后同质交配，使优良基因纯合，稳定性状的遗传性，培育优秀群系。

同时，选择建系方法时，也要根据品系繁育的目的而定，如果品系繁育的是为了获得杂种优势，以开展商品生产为主，最好采用专门化品系法或近交法建系。

（四）双峰驼品系的鉴定

尽管建立品系是品系繁育的重要工作，但建系并不是品系繁育目的，只是一种手段。培育品系最终目的是推广利用品系，以加快改进群体遗传结构，提高驼群生产性能。由于培育一个品系至少需 5～6 个世代，付出较大的人力、物力、财力和时间成本，如果不能很好地利用，自然就失去建立品系的价值和意义，也无法实现品系繁育的目标。因此，新育成的品系必须经过鉴定，之后才能推广利用。

1. 性能指标 每个双峰驼品系都有其特定性能指标，品系内每个个体的主要目标性状必须优良，其他性状也应达到较高水平，不得有明显缺陷。公驼除本身性能鉴定外，还要通过同胞测定或后裔测定，母驼需经本身性能测定或同胞测定，均要达到品系规定标准。

2. 纯度标准 驼群纯度一般用近交系数或亲缘系数表示，要求群体平均近交系数在 12.5%以上；个体间亲缘系数平均在 25%以上。但具体应视情况而定，如不出现近交衰退，近交系数可更高些，否则可低一些。一般情况下，杂交建系其近交系数可高些，纯繁建系其近交系数应低一些。

3. 遗传稳定性 根据双峰驼群体的表型变异系数和上、下代的性能相似程度来判断。群体内个体表型变异小，其特征性状表型变异系数较基础群明显下降，个体间体型外貌一致，生产性能相近；群体遗传结构稳定，其主要性状遗传稳定，上、下代体型外貌和生产性能相似性强。

4. 群体规模和结构 作为一个品系应有一定的群体规模和合适的公母比例。个体数量多，特别是公驼数量多，有利于品系维持；但数量过多时性状的固定较困难，会延长育成时间。个体数量较少，会导致近交率增高和遗传漂变严重，不利于品系的维持和选育提高。因此，一个品系应具有一定的群体规模。

5. 杂交效果 建立品系主要是用来进行系间杂交以获得杂种优势。因此，育成的品系可通过系间杂交来检验其基因的纯合度和性能的稳定性。基因纯合度高、配合力好的品系，杂种优势明显，品系的利用价值就越高。

四、品系的维持

品系育成后，群体规模相对较小，随着世代繁衍，群体遗传漂变和近交将增加，会出现衰退现象，甚至消失。因此，品系育成后，必须立即进入品系维持阶段，进行扩群保系，继续做好选育工作，确保品系后代在性能和纯度上符合要求。品系存在和利用时间的长短，取决于品系的维持水平和选育工作的好坏。

1. 扩大驼群规模 品系育成后，要在原有群体的基础上不断扩大驼群规模，以利于品系维持；尤其可考虑多留无亲缘关系公驼，留种公畜数应较基础群的多，以提高群体的有效含量，减小遗传漂变，防止品系的衰退。

2. 控制近交增加 为了防止近交造成品系衰退，应严格进行选配，尽可能地选择亲缘关系较远的公母驼交配，降低亲缘选配系数，有目的控制近交系数的增加，延缓群体衰退，延长品系存留时间。

3. 延长世代间隔 在品系育成阶段，尽量缩短世代间隔，以加快选育进展和品系的育成。在品系维持阶段，选育的主要工作是防止近交系数的过快增加而导致衰退。因此，通过延长公、母驼的使用时间，推迟后代种驼的选留和利用时间，增加世代间隔时间，有利于减缓年度近交系数的增长，从而延缓品系衰退速度。

4. 各家系等量留种 在品系维持阶段，为了缓解遗传漂变和近交效应，可采用各家系等量留种，尽量避免随机留种。即每峰公驼选留相同数量的优秀儿子作种用公驼，每峰母驼选留相同数量的优秀女儿作种用母驼，这样群体的有效含量最大，近交和遗传漂变效应最小。

5. 扩大后代群的变异 品系维持阶段要继续做好选种选育工作，培育出优秀的继承者，并建立一些不同的支系，丰富系群的遗传结构，增加后代群体的变异，减缓近交和遗传漂变的影响；同时，扩大变异有助于发现和培育出更为优秀的种用个体，可进一步提高品系的选育水平，延长品系的使用年限。

五、品系的综合利用

尽管采用品系维持的措施，可以延长品系的存在时间，但长期保持一个品系是很难做到的。一是品系繁育过程中遗传漂变和近交在所难免，由于衰退而被淘汰。二是培育出同一类型新的更优秀的品系，使原品系竞争失败而被淘汰。三是社会需求发生了改变，品系生产方向和类型不能满足社会需求，而被淘汰。一个品系形成又消亡，被另一个新品系替代，这是品系发展的基本规律。因此，建立品系不是品系繁育的目的，综合利用品系才是品系繁育的真正目的，维持并发展品系才能充分利用品系。

1. 地方品种改良 我国的地方良种资源丰富而珍贵，但由于没有精心选育，很多有益的性状没有得到充分表现和利用。因此，充分利用由于地理和血缘上的隔离形成的不同类群，开展品系繁育工作，可使地方品种的许多优良性状同时得到提高，这样不仅缩短了选育的时间，而且使地方品种的结构更加完善。可以用一个在某些生产性能上具有突出优点的品系杂交改良另一个在该性能上存在某些缺点的品系，以达到纠正被改良者缺点的目的，但保留被改良者一些优良特性，也可在此基础上培育新的品系。

2. 品系更新和发展 当某一品系血缘关系过窄，发生近交衰退现象时，可以引入同一品种内与该品系无亲缘关系的同质优秀种驼，导入新基因，保持一定的杂合性，增加品系的活力；降低品系的近交系数，防止近交衰退。

3. 综合新品系 通过不同品系杂交，使两个品系的不同优良特性相互结合，形成一个具有综合优点的、生产性能更高的新品系。由于品系的优良性状基因纯合度高，两个纯合度高的不同品系杂交，更容易使两个品系的优良基因结合于一体，发挥优势互补作用，产生系间杂种优势。也可在此基础上培育出更高水平的新品系。

4. 配套系杂交 现代品系繁育工作，在品系综合利用基础上，逐步向专门化品系及合成系的培育和配套杂交利用方向发展。一个配套系有几个专门化品系配套，每个专门化品系只突出1～2个经济性状，选育进展快，培育时间短，群体小，结构简单，更新周期短，能灵活地适应生产需求。专门化品系的配套杂交，能充分利用品系间的杂种优势和互补优势，杂交后代生产性能高，全部作为商品畜出售，经济效益好。

第四节 双峰驼杂交改良

当一些品种（特别是许多地方品种）的生产性能较低，或其生产类型、产品品质等不能满足市场需求时，需要对品种进行改进。若采用本品种选育进展缓慢、效果不佳，就需要引入外来的优良品质进行杂交改良。阿拉善双峰驼、苏尼特双峰驼、青海双峰驼、塔里木双峰驼和准噶尔双峰驼等都是经过长期选育形成的品种，生产方向、产品特性和类型各不相同，有的生产方向与目前的市场需求不相适应，就需

要选育改进。但是在杂交改良中要注意品种保护。被列入国家级畜禽遗传资源保护名录的双峰驼品种如阿拉善双峰驼等，在保护区内（保种场、核心群）不建议引进其他品种杂交改良，而要以建立和完善保种功能，建立永久性基因库和种源基地为目标。

不同品种的双峰驼杂交所产生的杂种，在生活力、生长势和生产性能等方面的表现在一定程度上优于其双亲的平均水平。目前，主要的杂交改良方法有引入杂交和级进杂交两类。

一、引入杂交改良驼群

引入杂交也称为导入杂交，是指在保留原来品种基本特征的前提下，利用引入品种来改良原来品种的某些缺点的一种有限杂交方法。当某个品种或类群其性能基本满足经济社会发展需求，但也存在某种重要缺陷，而本品种选育效果差时，就需要引进外部优良品种进行杂交改良。其目的是只改良驼群的某种缺陷，不改变其他优良特性和生产方向，而且还要有意识地保留该品种其他优良性状。

（一）引入杂交的方法

对于1个基本符合要求但有某些缺点的品种（原来品种），可以选择一个基本与之相同但有针对其缺点互补的优良品种（引入品种），二者进行杂交，获得杂交一代。对杂种后代均采用适宜的方式进行培育，在经过培育的杂种后代中，选择出最优良的公驼与原来品种的母驼交配，选出优良的母驼与原来品种最优秀的公驼交配，获得回交后代。这些回交后代含有1/4引入品种的“血液”和3/4原来品种的“血液”。对这些回交后代进行培育后，如果已达到改良要求，就可选择其中最优秀的公驼与合乎要求的母驼交配（横交），获得横交后代，进行自群繁殖。也可对回交后代（回交一代）进行培育后，再与原来品种交配，所产后代（回交二代）含有1/8引入品种“血液”和7/8原来品种“血液”，然后再进行横交，自群繁殖（图8-1）。

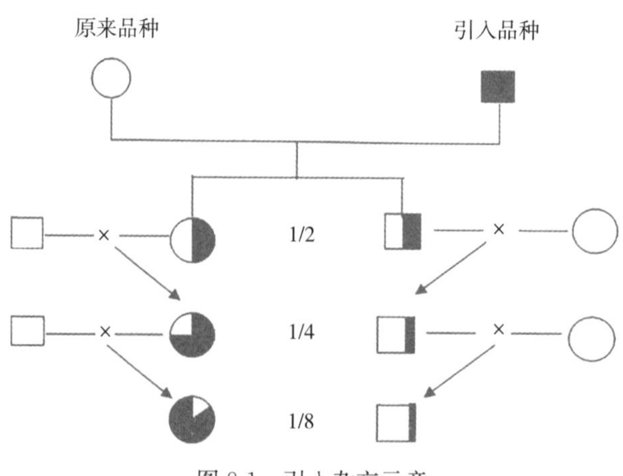

图8-1　引入杂交示意

（二）引入杂交的应用

引入杂交是一种应用十分广泛的畜群杂交改良方式，特别是在具有地方特色的优良畜禽品种的培育和改良工作中，具有重要的应用价值。它不会影响到地方良种在长期历史选育进程中形成的对当地自然环境条件适应性和优良的生产特性，不改变品种的生产类型和生产方向；而且只需引入少量的优秀公畜或精液，成本低，又能使品种的缺点很快改进。因此，引入杂交一般在以下情况中使用。

（1）只改变缺点，不需要对品种或群体进行根本改造。一个品种或群体，其性能基本满足经济社会需求，并具有许多优良品质特性，但也存在某些缺点。为了改正缺点，保留全部优点，且通过本品种选育很难实现的情况下，采用引入杂交进行群体改良，将会获得理想的效果。

（2）只改进生产力，不需要改变品种或群体的生产方向或类型。一个品种或群体，其生产方向或类型符合经济社会发展需求，不需要对其进行改变，只是其某一生产性能需要改进和提高，可通过引入优秀品种杂交改良，达到改进和提高生产性能的目的。

（3）受自然条件、经济条件和养殖技术条件的限制，无法采用级进杂交法获得品质更加优良的高代杂种，以彻底改良品种性能或品质，只能采用引入杂交进行群体改良。

（三）双峰驼引入杂交的注意事项

为了使引入杂交工作顺利进行，确保在短期内获得预期的效果，在具体实施过程中，应注意以下事项。

1. 慎重选择引入的双峰驼品种 引入的双峰驼品种的生产方向，应与原来品种的基本相同，但又具有针对原来品种缺点的显著优点，这样才能保证在杂交过程中保留原品种的优良特性，又能改变其缺点。因此，引入品种应具有所需的突出优良性状，其他特征与原品种基本相似。至于引入品种的适应性，可不必过多考虑，因为引入杂交仅杂交一次，后代群体含外血比例不高。

2. 严格选择引入的种驼 引入杂交主要是用引入的种公驼（也可引入母驼）来改良提高原来品种的某种性状和特性，并且要求经过一次杂交就能解决很大问题。因此，引入的种驼必须严格选择，要求具有针对原来品种缺点的显著优点，而且这一优点的遗传稳定性好。引入公驼最好要经过后裔测定。

3. 加强原有双峰驼品种的选育 需要从原来品种中选择优秀母驼与引入品种公驼杂交一次，所产杂种后代又要与原来品种进行回交。因此，加强原来品种的选育也是保证引入杂交成功的关键。此时本品种选育还是主体，杂交只不过是加快改良的措施之一。

4. 引入外血要适当 采用引入杂交时，一般引入外血的量不超过 1/4。引入外血过多，不利于保持原来品种的特征。如引入品种与原来品种在主要生产性状和特性

方面差异不大，在回交一代（含 1/4 外血）后，就可暂时在引血群内进行横交。如差异过大，则需在回交二代（含 1/8 外血）后进行横交。在引血群内选出所需纯合子个体作为种畜，进行横交固定，以达到改良提高的目的。单纯依靠外血难以固定所需性状。

5. 加强杂种的选择和培育 创造有利于引入品种优良性状表现的饲养管理条件，使引入品种的优良性状得到充分表现，并使其具有选择优势。对杂种后代进行严格的选种和细致选配，才能使优良性状在群体内固定下来，从而保证引入杂交改良获得成功。否则，品种势必在几代之后又回到原来品种的老样子。

6. 应该在限定范围内进行 引入杂交只宜在育种场进行，切忌在良种区内普遍推行，以免造成地方良种的混杂现象。在育种场内一般也进行少量杂交，还需保留一定规模的地方良种纯繁群体，供回交使用。为了试验，也可引入少量外来品种的母驼作为改良者。引入母驼进行杂交，至少有两个明显特点：一是母驼影响面比较小，在试验阶段对整个品种或群体不致有很大的影响；二是由于有些性状受母本影响较大，这样的引入杂交有可能使某些性状的改进效果更好。

二、级进杂交改良驼群

级进杂交也称改良杂交、吸收杂交。它是用优良品种来彻底改变被改良品种生产方向和生产水平的一种杂交改良方法，是一种改造性杂交方法。当某些品种已不能满足经济社会发展需求，必须尽快地从根本上改变其原来的生产方向、产品特性和类型，可采用级进杂交改良的方法。

（一）级进杂交改良的方法

该方法就是选择改良品种的优秀公驼与被改良品种的母驼交配，所得的杂种母驼与改良品种的优良公驼交配，如此连续几代进行杂种母驼与改良品种公驼回交，直到被改良品种得到根本改变。

这种杂交改良方法的实质，就是用改良品种彻底改变被改良品种的遗传特性（图 8-2）。通过杂种母驼一代一代地与改良品种的优良公驼回交，使杂交后代的遗传特性逐代向改良品种靠近，最终使被改良品种，在生产性能和生产方向上发生根本性的变化。

级进杂交所得的杂种，通常用改良品种“血液”含量的多少来判定和区别改良程度。一代杂种用 1/2 表示，二代杂种用 3/4 表示，三代杂种用 7/8 来表示，四代杂种用 15/16 来表示，依次类推。这种表示方法能表示出获得杂种的历程和杂交品种的利用情况，简单方便，在全世界广泛应用。但是，这种方法也存在缺点，尽管杂种所含“血液”的数字是具体的，也并不能准确地反映其改良程度和效果，因为两峰含改良品种“血液”相同的杂种，其实际的改良效果和生产性能可能差距较大。因此，在应用级进杂交方法改良驼群时，不能只关注级进代数和“血液”含量，必须注意所得杂种后代

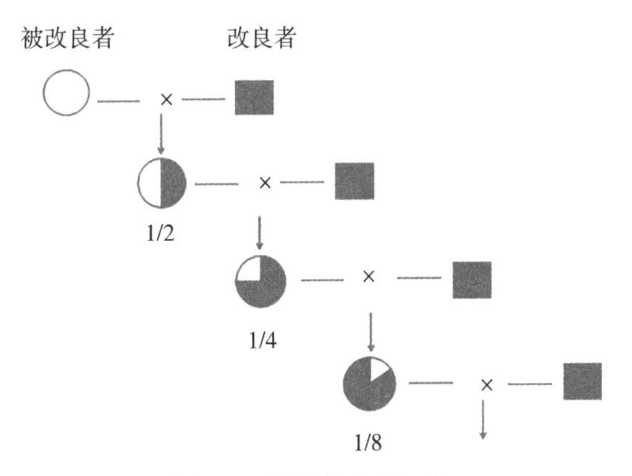

图 8-2　级进杂交示意图

实际改良效果。

（二）级进杂交的应用

级进杂交被视为改良地方低产品种最经济、快速、有效的方法之一，许多国家都在应用。这种方法只需少量的改良品种的优良公畜，甚至只用精液即可，经济成本低。同时，杂交后代中改良品种的“血液”含量逐代增加，4 代之后杂种含有改良品种的“血液”达到 90%以上，基因替换的速度快，也相当有效。因此，在各国应用级进杂交改良都取得了较好的效果。这种方法主要在下列情况下应用。

1. 为了尽快获得大量的某种用途的家畜　对于一些地方品种，由于其生产类型或方向已经不能满足经济社会发展需求，需要尽快改变其生产方向，可以选用优秀改良品种的公畜，采用级进杂交方法杂交改良，以获得某种新的生产用途。即用级进杂交法来改变畜群的生产用途和方向。

2. 为了尽快提高家畜的某种生产性能　对于一些专门化选育程度比较低的畜群，其生产性能往往不高，为了快速提高其生产能力，可选用优秀高产品种进行级进杂交改良，以尽快获得与改良品种相似的生产性能。

3. 为了经济有效地获得大量优良“纯种”家畜　大量购买优良纯种家畜往往需要投入可观资金。但选购少量优秀纯种公畜，采用级进杂交改良的方法，经过 4～5 世代改良，杂种在体质外形和生产性能上都已非常接近“纯种”优良品种。“杂种”和“纯种”并不是绝对的，如果杂种具有稳定的遗传特性和很高的生产力，它们也就非常接近“纯种”了。

4. 为了获得大量适应性强且生产力高的家畜　在养殖条件比较差、不具备饲养生产性能优良的高产家畜的地区，为了尽快提高当地品种的生产性能，可以选用优良品种的公畜与适应性强而生产性能差的地方品种母畜进行级进杂交改良。在适当的改良代数后，可获得适应性强且生产性能高的杂种家畜。

5. 为了培育新品种而进行畜群改良　级进杂交改良达到一定程度后，高代杂种可以并入改良品种。也可以选择优良的杂种公畜和母畜进行横交，固定其优良的遗传特

性，培育出新品种。新品种既具有改良品种的生产能力，又具有被改良品种的某些优良特性。

（三）双峰驼级进杂交的注意事项

1. 明确改良的具体目标　进行级进杂交改良前，首先必须明确改良的目标和具体指标，是在原基础上提高其生产性能，还是彻底改变其生产方向；是为了获得一批优良生产性能的双峰驼，还是通过杂交改良培育新品种；或者是为了其他目的；具体的评价指标有哪些。这些都需要在事前慎重考虑并制订详细计划。

2. 选择适宜的改良品种　改良品种的选择直接影响改良效果，决定改良后群体的生产性能和水平。选择时要考虑地区养殖生产条件、区域产业规划和产品的社会需求，在此基础上根据各有关品种的特性和特点做好判断。适宜的改良品种必须是该地区需要的、有发展前景的、生产力高、遗传稳定性好的品种；同时，对当地环境条件有较好的适应性。

3. 选出优秀的改良种驼　杂交工作的成效，与杂交改良所用种驼的优劣直接相关。改良用种驼不论公母必须有较高的生产水平，公驼尽可能是优秀的。这样，杂交起点高了，改良的效果自然要好一些。级进杂交要用同一品种连续若干代杂交下去，公驼不能只有一峰，以避免近亲交配。

4. 组织有效的配种工作　在配种前要做好选配计划，开展有目的的杂交选配工作。杂交代数要根据实际情况和效果而定，切忌单纯追求外血比例。一般而论，如果3～5代能达到要求，就不必再继续杂交。

5. 做好杂种后代的培育　杂种优良性状的表现，除了要有良好遗传基础，还需要有必要的饲养管理条件。只有为杂种提供最适宜的培育条件，才能保证其优良的性状得到充分发育和表现，实现杂交改良的目的。

第五节　杂种优势利用

不同种群（品种、品系或类群）的家畜杂交所产生的杂种，往往在生活力、生长发育和生产性能等方面，表现出一定程度优于两亲本群体平均值的现象，这种现象称为杂种优势。因此，在现代畜牧业生产中广泛开展杂交生产，以充分利用杂种优势。

一、杂种优势利用的概念和意义

（一）杂种优势利用的概念

杂种优势的产生，主要是由于来源于两个亲本的优良显性基因在杂种中互补，群体中杂合子频率增加，提高了群体的平均显性效应和上位效应，从而抑制或减弱不良基因的作用，使杂种群体在生活力、抗病力、繁殖力和生产性能方面超越亲本。由于不同品种、品系的优良显性基因及其频率不同，它们之间的杂交效果也不同，配合力好的品种、品系间的杂交能获得理想的杂种优势。由此来看，杂交能否获得杂种优势，关键取决于两个杂交用亲本群体及其相互配合情况，并不是所有的杂交都可获得好的杂种优势。如果亲本群体缺乏优良基因，或亲本群体纯度很差，或两个亲本群体在主要经济性状上基因频率差异不大，或在主要性状上两个亲本群体所具有基因的显性和上位效应都很小，或缺乏发挥杂种优势的饲养管理条件，都可能影响杂种优势的表现。因此，杂种优势利用是包括从亲本群体的培育一直到为杂种创造适宜的饲养管理条件等一整套综合措施，是一项系统工程，既包括对杂交亲本群体的选优提纯，又包括杂交组合的选择和杂交工作的组织；既有纯种繁育，又有杂交生产，杂交只是其中的一环。

（二）杂种优势的度量

杂种优势的常用度量方法有杂种优势（H）和杂种优势率（$H\%$）。假设群体 A、B 之间杂交，A 为父本，B 为母本，产生的杂种为 AB，则对于任一数量性状而言，其杂种优势就是 AB 杂种群体均值超过 A、B 两个亲本群体均值的平均值部分。

$$H=\overline{P}_{AB}-\frac{1}{2}(\overline{P}_{A}+\overline{P}_{B})$$

$$\overline{P}_{AB}=H+\frac{1}{2}(\overline{P}_{A}+\overline{P}_{B})$$

式中，H 表示杂种优势，$\overline{P}_{AB}$是杂种 AB 的群体均值，$\overline{P}_{A}$ 是 A 群体的群体均值，$\overline{P}_{B}$ 是 B 群体的均值。

对于杂种的绝对表型值，既取决于杂种优势的大小，又取决于两个亲本群体的平均生产水平。杂交亲本的生产水平越高，杂种的生产水平也越高。加强亲本的选育能有效地提高杂种的生产表现。

杂种优势 H 与两亲本群体均值的平均值之比称为杂种优势率（$H\%$）。

$$H\%=\frac{H}{\frac{1}{2}(\overline{P}_{A}+\overline{P}_{B})}\times100\%=\frac{2H}{\overline{P}_{A}+\overline{P}_{B}}\times100\%$$

由于母体效应、性连锁等原因，同样两个种群间正交和反交所得杂种的生产性能不同。因此，可以用正、反交的杂种优势均值来计算平均杂种优势（$\overline{H}$）和平均杂种优势率（$\overline{H}\%$）。

$$\overline{H}=\frac{1}{2}(H_{AB}+H_{BA})=\frac{1}{2}(\overline{P}_{AB}+\overline{P}_{BA}-\overline{P}_{A}-\overline{P}_{B})$$

$$\overline{H}\%=\frac{\overline{H}}{\frac{1}{2}(\overline{P}_{A}+\overline{P}_{B})}\times100\%=\frac{\overline{P}_{AB}+\overline{P}_{BA}+\overline{P}_{A}+\overline{P}_{B}}{\overline{P}_{A}+\overline{P}_{B}}\times100\%$$

（三）杂种优势利用的意义

生产实践表明，大多数畜禽品种（品系）间杂交都能获得明显的杂种优势，特别

是在猪、鸡、兔、肉牛、水牛、肉羊畜禽生产中，杂种优势利用已成为主要生产繁育方式。骆驼的专门化选育水平不高，杂交优势利用工作开展很少。杂种优势利用的目的主要是充分、高效地利用品种（品系）间杂种优势来提高生产性能和效益，在畜牧业中发挥着重要作用。

1. 充分利用不同群体间基因的显性效应 当用一个高产群体与一个低产群体杂交时，由于高产等位基因与低产等位基因的异质结合而产生显性效应，使杂种后代的生产性能超越双亲均值，从而达到用高产品种杂交改良低产品种的目的，也可用于高产商品畜的生产。如采用苏尼特双峰驼与阿拉善双峰驼杂交，提高后代产肉性能和绒毛品质。

2. 充分挖掘不同群体间优良基因的上位效应 当两个群体的主要生产性状分别是由不同的优良基因作用的结果，杂交后使两个非等位的优良基因结合而产生互作（上位）效应，可使杂种后代的生产性能超越任何一个亲本。如采用新疆高产乳驼与苏尼特双峰驼杂交，提高后代产乳和产肉性能。

3. 充分发挥不同群体的优势互补效应 有些品种由于缺乏高产基因，在纯种繁育过程中其生产性能很难提高，但存在适应性、抗病力和繁殖力等方面的优良基因，也可以成为一个很好的亲本。用该品种和一个高产品种杂交，可以使两个品种的优势互补，能使高产基因发挥更好的效应。如在阿拉善地区引入新疆高产乳驼与阿拉善双峰驼杂交，提高后代产乳性能和适应性。

4. 有利于提高低遗传力性状的利用效率 有一些对畜禽生产力影响较大的性状，其遗传力很低，纯种选育效果很差，但杂交往往能产生显著的杂种优势。对于这类低遗传力的性状，只有通过杂交，获取杂种优势，挖掘增产潜力，才能提高生产效率和经济效益。

5. 有效避免隐性有害基因的作用 许多隐性有害基因往往和我们所选择的优良基因连锁，有些有害性状和有益性状是由同一个基因控制，如果从群体中清除这些基因，会导致群体的优良基因和优良性状的消失，给选育工作造成困难；而对于一些低频率的有害基因，又无法通过选择完全消除。开展杂交生产，尽管也不能消除群体中的有害基因，但可降低有害基因纯合概率，减小有害基因的作用。

二、杂种优势利用的策略

杂种优势利用是一项系统工程，涉及多个方面和许多环节，需要一套综合措施来协同各个环节，才能获得理想的杂交效果。

（一）杂交亲本群

杂交用亲本种群是否适当，关系到杂种能否得到优良、高产和非加性效应大的基因，进而决定杂交能否取得最佳效果。就杂交用亲本群选择而言，要考虑亲本群的类别、父本与母本群的初选和亲本种群的选育三个方面问题。

1. 杂交亲本群的类别　最早的杂种优势是在品种间甚至种间杂交，长期以来，品种间一直是杂种优势利用的主要方式。随着现代畜牧业的发展，开展品系间杂交已成为杂种优势利用的主要趋势。但是在杂交生产中，究竟是利用品种间杂交，还是开展品系间杂交，应视具体情况而定。如果同类型品种较多，各品种遗传稳定性好，品种内变异小，品种间差异较大，不同品种特点各异，通过杂交不仅能使不同品种的优异特性互补，而且能产生明显的杂种优势。如果不同品种主要性状的差异不大明显，品种内的变异较大，种群不纯，杂交效果不理想，可以考虑采用品系杂交。

（1）品种作为杂交亲本群体的几个问题　①家畜品种的分布区域较广，品种内的差异较大，群体提纯难，种群不纯，杂交效果不理想。种群不纯，种群间的基因频率差异就不可能太大，杂种优势不可能显著；杂种不纯，杂种的一致性就差，不能达到商品的规格化；种群不纯，配合力的测定难以做到准确可靠；种群不纯，杂交效果不稳定，不可能做到有计划、可预见性地开展杂种优势利用工作；种群不纯，在个体选种选配过程中特别费事，错选的可能性很大。②家畜品种的培育难度大，培育时间长，从而限制了种群的推陈出新，难以适应现代化生产对畜禽品质和性能快速改进的需求；而且培育一个品种不可能在一个牧场内完成，由于不同牧场的选种、饲养管理条件不可能完全相同，强求一致不利于发挥各场的积极性。

（2）品系作为杂交亲本群体的特点　①相较品种，品系培育较容易。品系既可以在品种内培育，又可在杂种基础上建立；质量要求不如品种全面，可以突出某些缺点；数量要求不用很多，分布区域也不要求很广。由于不希望长期保存，优良新的品系可淘汰较差的品系。因此，培育品系比培育品种快得多，可以培育大量杂交用的种群，增加新的杂交组合，为不断选择出新的杂交组合创造有利条件。②品系培育快、形成多，就有可能快淘汰、多淘汰，因而遗传质量的改进不仅可通过群内的选育而渐进，而且可以通过种群的快速周转而跃进。③品系的范围小，因而种群的提纯比较比较容易。而亲本群越纯，不但杂种优势和杂种的整齐度越高，而且配合力测定的正确性和准确性越高。④品系的培育在一个牧场内就可以进行。每个牧场都可以有自己的培育方案，选种特点和独特的饲养管理方式，有助于充分发挥每个牧场自己的特点和积极性。

2. 父本与母本群的初选　杂交过程中，用不同的品种、品系作父本或母本，杂交效果不一样。因此，作为父本群体和母本群体有不同的要求，选择标准也不一样。在配合力测定和杂交组合确定之前，要初步筛选出哪些品种（品系）适合作父本，哪些品种（品系）适合做母本。

（1）对母本种群的选择要求　①母本种群的数量要多、适应性强。应选择在本地区数量多、适应性强的品种或品系作母本群。因为母本需要量大，种畜来源的问题很重要，外引种母畜成本较大；适应性强的母本便于饲养管理，易于推广。②母本种群的繁殖力高，泌乳性能强，母性好。这是因为母本种群既决定了一个杂交体系的繁殖成本，又由于母体效应影响着杂种后代的生长发育。③在不影响杂种的生长发育的前提下，母本种群的体格不能太大。体格太大，则维持营养需求高，浪费饲料，饲养

成本大。

（2）对父本群体的选择要求 ①父本的生长发育要快，饲料利用率要高，胴体品质要好。这些性状的遗传力一般较高，种公畜的这些优良特性能更好地遗传给杂种。②父本群的生产类型应与杂种的生产要求相一致，使杂种获得要求的生产性能。③父本的适应性和种畜来源无须重点考虑。父本饲养量较少，引种的费用和特殊的饲养费用不大。因此，一般多用外来品种作杂交父本。

3. 杂交亲本种群的选育 为了获得更大杂种优势，要加强杂交亲本群体选育工作，主要包括选优和提纯。选优就是通过选择，选出性能优良、合乎理想的个体，从而使亲本群体内优良、高产的基因频率尽可能增大。选优是一种选择工作，是在亲本种群中进行纯种选育，增加优良个体比例，提高群体生产水平的过程。由杂种优势概念和度量方法可知，通过提高杂交亲本群体均值，能有效提高杂种的生产表现。因此，在进行杂种优势利用时，要合理利用好纯种繁育和杂交技术。在畜牧生产中，许多经济性状的遗传力较高，纯种繁育的效果很好，而杂种优势却不明显，对于这类性状应该在亲本群体中选优提高。那种不以纯种繁育为基础的单纯杂交的做法不可取，不把亲本种群的纯繁选育工作做好，不把能通过纯繁选育显著提高的性状尽量提高，就盲目杂交，是不可能取得良好的效果。即使那些遗传力较低的性状，个体表型选择进展不大，也可通过其他选择方法，诸如同胞测验或后裔测验，来尽可能加以改进。

提纯则是通过选配，使亲本群体在主要性状上纯合子基因型频率尽可能增大，个体间的差异尽可能地减少，并使两个亲本群体间基因频率的差异尽量增大。提纯的重要性不亚于选优，因为亲本种群愈纯，才能使杂交双方的基因频率相差愈大，杂种优势才能愈明显。同时，种群愈纯，配合力的测定愈准确，杂种的整齐度愈好，杂种优势利用的效果愈好。提纯是一项亲本种群的选配活动，目的是通过选配使亲本群体的基因纯合。无论是数量性状，还是质量性状，都是由基因控制的。只要合理使用同型交配或和近交等选配方法，就能使基因型纯合。只是在数量性状的同型选配时，由于数量性状表型值受环境影响较大，根据表型选配很难取得理想效果。但可参考同胞或后裔测验结果进行选配，也可采取近交方式解决。

尽管选优和提纯是两个不同的概念，但两者却是相辅相成的、在杂种优势利用上相互促进、不可截然分开的两个措施。通过选优提高优良基因频率的同时，也可增加优良基因的纯合基因型的频率；而通过提纯增加优良基因纯合基因型频率，也就提高了优良基因频率。通过选优增加优良基因频率，提高了基因的加性效应；提纯可增大两亲本群体的遗传差异性，使杂交后的显性效应和上位效应增大。因此，选优和提纯使杂种在获得更高水平的加性效应的同时，获得更大的显性效应和上位效应。利用品系繁育方法进行选优提纯比纯种繁育的效果好。由于群体小，容易选优提纯，群体容易达到一致，缩短选育进程，更适合现代畜牧业生产要求。

（二）配合力测定

配合力就是种群通过杂交能够获得杂种优势的程度，是对杂交效果的好坏和大小的度量。不同种群杂交的杂种优势不同；即使同一个种群与不同的种群杂交，其杂交效果也有差异。这说明不同种群间的配合力是不一样的，也就是说不同杂交组合的显性效应和上位效应不同。因此，在对杂交父本群和母本群初步选择的基础上，需要进一步进行配合力测定，对比分析不同种群间杂交效果，根据一般配合力和特殊配合力的大小，来最终确定理想的杂交组合方式。

配合力分为一般配合力（GCA）和特殊配合力（SCA）两种。一般配合力就是某一个亲本种群与其他种群杂交所能获得的平均效果；是该亲本群体基因的平均加性效应；因为显性偏差和上位偏差在不同的杂交组合中有正有负，在平均值中已相互抵消。如果一个品种与其他品种杂交均能获得较好的效果，即它的一般配合力好，说明该品种优良基因多、加性效应高，也就表明了该品种的选育水平高。特殊配合力是指两个特定种群之间杂交所能获得的超过两个种群一般配合力平均值的杂种优势，它的基础是基因间的非加性效应，即显性效应和上位效应。用图 8-3 进一步说明一般配合力和特殊配合力的概念。

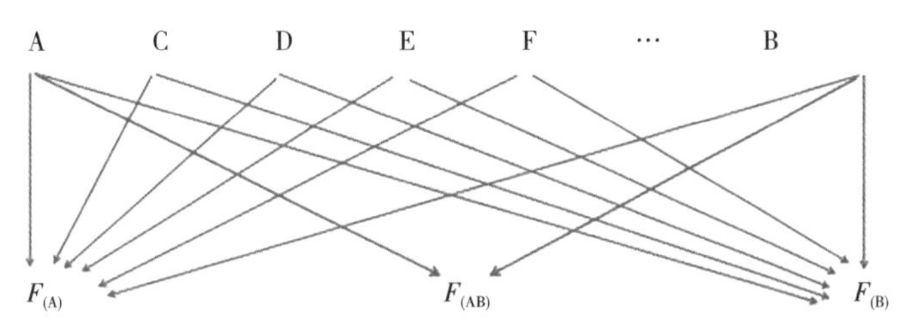

图 8-3　两种配合力概念示意图

$F_{(A)}$代表 A 品种与 B、C、D、E、F 等品种杂交后所有杂种的平均值；即 $F_{(A)}$是 A 品种的一般配合力。$F_{(B)}$代表 B 品种与 A、C、D、E、F 等品种杂交后所有杂种的平均值；即 $F_{(B)}$是 B 品种的一般配合力。

$F_{(AB)}$代表 A 品种与 B 品种杂交后代的平均值；A 与 B 两个群体间的特殊配合力为：$F_{(AB)}-1/2\ [F_{(A)}+F_{(B)}]$。

配合力测定就是对各种群进行不同杂交组合测定，对不同杂交组合的杂交效果进行对比分析，并计算出一般配合力和特殊配合力。

$$\text{A 品种的一般配合力 } GCA_{(A)}=\frac{F_{AB}+F_{AC}+F_{AD}+F_{AE}+\cdots}{N}=F_{(A)}$$

$$\text{B 品种的一般配合力 } GCA_{(B)}=\frac{F_{BA}+F_{BC}+F_{BD}+F_{BE}+\cdots}{N}=F_{(B)}$$

$$\text{A 和 B 的特殊配合力 } SCA_{(AB)}=\frac{F_{AB}+F_{BA}}{2}-\frac{GCA_{(A)}+GCA_{(B)}}{2}$$

$$=F_{(AB)}-\frac{1}{2}\ [F_{(A)}+F_{(B)}]$$

一般配合力所反映的是杂交亲本群体平均育种值高低，所以，一般配合力主要通过纯种繁育来提高。高遗传力的性状，一般配合力的提高比较容易；低遗传力的性状，一般配合力不易提高。特殊配合力所反映的是杂种群体平均基因型值与亲本群体平均

育种值之差，主要是通过杂交组合的选择来提高。遗传力高的性状，各组合的特殊配合力不会有很大的差异；遗传力低的性状，不同组合的特殊配合力可能有很大差异，因而有很大的选择余地。

（三）双峰驼杂交方式

在杂交优势利用中，采用不同的杂交方式具有不同的效果和特点。

1. 二元杂交　即两个种群杂交一次，杂种一代无论是公是母，都不作为种用，全部用作商品驼（图 8-4）。

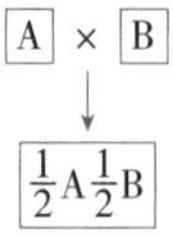

A × B
½A½B

图 8-4　二元杂交

这种杂交方式比较简单，选择杂交组合时，只需进行一次配合力测定。但实际应用比较麻烦，始终需要进行纯种繁育补充亲本群体。尽管公驼可以外购，但母驼群还需要纯繁。生产场既要开展杂交，又要进行纯繁，比较麻烦。这种方式的最大缺点，是不能充分利用繁殖性能方面的杂种优势。因为在这种杂交方式下，繁殖用母驼都是纯种，杂种母驼不再繁殖；而繁殖性能是低遗传力性状，杂交优势明显，不能利用杂种母驼繁殖性能方面的优势是一项较大损失。

2. 三元杂交　即三个种群杂交。先用两个种群杂交，所生一代杂种公驼作商品驼，一代杂种母驼再与第三个种群杂交，所生二代杂种全部用作商品生产（图 8-5）。

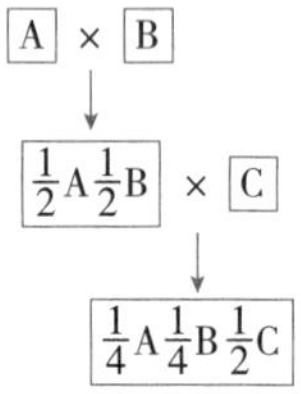

A × B
½A½B × C
¼A¼B½C

图 8-5　三元杂交

这种杂交方式对杂种优势的利用要大于二元杂交。一是因为充分利用杂交一代母驼在繁殖性能上的杂种优势；二是因为杂交一代母驼对杂交二代有更有力的母体效应；三是因为三元杂种集合了三个种群的差异和互补效应，在单个数量性状上的杂种优势可能更大。但在杂交工作组织上，三元杂交比二元杂交更复杂，需要三个纯种驼群，进行两次配合力测定。

3. 回交　是指两个种群交配，所生杂种母驼再与两个种群之一杂交，所生杂种不论公母一律用作商品驼（图 8-6）。

A × B
½A½B
¾A¼B

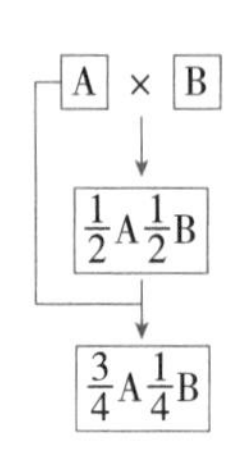

图 8-6　回交

这种杂交方式可以利用杂种母驼在繁殖性能方面的杂种优势，但二代杂种的杂种优势利用较小，一代杂种显性效应的一半在回交时因有一半基因座的纯合而消失。

4. 双杂交　用四个种群分别两两杂交，然后两个杂种间再次进行杂交，产生四元杂种商品畜。

A × B
C × D
½A½B × ½C½D
¼A¼B¼C¼D

图 8-7　双杂交

这种杂交方式的遗传基础更广泛，可能有更多的显性优良基因互补和更多的互作类型，可望有较大的杂种优势。既可以利用杂种母驼优势，也可利用杂种父本的优势。大量利用杂种繁殖，纯种饲养量少，杂种的养殖成本比纯种的低（图 8-7）。

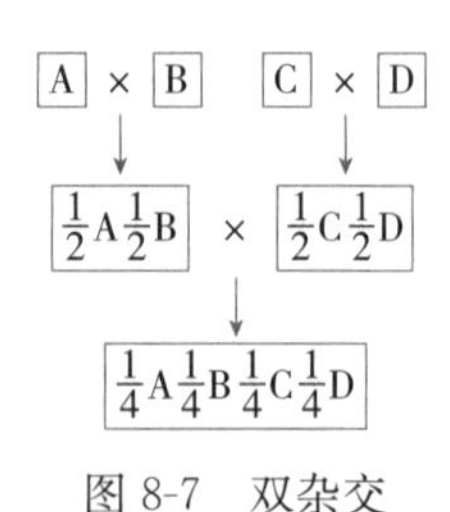

5. 轮回杂交　用几个种群轮流作为父本，杂交用的母本种群除第一次杂交时用一个纯种外，其余各世代均用杂交所产生的

杂种母驼，各世代的母本均用杂交所产生的杂种母驼，各代所产生的杂种除用于继续杂交外，其余杂种母驼和杂交公驼均用作商品驼（图 8-8 和图 8-9）。

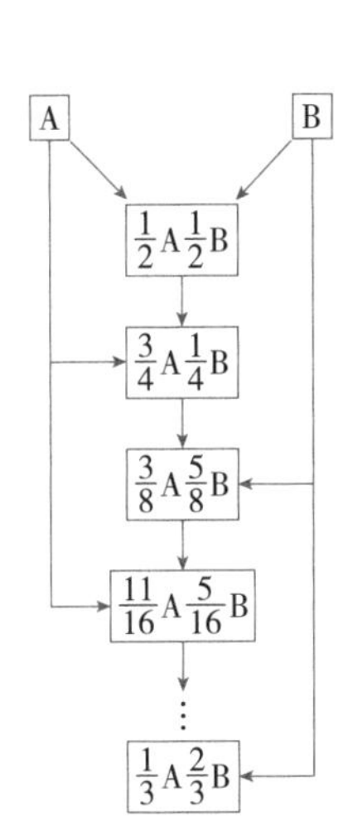

图 8-8　二元轮回杂交

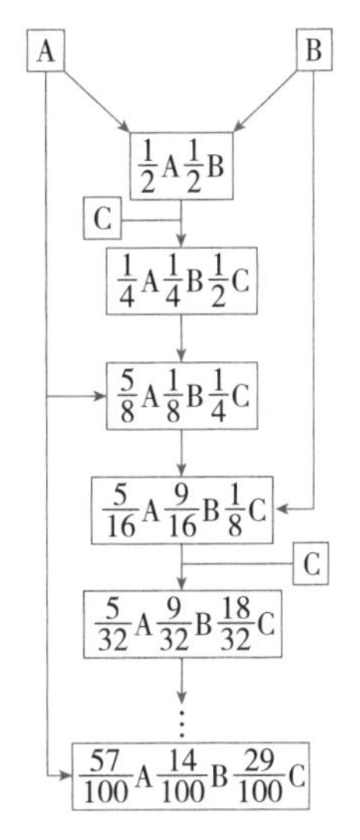

图 8-9　三元轮回杂交

轮回杂交的优点：①除第一次杂交过程中需要纯种母驼外，以后各代杂交中，母驼始终是杂种，有利于利用杂种母驼在繁殖性能上的杂种优势。②这种方式只需每代引入少量纯种公驼或利用配种站公驼，不需要维持几个纯繁群，组织工作较方便。③由于每代交配双方都有较大的差异，每次杂交都能获得一定的杂种优势。

轮回杂交的缺点：①代代需要变换公驼，即使发现杂交效果好的公驼也不能继续使用。公驼使用一个配种期后，要么淘汰，要么闲置，直到下一轮回才能使用，浪费较大。解决的办法是使用人工授精或几个畜牧场联合使用公驼。②配合力测定不好做，特别是在第一轮回杂交期间，相应的配合力测定必须在每代杂交之前，但这时相应的杂种母驼还没有产生。为了进行配合力测定，就必须在同一类型的杂种母驼大量生产之前，先要生产少数供测定用的该类型杂种母驼，比较麻烦。

6. 顶交　是指用近交系公驼与无亲缘关系的非近交系母驼交配。主要用于近交系的杂交，因为近交系的母驼一般生活力和繁殖性能都差，不适宜作母本，而改用非近交系母驼作母本。但用非近交母驼作母本，由于种群内的纯合程度差而使后代发生分离，难以得到规格一致的产品。补救办法是父本要高度提纯，使得公驼在主要性状上基本都是优良的显性纯合子，这样即使母本群的纯度差一些，可能也不会造成较大影响。也可采用三系杂交，先用两个近交系杂交生产杂种母驼，再用另一个近交系公驼杂交。

三、杂种优势利用的效果

优势利用的主要目的是获得更大的经济效益，而杂种优势的表现和利用效果，受到许多因素的影响和制约。

（一）影响杂交效果的因素

1. 杂交亲本种群的平均加性基因效应 杂种的生产性能既受基因的非加性效应，又受基因的加性效应影响；而杂种的平均加性基因效应取决于两个亲本种群的平均加性基因效应的均值。所以，杂交亲本种群的平均加性基因效应值越高，杂交效果越好。

2. 杂交亲本群间的遗传方差 遗传差异反映的是两个亲本种群的基因频率间的差异，如果基因间具有部分显性、完全显性、超显性及上位效应，且这些效应具有好的作用，则亲本种群间的遗传差异越大，杂种优势越明显。

3. 性状的遗传力 遗传力低的性状受非加性基因效应的影响程度较大，随着杂交使得杂种的杂合子比例的增加，杂种的杂种优势也越来越明显。遗传力高的性状主要受基因的加性效应影响，非加性效应的作用程度很低，即使杂种的杂合子比例不断增高，也不会出现很大的杂种优势。

4. 亲本种群的整齐度 群体的整齐度在一定程度上反映了群体内个体基因的纯合性和一致性，也在一定程度上反映了不同群体间的遗传差异性。因此，整齐度越高的种群，其杂交效果也越好。

5. 母体效应 杂种的性能除了受遗传影响外，也受母体效应的影响。杂种在妊娠期和生后期受母体提供的生活环境条件影响，而表现出性能上的差异性。用不同种群作母本，母体效应不同，杂种优势也不同。

6. 非线性的杂种优势 有些性状虽受基因的加性效应作用，但其与经济效益的函数关系是非线性的，使得杂种后代的平均经济效益不等于双亲的平均经济效益，而可能高于双亲的平均经济效益。

7. 父母组合的杂种优势 有时父本和母本对杂交的经济效益贡献程度不同，使父母杂交组合的经济效益不等于父母的平均值，导致不同亲本杂交组合的经济效益不同。

例如，为了使双峰驼和单峰驼的优良品质结合在一起，哈萨克斯坦、乌兹别克斯坦和土库曼斯坦进行了这两种骆驼的杂交，一代杂种生产性能很高。哈萨克型和土库曼型的杂种驼在体型、活体重、负重方面超过了亲本。一代杂种驼进行自繁，杂种优势在后代中完全消失，因此不能用一代杂种驼进行自繁，应当用双峰驼或单峰驼同杂种母驼交配。哈萨克斯坦用双峰驼和杂母驼进行回交，土库曼斯坦用单峰驼和杂母驼进行回交。用双峰驼和杂母驼进行回交，产生的后代体格大，后代杂种优势下降，但仍然有良好的生产性能，产毛量和产乳量较高，还具有良好的役用性，耐旱抗寒。用单峰驼和杂母驼进行回交，产生的后代与单峰驼不同，毛长，抗寒，产乳量和乳脂率很高。用双峰母驼和单峰驼公驼进行杂交，产生哈萨克型一代杂种驼。用一代杂种母驼和双峰驼公驼进行杂交获得三、四代杂种驼，用三、四代杂种母驼和单峰公驼杂交获得杂种驼，杂种母驼与双峰公驼杂交，获得经济效益很高的杂种后代。

（二）提高杂种优势利用的途径

1. 制订杂种优势利用的计划与措施 杂种优势利用是以提高畜牧业生产经济效益

为目的，是一项比较复杂、需要多方面紧密配合的生产经营活动，为了保证获得较好的生产效益和杂种优势利用技术的推广，必须制订一套完善的综合配套措施，包括生产目标确定、种群选育方案、配合力测定、育种技术和人员储备、饲料和饲养条件准备及技术推广与组织管理等。

2. 建立健全繁育体系 繁育体系是有效开展畜禽育种和杂种优势利用的一种组织体系。既要纯种繁育，又要杂交利用；既有技术性工作，又需周密的组织管理工作。包括畜禽的饲养，繁育方法与技术，建立不同性质的养殖场，确定不同养殖场之间的相互关系，在规模、经营方向、互助协作等方面的密切配合，从而达到整体经营，工作效率高，经济效益好。繁育体系一般要建立原种场（核心群）、繁殖场（繁殖群）和商品场（商品生产群）。核心群主要任务是对亲本种群进行纯繁提高，获得遗传改进。繁殖群主要任务是对来自核心群的优秀种畜进行纯种扩群繁殖或种群杂交，为商品生产群提供后备纯种母畜或杂种幼母畜。商品生产群主要任务是开展杂交生产，饲养生产杂种商品畜。

在整个繁育体系中，核心群取得的遗传进展，通过繁殖群传递到商品群，实现核心群的优良基因流到商品群的基因流动体系。也就是核心群在选择优秀基因，繁殖群在扩大优秀基因数量，商品群在利用优秀基因高效生产。

3. 尽量开展品系间杂交 杂种优势在品种间和品系间都能获得。由于品种群体大，分布范围广，个体差异大，杂交效果不稳定。品系群体小，选育速度快，一致性高，杂交效果稳定，且更能准确、灵活、快速地适应市场需求。

4. 杂交效果的保持与提高 亲本群体的选育提高是杂交繁育体系的维持和杂交效果保持的基础。亲本群体规模相对小，遗传漂变大，在纯种选育提高时，一般配合力不会下降，但特殊配合力会因漂变而消失。因此，最好开展配合力育种，以杂交效果为选育目标，选择能产生优秀杂种商品畜的亲本个体留种。

5. 加强杂种的培育 杂交效果的好坏、杂种优势的大小，与杂种所处的环境条件有密切关系。虽然杂种饲料利用、适应性等方面有所提高，在同样的饲养条件下，杂种的表现比纯种优秀；但缺乏必要的营养和饲养管理条件时，杂种即使有高的生产性能也可能无法表现。因此，应该给予杂种相应的饲养管理条件，以保证其杂种优势能充分地表现。

6. 注意地方品种的保护 在杂种优势利用中，地方品种往往作为母本。由于引入的良种和杂种带来高效益，人们主要精力放在杂种优势利用和杂交组合推广中，而忽视了地方品种的选育和保存，致使地方品种混杂或消失。因此，在将一部分地方品种用于杂交的同时，也要将一部分地方品种个体保护起来。

7. 合理利用现有杂种 由于历史原因，许多地方品种混杂，存在大量的血统混杂、来源不清的杂种。如果不进行合理选配，会进一步造成杂交乱配，导致畜群退化和生产性能降低等不良后果。如果将其纳入繁育体系，通过合理选种选配，挖掘出其中一些优良基因和优良组合，丰富血统资源，既能充分合理利用现有杂种，又能使其在今后的杂种优势利用中发挥作用。

苏联在20世纪60年代开展了骆驼杂交育种研究。为了得到二代和三代杂种，在农场中适当地进行品种间杂交，然后进行育成杂交。杂种驼的进一步自繁可巩固被改良驼的地方特点。种间杂交的研究结果表明，一代杂种在自繁和原种吸收杂交的情况下，其杂种优势得不到保持。通过轮回杂交保持杂种优势可产生良好效果，所获得的杂种产乳性能提高，肉用性能好。70%～75%的杂种母驼分娩后20～25d便再次发情，因此下一年从100峰母驼中可多获得20～30峰驼羔。但是，杂种驼继续自繁就会导致活重下降。用杂种公驼与杂种母驼交配，以研究保持杂种优势的可能性，获得能在下一代保持理想品质、乳脂率4.5%、年产乳4 500kg以上的骆驼。试验表明，杂种公驼的后代6月龄后的活重和生长速度显著高于同龄驼。在良好的春秋肥育条件下，其平均日增重可达到1 500～2 000g。改良母驼的活重比原种母驼高100～200kg，产乳量高1 000～1 500kg，产毛量高0.5～1.0kg。

第六节　双峰驼新品种培育

双峰驼新品种培育对提高畜牧业生产水平和经济效益有重要作用。根据已有的培育新品种的经验和畜牧学科进展，培育新品种的途径有选择育种、诱变育种和杂交育种，以及分子育种等新途径。

一、双峰驼新品种培育的意义与原则

（一）双峰驼新品种培育的意义

品种是育种的基本素材，是畜牧业生产的重要工具，品种的好坏直接影响着畜牧业生产水平和经济效益。经济社会在不断发展，产业结构不断调整，双峰驼品种也要不断更新。

1. 双峰驼新品种培育是双峰驼育种工作的重要内容　随着经济社会发展和生产环境条件的变化，对双峰驼产品的质量和数量的要求也在不断变化，原有的品种已经不能够满足产业发展和人们生活的需求，就需不断培育新的品种，提供高质量的新产品，以适应经济社会发展需求。

2. 培育适合本地条件、生产水平高的双峰驼新品种　一个品种的形成和延续离不开其生存环境的作用，适应性好的品种才能在当地保存下来。高产品种也必须有很好的适应性，才能发挥其优良的生产性能，才能被大量的推广利用。因此，为了畜牧业生产水平和经济效益，就必须培育既能适合本地条件、又具有高的生产性能的新品种。一旦培育出适应性强、生产性能高的新品种，就能很快得到推广，极大的提升畜牧生产水平。

3. 培育具有良好抗逆特性的双峰驼新品种　我国地域辽阔，不同地区自然条件差异较大，没有哪个品种能够完全适应所有条件。为了促进不同地区畜牧业的发展，培

育出具有特殊抗逆特性、适应性强、稳定高产的当家品种具有重要意义。同时，在不同的逆境条件下饲养的双峰驼，都具有独特的抗逆特性，是一种重要的畜禽资源，这些特殊资源可以通过培育抗逆品种而保留下来。

4. 培育耐粗饲和饲料利用能力强的双峰驼品种　饲料是双峰驼生长发育和生产性能表达的基础，是畜牧业生产的保障。培育能够高效利用饲料资源的双峰驼新品种，将有利于充分利用当地自然资源和农副产品，解决双峰驼饲养饲料问题；也能有效提高双峰驼的饲料利用率，降低饲养成本，增加养殖效益，对发展高效畜牧业生产具有重要意义。

5. 培育出能够生产新型畜产品的双峰驼品种　随着经济社会的发展，对畜产品的消费需求发生变化，品质要求不断提高，种类要求多元化，也必将要求畜牧业产业结构不断调整。因此，需要不断培育出适合产业发展和社会需求的高产、优质的双峰驼新品种，扩大畜产品种类，增加畜产品数量，以满足社会和产业发展的需求。

（二）双峰驼新品种培育的原则

双峰驼新品种培育是一项长期复杂的工作，要有科学的规划，周密的组织，强有力的保障。同时，要有前瞻性，要使培育品种的生产方向与产业发展的趋势相一致；否则，品种培育出后，已经不能满足产业和社会需求。

1. 要有明确的目的　要明确为什么要培育新品种，培育什么样的品种。是由于原有品种生产性能低，养殖效益差，不能满足要求而需要培育新品种？还是原品种生产方向不符合产业发展需求，需要改变生产方向？明确了目的，才能制定科学合理培育方法和措施，才能做到有的放矢，有助于顺利完成新品种培育工作。

2. 要有可靠的依据　培育双峰驼新品种之前，要进行仔细的调研和可行性论证。要对当地自然气候条件、饲料条件、双峰驼资源情况、社会需求情况、养殖水平等进行调研，对拟采取的选育技术方法进行充分的讨论，分析是否具备开展新品种培育的条件和能力，清楚选用工作可能存在的问题以及解决的办法和措施；只有这样才能做到有据可依，合理可行，避免盲目“创新”，从而造成不必要的人力物力的浪费；也能使双峰驼新品种培育工作卓有成效地开展，达到预期的目的。

3. 要有具体的目标　制定具体目标就是要说明培育的双峰驼新品种希望是什么样的，应该具备哪些特点。这些目标和指标是选育工作努力的方向，也是双峰驼新品种是否达到要求的检验标准。有了具体的目标，才能制定完善、可行的技术方法和措施。具体目标制定时，要根据掌握的相关资料、生产实际、客观条件等情况来确定；既要切实可行，易于推广应用，又要有创新，培育的新品种要有新特点；否则就失去了培育新品种的意义。

4. 要有周密的计划安排　培育计划是双峰驼整个育种工作的纲领和行动指南，要明确培育双峰驼新品种的具体方案、技术路线、采用的技术方法、工作步骤、具体实施措施和阶段性的工作任务。拟定计划时要慎重、认真，务必使方法得当，技术可靠，步骤合理，措施得当，切实可行而又有一定的灵活性，确保各项工作有条不紊地开展。

5. 要有必要的组织管理 双峰驼新品种培育是一项综合性畜牧业工程，需要时间长，涉及大量的人力、物力和财力的调配，既有组织管理工作，又有技术性工作，不可能由一个单位或部门完成，必须建立相应的育种组织，统一协调各方面的资源和力量，做到有组织，有领导，分工负责，密切配合，协商解决工作中的重大问题，才能使各项工作落到实处，确保双峰驼新品种培育工作顺利实施。

二、选择育种和引变育种

1. 选择育种 这是通过对双峰驼现有品种群体中由于自然突变或基因重组出现的有益变异进行选择、选配而培育畜禽新品种的途径。选择育种的历史悠久，是长期以来人们在育种工作中使用的主要方法。但选育过程不进行人工创造变异，也不进行杂交，只进行纯种繁育。因此，群体选纯的进程缓慢，选育时间长；群体一致性差，选育效果不稳定；自然变异产生优异性状的概率较小，很难满足现代畜牧业生产对畜禽育种和新品种培育的要求。大多数原始品种和地方品种是通过长期的选择育种途径培育成的，如阿拉善双峰驼、青海双峰驼等。

2. 引变育种（诱变育种） 这是通过人工方法诱发生物体的遗传物质改变而创造新变异，进而培育成新品种的途径。主要有物理诱变育种（辐射诱变育种、太空育种、激光育种、微波育种、太阳能育种）和化学诱变育种。该方法变异率大、范围大，但有益变异较少。目前在植物和微生物等领域取得了较大的进展，在家畜育种中尚处于探讨中。

三、杂交育种

杂交育种是从品种间杂交产生的后代中，发现新的有益变异或新的基因组合，通过育种措施把这些有益变异和有益基因组合固定下来，从而培育出新的家畜品种。杂交育种是现代畜禽育种最为普遍的新品种培育方法。苏联曾在骆驼杂交育种方面进行了研究和探索，其有代表性的双峰驼是哈萨克驼、加尔梅克驼和蒙古驼，有代表性的单峰驼是土库曼驼，他们在品种间和种间开展杂交研究，生产出品种间杂种和种间杂种，这些杂种驼的特点是产乳量高、肉用性能好、繁殖力高。

（一）杂交育种方法分类

1. 根据育种所用品种数量分类 依据杂交育种所参与品种数量的多少，可分为简单杂交育种和复杂杂交育种两类。

（1）简单杂交育种 只用 2 个品种的杂交来培育新品种的方式称为简单杂交育种。这种杂交方法所用品种少，杂种的遗传基础相对简单，获得理想类型和稳定其遗传性比较容易，培育新品种时间较短，成本低，简单易行。但这种方法要求 2 个品种应包含新品种培育中所有的育种目标性状，2 个品种的性状具有互补性，优点能互补，缺点能抵消。

（2）复杂杂交育种　利用3个以上的品种杂交培育新品种的方式称为复杂杂交育种。根据育种目标要求，如果采用2个品种杂交无法达到目标要求，可以选用更多的品种进行杂交，以丰富杂种后代的遗传基础，但选用的品种也不宜过多。用的品种太多，杂种后代的遗传基础过于复杂，后代变异范围较大，性状稳定困难，培育品种所需的时间相对较长。在运用较多品种杂交育种时，既要根据不同品种的特点，确定好父本或母本的品种，并严格进行优良个体的选择；同时也要认真推敲先用哪两个品种，后用哪个品种。因为后用的品种对新品种的影响和作用相对较大。

2. 根据育种目标分类　根据杂交育种的目的不同，可分为改变双峰驼主要用途的杂交育种、提高双峰驼生产力的杂交育种和提高双峰驼适应性和抗病力的杂交育种三类。

（1）改变双峰驼主要用途的杂交育种　随着经济社会的发展，许多原有双峰驼品种的生产类型已经不能满足需求，这就需要改变现有品种的生产用途，就要改变其育种的目标和生产性能的选育指标。如阿拉善双峰驼的用途由过去的绒役兼用向乳绒肉用转变。这种杂交育种的方式，一般要选用一个或几个性状符合育种目标的品种，连续几代与被改良品种杂交，在获得目标性状达到选育指标要求的杂种后代后，进行自群繁育，固定性状，培育出与原品种生产方向不同的新品种。

（2）提高双峰驼生产能力的杂交育种　培育高生产力水平的双峰驼新品种，对畜牧业的发展具有重要意义。当一个品种的生产方向和用途符合社会需求，但生产力水平较低，养殖效益不高，而通过本品种选育的效果又不好，就需要选用生产性能好的同类型双峰驼品种，进行杂交改良或通过杂交育种培育新品种。在杂交过程中，当后代中出现优秀的理想类型个体时，可进行自群繁殖，固定优良性状，培育出生产性能突出的新品种。

（3）提高双峰驼适应性和抗病力的杂交育种　每个品种都有其最适宜的生活和发挥最佳生产潜力的自然环境条件，当把这些品种的双峰驼引入环境条件不同的地区时，就需要考虑这些品种的适应性问题。当一个品种适应性较差时，引入其他地区后，不但会影响正常的生产性能的发挥，发病率也会增加，影响该品种的推广应用范围。因此，有必要培育适应性好的品种。许多地方品种都是在当地的自然条件下，经过长期的选择而培育出的品种，一般都具有很强是适应性，但生产性能偏低，可以用来和高产品种杂交，培育适应性强且生产性能高的新品种。

抗病育种也是目前双峰驼育种的一个重要的方向。在现代畜牧业生产中，随着双峰驼生产水平的提高，双峰驼抗病能力降低，发病率增加，这样不但会影响双峰驼正常生产水平的发挥，还会增加治疗费用，同时药物残留也会影响到畜产品品质。因此，有必要培育抗病力强的品种。相关研究发现，不同畜禽品种间的抗病力存在遗传差异，说明畜禽的抗病能力是可遗传的，且抗病能力不会对生产性能造成影响，可以培育抗病力强且生产性能高的新品种。

3. 根据育种工作的起点分类　根据杂交育种开始时的工作基础的不同，可分为在

现有杂种群的基础上的杂交育种和有计划从头开始的杂交育种。

(1) 在现有杂种群基础上的杂交育种　在实际生产中，为了尽快提高双峰驼生产力，开展大量的杂交改良工作，往往会引入外来优良品种，对原始品种或地方品种进行杂交改良，并取得较好的改良效果。但这些杂种既不像原来品种，也不像引入品种，其改良效果不能持久，也不能稳定遗传。为了保持这些已获得的改良效果，可以考虑培育一个兼有被改良品种和引入品种优点的新品种。当杂种群体规模较大且有一定数量的优秀个体时，就可以在此杂种群的基础上，直接通过选种选配和自群繁育来培育新品种。

(2) 有计划从头开始的杂交育种　随着经济社会的发展，原有的品种已经不能满足人们的需求，需要在对现有品种进行杂交改良来培育新品种，但又缺乏前期杂交改良的工作基础，需要从头设计新品种培育的计划。为了保证新品种质量和培育工作顺利开展，在培育工作开始之前，应对经济社会发展需求和产业发展趋势进行充分的调研，明确培育方向；认真分析和研究当地的自然条件和双峰驼种质资源现状，确定合理的培育目标和选育指标，然后根据现代遗传育种学理论，科学地制定出选育技术方案、培育方法、技术措施、工作步骤和组织保障等育种计划。制定科学翔实的育种规划、有计划从头开始杂交育种，可使育种工作少走弯路、加快选育进展、缩短育种时间。在执行计划中，严格按选育指标对品种和个体进行选择，做好选种选配工作，尽快地培育出足够的理想型个体，以便开展自群繁殖和扩群推广，加速新品种培育进程。

(二) 双峰驼杂交育种的步骤

1. 确定双峰驼育种目标和育种方案　双峰驼新品种培育是畜牧业生产中的一项基本建设，为了提高育种工作的效率，加快选育进展，缩短育成时间，降低培育成本，在杂交工作开始前，必须对杂交育种方案进行规划设计，制订科学的育种计划和工作方案，明确育种目标和选育指标，确定杂交品种、杂交方法和具体的工作步骤，落实具体工作职责和保障措施等。在杂交育种工作的实施过程中，应根据具体实际情况对选育方案、育种目标和相应指标进行调整、修改，力争做到理论联系实际。

2. 杂交选育　通过品种间的杂交可使两个品种基因库的基因重组，杂交后代会出现各种类型个体，通过选择理想型的个体组成新的类群进行繁育，就可能培育出新品系或品种。在此阶段，既要选定杂交品种，又要开展选种选配，筛选和确定杂交组合，必要时可以进行实验性的杂交。由于杂交需要进行若干个世代，所用杂交方法，如引入杂交或级进杂交，都可视具体情况而定。即理想个体一旦出现，就应该按同样的方法生产更多的理想型个体，使理想型个体数量满足新品种选育的要求。

3. 自群繁育和性状固定　当理想型个体达到数量要求后，就要停止杂交，而进行自群繁殖，以期目标基因纯合和目标性状稳定遗传。主要采用同型交配方法，可有选择地进行近交。近交程度以不出现近交衰退为度。有些具有突出优点的个体或家系，应考虑建立品系。这一阶段以固定优良性状、稳定遗传特性为目标。由于要实施同型交配和一定的近交，杂种优势会消失，可导致适应性下降，因此，要注意改善驼群的饲养管理等环境条件。

4. 扩群提高 大量繁殖已固定的理想型群体，迅速增加其数量和扩大分布区域，培育新品系，完善驼群结构和提高驼群品质，满足一个品种应具备的条件。

尽管在自群繁育阶段已培育出理想型群体或品系，但数量较少，还不能避免不必要的近交，仍有退化的危险。也就是说理想型群体或品系群在数量上还没有达到成为一个品种的基本标准。没有一定的群体数量，可供选择的优良个体少，不利于选种选配作用的发挥和品种性能的进一步提高。因此，要进一步有计划地繁殖和培育更多的已固定的理想型。

这阶段要注重理想畜群的推广工作。在自群繁育阶段，选育工作主要在育种场内进行，但理性型群体数量较大时，需要向外推广，以便更好地扩大群体规模和发挥理想型群体的作用。同时，在向外推广过程中，能够检验和培育理想型群体的适应性。

此阶段，在进一步做好品系选育、健全驼群结构的基础上，也要注意加强驼群中相对独立品系间优秀个体的配合，使它们的后代兼有几个品系的优良特性。这样既可以进一步提升驼群的质量，也能更好地优化驼群结构，使这一新的驼群达到新品种的要求。同时要继续做好选种、选配和培育工作，以加速新品种的培育和质量的提升。选配以纯繁为主，不强调同质选配，且要避免近交，也不许杂交。

（三）双峰驼杂交育种应注意的事项

为了使双峰驼杂交育种工作高效、顺利实施，培育出理想的新品种，在新品种培育过程中，要注意以下事项。

1. 慎重选择杂交用品种 新培育品种的类型和生产性能取决于杂交用亲本品种质量。因此，必须选好杂交亲本品种，亲本品种在目标性状上必须优秀，且具有较好的遗传稳定性。对品种的特性、形成历史、生产性能及杂交效果等资料，进行分析，加以权衡，做出选择。选择亲本品种宜精不宜多，明确每个亲本品种在育种工作中的地位、作用和目的。

2. 严格选择杂交用个体 品种适合并不等于品种内个体都适合作种用。品种内个体间是有差异的，杂交用亲本个体必须选最优秀者，特别要选择在目标性状上有突出优点的个体。同时，种公畜的标准要更加严格，且要保证一定的数量。

3. 确定杂交组合和世代数 有了适宜的品种和优良的个体，并不一定能很快创造出理想类型。只有筛选确定最佳的杂交组合，才能获得理想的杂交选育效果。因此，事先要确定好哪个品种作父本，哪个作母本，哪个先用，哪个后用，各品种所占比例是多少。也要确定杂交的世代数，世代数不宜过多，只要理想类型个体达到一定数量后就可以停止杂交。

4. 认真饲养杂种 杂种的遗传基础发生了改变，其所产生的新性状易受环境影响，尤其是易受饲养管理条件的影响。越是高产、优秀的个体，越需要良好的营养和饲养管理条件，否则，其优良性状不能充分发挥出来。因此，必须加强对杂种的饲养，确保其充分发挥生产潜能，有利于理想个体的培育和选择。

5. 选好典型个体 杂种个体间品质高低不一，性状表型参差不齐，这就需要注意发现优秀典型个体，善于发现特殊优良基因组合和高产基因。推广利用好这些典型个体，扩大高产基因和优良基因组合在群体中的作用，既有利于理想类型的固定和提高，也可用来建立品系，丰富畜群结构。

6. 做好理想类型的固定工作 杂交过程中，获得的理想类型个体都是杂种，其优良特性不能稳定的遗传给后代。因此，需要尽快将其固定下来。获得足够数量的理想型个体后，在理想型群体内进行自群繁殖，开展同质选配，加快基因纯合和性状固定的速度；稳定饲养管理条件，加强优秀个体的培育。

7. 适当采用近交 为了加快理想型固定速度，采用适当的近交是十分必要的，这样不但固定效果好，而且所需时间短。但要防止近交造成生活力下降和衰退现象。可选用生活力旺盛的优秀理想个体近交，但要慎重，不应使用连续的、过高的近交或不必要的近交。

8. 严格进行淘汰 要保证新品种培育工作有较快的进展和较高的质量，进行严格的淘汰的是必要的。严格淘汰就是选中的条件要求高，核心群的个体质量标准要更高，对不符合标准的个体坚决淘汰出核心群。

9. 及时建立品系 为了加速新品种的育成和品质的进一步提高，应及时建立品系。应在自群繁育固定理想型阶段开始，选择具有突出优点的理想型个体建立品系。这样不仅有利于群体的定型，又可为即将形成的品种健全结构单位，为今后通过品系间杂交进一步提高品种质量、促进品种发展创造条件。

10. 积极繁育理想个体 作为一个品种不仅有质量标准，还有最低数量要求。数量达不到要求，就会现在群体繁育中被迫进行近交，造成品种退化、变质和消亡。因此，在品种培育过程中，要积极繁育理想型个体。只有群体规模足够大，才能保证品种的形成、不断发展和进一步提高。

11. 大力推广理想型个体 理想型个体的及时推广普及，不仅会使其优良作用得到充分发挥和适应性得到检验，也可促进新品种的形成和性状的固定。如果理想型个体不能很好地得到推广和利用，那就失去了培育新品种的价值。育种工作者通过推广工作，能够更好地掌握品种应用情况，以便采取更合适的育种方法和措施，更好地完成新品种培育任务。

12. 及时研究和改进工作 双峰驼新品种的培育是一项科学性、技术性很强的工作，更是一项组织管理要求较高的工作。其方法、步骤、技术措施也不是一成不变的，要根据育种过程的实际情况，及时研究分析，不断改进，调整完善。

四、双峰驼新品种鉴定与推广

对于新品种的鉴定与验收，世界各国采用的方法不尽相同。在我国，当一个畜禽

品种育成后，要求通过鉴定、验收，然后上报国家有关主管部门，经批准后才能成为一个新品种。

（一）双峰驼新品种鉴定和验收

1. 了解培育品种概况 了解整个育种过程的概况，包括品种培育时间、地点、条件、目的、方法、措施、人员、计划和经过等。因为培育情况与新品种的质量密切相关，通过了解品种培育概况，对该品种的培育过程和基本特性有一个整体的认识，在后续鉴定和验收工作中就可心中有数，更能准确判定。

2. 审阅育种计划和育种报告 育种计划和育种报告是培育新品种的依据。通过对育种计划和育种报告的查阅和分析，参加鉴定和验收的人员，可深入了解该品种的育种目标、育种方向、育种措施和育种指标间的关系和问题，分析其是否达到育种目标和选育指标，以及育种计划和育种过程中取得的经验和存在的问题。

3. 鉴定品种特征特性 每一个品种需有明确的用途和区别于其他品种的特征和特性。新培育的品种特征和特性应在育种报告中明确载明，列出品种毛色、体型结构等外貌特征和适应能力、生长发育、生产性能等特性。这些是鉴定和验收的重要依据。具体验收时，在育种群中按一定比例抽样进行实地鉴定，根据结果判断是否与育种报告相符，是否达到了育种目标和选育指标。同时要分析新品种群体的个体间的变异程度，进而判断品种的同质性。

4. 评价品种遗传稳定性 一个品种其重要性状和特征必须有较好的遗传稳定性，也就是其基因的纯合度要高。主要从以下几个方面分析判断。

（1）群内个体间变异程度 一个品种的主要特征和重要性状应该是一致的，这种一致性是品种特征、特性遗传稳定性的表现，也是基因纯合程度的反映。如果群体的体型外貌、生产性能等比较一致，说明群体的同质性好，遗传相对稳定；如果个体间差异大，说明群体的遗传基础不稳定。在具体鉴定时，分析被鉴定群体的若干个数量性状，若其变异系数小于在同样饲养条件下其他品种的相同性状，则可认为该群体的遗传基础基本一致。

（2）上下代间相似程度 可以通过观测子代与亲代的相似程度，来分析判断一个品种的遗传稳定与否。在鉴定时，可有意识地观测一些有亲子关系个体的主要性状，分析二者间的相似程度，如果相似程度较大，说明群体的遗传稳定性好。

（3）不同场群差异性 当一个新类群数量达到品种的要求时，群体一般分布区域也较广，只考虑了群内的一致性，而不考虑场群间的差异性，也不足以说明品种的一致性好。因此，在鉴定遗传稳定性时，可以分析不同地区、不同场群间差异性。如果不同场群间差异没有显著高于群内差异，说明不同场群间的性能相似，新类群的一致性好，遗传性能稳定。如果场群间差异显著高于群内差异，说明品种的遗传稳定性还不够。

（4）杂交优势程度 品种遗传稳定性越好，杂种优势越明显。因此，可以通过分析被鉴定品种与其他品种的杂交效果，来判断该品种的遗传稳定性。如果杂种后代的

一致性好，在主要性状上的杂种优势明显，说明该品种主要性状基因纯合性高，遗传稳定性好。

5. 估计新品种群体规模 一个品种不但要有稳定遗传的特性，而且要达到一定数量的群体规模。由于群体数量过小，会造成被迫近交或遗传漂变而导致群体退化。在具体鉴定时，可通过查阅群体记录资料和实地查看来估计新品种规模。一个新品种所需的群体规模大小因不同畜种和畜群结构而不同，一般有公、母数和比例的要求，可依据每个世代或年度可允许的近交增量来计算有效群体的大小，进而确定新品种应达到的群体规模。

（二）双峰驼新品种的示范与推广

双峰驼新品种育成后，需要在实际生产中进行示范和推广，经过实践检验，才能被大家接受而广泛推广，发挥其应有作用。在推广双峰驼新品种推广前，应进行品种的对比试验，就是比较新品种与其亲本品种、当地原有品种以及引入品种，在生产性能、适应性等方面的优劣。在进行对比试验时，尽量保证各品种的试验双峰驼个体在年龄、性别、饲养条件等方面的一致性，参试个体的数量达到基本要求即可，但应具有代表性；最好同时在多个场进行对比试验。通过对试验结果的分析，就可对新品种的生产性能和特性有客观的评价。

经过对比试验，确定新品种具有明显优势，应加快繁殖，扩大数量，在生产实践中进一步示范推广。在推广双峰驼新品种时，应注重普及相应的饲养管理技术和配套措施，以便获得好的推广效果。同时，在新品种推广过程中，要边实践、边研究，不断总结、不断改进，以便进一步提高利用价值。

五、双峰驼育种组织与措施

（一）确定育种方向

家畜育种方向直接决定了畜牧产业的发展方向，关系到畜牧产业发展和经济社会发展是否相适应的问题，关系到畜产品能否满足社会需求的问题。同时，家畜育种工作又是一项长期的畜牧生产活动，一旦方向错误，就会造成巨大损失。因此，必须确定正确的育种方向。确定育种方向应遵循以下基本原则：

1. 适应国家发展战略需求 依据国家发展战略、整体布局、长期规划的畜牧业发展方向，来指导确立双峰驼育种的方向。

2. 适应经济社会发展需要 根据当前和今后一段时间内经济社会发展和人民生活需求的变化，分析产业发展趋势，确定双峰驼育种方向。

3. 满足地方特色产业发展需求 我国各地自然资源禀赋不同，环境条件差异较大，畜牧业生产的条件、能力和特色不同。因此，可根据发展具有地方特色畜牧业的需要，来确定双峰驼育种方向。

4. 满足优良畜禽资源的保存与发展需要 我国畜禽资源丰富，是十分宝贵的基因

库，具有许多有珍奇特性的优良品种资源。为了更好地保护和利用这些畜禽资源，在大量调查研究和品种特性分析的基础上，确定双峰驼育种方向。

（二）品种区域规划

品种区域规划是畜禽品种的具体繁殖布局及育种的指导性计划，是根据国家、地区畜牧业发展规划，选择和培育最适合各地条件的畜禽品种，以充分利用各地资源和发挥品种的优点，最大限度地满足各地对畜产品的需求，并进一步提出畜禽品种利用和改良的目标、选育指标和具体实施方案。

在制定双峰驼品种区域规划时，既要考虑各品种的生物学特性、原有双峰驼品种和类型，也要考虑当地自然环境条件、饲料资源特点，以及畜牧业生产经营模式等。每一区域内双峰驼应该饲养多少品种，应视饲养管理模式和繁育方法而定。一般来说，同一种饲养管理方式的地区至少有 2 个品种，以便在生产中利用杂种优势。

在引入外来品种时，不仅要考虑引入品种的生产性能，也要考虑它对当地条件的适应性，以及与当地原有品种之间的配合力。因此，应先通过品种比较试验和杂交组合试验，筛选出最适合的外来品种，才能大量推广使用。一旦确定后，就不应再在同一地区引入过多品种而造成混杂。

在品种区划中，应为每一个品种确定利用途径和改良方向，且每一品种至少应指定 2 个专业畜牧场进行本品种选育，以免发生意外后品种消失。同时每个品种也应建立 3 个或更多的品系，丰富品种的多样性，以利于品种的选育提高和创新发展。

（三）建立双峰驼繁育体系及良种繁育基地

1. 建立双峰驼繁育体系　根据育种工作的需要，对一个育种区域的畜牧场进行统一规划，按照各场特点和条件，将其划分为不同性质的畜牧场，承担不同育种工作，分工协作，共同完成育种任务。尽管不同的育种工作的繁育体系有所不同，但对一个完整的繁育体系来说，至少应包括以下 3 个类型畜牧场。

（1）育种场　其主要任务是改良现有品种和培育新品种，并培育和繁殖大量优秀种驼，供应其他畜牧场。它是育种工作的核心，要进行深入细致的选育工作，场内的全部种驼定期进行全面的鉴定，有计划地进行选种选配工作。一般采用品系繁育，特别注重培育新的更高产的品系，可有计划地建立配套系。

育种场要求有较高的技术水平和饲养管理水平，并有一套完整的的技术措施和组织措施，才能保证各项育种任务的完成。育种场应积极开展科学研究，在选育技术和饲养管理技术上起到典型示范作用，真正发挥其在繁育体系中的核心作用。育种场最好设置于良种繁育基地内，以便与群众性的育种工作相结合。

（2）繁殖场　其主要任务是大量繁殖种驼，特别是母驼，以满足商品场等单位对种驼的需要。其公驼全部由育种场选调入，母驼大部分从育种场选调，场内可以自行更新一部分。有条件时，繁殖场可分为 2 级。一级繁殖场进行纯繁，为二级场提供纯种种驼；二级繁殖场多采用同种的品系间杂交，向商品场提供系间杂种。如果是采用

三元杂交，则二级繁殖场的纯种母驼与育种场不同品种公驼杂交，生产杂交一代母驼，供给商品场作为三元杂交的母本。

（3）商品场　其任务是以最经济的方式生产大量的优质畜产品。一般采用杂交以充分获得杂种优势。商品场不进行纯繁，场内不需要同时保持几个品种。如进行二元杂交，则从繁殖场获得纯种母驼，与育种场选调的公驼或配种站的不同品种公驼交配，生产杂交一代。若进行三元杂交，则从繁殖场获得杂交一代母驼，与育种场选调的公驼或配种站的另一品种公驼交配，生产三元杂种。商品场有 3 种形式：第一种是只养不繁，即不养种驼来繁殖仔驼，只养商品驼。第二种是只繁不养，即专门生产商品用仔驼，为其他养殖户提供商品驼。第三种是兼有上述种，即自繁自养商品用骆驼。

上述三种畜牧场相互联系，育种场为繁殖场提高母驼，繁殖场为商品场提供种母驼，繁殖场、商品场的公驼都由育种场提供，因而形成一个完整的繁育体系。各场任务虽不同，但目标是一致的，都是为了提高商品场的生产效率。商品场的生产性能表现，是鉴定育种场和繁殖场种驼优劣的良好依据，也是评定其选育效果的标准。

2. 建立双峰驼良种繁育基地　按照生产目的不同，双峰驼繁育分为种驼生产和商品驼生产 2 类。前者专门生产种驼，借以扩大再生产；后者以生产供人类直接消费的畜产品为主。前者要为后者提供种驼。因此，种驼生产水平直接影响到商品生产的效益。为了提高畜牧业生产效益和发展速度，有必要在双峰驼质量比较好的地区建立良种繁育基地，大量生产优秀种驼，以基地为中心，向外提供优秀种驼。

适宜作为良种繁育基地的地区，一般应具备以下条件：

（1）有双峰驼养殖习惯和繁育工作基础，群众有较丰富的饲养管理和选育经验。

（2）适龄母驼比例较高，且有足够的数量的种公驼，能够保证正常的种驼选育和繁殖生产活动。

（3）有稳定的资料来源和加工生产条件以及必要的养殖条件。

（4）邻近商品生产基地。

双峰驼良种繁育基地主要以提高双峰驼质量为主，为商品生产提供大量优秀双峰驼。因此，在建立繁育基地的同时，也要建立商品生产基地，以保证畜产品生产、销售。商品生产基地的生产骆驼主要由良种繁育基地提供，良种繁育基地少，商品生产基地相对较多，两者比例应适宜。

良种繁育基地和商品生产基地建设必须以产业发展导向和市场需求为依据，合理规划布局，建立良种繁育、畜产品生产和市场需求相协调的畜产品生产体系。

（四）育种方案的制订

双峰驼育种工作是一项长期性的复杂工作，涉及面比较广，在实施一项育种工作前，要制订一套科学的育种方案和可行的工作计划。

1. 前期调研　在制订育种方案前，要开展畜牧业发展现状的调研，是对开展育种工作的必要性和可行性的调查研究。

（1）双峰驼资源调研　要对当地主要双峰驼品种的特征和特性、群体规模和驼群结构、分布区域、主要生产用途和生产性能、选育水平和杂交改良效果等情况进行调查研究。

（2）自然环境和生产管理条件调研　了解开展双峰驼育种工作的条件。要了解当地的地理和气候特征、饲料和草地资源情况、生产设施和工作条件、生产经营和管理水平等情况。

（3）经济社会发展需求调研　分析开展双峰驼育种工作的必要性。了解社会对驼产品种类、数量和品质的需求，掌握国家和地方产业发展战略以及产业结构和社会需求关系，预判今后社会需求和产业结构变化的趋势，明确育种方向。

2. 双峰驼育种方案的拟订　在调查研究的基础上，具体拟订育种方案。

（1）确定双峰驼育种目标　在调研的基础上，明确双峰驼育种方向，制定育种目标，确定主要生产性能和具体的选育指标。

（2）确定双峰驼选育方式　根据育种目标和原品种特点，确定选育方式。视情况采用本品种选育或杂交改良等。

（3）拟订双峰驼选种和选配的方法和标准　根据选育性状指标的数量、选育性状之间的关系、性状的遗传特性等确定选择方法与标准；根据育种目标和群体结构特点，确定采用品质选配或亲缘选配。

（4）确定双峰驼培育制度　根据育种目标、当地饲料资源和品种的营养需要，制定适宜的饲养标准和饲养管理方式，注重幼驼的培育和选择，使其遗传潜力和生产潜力得到充分发挥。

（5）选定参与双峰驼选育工作的单位和主要选育场群　将选育单位和养殖企业的工作联合起来，明确职责，建立相互配合、分工协作的育种工作制度。以选育单位和主要育种场群为核心，各级选育群和配种站联合牧户，形成庞大的繁育体系。

（6）估计双峰驼选育进展和成果　根据遗传原理和选种选配技术，估计双峰驼选育的遗传进展和选育效果、预期的成果、完成时间和鉴定验收方法，确定育种成果的推广范围和相关措施。

育种方案的制订要经过深入调研，广泛征求意见，充分讨论，通盘考虑各种因素和条件，力求缜密，一经确定，必须严格执行，不能中途废止或任意更改。及时做好统计总结工作，在工作中认真收集和整理相关资料，研究分析育种工作进展，及时解决新出现的问题，积极了解科技新动向，吸纳新知识、新技术，使方案更加完善。

（五）保障措施

双峰驼育种工作是一项重要的畜牧业生产建设活动，需要多方面的密切配合和大力支持才能完成。

1. 政府部门的政策支持和经费保障　畜牧业生产建设是民生工程，而双峰驼育种

工作是影响畜牧业生产效益的重要因素。因此，政府部门应从战略布局和改善民生的角度，对双峰驼育种工作给予政策支持和经费保障。

2. 畜牧技术推广和科研单位的技术支撑 充分发挥畜牧技术推广和科研单位的科技和人才优势，建立激励机制，为双峰驼育种工作提供技术和智力支撑。

3. 调动养殖企业的积极性 育种工作是一项畜牧业创新活动，要培育双峰驼种业市场，调动养殖企业的育种积极性，发挥企业的创新主体作用，加快育种进程，推动育种工作产业化发展。

4. 建立长效机制 建立政府部门、畜牧科技单位和养殖企业长期协作机制，联合开展双峰驼育种工作。

第七节 生物技术在双峰驼育种中的应用

一、生物技术的定义

生物技术来源于英语“biotechnology”一词，迄今对生物技术的概念并没有一个十分经典的表达方式。比较常见的有两种：其一是将生物技术定义为“允许人们在微观上认识和控制生物遗传与繁殖过程的技术”；其二是将生物技术界定为“能在工业规模上设计和开发微生物、动物、植物以及动植物组织、器官、细胞的生物学特性与功能，为人类提供产品和服务的新兴技术”。

生物技术主要包括四大部分，即细胞工程、基因工程、酶工程和发酵工程。近年来，随着生物技术的发展与开发，学科间相互交叉渗透更加强烈，又出现了生化工程、蛋白质工程和生物电子技术，共同构建了现代生物技术综合体系。

二、繁殖生物技术在双峰驼育种中的作用

（一）人工授精及精液冷冻技术

双峰驼的精液比其他动物的精液黏稠，所以对采集到的双峰驼精液首先要进行除黏性物质处理，常用的方法有机械法、酶消化与超声破碎。

双峰驼配种采用人工授精。其操作技术基本同马、牛，采输精可用假台畜（图8-10）和输精器。用假台畜时，要训练公驼爬跨，可以采集发情母驼的尿液喷洒在台畜后躯，也可让公驼观察模仿。对于采集到的原精经除黏性物质处理后用12%蔗糖溶液或7%葡萄糖溶液稀释，实行阴道输精，每次输0.5mL以上，有效精子数为0.8亿～1.0亿个，精子的活率须达40%以上。受胎率可达80%，产羔率达75%。

对精子进行冷冻处理时要在稀释液中加入6%的甘油。

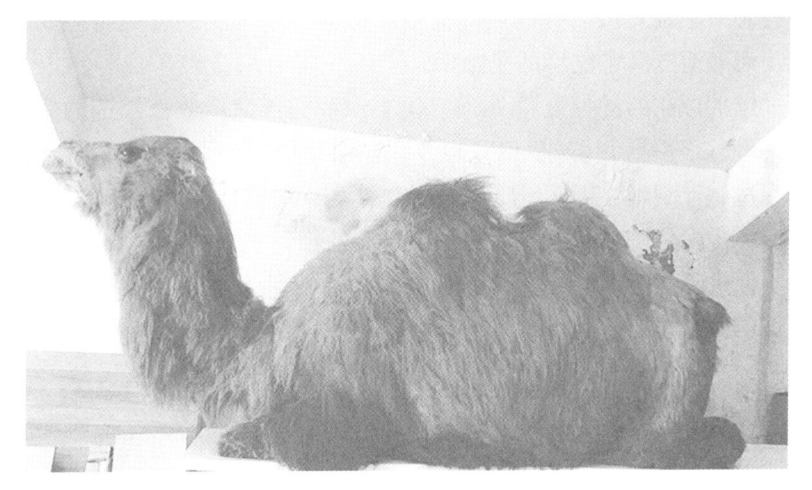

图 8-10　骆驼假台畜

（二）人工授精的优势

（1）通过人工授精技术，可以使优秀种公畜获得大量的后代，由此迅速地扩大其优良遗传特性和高产基因在群体中的影响。

（2）通过精液低温冷冻保存，使得优秀种公畜的使用不受时间和地域的限制。既可以实现优秀种公畜精液跨地区使用；又可以通过长期保存，使精液在任何时间使用，即使种公畜死后多年，还可使用它的冷冻精液。因此，进一步扩大了优秀种公畜在家畜遗传改良中的作用。双峰驼的精液比其他动物要黏稠得多，冷冻精液时要用仪器将黏液去除一部分或者切断，防止黏液太多，导致保护剂到达不了双峰驼精子周围。

（3）依靠人工授精，可使每头种公畜承担更多头母畜的配种任务。例如，一头乳用种公牛每年至少可承担1.0万～20万头母牛的配种。由此大大减少了种公畜的需要量，在同样的选择基础上，提高了公畜的选择强度，从而加快了群体的遗传进展。

（4）通过冷冻精液的传递，能使参加后裔测定的公畜与来自不同地区、不同群体的母畜交配，从而获得数量更多、分布范围更广泛的生产性能测定数据，使得对公畜的遗传评定更精确。

（5）采用精液长期冷冻保存技术，还可以更经济可靠地实现家畜品种资源保护。

（三）人工控制母驼繁殖周期

在畜牧生产实践中，控制母驼发情周期的技术主要采用两种方法：一是借助于前列腺素或类似药物来促使黄体提前消散；二是通过对妊娠的处理和对驼羔的提前断奶来调节黄体的功能。采用激素药物处理，既可以促进母驼提早达到性成熟的生理状态，也可以使母驼产后提前发情。可以预见，用生物技术生产的各种药物将被广泛应用。控制母驼繁殖周期技术的应用，对骆驼育种工作可实现以下的效应。

（1）通过人工控制发情，可以更准确地掌握驼群中母驼的繁殖生理周期，从而实现适时输精，大大地提高了驼群的受胎率。

（2）通过成批母驼的同期发情处理，便于一些驼群遗传改良措施的实施。骆驼进行同期发情处理时不用前列腺素（PG）处理，而是用促性腺激素释放激素（GnRH）进行处理。通过有计划地注射 GnRH，使驼群达到同期发情的目的。

（3）一般促进发情的药物处理还可提高母驼的排卵率。

（4）人工促进母驼性成熟，实现提前配种，在育种上可达到缩短世代间隔、加快遗传进展的效应。

（5）产后人工催情可缩短母驼的胎间距，提高种驼的使用效益。

（四）胚胎移植

1. 胚胎移植的定义 家畜繁殖技术研究结果表明，通过对种母畜即供体实施超数排卵（multiple ovulation）处理，可诱发动物更多卵母细胞的成熟和排卵，因而可充分利用卵巢中储备的生殖细胞。这种诱发排卵是在母畜黄体期通过注射促性腺激素和前列腺素来实现的。在完成超数排卵后，即可进行授精、采胚、胚胎检验、胚胎培养与保存，然后将发育正常的胚胎移植到发情适时的受体牛生殖道内，以期实现“借腹怀胎”的目的。在这项繁殖生物技术中，超数排卵是基础，胚胎移植（embryo transfer）是手段。但人们往往习惯于将这两项相互联系的生物技术统称为胚胎移植。

2. 胚胎移植的优势

（1）使优秀母畜能获得更多的后代，扩大其在畜群遗传改良中的作用，这对于低繁殖力畜种（如双峰驼）更有意义。

（2）使用胚胎冷冻保存技术，可以用于家畜品种资源保存工作。就保种效果而言，保存胚胎的效果要优于精液保存，因为胚胎是保存了完整的基因型，而精液只包含了一半的遗传物质。

（3）通过冷冻胚胎进出口，可实现更有利的种畜遗传物质的跨越国界交换。与交换活畜相比，胚胎交换既经济，又几乎没有兽医防疫的风险。

（4）通过冷冻胚胎可以引进用正常手段难于获得的育种材料。例如，从那些出于兽医卫生上的原因而封锁的国家，引进急需的育种材料；或必须要导入含有应激敏感基因的优秀品种，而运输活畜又很难实现时，引进胚胎是最好的途径。

（5）在家畜育种中，经常会遇到一些本身遗传素质十分优秀，但因某些繁殖障碍而不能妊娠的母畜。为了尽量地延续它们在育种中的作用，可采用胚胎移植，使其获得后代。

3. 双峰驼胚胎移植步骤

（1）供体驼和受体驼的准备 供体驼要选 3 岁以上、达到初情期的健康骆驼，而且供体驼要提前 3 个月断奶并加强饲养。受体驼要健康、经产，提前 3 个月断奶并加强饲养。对供体驼要有计划地注射 GnRH 与卵泡刺激素（FSH），以达到同期发情与超数排卵的目的。对受体驼要有计划地注射 GnRH 以达到同期发情的目的。

(2) 供体驼配种　对经过一定程序处理过的供体驼进行 B 超检查，对于符合条件的供体驼一般于 17：00 后配种（图 8-11），配种时间持续 5min 以上，并肌内注射 5mL GnRH。次日再进行一次配种即可。

图 8-11　骆驼配种

(3) 冲胚和移植　骆驼在配种后 8.5d 进行冲胚效果好，冲胚时，多冲几次可以提高回收率。冲胚液可以直接购买或者自己配制。配方为：2L 温的林格液；2g/L 牛血清白蛋白；100IU/mL 青霉素 G 钠；100μg/mL 硫酸链霉素。将冲出的胚鉴定级别后进行移植，对移植后的骆驼注射孕酮。移植前要对受体驼进行 B 超检查，看是否达到移植的状态。移植时要将骆驼保定好，防止骆驼伤到工作人员以及自伤（图 8-12 至图 8-15）。

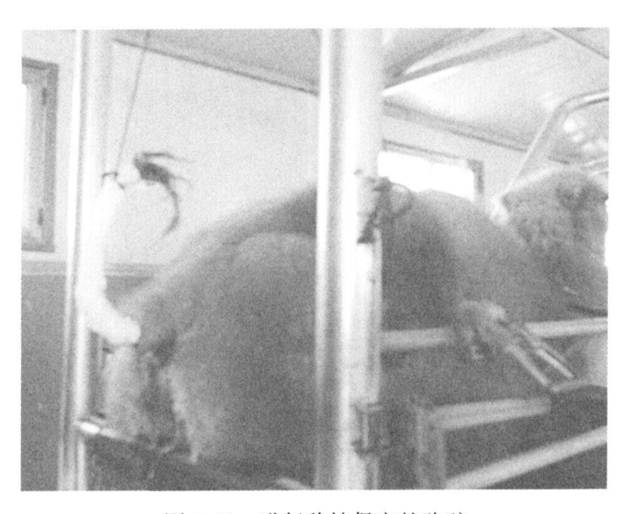

图 8-12　进行移植保定的骆驼

(4) 妊娠检测及后期处理　双峰驼的妊娠表现早于其他动物，表现为不愿活动、仰头翘尾、不理公驼甚至踢公驼、尿频等。自然交配后的骆驼 14d 后就可出现妊娠表现，30d 后可进行妊娠检查。对于进行胚胎移植的骆驼，25d 后可进行妊娠检测，通过

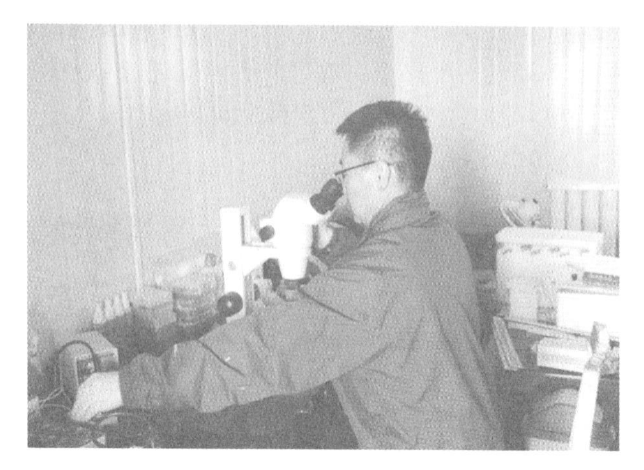

图 8-13　在显微镜下查看胚胎等级并装管

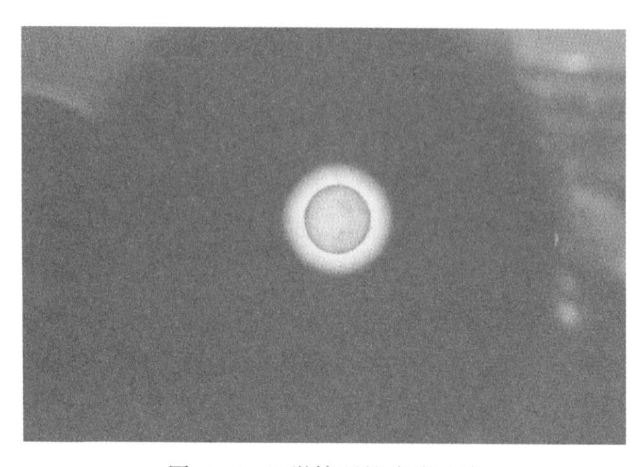

图 8-14　显微镜下的骆驼胚胎

图 8-15　骆驼胚胎移植

B 超进行检查，对疑似怀孕的骆驼要有计划地注射孕酮（图 8-16）以达到保胎的目的。具体方案为：检查完当天每峰移植受体注射 3 000IU PMSG；第 8 天，每峰移植受体注射3 000IU LH；第 0～18 天，每峰移植受体注射 150mg 孕酮；第 19 天，每峰移植受体注射 100mg 孕酮；第 20 天，每峰移植受体注射 50mg 孕酮；第 21 天停止注射孕酮。

在这期间要给予受体骆驼良好的饲养管理。

图 8-16　给骆驼注射孕酮

（5）第二次妊娠检测　通过 B 超对进行胚胎移植后的骆驼进行二次妊娠检测，以确定移植是否成功。对确定移植成功的骆驼要加强饲养管理。

（五）体外受精

体外受精也称为胚胎的体外生产，它包含多个技术步骤：卵母细胞采集、卵母细胞在体外成熟、精液预处理、体外受精、胚胎体外培养和胚胎移植。迄今为止，体外受精在各主要技术环节上的效率还不是很高，仅在牛和羊的胚胎生产上到应用。但胚胎工程学家们正在探索新的技术途径，如对供体母牛的活体取卵技术，对腔前期或小腔期卵细胞的体外培养等。尽管体外受精技术的全面应用尚需一段时间，但可预测到它在家畜育种中乃至动物生产中有着广阔的应用前景。

（1）可大幅度地降低胚胎的生产成本，若再与超数排卵结合，可生产更多的可移植胚胎。

（2）使优秀母畜可生产更多的胚胎和后代，扩大其高产基因在群体中的影响，对特别优秀的母畜，在屠宰后其卵巢还可以通过体外受精继续在育种上加以利用。

（3）在母畜更新率固定的育种方案中，通过体外受精生产胚胎，可降低种母畜的留种率，从而提高母畜的选择强度，加快群体的遗传进展。由于体外受精仅消耗较少的精液，因此可以充分利用十分珍贵的种公畜精液。

（4）应用体外受精技术可以打破常规的生产体系，建立新的动物生产模式。

（5）作为其他胚胎工程的基础技术，如克隆和基因转移等技术均需要大量的胚胎，仅使用超数排卵获取的胚胎是满足不了需要的。

（六）性别控制与胚胎性别鉴定

无论是通过 X、Y 精子分离技术实现受精卵性别控制，还是通过胚胎性别诊断来

确定胚胎的性别，都是为了达到人为控制畜群性比例的目的。因此该项技术在家畜育种中的意义是显而易见的：

（1）性别控制可以实现让猪、牛、马、骆驼等能多生产雄性动物，从而提高动物生产的专门化程度和生产效率。

（2）对于广泛应用人工授精技术的畜种，公畜需要量有限，则可通过性别控制增加母畜头数，从而提高母畜的选择强度，加快母畜的遗传进展。

（3）在一个杂交育种方案中，还可根据需要在育种方案的不同阶段，灵活地应用性别控制技术。例如，在肉牛杂交育种的开始阶段，通常需要更多的杂种母牛；而在横交固定阶段，则需要选育一定数量的公牛。在肉牛生产群中，除了需要一定数量的母牛外，需要更多的公牛进行肥育。这些不同阶段的不同需要，都可以通过性别控制来实现。

（4）经过性别鉴定的胚胎移植，可以广泛地实现一头受体母牛移植两枚胚胎，从而提高繁殖率，因为经过性别鉴定就不会出现异性双胞胎不育现象。

（5）实施胚胎克隆技术前，首先需要进行性别鉴定。

（七）克隆技术

克隆（clone）是指用胚胎或机体的某一部分的细胞来完成衍繁后代的过程，因此属无性繁殖范畴。由克隆得到的个体在遗传上是同质的（不考虑细胞质遗传）或基本同质的（考虑细胞质遗传），因此克隆技术只能实现基因型的复制，而并不能使一个群体的基因库得到进一步创新和扩充。克隆技术对于家畜育种工作乃至动物生产均具有重要意义。对于家畜来说，克隆可通过胚胎分割、卵母细胞中卵裂球细胞核的移植以及体细胞的核移植来实现。以下分别介绍上述3种方式的克隆的应用意义。

1. 胚胎分割 胚胎分割技术现已日臻成熟，并在牛和羊的胚胎移植中得到应用，它的意义主要体现在以下几个方面。

（1）在常规的胚胎移植中使用胚胎分割，可生产更多的可用胚胎，提高胚胎移植的效率。按照当前的技术水平，如果每次超排获得可用胚胎6枚，按常规胚胎移植最多可获4头后代，但经过一次胚胎分割后再移植，则可获6～7头后代。

（2）分割胚胎产生的双胞胎均是同性别的，确保可育，因此可以节省部分受体牛。

（3）分割后的胚胎是遗传同质的，因此是遗传学研究工作难得的试验材料。可以用来更准确地估计遗传参数，还可以用来准确地估计一些重要的遗传效应。例如，经分割的“两分胚”分别移植到不同的母牛体内妊娠，用来分析母体效应对性状表现的作用。

（4）利用同卵双生子的信息进行育种值估计，可提高其估计的准确性。

（5）应用同卵双生子可以实现一些按常规方法难于实现的生产性能测定。例如，对肉用种公牛产肉性能的测定，按常规测定方法只能进行活体估测，其准确性较差。而通过胚胎分割有了遗传同质的同卵双生子，可将其中一头肥育后进行屠宰测定，其测定结果，可准确地反映另一头牛在产肉性能上的种用价值。

2. 胚胎克隆 按照技术要点，胚胎克隆是将一个处于 8～32 细胞阶段胚胎的卵裂细胞核，移植到事先去掉细胞核的卵母细胞中，经过电融合、体外或体内培养，使其发育成一个新的胚胎。如果将一个供体胚胎的卵裂细胞逐一完成上述核移植过程，则可得到一定数量的胚胎克隆，将这些克隆经过培养发育到桑葚期或囊胚期的胚胎移植到受体牛体内，则可望获得一组遗传同质的个体。当然，理论上对这些胚胎还可进行再克隆，也就是利用通过克隆产生的桑葚胚来获得卵裂细胞，再进行一次新的克隆，将获得规模更大的遗传同质动物组。

尽管胚胎克隆还有许多技术问题有待研究，但可预期在 5～10 年后，这一技术将达到应用水平。与胚胎干细胞培养、体外受精和胚胎冷冻保存等技术结合，胚胎克隆技术可为家畜育种带来很多应用的可能性，其潜在的应用领域有：

(1) 与胚胎分割相比，胚胎克隆可以获得更多的胚胎，进一步提高胚胎移植的效率。从理论上讲，一个 32 细胞期的供体胚胎经过两次克隆，可以生产 1024 个胚胎，其优越性不言而喻。即使按照当前尚未完全成熟的技术水平，一次获得 6 枚可用胚胎的超排处理，通过胚胎克隆后再移植，至少也可获得 10 个后代，与常规的胚胎移植相比，其生物学意义和经济效益已是十分可观的了。

(2) 通过胚胎克隆可以获得数量很多的遗传同质的同卵多胎个体，其对遗传育种学研究与实践的意义，即遗传参数的估计、育种值的估计、重要遗传效应的研究等，将远大于胚胎分割所带来的效应。

(3) 通过胚胎克隆技术的实施，可以在体外受精胚胎移植（MOET）核心群育种体系中，迅速地建立多个具有特定基因组合的纯系，用于品系杂交育种。

(4) 将具有优良特性的胚胎克隆家畜迅速地推广到生产中去，从而提高动物生产的总体水平。其技术路线大体是，首先将来自同一供体的大部分克隆胚胎低温冷冻保存起来，仅将其中几个胚胎移植到受体母畜，以期获得克隆动物后代。然后对这些克隆后代进行严格的性能测定，经验证这些胚胎克隆个体确实表现出良好的生产性能后，再将其他的同源冷冻胚胎推广到生产群中。

3. 体细胞克隆 体细胞克隆的技术程序与胚胎克隆基本相同，差别主要在于其核移植的供体不是胚胎卵裂细胞，而是体细胞。体细胞克隆的技术难度远大于胚胎克隆。尽管迄今这项技术获得成功的报道寥寥无几，而且达到应用水平的时间尚难预测，但是动物遗传育种学家们仍十分关注这项技术的进展，并在潜心研究它对未来的家畜遗传育种的发展所产生的效应。由于通过体细胞克隆可以生产已知基因型的复制品，而且核移植所需的细胞核来源不受限制，可来自机体的各个组织。因此，对于动物遗传学研究和家畜育种实践而言，体细胞克隆要比胚胎克隆更具重要意义。目前至少可归纳为以下几个潜在的应用领域。

(1) 通过体细胞克隆，并结合其他胚胎生物工程技术，可以建立最佳遗传资源保护模式。首先，对于那些由于繁殖障碍导致濒危的物种，通过体细胞克隆实现繁殖与扩群，是保持物种生存延续的最佳的手段。其次，对于家畜优良品种资源的保存来说，通过体细胞克隆生产胚胎并进行冷冻保存也是最佳保种方案。因为迄今所采用的保种

方案均存在着缺点："小群活体保种"方案既耗费大量的资金，又极易在保种过程中发生基因漂变；"精液冷冻保存"方案仅能保存优良基因型的一半，因而也就很难保存品种资源全部的优良特性；"胚胎冷冻保存"方案虽然保存的是基因型，但都是未经验证的未知基因型，为了尽量不丢失重要生物学特性，只好尽可能扩大保存胚胎的数量。而通过体细胞克隆进行保种，先对现存种群的遗传结构和性能表现进行科学分析后，仅对其中最具代表性的典型个体进行克隆和保存，这种保种方案最为可靠、灵活、经济。再次，对于正在使用的家畜优秀品种来说，畜群中经常会出现一些出类拔萃的个体，即优秀的基因型。按照常规的育种工作程序，一经确认优秀基因型，即刻采取有力措施，使其得到充分利用。但在利用的过程中，这些基因型将分离、减半并逐渐消失，然后再去通过各种育种方法寻找或创造新的优秀基因型。如果能将来自不同世代优秀个体的基因型，通过体细胞克隆以冷冻胚胎的方式保存起来，建立一个名副其实的"基因型库"。这样既便于创造新的优秀基因型，又可以保护优良品种的遗传多样性。

(2) 体细胞克隆技术对动物生产也有特殊意义。一方面通过体细胞克隆，最大限度地增加高产优秀个体在生产群中"复制品"的数量，提高畜群的总体生产水平；另一方面通过体细胞克隆建立的遗传同质群体，对饲养管理条件要求一致，便于标准化生产，充分发挥其遗传潜力。根据遗传学理论，在家畜生产性状表达过程中，或多或少地受到基因型与环境互作效应的影响，使其遗传潜力不能完全表达。当前的工厂化饲养方式，虽然尽可能地创造理想、一致的饲养管理条件，但由于家畜个体基因型不一致，总是有部分个体因基因型与环境的互作效应，而影响正常性能的发挥。因此，通过对一般个体的体细胞克隆，建立一个遗传同质的畜群，可以提高10%～15%的生产效率。

(3) 通过体细胞克隆获得的遗传同质动物，是比胚胎克隆更好的遗传学研究材料。除了可以用于准确估计群体遗传参数、预测个体育种值和研究一些重要的遗传效应以外，还可用于估测群体的遗传进展。目前多采用数量遗传学方法推测群体的遗传进展，但其结果与实际实现值符合程度较差。如果按照应用体细胞克隆的试验设计，将一组体细胞克隆生产的胚胎分为两部分，其中一部分先冷冻保存待用，另一部分胚胎直接移植到受体。对直接移植获得的克隆动物按照特定的育种方案进行几个世代的选育后，再将冷冻保存的胚胎取出进行移植。将冷冻保存胚胎移植获得的动物与直接移植获得的动物经过几世代选育后的后代同时饲养在同一环境条件下。由于两组动物的初始遗传基础是相同的，只是实施的育种措施不同，因而通过两组动物在各生产性状上的差异，就可精确地计算出该群体的遗传进展。

(4) 通过体细胞克隆生产的遗传同质动物，是其他学科领域（如动物营养学、基础医学、药物学等）最好的试验材料。

(5) 体细胞克隆技术也为发展其他生物技术提供了最佳手段。

主要参考文献

敖日希，1981. 双峰驼研究资料汇编［C］. 内蒙古：阿拉善盟畜牧兽医站.

白俊艳，乌仁套迪，张文彬，等，2015. 双峰驼体尺性状的影响因素分析［J］. 黑龙江畜牧兽医，58（23）：237-239.

柏丽，2014. 中国6个双峰驼群体微卫星遗传多样性分析［D］. 银川：宁夏大学.

柏丽，冯登侦，2014. 中国双峰驼绒毛品质和纤维类型分析［J］. 黑龙江畜牧兽医，57（3）：155-157+208.

陈涛，2010. 浅谈骆驼绒的物理性能和应用［J］. 中国纤检，30（9）：76-78.

道勒玛，斯琴图雅，张强，等，2014. 补饲蛋白质饲料与能量饲料对阿拉善双峰驼产乳量的影响［J］. 畜牧与饲料科学，35（11）：38-39.

额尔敦木图，达尔嘉，图雅，2012. 建立双峰骆驼自然保护区的思考［J］. 畜牧与饲料科学，33（3）：34-35.

冯登侦，吴常信，吴克亮，2007. 阿拉善双峰驼生长发育规律的研究［J］. 草食家畜，3（1）：30-35.

国家畜禽遗传资源委员会组，2011. 中国畜禽遗传资源志·马驴驼志［M］. 北京：中国农业出版社，352-379.

韩建林，罗玉柱，译，1996. 动物育种学［M］. 兰州：兰州大学出版社.

何晓红，韩秀丽，马月辉，2009. 双峰驼遗传多样性研究进展［J］. 家畜生态学报，30（4）：9-13.

贺新民，1983. 骆驼学［M］. 北京：全国双峰驼育种委员会.

贺新民，2002. 中国骆驼资源图志［M］. 湖南：湖南科学技术出版社.

吉日木图，陈钢粮，张文彬，等，2014. 骆驼产品与生物技术［M］. 北京：中国轻工业出版社.

吉日木图，陈钢粮，云振宇，2009. 双峰驼与双峰驼乳［M］. 北京：中国轻工业出版社.

焦骅，1995. 家畜育种学［M］. 北京：中国农业出版社.

刘榜，2007. 家畜育种学［M］. 北京：中国农业出版社.

明亮，伊丽，何静，等，2017. 双峰驼起源与进化的分子遗传学研究进展［J］. 家畜生态学报，38（3）：5-9.

莫琪，2017. 蒙古野骆驼的家域特征及栖息地分析研究［D］. 北京：中国科学院大学（中国科学院遥感与数字地球研究所）.

内蒙古农牧学院，刘震乙，1980. 家畜育种学［M］北京：中国农业出版社.

内蒙古农牧学院，2000. 家畜育种学［M］. 北京：中国农业出版社.

宁夏农学院，内蒙古农牧学院，苏学轼，程世荣，等，1983. 养驼学［M］. 北京：农业出版社.

努玛，2005. 内蒙古阿拉善盟养驼业问题研究［D］. 呼和浩特：内蒙古农业大学.

师守堃，1993. 动物育种学总论［M］. 北京：北京农业大学出版社.

苏布登格日勒，阿丽玛，乌云格日勒，等，2017. 内蒙古地区双峰驼生活习性的研究［J］. 黑龙江八一农垦大学学报，29（4）：49-53.

苏学轼，1979. 阿拉善双峰骆驼生产性能研究［J］. 宁夏农学院学报，2：69-81.

苏学轼，1992. 论中国双峰驼品种特征与生态环境的关系家畜生态［J］. 家畜生态学报，13（3）：

5-10.
王继华，1999. 家畜育种学导论［M］. 北京：中国农业科技出版社.
乌仁套迪，白俊艳，道勒玛，等，2017. 阿拉善双峰驼的驼绒细度分析［J］. 湖北农业科学，56（15）：2913-2915.
吴伟伟，哈尼克孜，黄锡霞，等，2009. 新疆双峰驼的品种特征及饲养管理要点［J］. 中国畜牧兽医，36（6）.
薛亚东，吴三雄，孙志成，等，2014. 野骆驼的研究和保护：现状与展望［J］. 四川动物，33（3）：476-480.
于向春，王凤阳，2016.《家畜育种学》课程教学方法的研究、实践与思考［J］. 畜牧与饲料科学，37（Z1）：64-66.
张和平，赵电波，2005. 不同泌乳时间内内蒙古阿拉善双峰驼驼乳化学组成变化分析［J］. 食品科学，26（9）：173-179.
张映宽，1996. 河西双峰驼的外貌特征及生产性能［J］. 当代畜牧，14（1）：98-99.
张沅，2000. 家畜育种规划［M］. 北京：中国农业大学出版社.
赵晓平，张文彬，荣威恒，2008. 双峰驼适应荒漠草原的特性［J］. 畜牧与饲料科学，36（2）：62-64.

附　　录

附录一　基础母驼鉴定表

基础母驼鉴定表			
嘎查			
畜主		电话	
驼名		编号	
年龄		毛色	
得分		等级	
父代等级		母代等级	
鉴定日期			
照片			

基础母驼体质外貌鉴定标准			
评分项目	标准分	鉴定评分	备注
头颈	4		符合本品种标准体型外貌、体质特征得满分，不足者扣分
体躯	4		
四肢	4		
毛色	5		毛色：杏黄色或白色为 5 分，棕红色为 4 分，褐色为 3 分
整体结构	8		
合计	25		

体尺体重评分标准					
评分项目	项目标准	标准分	测量数据	鉴定评分	备注
体高	168cm	5			超过或低于 5cm 加减 0.5 分
体长	155cm	8			超过或低于 5cm 加减 0.5 分
胸围	220cm	10			超过或低于 5cm 加减 0.5 分

（续）

管围	18cm	2			减少 1cm 减 1 分，超过不加分
体重	450kg	10			超过或低于 25kg 加减 1 分
合计		35			
绒毛品质及产量评分标准					
评分项目	项目标准	标准分	测量数据	鉴定评分	备注
绒层厚度	6cm	10			每增减 1cm 加减 1 分
绒毛产量	4.5kg	10			超过或低于 0.5kg 加减 2 分
细度	18μm	15			低于或超过 1μm 加减 2 分
合计		35			

其他			
评分项目	标准分	鉴定评分	备注
是否挤奶	2		可以挤奶为 2 分
调教程度	3		温驯、可以自己吃饲料为 3 分
总计	5		
等级			
特等，96 分以上；一等，95～86 分；二等，85～76 分；三等，75～66 分；等外，65 分以下			

鉴定总评分		鉴定等级	
鉴定日期		鉴定员	

附录二　种公驼测定表

种公驼体质外貌鉴定表			
评分项目	标准分	鉴定评分	备注
头颈	4		符合本品种标准体型外貌、体质特征得满分，不足者扣分
体躯	4		
四肢	4		
被毛色	5		毛色：杏黄色或白色为 5 分，棕红色为 4 分，褐色为 3 分
整体结构	8		
合计	25		

体尺体重评分标准						
评分项目	项目标准	标准分	测量数据	鉴定评分	备注	备注
体高	≥180cm	5				
	171～180cm	4				
	≤170cm	3				
体长	≥156cm	8				
	151～155cm	7				
	≤150cm	6				
胸围	≥246cm	10				
	231～245cm	7				
	≤230cm	6				
管围	20cm	2				减少 1cm 减 0.5 分，超过不加分
体重	500kg	10				超过或低于 25kg 加减 1 分
合计		35				

绒毛品质及产量评分标准					
评分项目	项目标准	标准分	测量数据	鉴定评分	备注
绒层厚度	5cm	10			每增减 1cm 加减 1 分
鬃毛长	45cm	5			每增减 5cm 加减 0.5 分
嗉毛长	50cm				
肘毛长	45cm				
绒毛产量	5kg	10			超过或低于 0.5kg 加减 2 分
鬃嗉肘毛产量	1.5kg	5			超过或低于 0.5kg 加减 2 分
细度	20μm	15			低于或超过 1μm 加减 2 分

（续）

<table>
<tr><td>合计</td><td></td><td>45</td><td></td><td></td><td></td></tr>
<tr><td colspan="6">等级</td></tr>
<tr><td colspan="6">特等 96 分以上；一等 95～86 分；二等 85～76 分；三等 75～66 分；等外 65 分以下</td></tr>
<tr><td colspan="6"></td></tr>
<tr><td colspan="2">鉴定总评分</td><td colspan="2"></td><td>鉴定等级</td><td></td></tr>
<tr><td colspan="2">鉴定日期</td><td colspan="2"></td><td>鉴定员</td><td></td></tr>
</table>

<table>
<tr><td colspan="4">种公驼评分表</td></tr>
<tr><td>嘎查</td><td colspan="3"></td></tr>
<tr><td>畜主</td><td></td><td>电话</td><td></td></tr>
<tr><td>驼名</td><td></td><td>编号</td><td></td></tr>
<tr><td>年龄</td><td></td><td>毛色</td><td></td></tr>
<tr><td>得分</td><td></td><td>等级</td><td></td></tr>
<tr><td>父代等级</td><td></td><td>母代等级</td><td></td></tr>
<tr><td>鉴定日期</td><td colspan="3"></td></tr>
<tr><td colspan="4">照片</td></tr>
<tr><td colspan="4"></td></tr>
</table>

附录三　畜禽遗传资源调查技术规范　第 7 部分：骆驼（GB/T 27534.7—2011）

1　范围

GB/T 27534 的本部分规定了骆驼遗传资源调查对象、方式、内容的基本准则。

本部分适用于骆驼遗传资源的调查。

2　规范性引用文件

下列文件中的条款通过 GB/T 27534 的本部分的引用而成为本部分的条款。凡是注日期的引用文件，其随后所有的修改单（不包括勘误的内容）或修订版均不适用于本部分，然而，鼓励根据本标准达成协议的各方研究是否可使用这些文件的最新版本。凡是不注日期的引用文件，其最新版本适用于本部分。

GB/T 20551 畜禽屠宰 HACCP 应用规范

GB/T 27534.1 畜禽遗传资源调查技术规范第 1 部分：总则

3　调查对象、方式

调查对象、方式按照 GB/T 27534.1 执行。

4　调查内容

4.1　遗传资源情况

品种名、原产地、品种来源、经济类型、中心产区及分布、产区自然生态条件、开发利用情况等 GB/T 27534.1 中规定的调查内容，按照附录 A 中表 A.1 要求填写，填表说明见附录 B。

4.2　个体选择及体型外貌描述

4.2.1　个体的选择及数量

选择在正常饲养管理水平条件下成年骆驼个体。骆驼测定数量：成年公畜 10 峰以上，成年母畜 50 峰以上。

4.2.2　体型外貌观测

对被选择测量的个体，应牵引至平坦地面处，人工辅助站稳。观察头部、颈部、驼峰、胸部、腹部、背腰及尻部，观察四肢特征。公驼还要检查睾丸的发育，母驼应检查乳房及乳头发育，有无副乳头等。

4.2.3　体型外貌描述

包括体型、头部、颈部、胸部、腹部等指标，按附录 A 中表 A.2 要求填写。

4.3 生产性能

4.3.1 体尺、体重

包括体高、体长、胸围、管围等指标，按附录 A 中表 A.3 要求填写，填表说明见附录 B。

4.3.2 屠宰性能

包括活体重、胴体重、屠宰率、净肉率等指标，按附录 A 中表 A.3 要求填写，填表说明见附录 B。屠宰按照 GB/T 20551 的规定执行。屠宰数量为 6 峰。

4.3.3 繁殖性能

包括性成熟年龄、适配年龄、发情季节、发情周期、幼驼初生重、幼驼断奶重等指标。按附录 A 中表 A.3 要求填写，填表说明见附录 B。

4.4 遗传资源调查

4.4.1 品种评价

包括遗传特点、优异特性等指标，按附录 A 中表 A.4 要求填写，填表说明见附录 B。

4.4.2 品种资源保护状况

包括是否提出过保种和利用计划、是否建立了品种登记制度等指标，按附录 A 中表 A.4 要求填写。

4.4.3 濒危程度的判定

濒危程度按 GB/T 27534.1 要求判定，按附录 A 中表 A.4 要求填写。

4.4.4 饲养管理情况

包括饲料组成，饲养方式等指标，按附录 A 中表 A.4 要求填写。

4.4.5 疫病情况

包括流行性传染病调查、寄生虫病调查等指标，按附录 A 中表 A.4 要求填写。

5 品种照片

品种照片的拍摄按 GB/T 27534.1 要求执行。

6 调查信息的整理、数据分析、上报

对调查的信息进行整理，数据分析，上报给组织调查的单位并存档。

附　录　A

（规范性附录）

骆驼遗传资源调查技术规范

表 A.1　骆驼遗传资源概况表

编号：＿＿＿＿＿＿日期：＿＿＿＿年＿＿＿月＿＿＿日

地点：＿＿＿＿＿＿省＿＿＿＿＿＿县（区、市）＿＿＿＿＿＿乡（镇）＿＿＿＿＿＿村

联系人：＿＿＿＿联系方式：＿＿＿＿＿＿

<table>
<tr><td colspan="3">品种名称</td><td></td><td>备注</td></tr>
<tr><td colspan="3">原产地</td><td></td><td></td></tr>
<tr><td colspan="3">品种来源</td><td></td><td></td></tr>
<tr><td colspan="3">经济类型</td><td></td><td></td></tr>
<tr><td colspan="3">中心产区及分布</td><td></td><td></td></tr>
<tr><td rowspan="2">总峰数</td><td colspan="2">公</td><td></td><td></td></tr>
<tr><td colspan="2">母</td><td></td><td></td></tr>
<tr><td rowspan="2">保种群数量</td><td colspan="2">公</td><td></td><td></td></tr>
<tr><td colspan="2">母</td><td></td><td></td></tr>
<tr><td rowspan="8">产区自然生态条件</td><td colspan="2">地貌与海拔</td><td></td><td></td></tr>
<tr><td colspan="2">气候类型</td><td></td><td></td></tr>
<tr><td colspan="2">年降水量</td><td></td><td></td></tr>
<tr><td colspan="2">无霜期</td><td></td><td></td></tr>
<tr><td colspan="2">水源土质</td><td></td><td></td></tr>
<tr><td rowspan="3">气温</td><td>年最高</td><td></td><td></td></tr>
<tr><td>年最低</td><td></td><td></td></tr>
<tr><td>年平均</td><td></td><td></td></tr>
<tr><td colspan="3">开发利用情况</td><td></td><td></td></tr>
</table>

记录人：　　　　　　　　电话：　　　　　　　　E-mail：

表 A.2　骆驼遗传资源体型外貌登记表

编号：__________日期：________年______月______日

地点：__________省__________县（区、市）__________乡（镇）__________村

联系人：________联系方式：__________

<table>
<tr><td>品种</td><td colspan="2"></td><td>性别</td><td></td></tr>
<tr><td>个体号</td><td colspan="2"></td><td>年龄</td><td></td></tr>
<tr><td rowspan="2">体型特征</td><td>体质是否结实</td><td colspan="3"></td></tr>
<tr><td>结构是否匀称</td><td colspan="3"></td></tr>
<tr><td rowspan="2">头部特征</td><td>头清秀</td><td></td><td>头粗重</td><td></td></tr>
<tr><td>眼睛大小</td><td></td><td>耳大小</td><td></td></tr>
<tr><td rowspan="3">颈部特征</td><td colspan="2">头颈结合情况</td><td colspan="2"></td></tr>
<tr><td colspan="2">颈肩背结合情况</td><td colspan="2"></td></tr>
<tr><td>颈长短</td><td></td><td>颈厚薄</td><td></td></tr>
<tr><td>驼峰类型</td><td colspan="4"></td></tr>
<tr><td>胸部特征</td><td>宽度（cm）</td><td></td><td>深度（cm）</td><td></td></tr>
<tr><td>腹部特征</td><td>大小</td><td colspan="3"></td></tr>
<tr><td rowspan="2">背腰特征</td><td>长或短</td><td colspan="3"></td></tr>
<tr><td>平直</td><td colspan="3"></td></tr>
<tr><td>尻部特征</td><td>肌肉发育</td><td></td><td>尻向</td><td></td></tr>
<tr><td rowspan="3">四肢特征</td><td colspan="2">是否端正</td><td colspan="2"></td></tr>
<tr><td colspan="2">粗壮或纤细</td><td colspan="2"></td></tr>
<tr><td colspan="2">关节是否结实</td><td colspan="2"></td></tr>
<tr><td>毛色</td><td colspan="4"></td></tr>
<tr><td>公驼睾丸发育情况</td><td colspan="4"></td></tr>
<tr><td>母驼乳房发育情况</td><td colspan="4"></td></tr>
</table>

记录人：　　　　　　　　电话：　　　　　　　　E-mail：

表 A.3　骆驼遗传资源生产性能登记表

编号：____________日期：________年______月______日

地点：____________省____________县（区、市）____________乡（镇）____________村

联系人：________联系方式：____________

品种		个体号	
性别		年龄	
体尺、体重			
体高（cm）		体长（cm）	
胸围（cm）		管围（cm）	
体重（cm）		驼峰高度（cm）	
体长指数（%）			
胸围指数（%）			
管围指数（%）			
屠宰性能			
活体重（kg）		胴体重（kg）	
净肉重（kg）		皮重（kg）	
屠宰率（%）		净肉率（%）	
毛用性能			
产毛量	粗毛（kg）		
	被毛（绒）（kg）		
乳用性能			
泌乳期产乳量（kg）		泌乳期天数（d）	
乳蛋白率（%）		干物质（%）	
乳脂率（%）		乳糖（%）	
役用性能			
驮运能力（kg）			
速度（m/s）			
繁殖性能			
性成熟年龄（月）		适配年龄（月）	
发情季节		发情周期（d）	
幼驼初生重（kg）		幼驼断奶重（kg）	
一半利用年限（a）		妊娠期（d）	
幼驼成活率（%）		幼驼死亡率（%）	

配种方式		公驼精液品质	采精量（mL）	精子活力（%）	精子密度（亿个/mL）

记录人：　　　　　　电话：　　　　　　E-mail：

附
录

表 A.4 骆驼遗传资源调查表

编号：__________日期：________年______月______日

地点：__________省__________县（区、市）__________乡（镇）__________村

联系人：________联系方式：__________

<table>
<tr><td>品种评价</td><td>该品种的遗传特点，优异特性，可供研究、开发和利用的主要方向</td><td></td></tr>
<tr><td>分子生物学测定</td><td>是否进行过生化或分子遗传测定（测定单位、测定时间）</td><td></td></tr>
<tr><td>消长形势</td><td>近 15～20 年数量规模变化，品质变化</td><td></td></tr>
<tr><td rowspan="2">遗传资源保护状况</td><td>是否提出过保种和利用计划（保种场）</td><td></td></tr>
<tr><td>是否建立了品种登记制度（开始时间、负责单位）</td><td></td></tr>
<tr><td colspan="2">濒危程度</td><td></td></tr>
<tr><td rowspan="3">饲养管理情况</td><td>饲料组成</td><td></td></tr>
<tr><td>饲养方式</td><td></td></tr>
<tr><td>管理难易</td><td></td></tr>
<tr><td rowspan="2">疫病情况</td><td>流行性传染病调查</td><td></td></tr>
<tr><td>寄生虫病调查</td><td></td></tr>
</table>

记录人：　　　　　　　电话：　　　　　　　E-mail：

附　录　B

（规范性附录）

骆驼遗传资源调查表填表说明

B.1　遗传资源概况

B.1.1　品种名称包括中文名、英文名、俗名。

B.1.2　品种来源指地方品种、培育品种、引进品种。

B.1.3　经济类型包括肉用型、役用型、乳用型、兼用型。

B.1.4　水源土质指流经该地的河流等。

B.1.5　开发利用情况指产品的销售、利用（包括皮、乳等）。

B.2　生产性能

B.2.1　体尺、体重

B.2.1.1　体长指数

体长指数按式（B.1）计算：

$$LI=\frac{L}{H}\times 100\% \tag{B.1}$$

式中：

LI ——体长指数，%；

L ——体长，单位为厘米（cm）；

H ——体高，单位为厘米（cm）。

B.2.1.2　胸围指数

胸围指数按式（B.2）计算：

$$BI=\frac{B}{H}\times 100\% \tag{B.2}$$

式中：

BI ——胸围指数，%；

B ——胸围，单位为厘米（cm）；

H ——体高，单位为厘米（cm）。

B.2.1.3　管围指数

管围指数按式（B.3）计算：

$$CI=\frac{C}{H}\times 100\% \tag{B.3}$$

式中：

CI ——管围指数，%；

C ——管围，单位为厘米（cm）；

H ——体高，单位为厘米（cm）。

B.2.2 役用性能

驮运能力：每小时驮多重物走多少 km。

B.2.3 乳用性能

产乳量：500d 产乳量或泌乳期产乳量（注明天数）。

B.2.4 繁殖性能

B.2.4.1 幼驼成活率

幼驼成活率按式（B.4）计算：

$$SR=\frac{WN}{RN}\times 100\% \quad \cdots\cdots (B.4)$$

式中：

SR ——幼驼成活率，%；

WN——断奶时成活幼驼数，单位为峰；

BN——出生幼驼数，单位为峰。

B.2.4.2 幼驼死亡率

幼驼死亡率按式（B.5）计算：

$$M=\frac{MN}{RN}\times 100\% \quad \cdots\cdots (B.5)$$

式中：

M ——幼驼死亡率，%；

MN——断奶时死亡幼驼数，单位为峰；

BN——出生幼驼数，单位为峰。

B.3 遗传资源调查中品种评价的优异特性

B.3.1 优质

本行业内公认的具有优良品质、风味的种质资源。

B.3.2 抗病虫

本行业内公认的具有抗疾病、抗虫的种质资源。

B.3.3 抗逆

本行业内公认的具有抗逆（生态、气候等）的种质资源。

B.3.4 耐粗饲

可以耐受粗放的饲养管理条件。

B.3.5 其他

本行业内公认的其他优良品质的资源。

附录四　骆驼绒（GB/T 21977—2008）

1　范围

本标准规定了骆驼绒（包括骆驼原绒、分梳骆驼绒、过轮骆驼绒、洗净骆驼绒）的产品分等分级、技术要求、检验方法，检验规则、包装、标志、储存、运输等。

本标准适用于骆驼原绒、分梳骆驼绒、过轮骆驼绒和洗净骆驼绒的生产，交易、加工的质量检验。

2　规范性引用文件

下列文件中的条款通过本标准的引用而成为本标准的条款。凡是注日期的引用文件，其随后所有的修改单（不包括勘误的内容）或修订版均不适用于本标准，然而，鼓励根据本标准达成协议的各方研究是否可使用这些文件的最新版本。凡是不注日期的引用文件，其最新版本适用于本标准。

GB/T 6500 羊毛回潮率试验方法　烘箱法

GB/T 6977 洗净羊毛油、灰、杂含量试验方法

GB/T 8170 数值修约规则

GB/T 10685 羊毛纤维直径试验方法　投影显微镜法

3　术语和定义

下列术语和定义适用于本标准。

3.1　骆驼原绒　raw camel wool

从骆驼身上采集的，未经加工的骆驼毛绒混合物，其中直径在 40μm 及以下的属绒纤维。

3.2　骆驼粗毛　coarse camel hair

从骆驼身上采集的，细度超过 40μm 的毛纤维。

3.3　骆驼两型毛　heterotypical camel hair

从骆驼身上采集的毛纤维，其一端的细度在 40μm 及以下，而另一端的细度在 40μm 以上。其中，一端细度在 40μm 及以下，长度超过纤维总长的 1/2 者，记为绒。

3.4　含绒率　pure camel wool content

用物理方法去掉粗毛、皮屑，土沙、植物质等杂质的骆驼绒质量占骆驼原绒质量的百分比。

3.5　肘、嗉、鬃毛　elbow crop bristly camel wool

从骆驼肘部，颈上下缘，峰部采集的粗长毛纤维。

3.6 骆驼绒颜色 colour of camel wool

骆驼绒颜色深浅程度，可对照标样评定。

3.7 分梳骆驼绒 dehaired camel wool

经洗涤、工业分梳加工去除大量粗毛后的骆驼绒。

3.8 含杂率 foreign content

用物理方法拣出的皮屑、土沙、植物质等杂质的质量占骆驼绒样品总质量的百分比。

3.9 含粗率 coarse camel hair content

分梳骆驼绒中直径大于 40μm 的纤维质量占总质量的百分比。

3.10 短绒率 short camel wool content

长度在 20mm 及以下的绒纤维根数占总根数的百分比。

3.11 过轮骆驼绒 opened camel wool

骆驼原绒经过分选、除杂机打土过轮后的骆驼绒。

3.12 洗净骆驼绒 scoured camel wool

骆驼原绒、过轮骆驼绒经过洗涤达到一定品质要求的骆驼绒。

3.13 洗净率 yield

经洗涤后的骆驼绒公定回潮质量占骆驼绒样品总质量的百分比。

4 要求

4.1 骆驼原绒

4.1.1 分等规定

骆驼原绒分等规定见表 1。

表 1 骆驼原绒分等规定

等别	技术指数		
	含绒率/%	手扯长度/mm	外观特征
特等	≥75	≥60	纤维细长，以绒为主体，含少量粗毛，手感柔软，富有弹性，颜色较线
一等	≥65	≥60	
二等	≥55	≥50	手感柔软，绒毛比例大致相等，颜色深浅中等
三等	≥40	≥40	含有一定比例的绒，手感粗糙，含粗毛较多，颜色较深

注 1：含绒率、手扯长度为考核指标，外观特征为参考指标。考核指标中，以单项最低者定等。

注 2：凡有一项考核指标达不到三等指标者，列入等外。肘、嗉、鬃毛单独包装。

注 3：根据文字标准制作标准样品，两者具有同等效力。

4.1.2 回潮率

骆驼原绒回潮率不得超过 14%。

4.2 分梳骆驼绒

4.2.1 分级规定

分梳骆驼绒分级规定见表 2。

表 2 分梳驼绒分级规定

级别	技术指标				
	平均直径/μm	平均长度/mm	含粗率/%	含杂率/%	20mm 以下短绒率/%
优级	≤18.0	≥45	≤2.0	≤0.35	≤8
一级	18.1～20.0	≥42	≤3.5	≤0.35	≤8
二级	20.1～23.0	≥38	≤5.0	≤0.50	≤15
三级	≥23.1	≥30	≤7.0	≤0.50	≤15

注 1：平均直径、平均长度、含粗率、含杂率为考核指标，以各项目的最低直定级。

注 2：短绒率为参考指标。

注 3：关于分梳骆驼绒颜色的要求由交易双方合约确定。

4.2.2 回潮率

分梳骆驼绒公定回潮率定为 15%。

4.2.3 含油脂率

分梳骆驼绒公定含油脂率为 1.0%。

4.3 过轮骆驼绒和洗净骆驼绒

4.3.1 技术指标

过轮骆驼绒和洗净骆驼绒以平均直径、平均长度、净绒率三项指标为考核指标。平均手扯长度可参照骆驼原绒分等规定。

4.3.2 过轮骆驼绒和洗净骆驼绒的品质分类

过轮骆驼绒和洗净骆驼绒的品质以六位字符表示类别、型号、特性，第一位表示产品名称代号，第二、三位表示平均直径，第四、第五位表示平均长度，第六位表示净绒率档次。平均直径用直径平均值的整数部分的两位数值表示，平均直径的小数部分按数字修约规则修约至整数。

过轮骆驼绒、洗净骆驼绒的净绒率分Ⅰ、Ⅱ、Ⅲ三档，见表 3。

表 3 指标分档对照表

产品名称	净绒率/%		
	Ⅰ	Ⅱ	Ⅲ
过轮骆驼绒（用 A 表示）	>70	60～70	<60
洗净骆驼绒（用 B 表示）	>75	65～75	<65

示例：A1745Ⅰ

A：表示过轮骆驼绒；

17：表示平均直径整数部分 17μm；

45：表示平均长度 45mm；

Ⅰ：表示净绒率 70%以上。

5 取样方法

5.1 骆驼原绒

5.1.1 取样包数

骆驼原绒取样包数的确定见表 4。

表 4 取样包数表

单位：包

批量	取样包数
1～5	5
6～50	5
51～100	10
101～200	15
200 以上	每增加 50 增抽 1

5.1.2 批样的抽取

取批样时，成包的毛包在任意两部位及中央抽取，每包不少于 50g，每批不少于 5kg。散毛以 80kg 为一包计。

5.1.3 项目样品的抽取

将批样充分混合后，从中抽取各项目样品。其抽取方法及数量按照项目试验方法要求进行。

5.2 分梳骆驼绒

5.2.1 批样

5.2.1.1 抽样数量

机械打包按总包数的 20%抽取样品，软包 20 包以下逐包抽取，20 包以上增加部分按 30%抽取。

品质样品每批不少于 300g。回潮率样品每批不少于 8 只，每只 50g，精确至 0.01g。

5.2.1.2 抽样方法

随机确定抽样包，在包的上、中、下部位深于 15cm 处抽取样品。回潮率样品抽取后立即放于密闭容器中，并在 4h 内定重。

5.2.2 试验试样

将样品充分混匀后，用多点法从正、反两面随机抽取试样，试样数量见表 5。

表 5 试样数量与质量

试验项目	每份试样质量/g	试样数量/份
平均直径	5	3

（续）

试验项目	每份试样质量/g	试样数量/份
平均长度	0.5	3
含粗率	5	3
含杂率	5	3
含油脂率	5	3
回潮率	50	8

5.3 过轮骆驼绒和洗净骆驼绒

5.3.1 批样

5.3.1.1 抽样数量

机械打包按总包数的 20%抽取样品；软包 20 包及以下逐包抽取；20 包以上增加部分按 30%抽取。过轮骆驼绒品质样品不少于 2kg，洗净骆驼绒品质样品不少于 1kg。回潮率批样总质量不少于 400g，精确至 0.01g。

5.3.1.2 抽样方法

随机确定抽样包，在包的上、中、下部位深于包皮 15cm 及以上处抽取样品。取样后立即放于密闭容器中，并在 4h 之内定重。

5.3.2 实验室样品

将抽取的批样在规定的时间内称其质量、记录，然后将其放在试验台上充分混合，去掉土杂后称其质量、记录，精确至 1g，用对分法将其分成两等份，一份为实验室样品，另一份留作备样。

5.3.3 试验试样

从试验样品中随机多点抽取试样，试样的数量和质量见表 6。

表 6

试验项目	每份试样质量/g	试样数量/份
过轮骆驼绒净绒率	100	3
洗净骆驼绒净绒率	5	3
手排长度	0.5	3
平均直径	5	3
含粗、含杂率	5	3

6 试验方法

6.1 骆驼原绒试验方法

6.1.1 手扯长度

取有代表性的样品，每份约 200mg，双手平分，抽取纤维，反复整理成一端平齐的毛束后，将其中突出的粗长毛去掉，剩下的部分再反复抽取，整理成一端平齐的毛

束，尺量其切线以两端不露黑绒板为准。其测量份数可根据批量大小及长度变异情况而定，一般不少于5份。以试样的算术平均值为结果。

6.1.2 含绒率

采用手检法。从批样中随机抽取代表性的骆驼原绒三份，每份约5g（称重精确至0.01g），用镊子将40μm以上纤维及杂质逐根拣出，用分析天平分别称量绒纤维、骆驼粗毛（对于骆驼两型毛，其一端细度在40μm及以下，长度不足纤维总长的1/2者，记为骆驼粗毛）和杂质的质量（称重精确至0.000 1g）。计算绒重占原样重的百分比。

含绒率按式（1）计算：

$$H = Km_c / m_0 \quad (1)$$

式中：

H ——含绒率，%；

K ——系数；

m_c ——绒纤维质量；单位为克（g）；

m_0 ——试样质量（绒纤维、粗毛和杂质的重量总和），单位为克（g）。

以两份试样含绒率的平均值为试验结果。当两份试样含绒率的绝对差值超过其平均值的10%时，须增试第三份试样，并以三份试样含绒率的平均值作为最终结果。计算结果按GB/T 8170修约至整数。

6.1.3 系数 *K* 的计算

系数 K 按式（2）计算：

$$K = m_a / m_b \quad (2)$$

式中：

K ——系数；

m_a ——过轮绒实验室样品抖去土杂后的质量，单位为克（g）；

m_b ——过轮绒实验室样品质量，单位为克（g）。

6.1.4 回潮率

按照GB/T 6500进行。

6.2 分梳骆驼绒试验方法

6.2.1 平均直径

按GB/T 10685进行。

6.2.2 平均长度和短绒率

6.2.2.1 试样制备

将样品充分混匀后用多点法从正反两面随机抽取纤维约200mg，充分混合后分成三份，其中两份用于平行试验，一分留作备样。

6.2.2.2 排图

将抽取的纤维试样整理成一端平齐的小绒束，一手握住小绒束平齐的一端，将另一端贴于绒板并用另一手拇指摁住该端，将纤维由长至短从绒束中拔出并由长至短排在绒板上，将纤维试样均匀地排成底边长度为 250mm±10mm、纤维分布均匀的长度分布如图 1 所示。

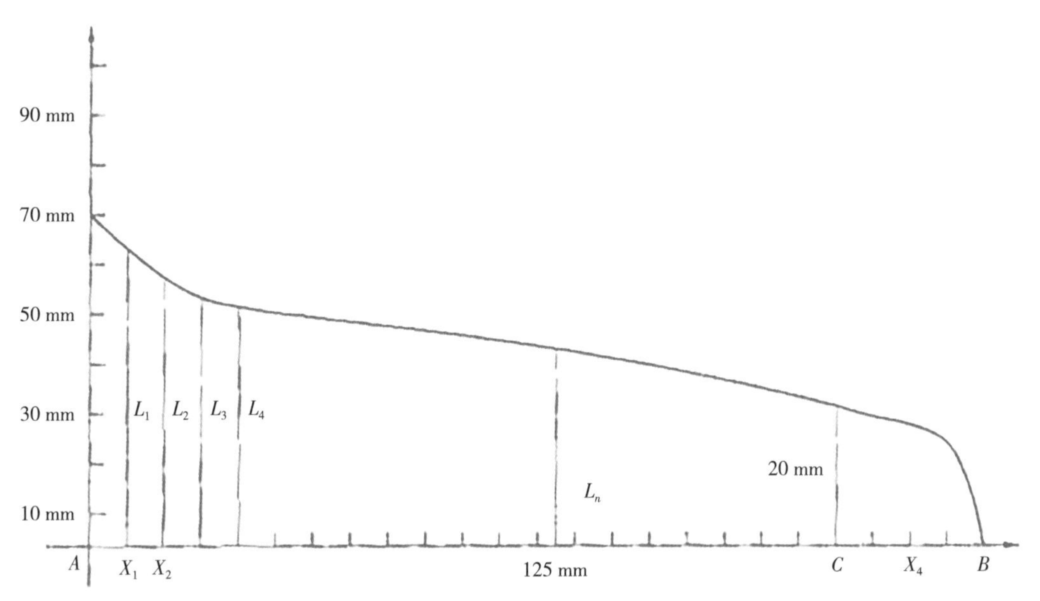

（L_n 为中间长度；CB 为 20mm 长度以下的底边长度；AB 为底边全部长度）

图 1　纤维长度分布图

6.2.2.3　作图

将透明坐标纸（1mm 刻度）置于已排好的长度分布图上，目光直视图形的每个观测点，按照透明坐标纸上的刻度，将相关数值记录下来，以长度分布图的底边为横坐标，以纤维长度为纵坐标，从原点自左向右每间隔 10mm 在横坐标和图形上缘之间作平行于纵轴的直线 L_1、L_2、…、L_n。

6.2.2.4　平均长度计算

平均长度按式（3）计算：

$$L=\sum L_i/n \quad\quad (3)$$

式中：

L　——平均长度，单位为毫米（mm）；

L_i　——每组长度，单位为毫米（mm）；

n　——组数。

以两份试样平均长度的平均值为试验结果，当两份试样平均长度的绝对值差异超过 2mm 时，须增试第三份试样，并以三份试样平均长度的平均值作为最终结果，平均长度计算结果按 GB/T 8170 修约至整数。

6.2.2.5　短绒率计算

短绒率按式（4）计算：

$$S=\frac{CB}{AB}\times 100 \quad\quad (4)$$

式中：

S ——短绒率,%;

CB ——20mm 长度以下的底边长度;

AB ——底边全部长度。

短绒率计算结果修约至整数。

6.2.3 含油脂率

按 GB/T 6977 进行。

6.2.4 回潮率

按 GB/T 6500 进行。

6.2.5 含粗率、含杂率

6.2.5.1 试样称取和检测

试样质量精确至 0.01g。将试样置于与被测纤维颜色反差较大的绒板上，用镊子将粗毛、杂质（包括皮屑）拣出，分别称取质量，精确至 0.000 1g。

6.2.5.2 含粗率计算

含粗率按式（5）计算：

$$B_c = \frac{m_c}{m} \times 100 \quad \cdots\cdots (5)$$

式中：

B_c ——含粗率,%;

m_c ——粗毛质量，单位为克（g）;

m ——试样质量（杂质、绒纤维和粗毛质量总和），单位为克（g）。

6.2.5.3 含杂率计算

含杂率按式（6）计算：

$$B_z = \frac{m_z}{m} \times 100 \quad \cdots\cdots (6)$$

式中：

B_z ——含杂率,%;

m_z ——杂质质量，单位为克（g）;

m ——试样质量（杂质、绒纤维和粗毛质量总和），单位为克（g）。

6.3 过轮骆驼绒、洗净骆驼绒试验方法

6.3.1 过轮骆驼绒洗净率试验

6.3.1.1 洗涤

从三份试样中随机抽取两份试样分别进行洗涤，洗涤工艺见表 7。

表 7 洗涤工艺

工艺	1 槽	2 槽	3 槽	4 槽
洗涤溶液	清水	洗液	洗液	清水

（续）

工艺	1 槽	2 槽	3 槽	4 槽
控制温度/℃	45～50	50～55	45～50	40～50
洗涤时间/min	3	3	3	3

注：洗涤剂为中性，洗槽浴比 1∶50。洗净后草杂含量应小于 2%，油脂含量应小于 1.5%。

6.3.1.2　脱水

将洗涤后的两份试样，分别装入丝袋，放在脱水机中脱水，时间为 5min。

6.3.1.3　烘干

将洗净后的试样按 GB/T 6500 烘干至绝干质量，精确至 0.01g。

6.3.1.4　骆驼原绒洗净率计算

洗净率按式（7）计算：

$$Y=m_s(100+R_s)K/100 \qquad (7)$$

式中：

Y ——骆驼原绒洗净率，%；

m_s ——试样洗净后绝干质量，单位为克（g）；

R_s ——洗净骆驼绒公定回潮率（$R_s=15$），%；

K ——过轮率（样品过轮后质量与过轮前质量之比），%。

6.3.2　洗净骆驼绒净绒率试验方法

随机多点抽取洗净骆驼绒样品三份，每份约 5g，其中两份做平行试验，一份留作备样。用镊子将试样中的粗毛、杂质拣出，得到净绒后烘至绝干，称取净绒绝干质量，精确至 0.000 1g。

6.3.3　洗净骆驼绒净绒率

按式（8）计算：

$$A=\frac{m_p\times(100-J_e)\times(100+R_p)\times(100+J_p)}{m\times10^6}\times100 \qquad (8)$$

式中：

A ——洗净骆驼绒净绒率，%；

m_p ——净绒绝对干质量，单位为克（g）；

J_e ——净绒实测含油脂率，%；

R_p ——分梳骆驼绒公定回潮率（$R_p=15$），%；

J_p ——分梳骆驼绒公定含油脂率（$J_p=1.0$），%；

m ——洗净骆驼绒试样质量，单位为克（g）。

6.3.4　骆驼原绒净绒率计算

骆驼原绒净绒率按式（9）计算：

$$B=A\times y \qquad (9)$$

式中：

B——骆驼原绒净绒率，%；
A——洗净骆驼绒净绒率，%；
y——骆驼原绒洗净率，%。

6.3.5 洗净骆驼绒含油脂率试验

将烘至绝干质量的洗净绒在常温环境下冷却后，随机多点抽取试样三份，每份试样质量5g，精确至0.01g，其中两份做平行试验，一份留作备样，按GB/T 6977进行。

6.3.6 平行试验误差要求

以两份试样净绒率的平均值为试验结果，当两份试样净绒率的绝对差值超过3%时，须增试第三份试样，并以三份试样净绒率的平均值作为最终结果。试验结果计算至三位小数，按GB/T 8170修约至两位小数。

6.3.7 骆驼原绒净绒公量

骆驼原绒净绒公量按式（10）计算：

$$m_g = m_n \times B / 100 \quad \cdots\cdots (10)$$

式中：
m_g——骆驼原绒净绒公量，单位为千克（kg）；
m_n——全批骆驼原绒检验净重，单位为千克（kg）；
B——骆驼原绒净绒率，%。

净重及净绒公量结果计算至两位小数，修约至一位小数。

6.3.8 洗净绒回潮率试验

洗净绒回潮率试验按GB/T 6500进行。

6.3.9 洗净骆驼绒净绒公量

洗净骆驼绒净绒公量按式（11）计算：

$$m_x = m_n \times A_s / 100 \quad \cdots\cdots (11)$$

式中：
m_x——洗净骆驼绒净绒公量，单位为千克（kg）；
m_n——全批洗净骆驼绒检验净重，单位为千克（kg）；
A_s——洗净骆驼绒净绒率，%。

净重及公量结果计算至两位小数，按GB/T 8170修约至一位小数。

6.3.10 平均直径试验

平均直径试验按GB/T 10685进行。

6.3.11 平均长度试验

按6.2.2手排长度试验方法进行。

7 检验规则及检验报告

检验以批为单位进行，检验后应出具检验报告。检验报告的内容包括产品名称、包数、重量、产地、检验项目及检验结果。

8 包装、标志、储存和运输

8.1 包装

包装应以便于管理、储存和运输，且保证其品质不受影响为原则。骆驼原绒的包装应使用通风、透气的材料，禁止使用丙纶袋。分梳骆驼绒的内包装应用防潮材料，外层应用坚固材料，并以数道铁箍均匀外扎成包。分梳骆驼绒每包标准质量为75kg±5kg，外形尺寸800mm×600mm×400mm，若需方有特殊要求，供需双方自行商定。

8.2 标志

成包骆驼绒，每包应有标志。标志的字迹应醒目、清晰、持久。骆驼原绒标志的内容包括产品名称、产地、等级、毛重、净重、包号、交货单位。分梳骆驼绒标志的内容包括产品名称、批号、级别、毛重、净重、包号、交货单位。过轮骆驼绒、洗净骆驼绒的内容包括产品名称、批号、型号、毛重、净重、包号、交货单位。

8.3 储存

骆驼绒应在干燥通风的库房内储存，绒包不得地面直接接触，不得被污染。

骆驼绒以批为单位堆放，将刷有唛头的包面朝外整齐排列。

骆驼绒堆放处的垛底需放置适量的防虫剂。

8.4 运输

运输工具应具有备洁净、防腐、防潮、防包装破裂损伤的条件。

运输过程中，骆驼绒不得被污染，不得使用有损包装的器械。

附录五　阿拉善双峰驼（GB/T 26611—2011）

1　范围

本标准规定了阿拉善双峰驼的品种特征、生产性能、等级标准及评定方法。

本标准适用于阿拉善双峰驼品种鉴别和等级评定。

2　规范性引用文件

下列文件中的条款通过本标准的引用而成为本标准的条款。凡是注日期的引用文件，其随后所有的修改单（不包括勘误的内容）或修订版均不适用于本标准，然而，鼓励根据本标准达成协议的各方研究是否可使用这些文件的最新版本。凡是不注日期的引用文件，其最新版本适用于本标准。

NY1 细毛羊鉴定项目、符号、术语。

3　术语和定义

3.1　驼毛　camel fleece

由皮肤毛囊发生的纤维性衍生物。

注：驼毛由毛干、毛根、毛球构成。根据毛纤维的形成，可分为绒、粗毛、长毛。

3.2　绒层厚度　fleece down

骆驼活体被毛内层绒的长度，在肩关节水平线上分颈、肩、体侧、股四部位，从皮肤到绒毛顶端的自然长度。

3.3　绒毛密度　fleece density

每平方厘米皮肤上着生的绒根数。

3.4　净毛率　yield

除去杂质的绒毛重量占样本总量的百分比。

3.5　绒毛比率　rate of fine wool in numbers

被毛中绒毛所占的重量比。

3.6　驼峰　hump

骆驼背腰上的峰状器官。

注：驼峰由结缔组织与脂肪构成。

3.7　驼羔　camel calf

2 岁以下的骆驼。

3.8　育成驼　rearing camel

2～5 岁的骆驼。

3.9　成年驼　**mature camel**

5 岁以上的骆驼。

3.10　骟驼　**gelded bull camel**

去势后的公驼。

4　原产地、品种特征

4.1　原产地

内蒙古自治区阿拉善盟全境、巴彦淖尔市、鄂尔多斯市，甘肃省、宁夏回族自治区的部分地区也有少量分布。

4.2　品种特征

4.2.1　品种特性

性情温和，善游走和远距离采食。抗逆性强，耐饥渴、严寒、酷暑，抗干旱风沙等。厌湿热。对荒漠和半荒漠自然环境有极强的适应能力，能有效利用荒漠植物，恋膘和储脂能力强。

4.2.2　体质外貌

阿拉善双峰驼体质结实，结构匀称，骨骼坚实，肌肉发达，毛色以杏黄、棕红、白色为主，绒层厚，绒毛比率高，绒纤维强度大、光泽好。颈长呈“乙”字形弯曲，体高大于体长，胸宽而深，背短腰长，驼峰大而丰满。四肢关节强健，筋腱明显，后肢呈刀状肢势，蹄大而圆，蹄掌厚而弹性好。公驼鬃嗉毛发达，母驼头清秀。阿拉善双峰驼公母照片见附录 A。

5　生产性能

5.1　产绒性能与品质

5.1.1　产绒性能与品质

指标见表 1。

表 1　成年驼产绒性能与绒品质

驼别	绒层厚度/cm	净毛率/%	细度/μm	伸直长度/cm	强度/g	伸度/%
成年公驼	5.5	78	22	8	14	49
成年母驼	5.5	72	18	8	9	52
成年骟驼	5.9	79	19	9	10	43

5.1.2　绒毛产量

产量见表 2。

表 2　双峰驼产绒量（kg）

类别	育成驼				成年驼					
年龄	3 岁		4 岁		5 岁		6 岁		7 岁及以上	
性别	公	母	公	母	公	母	公	母	公	母
绒产量	3.8	3.8	4.5	4.3	4.8	4.6	5.0	4.8	5.5	5.0
长毛产量	—	—	—	—	—	—	—	—	1.8	1.5

5.2　体尺体重

体尺、体重见表 3。

表 3　体尺体重

类别	育成驼				成年驼					
年龄	3 岁		4 岁		5 岁		6 岁		7 岁及以上	
性别	公	母	公	母	公	母	公	母	公	母
体高/cm	163	162	166	163	168	164	170	166	172	168
体长/cm	131	130	138	134	141	140	144	142	148	144
胸围/cm	182	180	194	188	204	198	214	208	224	214
管围/cm	17	16.5	18	17	19	18	19.5	18	20	19
体重/kg	360	320	400	350	440	390	460	420	500	450

5.3　产肉性能

成年骟驼屠宰率 50%以上，净肉率 38%。

5.4　繁殖性能

性成熟：母驼 3 岁、公驼 4 岁。适配年龄母驼 4 岁、公驼 5 岁。母驼繁殖年限17～20 年。公驼利用年限 10～15 年。季节性发情（当年 12 月到次年 3 月），母驼诱发排卵。母驼怀孕期 395～405 天，单胎。

5.5　产乳性能

日产乳量 1.5kg，泌乳期 500 天左右。

5.6　役用性能

5.6.1　驮运

每峰骆驼驮运重量 150～250kg，可日行 30～40km。

5.6.2　骑乘

单人骑乘日行走 8～9h，65～75km。

6　等级标准及评定

6.1　鉴定评定指标及计分制

体形外貌、绒毛品质、体尺、体重、绒毛产量五项指标综合评定，以百分制计。

6.2 等级标准

等级标准见表 4。

表 4 等级标准表

等级	特等	一等	二等	三等
分数	95 以上	80～94	70～79	60～69

6.3 等级标识及耳号

3 岁鉴定结束后，在右耳做等级标识，标识方法、耳号编制及佩带方法按照 NY1 的规定执行。

附 录 A
（规范性附录）
阿拉善双峰驼外貌图片

图 A.1 阿拉善双峰驼公驼正面图

图 A.2 阿拉善双峰驼公驼侧面图

图 A.3 阿拉善双峰驼公驼后面图

图 A.4 阿拉善双峰驼母驼正面图

图 A.5 阿拉善双峰驼母驼侧面图

图 A.6 阿拉善双峰驼母驼后面图

附　录　B
（规范性附录）
鉴定项目及评分标准

B.1　鉴定项目及评分标准

B.1.1　体形外貌

表 B.1　体形外貌鉴定评分标准表

鉴定评分项目	标准分	鉴定评分	备注
头颈	5		符合本品种标准体型外貌、体质特征得满分，不足者扣分。
体躯	5		
四肢	5		
整体结构	5		
合计	20		

B.1.2　绒毛品质

表 B.2　绒毛鉴定评分标准表

鉴定评分项目	标准分	鉴定评分	备注
绒毛比率	15		公驼 75%以上，母驼 85%以上，每增减 2%加减 1 分。
绒层厚度	10		公驼 5.0cm，母驼 5.5cm，每增减 0.5cm 加减 1 分。
合计	25		

B.1.3　体尺体重

表 B.3　鉴定项目评分标准表

鉴定评分项目	标准分	鉴定评分	备注
体长	5		超过或低于标准 2%加减 1 分。
胸围	5		超过或低于标准 2%加减 1 分。
体高	5		超过或低于标准 3%加减 2 分。
管围	5		减少 1cm 减 1 分，超过不加分。
体重	15		超过或低于标准 10%加减 1 分。
合计	35		

B.1.4 绒、毛产量

表 B.4 绒毛产量鉴定评分标准表

鉴定评分项目	鉴定评分	备注
绒毛		超过或低于标准 5%加减 1 分。
长毛		超过或低于标准 10%加减 1 分。
合计		

B.2 鉴定时间

11 月中旬至 12 月底。

B.3 鉴定技术

B.3.1 鉴定年龄及对象

终生鉴定三次，三岁、五岁、七岁时鉴定，种用驼可根据后裔测定调整等级。

B.3.2 毛样采集

在肩关节水平线上分颈、肩、体侧、股部四个部位在测量绒层厚度的地方，用 2cm×2cm 毛样钳插入紧贴皮肤剪取毛样。

图书在版编目（CIP）数据

骆驼育种学/张文彬主编．—北京：中国农业出版社，2021.12

国家出版基金项目　骆驼精品图书出版工程

ISBN 978-7-109-28907-9

Ⅰ．①骆…　Ⅱ．①张…　Ⅲ．①骆驼—家畜育种　Ⅳ．①S824.2

中国版本图书馆 CIP 数据核字（2021）第 221136 号

中国农业出版社出版

地址：北京市朝阳区麦子店街 18 号楼

邮编：100125

丛书策划：周晓艳　王森鹤　郭永立

责任编辑：周晓艳　　文字编辑：陈睿赜

版式设计：杜　然　　责任校对：沙凯霖

印刷：北京通州皇家印刷厂

版次：2021 年 12 月第 1 版

印次：2021 年 12 月北京第 1 次印刷

发行：新华书店北京发行所

开本：787mm×1092mm　1/16

印张：19.75　　插页：1

字数：515 千字

定价：222.00 元